U0687929

普通高等教育教材

数值分析

潘　斌 / 主编　　王泽红　乔靖来　郭小明 / 副主编

化学工业出版社
·北京·

内容简介

本书着重介绍了与实际应用有关的数值计算基本方法，强调了基本概念、理论和应用，特别是数值计算方法在计算机上的实现，以期读者在学完本书之后能够充分掌握这些方法，并能在计算机上进行有关的科学与工程计算．

全书共分 8 章，主要内容包括非线性方程求根，线性方程组数值解法，矩阵特征值与特征向量的数值计算，函数逼近，数值积分和微分，解线性代数方程组的直接方法和迭代方法，常微分方程初值问题的计算方法以及优化问题数值解法．各章配有一定数量的习题，书后附有习题答案和提示．

本书可作为理工科专业研究生和应用数学、物理、计算机等专业大学生数值分析课程的教材或教学参考书，也可供从事科学与工程计算的科技人员学习参考．

图书在版编目（CIP）数据

数值分析 / 潘斌主编；王泽红，乔靖来，郭小明副主编. -- 北京：化学工业出版社，2025. 6. --（普通高等教育教材）. -- ISBN 978-7-122-47898-6

Ⅰ. O241

中国国家版本馆 CIP 数据核字第 2025DT0611 号

责任编辑：郝英华　唐旭华　　文字编辑：刘建平　李亚楠　温潇潇
责任校对：赵懿桐　　装帧设计：张　辉

出版发行：化学工业出版社
（北京市东城区青年湖南街 13 号　邮政编码 100011）
印　　装：北京云浩印刷有限责任公司
787mm×1092mm　1/16　印张 15¼　字数 396 千字
2025 年 10 月北京第 1 版第 1 次印刷

购书咨询：010-64518888　　售后服务：010-64518899
网　　址：http://www.cip.com.cn
凡购买本书，如有缺损质量问题，本社销售中心负责调换。

定　　价：46.00 元　

前 言

数值分析是研究在计算机上解决问题的理论和数值计算方法的学科，它以数字计算机求解数学问题的理论和方法为研究对象，是计算数学的主体部分．在电子计算机技术日新月异的浪潮中，数值方法也在不断进化与革新．为了紧跟时代的步伐，本书在作者精心编写的《数值计算方法》基础之上，进行了深入的扩展和细致的修订，从而以全新的面貌呈现在读者面前．本书相关讲义在辽宁石油化工大学本科生和硕士研究生中使用了近 30 年．结合师生们提出的意见，作者进行了多次的整理、扩展和订正，在此基础上形成了现在的《数值分析》教材．

学习本书必需的数学基础是微积分、线性代数和常微分方程等知识，这是一般理工科大学生都具备的．全书除了数值分析的主要理论和算法外，还加入了一些常见的数值计算方法，设计讲授时数为 64 学时左右．如学时少于 64 学时，可对其中内容酌情地少讲或不讲．

本书共分 8 章．内容包括：非线性方程求根，线性方程组数值解法，矩阵特征值与特征向量的数值计算，函数逼近，数值积分和微分，解线性代数方程组的直接方法和迭代方法，常微分方程初值问题的计算方法以及优化问题数值解法．各章均配有习题，书后还有习题答案和提示．教师可适当布置习题，安排上机实习的教学环节．

全书由潘斌教授主编，王泽红、乔靖来、郭小明为副主编，张明昕、赵晓颖、陈佳欣、王博、代泽军参编．

由于作者水平有限，书中的不当之处，恳请读者批评指正，以期修订时改进完善．

编者

2025 年 5 月

目录

第 6 章　数值积分与数值微分　172

第 7 章　常微分方程数值解法　197

第 8 章　优化问题　220

参考文献　236

第1章 绪 论

1.1 数值分析的对象和特点

在计算机成为数值计算主要工具的今天，人们对适合计算机的数值计算方法的需要就显得越来越重要．对于同一个计算问题，选择的计算方法不同所得结果就会有很大差别，当然，人力、物力、财力等消耗也不尽相同．《数值分析》的主要内容就是研究如何较好地利用计算机求解数学问题的数值方法和理论，简称数值计算方法或数值分析．它是数学的一个重要分支，其内容不像纯数学那样只研究理论，而是着重研究求解的数值方法及相关理论．这些理论包括方法的收敛性、稳定性及误差分析．

《数值分析》所包含的内容：函数的数值逼近、数值积分和数值微分、数值线性代数、微分方程的数值解法等．本课程的特点是既有纯数学的高度抽象性与严密科学性的特点，又有应用的广泛性与实际实验的高度技术性的特点，是一门与使用计算机密切结合的实用性很强的数学课程．

1.2 误差的基本概念

1.2.1 误差的来源

我们先来考察一下用计算机解决实际问题的主要过程，如图 1-1 所示．

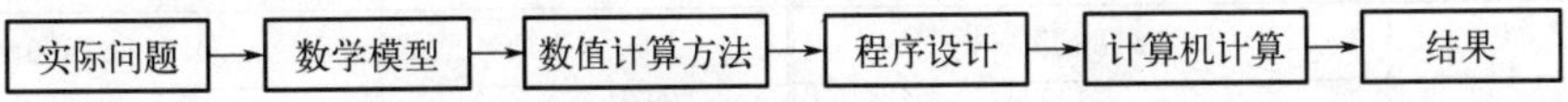

图 1-1 计算机解决实际问题的主要过程

在以上的过程中可以产生下列误差．

模型误差：由实际问题转化为数学模型时产生的误差．

观测误差：通过对数据的观测所产生的误差.

截断误差（方法误差）：近似解与精确解之间的误差.

例如：

$$e^x = 1 + x + \frac{x^2}{2!} + \frac{x^3}{3!} + \cdots = \sum_{n=0}^{\infty} \frac{x^n}{n!}$$

若求 e^2，则有 $e^2 = 1 + 2 + \frac{2^2}{2!} + \frac{2^3}{3!} + \cdots$，由于不可能得到精确值，若取 $n=4$，则 $e^2 \approx 1 + 2 + \frac{2^2}{2!} + \frac{2^3}{3!} + \frac{2^4}{4!}$，此时的截断误差为$\frac{2^5}{5!} + \frac{2^6}{6!} + \cdots$.

另外，由于计算机在计算过程中并非精确运算，它只是对有限位数进行运算，对于超过一定位数的数字便自动施行四舍五入，这样在计算过程中又会产生一定的误差，这种误差称为舍入误差.

本书主要研究截断误差和舍入误差.

接下来举例说明误差分析的重要性.

【例 1】 求 $I_n = \int_0^1 \frac{x^n}{x+5} dx$，$n = 0, 1, \cdots$

解 容易求得

$$I_n + 5I_{n-1} = \int_0^1 \frac{x^n}{x+5} dx + \int_0^1 \frac{5x^{n-1}}{x+5} dx = \int_0^1 x^{n-1} dx = \frac{1}{n}, \quad n = 1, \cdots, 20$$

又 $I_0 = \int_0^1 \frac{1}{x+5} dx = \ln \frac{6}{5} = \ln 1.2$， 而 ln1.2 是个无理数，不可能取到精确值，若取 $I_0 \approx 0.18232155$，得到一个递推公式

$$\begin{cases} I_n = -5I_{n-1} + \frac{1}{n}, & n = 1, \cdots, 20 \\ I_0 = 0.18232155 \end{cases} \tag{1-1}$$

计算结果见表 1-1.

表 1-1 计算结果

n	I_n[式(1-1)]	n	I_n[式(1-2)]
0	0.18232155 ↓	0	0.18232155 ↑
1	0.088392216	1	0.088392216
2	0.058038918	2	0.058038919
3	0.043138742	3	0.043138734
4	0.03430208	4	0.03430633
5	0.02848958	5	0.02846835
6	0.02421875	6	0.02432491
7	0.02176339 ↓	7	0.02123260 ↑
8	0.01618305 ↓	8	0.01883699 ↑
9	0.03019588	9	0.01692617
10	−0.05097941	10	0.01536914
11	0.017324710	11	0.014071338
12	−0.003290219	12	0.012976641

续表

n	I_n[式(1-1)]	n	I_n[式(1-2)]
13	−0.093374172	13	0.012039867
14	−0.39544229	14	0.0112229233
15	2.0438787 ↓	15	0.010520499 ↑
16	−10.156890	16	0.009897504
17	50.843276	17	0.009336007
18	−254.16082	18	0.008875522
19	1270.8567	19	0.0082539682
20	−6354.2338 ↓	20	0.0087301587 ↑

注：前两列是由式(1-1)计算所得值，后两列是由式(1-2)计算所得值．

我们分析一下 I_n 的特性：

① $I_n>0$；

② $I_n<I_{n-1}$；

③ $I_n\xrightarrow{n\to\infty}0$；

④ $I_n<I_{n-1}<I_{n-2}$．

由此可知，用式(1-1)计算的值是不可应用的．那么怎样计算才能使结果可靠呢？由式(1-1)及 $I_n<I_{n-1}<I_{n-2}$ 可知，$\dfrac{1}{6n}<I_{n-1}<\dfrac{1}{5n}$，所以 $\dfrac{1}{6\times21}<I_{20}<\dfrac{1}{5\times21}$，取 $I_{20}\approx\dfrac{1}{2}\left(\dfrac{1}{6\times21}+\dfrac{1}{5\times21}\right)$，建立以下递推公式．

$$\begin{cases}I_{n-1}=\dfrac{-1}{5}I_n+\dfrac{1}{5n},\ n=20,\ 19,\ \cdots,\ 2,\ 1\\ I_{20}=0.0087301587\end{cases}\tag{1-2}$$

由式(1-2)重新计算 $I_1\sim I_{20}$ 的值（表1-1的后两列），可见，尽管 I_{20} 的初值取得比较粗糙，但计算到 I_1 及 I_0 时还是比较精确的．接下来我们就来分析式(1-1)和式(1-2)的区别．

由于计算机只能对有限位数进行计算，因此，当取 I_0 用式(1-1)计算时，I_0 带有的误差会一直传下去．具体传播过程如下．

设 I_n 为理论值，$\overline{I}_n$ 为实际计算值，则有

$$|I_n-\overline{I}_n|=5|I_{n-1}-\overline{I}_{n-1}|=\cdots=5^n|I_0-\overline{I}_0|\tag{1-3}$$

尽管 I_0 误差很小，但是 5^n 却是很大的．

而用式(1-2)计算时，有

$$|I_0-\overline{I}_0|=\frac{1}{5}|I_1-\overline{I}_1|=\cdots=\frac{1}{5^n}|I_n-\overline{I}_n|\tag{1-4}$$

尽管 I_{20} 误差很大，但是 $\dfrac{1}{5^n}$ 却是很小的．

由以上两式知，一个是舍入误差在积累，一个是舍入误差在缩小．我们称舍入误差积累的递推公式[比如式(1-1)]为不稳定的公式，而称舍入误差缩小（至少不增）的递推公式[比如式(1-2)]为稳定的计算公式．

1.2.2 误差与误差限

定义 1 设 x 为精确值，x^* 为 x 的一个近似值，称 $e^*=x^*-x$ 为近似值的绝对误差（简称误差）.

由于 x 是未知的，所以误差是不可计算的．通常只能估计，常用 $|x^*-x|=|e^*|\leqslant\varepsilon^*$ 来估计，我们称 ε^* 为 x 的误差限．

定义 2 称 $e_r^*=\dfrac{x^*-x}{x}$ 为 x^* 的相对误差（x 与 x^* 的定义同上).

同样，由于 x 是未知的，所以通常取 $e_r^*=\dfrac{x^*-x}{x^*}=\dfrac{e^*}{x^*}$ 作为 x 的相对误差．这时产生的误差可忽略不计，我们把其绝对值的上界称为相对误差限，记作 $\varepsilon_r^*=\dfrac{\varepsilon^*}{|x^*|}$.

1.2.3 有效数字

我们知道，当精确值 x 有很多位数时，常按四舍五入的原则取其前几位数字作为其近似值．

例如：$\pi=3.1415926\cdots$，若取 $\pi^*=3.14$ 或取 $\pi^*=3.1416$，则它们分别具有的误差为 $|\pi-\pi^*|=0.0015926\cdots<0.005$ 及 $|\pi-\pi^*|=0.0000074\cdots<0.00005$. 其误差限分别为 $\varepsilon^*\leqslant\dfrac{1}{2}\times10^{-2}$ 及 $\varepsilon^*\leqslant\dfrac{1}{2}\times10^{-4}$．由此我们给出以下定义．

定义 3 若近似值 x^* 的误差限是某一位的半个单位，且该位到 x^* 的左边第一位非零数字共有 n 位，则称 x^* 有 n 位有效数字．

由此可知，以上的 3.14 和 3.1416 作为 π 的近似值，分别具有 3 位和 5 位有效数字．有 n 位有效数字的近似数 x^* 可以写成标准形式

$$x^*=\pm10^m\times0.a_1a_2\cdots a_n \tag{1-5}$$

式中，a_i 是 0～9 中的数（$i=1，2，\cdots，n$)；$a_1\neq0$；$|x-x^*|\leqslant\dfrac{1}{2}\times10^{m-n}$

例如：用 $x^*=1.41421$ 作为 $\sqrt{2}$ 的近似值，可以写成 $x^*=10^1\times0.141421$，且 $|x-x^*|=\left|\sqrt{2}-1.41421\right|=0.0000036\leqslant0.000005=\dfrac{1}{2}\times10^{1-6}=\dfrac{1}{2}\times10^{-5}$.

所以 $x^*=1.41421$ 作为 $\sqrt{2}$ 的近似值，它有 6 位有效数字．

【例 2】 以下数字都是经过四舍五入得到的数字，问它们各有几位有效数字？

$$x_1^*=0.0123，x_2^*=7\times10^4，x_3^*=0.12130$$

解 对于 x_1^*，最后一位数 3 是经过四舍五入得到的数字，所以其误差限不超过 3 所在位 10^{-4} 的一半，即误差限小于等于 $\dfrac{1}{2}\times10^{-4}$，故有 3 位有效数字．而对于 x_2^*，要考虑 7 是经过四舍五入得到的数字，故有 1 位有效数字．同理 x_3^* 有 5 位有效数字（最右边的 0 是经过四舍五入得到的数字).

有效数字与相对误差限的关系有以下定理．

定理 1 设 x^* 是由式(1-5) 表示的近似数，若 x^* 有 n 位有效数字，则其相对误差

限为

$$\varepsilon_r^* \leqslant \frac{1}{2a_1} \times 10^{-(n-1)} \tag{1-6}$$

反之，若 x^* 的相对误差限为

$$\varepsilon_r^* \leqslant \frac{1}{2(a_1+1)} \times 10^{-(n-1)} \tag{1-7}$$

则 x^* 至少有 n 位有效数字.

定理1说明，有效数字的位数越多，相对误差限越小.

【例3】 为使$\sqrt{70}$的近似数的相对误差限小于0.1%，问查开方表时，要取几位有效数字?

解 设查开方表时取 n 位有效数字，那么根据式(1-6) 和 $8 \leqslant \sqrt{70} \leqslant 9$，得 $a_1=8$，因此要使$\sqrt{70}$的近似数的相对误差限小于0.1%，只需取 n 满足

$$\frac{1}{2a_1} \times 10^{-(n-1)} = \frac{1}{2 \times 8} \times 10^{-(n-1)} < 0.1\%$$

解得 $n=3$，即取$\sqrt{70} \approx 8.37$.

【例4】 已知近似数 x^* 的相对误差限为0.3%，问 x^* 至少有几位有效数字?

解 设 x^* 有 n 位有效数字，由式(1-6) 知，$\frac{3}{1000} \leqslant \frac{1}{2a_1} \times 10^{-(n-1)}$，$x^*$ 的第一位数字 a_1 没给出，但显然有$\frac{3}{1000} \leqslant \frac{1}{200} = \frac{1}{2 \times (9+1)} \times 10^{-1}$，即 x^* 的相对误差限满足式(1-7)，所以 $n-1=1$，知 x^* 至少有2位有效数字.

1.2.4 数值运算中的误差估计

数值运算中的误差估计一般是很复杂的，通常我们利用多元函数中全微分代替全增量的方法来估计误差.

以二元函数 $z=f(x, y)$ 为例，我们知道 $f(x, y)$ 在 (x, y) 点的全增量 $\Delta z = f(x+\Delta x, y+\Delta y) - f(x, y)$，$f(x, y)$ 在 (x, y) 点的全微分 $\mathrm{d}z = \frac{\partial f}{\partial x}\mathrm{d}x + \frac{\partial f}{\partial y}\mathrm{d}y$，又 $\Delta z - \mathrm{d}z = o(\rho)$，其中，$\rho = \sqrt{(\Delta x)^2 + (\Delta y)^2}$，所以 $|\Delta z| \approx |\mathrm{d}z|$. 若令 $x^* = x + \Delta x$，$y^* = y + \Delta y$，则得 $\Delta z = f(x^*, y^*) - f(x, y) \approx \left(\frac{\partial f}{\partial x}\mathrm{d}x + \frac{\partial f}{\partial y}\mathrm{d}y\right)_{(x^*, y^*)}$.

由上面的讨论知，假设要计算 $A = f(x_1, \cdots, x_n)$ 的值，已知 $x_1^*, \cdots, x_n^*$ 是 $x_1, \cdots, x_n$ 的近似值，此时 A 的近似值为 $A^* = f(x_1^*, \cdots, x_n^*)$，那么 A^* 作为 A 的近似值时的误差限为

$$\varepsilon(A^*) = |e(A^*)| \approx \left| \sum_{k=1}^{n} \left(\frac{\partial f}{\partial x_k}\right)^* (x_k^* - x_k) \right|$$

由此得到 A 的误差限满足

$$\varepsilon(A^*) = |e(A^*)| \leqslant \sum_{k=1}^{n} \left| \left(\frac{\partial f}{\partial x_k}\right)^* \right| |x_k^* - x_k| \text{ 或 } \varepsilon(A^*) = |e(A^*)| \leqslant \sum_{k=1}^{n} \left| \left(\frac{\partial f}{\partial x_k}\right)^* \right| \varepsilon(x_k^*) \tag{1-8}$$

而 A 的相对误差限为

$$\varepsilon_r(A^*)=\frac{\varepsilon(A^*)}{|A^*|}\leqslant\sum_{k=1}^{n}\left|\left(\frac{\partial f}{\partial x_k}\right)^*\right|\frac{\varepsilon(x_k^*)}{|A^*|} \tag{1-9}$$

式中，$\left(\frac{\partial f}{\partial x_k}\right)^*=\frac{\partial}{\partial x_k}f(x_1^*,x_2^*,\cdots,x_n^*)$ 为 $f(x_1,\cdots,x_n)$ 在 $(x_1^*,\cdots,x_n^*)$ 点关于 x_k 的偏导数．

【例 5】 要计算 $f=(\sqrt{2}-1)^6$，取 $\sqrt{2}\approx1.41$. 求 $\varepsilon(f)$.

解 由式(1-8) 知

$$\varepsilon(f)\leqslant6(1.41-1)^5\left|\sqrt{2}-1.41\right|\leqslant6\times0.41^5\times\frac{1}{2}\times10^{-2}$$

【例 6】 设 $f(x,y)=\frac{\cos y}{x}$，$x=1.30\pm0.005$，$y=0.871\pm0.0005$，若将 $f(1.30,0.871)$ 作为 $f(x,y)$ 的近似值，那么误差约为多少？

解 由式(1-8) 知

$$\varepsilon(f)\leqslant\left|\frac{\cos0.871}{1.30^2}\right|\times0.005+\left|\frac{\sin0.871}{1.30}\right|\times0.0005\approx0.0022$$

1.3 数值运算的基本原则

一个工程技术问题的解决往往要经过若干次运算，若每一步都要分析误差的话，那当然是最好的，但这是不可能的．为鉴别计算结果的可靠性，我们提出数值运算中应注意的几个问题．

(1) 要使用稳定的计算公式

由例 1 自然得到．

(2) 要避免两相近数相减

出现这种情况时，应先对公式进行等价变换，然后再计算．

例如：计算 $1-\cos2^0$，若保留四位小数，直接计算得 $1-\cos2^0\approx1-0.9994=0.0006$，只有一位有效数字．而用 $1-\cos2^0=\frac{\sin^2 2^0}{1+\cos2^0}\approx\frac{(0.0349)^2}{1.9994}=6.092\times10^{-4}$，具有四位有效数字．

以下是几个常用的等价变换公式．

① $x_1\approx x_2$ 时，变换 $\lg x_1-\lg x_2=\lg\frac{x_1}{x_2}$；

② $x\approx0$ 时，变换 $\frac{1-\cos x}{\sin x}=\frac{\sin x}{1+\cos x}$；

③ x 充分大时，变换 $\arctan(x+1)-\arctan x=\arctan\frac{1}{1+x(x+1)}$；

④ x 充分大时，变换 $\sqrt{x+1}-\sqrt{x}=\frac{1}{\sqrt{x+1}+\sqrt{x}}$.

(3) 防止大数“吃掉”小数

在计算机运算过程中，若两个数的数量级相差很大，那么数量级较小的数往往会被忽略，这就是所说的大数“吃掉”小数．

例如：要计算 $53480+\sum_{i=1}^{1000} a_i$，$a_i=0.001(i=1,\cdots,1000)$，就需要先计算 a_i 之和，然后再加上 53480.

（4）注意简化计算步骤，减少运算次数

对于同一个问题，若能减少运算次数，不但能减少计算机的运行时间，还可以减少舍入误差．

（5）绝对值较小的数不宜作除数

绝对值近似于零的数作除数时会导致算法数值不稳定，设计算法时应尽量避免．

习题 1

1．下列各数都是经过四舍五入得到的近似值．

① 试指出它们有几位有效数字；

② 分别估计 $A_1=x_1^* x_2^* x_3^*$ 及 $A_2=\dfrac{x_2^*}{x_4^*}$ 的误差限．

$$x_1^*=1.1021,\ x_2^*=0.031,\ x_3^*=385.6,\ x_4^*=56.430$$

2．正方形的边长大约为 100cm，怎样测量才能使其面积误差不超过 1cm^2？

3．测得某房间长约为 $l^*=4.32\text{m}$，宽约为 $d^*=3.12\text{m}$，且长与宽的误差限均为 0.01m，试问房间面积 $S=ld$ 的误差限和相对误差限分别是多少？

4．下列公式如何计算才比较准确？

① 当 x 的绝对值充分小时，计算 $\dfrac{e^{2x}-1}{2}$；

② 当 N 的绝对值充分大时，计算 $\displaystyle\int_N^{N+1}\frac{1}{1+x^2}\mathrm{d}x$；

③ 当 x 的绝对值充分大时，计算 $\sqrt{x+\dfrac{1}{x}}-\sqrt{x-\dfrac{1}{x}}$．

5．数列 $\{y_n\}$ 满足递推关系 $y_n=10y_{n-1}-1$（$n=1,2,\cdots$），若 $y_0=\sqrt{2}\approx1.41$，计算到 y_{10} 时误差有多大？这个计算数值稳定吗？

6．计算 $f=(\sqrt{2}-1)^6$，取 $\sqrt{2}\approx1.4$，直接计算和用 $\dfrac{1}{(3+2\sqrt{2})^3}$ 来计算，哪一个较好？

7．求二次方程 $x^2-16x+1=0$ 的较小正根，要求有 3 位有效数字．

8．如果利用四位函数表计算 $1-\cos2^0$，试用不同方法计算并比较结果的误差．

9．设 x 的相对误差限为 δ，求 x^{100} 的相对误差限．

10．已知三角形面积 $S=\dfrac{1}{2}ab\sin c$，其中，c 为弧度，满足 $0<c<\dfrac{\pi}{2}$，且 a，b，c 的误差分别为 Δa，Δb，Δc，证明面积的误差 ΔS 满足 $\left|\dfrac{\Delta S}{S}\right|\leqslant\left|\dfrac{\Delta a}{a}\right|+\left|\dfrac{\Delta b}{b}\right|+\left|\dfrac{\Delta c}{c}\right|$．

参考答案

第2章 非线性方程求根

在一些实际问题中，常常会遇到求解方程 $f(x)=0$ 的问题，这里的函数 $f(x)$ 可以是代数多项式，也可以是超越函数，相应的方程分别称为代数方程或超越方程．若 x^* 使得 $f(x^*)=0$，则称 x^* 为方程的根．

2.1 根的搜索

我们知道，若 $f(x)$ 在闭区间 $[a, b]$ 上连续，且 $f(a)f(b)<0$，则 $f(x)=0$ 在 $[a, b]$ 内至少有一个根，此时区间 $[a, b]$ 称为有根区间．以后若无特殊说明，我们总假定方程 $f(x)=0$ 是有解的．

以下我们给出两种常用的根的搜索方法，这两种方法一般不单独使用，它们与后面要介绍的其他方法结合使用效果更好．

2.1.1 逐步搜索法

逐步搜索法的步骤为：先将 $[a, b]$ 区间分成 n 等份，称 $h=\frac{b-a}{n}$ 为步长，并记 $x_k(k=0, 1, \cdots, n)$ 为等分点．从 $x_0=a$ 出发，逐个验证 $f(x_0)$，$f(x_1)$，…，$f(x_k)$，…的符号，一旦发现 $f(x_k)$ 与 $f(x_{k+1})$ 符号相反，则断定在区间 $[x_k, x_{k+1}]$ 内有 $f(x)=0$ 的一个根．用这种方法可以求出区间 $[a, b]$ 内的所有 $f(x)=0$ 的根所在的区间，如果要求精度不高的话，可以取 $x^*\approx\frac{x_k+x_{k+1}}{2}$ 作为 $f(x)=0$ 的近似根，但若要求精度较高，可以将区间 $[x_k, x_{k+1}]$ 再分成 n 等份，用以上方法将有根区间逐步缩小，最后取有根区间的中点即可，也可以第一次就将 $[a, b]$ 区间分得很细（即 n 取很大）．不管怎样，若要求精度较高，用这种方法来求 $f(x)=0$ 的根时，计算工作量是较大的，所以一般不单独使用．

由以上内容可知，我们总可以用上述方法使得有根区间内只含有 $f(x)=0$ 的一个根，因此，以后我们总假定方程 $f(x)=0$ 在有根区间内只有一个根．

2.1.2 二分法

假设 $f(x)=0$ 在 $[a, b]$ 内只有一个根，二分法的步骤如下．

① 取 $x_0=\frac{a+b}{2}$，计算 $f(x_0)$. 若 $f(x_0)$ 与 $f(a)$ 同号，则所求根一定在区间 $[x_0, b]$ 内，此时令 $a_1=x_0$，$b_1=b$，否则，令 $a_1=a$，$b_1=x_0$. 从而得有根区间 $[a_1, b_1]$. 显然有根区间 $[a_1, b_1]$ 的长度为原有根区间 $[a, b]$ 的长度的一半.

② 取 $x_1=\frac{a_1+b_1}{2}$，计算 $f(x_1)$. 若 $f(x_1)$ 与 $f(a_1)$ 同号，则所求根一定在区间 $[x_1, b_1]$ 内，此时令 $a_2=x_1$，$b_2=b_1$，否则，令 $a_2=a_1$，$b_2=x_1$. 从而得有根区间 $[a_2, b_2]$. 显然有根区间 $[a_2, b_2]$ 的长度为 $[a_1, b_1]$ 的长度的一半，且为原有根区间 $[a, b]$ 的长度的 $\frac{1}{4}$.

继续以上过程，若存在某个 x_k，使得 $f(x_k)=0$，则所求根 $x^*=x_k$. 否则得一系列有根区间 $[a, b]\supset[a_1, b_1]\supset\cdots\supset[a_k, b_k]\supset\cdots$，其中，每一个有根区间都是前一个有根区间的一半. 当 $k\to\infty$ 时，有根区间必然缩为一点 x^*，而 x^* 即为所求的根.

对有根区间的中点 $x_k=\frac{a_k+b_k}{2}(k=0, 1, \cdots)$，则 x_0，x_1，…，x_k，… 产生一个点列，显然有 $\lim\limits_{k\to\infty}x_k=x^*$，所以，当 k 充分大时，可以取 $x^*\approx x_k=\frac{a_k+b_k}{2}$ 作为 $f(x)=0$ 的近似根. 实际计算时，常常用以下几种方法确定终止条件.

① 给定精度 $\delta>0$，若对 $x_k=\frac{a_k+b_k}{2}$ 有 $|f(x_k)|\leqslant\delta$，则可停止二分，取 $x^*\approx x_k=\frac{a_k+b_k}{2}$.

② 给定精度 $\varepsilon>0$，若有某个有根区间 $[a_k, b_k]$ 的长度满足 $b_k-a_k\leqslant\varepsilon$，则可停止二分，取 $x^*\approx x_k=\frac{a_k+b_k}{2}$.

③ 给定精度 $\varepsilon>0$，若要求 $|x^*-x_k|<\varepsilon$，可以估计出所需二分的次数 k. 事实上，因为

$$|x^*-x_k|\leqslant\frac{b_k-a_k}{2}=\frac{b-a}{2^{k+1}}$$

只需

$$\frac{b-a}{2^{k+1}}<\varepsilon \tag{2-1}$$

就能保证 $|x^*-x_k|<\varepsilon$，由式(2-1) 解得 $k>\frac{\ln\frac{b-a}{2\varepsilon}}{\ln 2}$. 所以可以用二分次数 k 作为终止条件.

【例 1】 用二分法求方程 $f(x)=x^3+x^2-3x-3=0$ 在区间 $[1, 2]$ 的根，要求误差不超过 0.01.

解 $f(a)=f(1)=-4<0$，$f(b)=f(2)=3>0$，且 $x\in[1, 2]$ 时，$f'(x)=3x^2+2x-3>0$，得知方程 $f(x)=0$ 在 $[1, 2]$ 内有唯一根.

再由式(2-1) 知，当有根区间 $[a_k, b_k]$ 满足 $\frac{1}{2}(b_k-a_k)<0.01$ 时，取 $x^*\approx x_k=$

$\frac{a_k+b_k}{2}$就可以保证误差$|x^*-x_k|<0.01$.

当然，仍由式(2-1)可得$k>\frac{\ln\frac{b-a}{2\varepsilon}}{\ln 2}=5.6438562=6$，$x_0=\frac{1+2}{2}=1.5$，$f(1.5)=-1.875<0$与$f(1)$同号，得有根区间$[a_1, b_1]=[1.5, 2]$；再取$x_1=\frac{1.5+2}{2}=1.75$，$f(1.75)=0.17188>0$与$f(1.5)$异号，得有根区间$[a_2, b_2]=[1.5, 1.75]$，继续下去.计算结果见表2-1.

表 2-1　计算结果

k	a_k	b_k	x_k	$f(x_k)$
0	1.00000	2.00000	1.50000	−1.8750
1	1.50000	2.00000	1.75000	0.17188
2	1.50000	1.75000	1.62500	−0.94336
3	1.62500	1.75000	1.68750	−0.40942
4	1.68750	1.75000	1.71875	−0.12479
5	1.71875	1.75000	1.73438	0.02203
6	1.71875	1.73400	1.72656	−0.05176

$\frac{1}{2}(b_6-a_6)=\frac{1.734-1.71875}{2}=0.007625<0.01$，且二分次数$k=6$，所以取方程的近似根为$x_6=1.72656$.

2.2　迭代法

2.2.1　简单迭代法

设给定方程$f(x)=0$，首先将方程转化为与其等价的形式$x=\varphi(x)$，其次，取一个近似值x_0代入$x=\varphi(x)$得$x_1=\varphi(x_0)$，再将x_1代入得$x_2=\varphi(x_1)$，一般地，有

$$x_{k+1}=\varphi(x_k),\ k=0, 1, 2, \cdots \tag{2-2}$$

由式(2-2)则得到一个迭代序列$\{x_k\}(k=0, 1, 2, \cdots)$.如果这个序列收敛，则它的极限值就是所求方程的根$x^*$，即有$\lim\limits_{k\to\infty}x_k=x^*$.通常我们称$x^*$为方程$x=\varphi(x)$的不动点.

【例2】 用迭代法求方程$x^3-x^2-x-1=0$在区间[1, 2]的根.

解　方案1：方程$x^3-x^2-x-1=0$转化为等价形式$x=\sqrt[3]{x^2+x+1}$，建立迭代公式$x_{k+1}=\sqrt[3]{x_k^2+x_k+1}(k=0, 1, 2, \cdots)$，取$x_0=2$，迭代得$x_1=1.91293$，$x_2=1.87314$，$x_3=1.85487$，…，$x_{13}=1.83929$.

方案 2：方程 $x^3-x^2-x-1=0$ 转化为等价形式 $x=1+\frac{1}{x}+\frac{1}{x^2}$，建立迭代公式 $x_{k+1}=1+\frac{1}{x_k}+\frac{1}{x_k^2}(k=0, 1, 2, \cdots)$，取 $x_0=2$，迭代得 $x_1=1.75$，$x_2=1.89796$，$x_3=1.80448$，…，$x_{20}=1.83929$.

方案 3：方程 $x^3-x^2-x-1=0$ 转化为等价形式 $x=x^3-x^2-1$，建立迭代公式 $x_{k+1}=x_k^3-x_k^2-1(k=0, 1, 2, \cdots)$，取 $x_0=2$，迭代得 $x_1=3$，$x_2=17$，$x_3=4623$，…可见产生的序列是不收敛的.

上例说明，方程 $f(x)=0$ 的转化形式不同［即 $\varphi(x)$ 不同，我们称其为迭代函数不同］，由此建立的迭代公式产生的序列的收敛性也不同. 也就是说并非任意等价变换后所建立的迭代公式都是收敛的. 那么应该如何变换才能使所建立的迭代公式收敛呢？见以下定理.

定理 1　对于方程 $f(x)=0$ 的等价形式 $x=\varphi(x)$，若迭代函数 $\varphi(x)$ 满足：

① $\varphi(x)\in C[a, b]$；

② 对 $\forall x\in[a, b]$，有 $\varphi(x)\in[a, b]$；

③ 对 $\forall x\in[a, b]$，存在常数 $0<L<1$，有 $|\varphi'(x)|\leqslant L$.

则有：

① $x=\varphi(x)$ 在 $[a, b]$ 上有唯一解 x^*；

② 对 $\forall x_0\in[a, b]$，迭代过程 $x_{k+1}=\varphi(x_k)(k=0, 1, \cdots)$收敛于方程 $x=\varphi(x)$的根 x^*；

③ $|x^*-x_k|\leqslant\frac{1}{1-L}|x_{k+1}-x_k|$；

④ $|x^*-x_k|\leqslant\frac{L^k}{1-L}|x_1-x_0|$.

证明 1　存在性：令 $h(x)=\varphi(x)-x$，则 $h(x)\in C[a, b]$，且 $h(a)\geqslant 0$，$h(b)\leqslant 0$. 所以由连续函数性质知，至少有一个 $x^*\in[a, b]$ 使 $h(x^*)=\varphi(x^*)-x^*=0$.

唯一性：设两个解 x^*、$\bar{x}\in[a, b]$，均使 $x^*=\varphi(x^*)$ 及 $\bar{x}=\varphi(\bar{x})$，由中值定理得 $x^*-\bar{x}=\varphi(x^*)-\varphi(\bar{x})=\varphi'(\xi)(x^*-\bar{x})$，其中，$\xi$ 在 x^* 与 $\bar{x}$ 之间，从而得 $(x^*-\bar{x})[1-\varphi'(\xi)]=0$，由于 $1-\varphi'(\xi)>0$，所以 $x^*=\bar{x}$.

证明 2　由中值定理得

$$x^*-x_{k+1}=\varphi(x^*)-\varphi(x_k)=\varphi'(\xi)(x^*-x_k)$$

取绝对值得

$$|x^*-x_{k+1}|\leqslant L|x^*-x_k| \tag{2-3}$$

反复利用式(2-3) 得

$$|x^*-x_{k+1}|\leqslant L|x^*-x_k|\leqslant L^2|x^*-x_{k-1}|\leqslant\cdots\leqslant L^{k+1}|x^*-x_0|$$

注意到 $L<1$，得 $|x^*-x_{k+1}|\xrightarrow{k\to\infty}0$，即 $x_k\xrightarrow{k\to\infty}x^*$.

证明 3　同样由中值定理得

$$|x_{k+1}-x_k|=|\varphi(x_k)-\varphi(x_{k-1})|=|\varphi'(\xi)(x_k-x_{k-1})|\leqslant L|x_k-x_{k-1}| \tag{2-4}$$

同时

$$|x_{k+1}-x_k|=|(x^*-x_k)-(x^*-x_{k+1})|\geqslant|x^*-x_k|-|x^*-x_{k+1}|\geqslant|x^*-x_k|-L|x^*-x_k|=(1-L)|x^*-x_k|$$

两边除以 $(1-L)$，结论得证.

证明 4　由结论③及式(2-4) 得

$$|x^*-x_k|\leqslant\frac{1}{1-L}|x_{k+1}-x_k|\leqslant\frac{L}{1-L}|x_k-x_{k-1}|\leqslant\cdots\leqslant\frac{L^k}{1-L}|x_1-x_0|$$

注意：由结论③知，要使 $|x^*-x_k|\leqslant\varepsilon$，只需 $|x_{k+1}-x_k|$ 小于某一正数，所以实际计算中，常用 $|x_{k+1}-x_k|$ 小于某一正数作为终止条件．

如果在方程 $x=\varphi(x)$ 的根 x^* 的某一邻域内，由迭代过程 $x_{k+1}=\varphi(x_k)$ 产生的序列收敛，那么就称迭代过程具有局部收敛性．

定义 1 若存在 x^* 的某一邻域 R：$|x-x^*|<\delta$，使得迭代过程 $x_{k+1}=\varphi(x_k)(k=0,1,\cdots)$ 对任意 $x_0\in R$ 都收敛，则称迭代过程 $x_{k+1}=\varphi(x_k)$ 在 x^* 邻域具有局部收敛性．

定理 2 设 x^* 为 $x=\varphi(x)$ 的根，$\varphi'(x)$ 在 x^* 的邻域连续，且 $|\varphi'(x^*)|\leqslant L<1$，则迭代过程 $x_{k+1}=\varphi(x_k)$ 在 x^* 邻域具有局部收敛性．

证明 由于 $|\varphi'(x^*)|\leqslant L<1$，又 $\varphi'(x)$ 在 x^* 的邻域连续，故存在 x^* 的某一邻域 R：$|x-x^*|<\delta$，使对任意 $x\in R$，有 $|\varphi'(x)|\leqslant L<1$，又对任意 $x\in R$，$|\varphi(x)-x^*|=|\varphi(x)-\varphi(x^*)|\leqslant L|x-x^*|<|x-x^*|<\delta$，即对任意 $x\in R$，有 $\varphi(x)\in R$. 由定理 1 知 $x_{k+1}=\varphi(x_k)$ 收敛．

【例 3】 讨论例 2 中三种迭代方案的收敛性．

解 方案 1：由 $x=\sqrt[3]{x^2+x+1}$ 知，$\varphi(x)=\sqrt[3]{x^2+x+1}$，$\varphi'(x)=\dfrac{2x+1}{3\sqrt[3]{(x^2+x+1)^2}}$. 任意 $x\in[1,2]$，有 $|\varphi'(x)|\leqslant L<1$，所以迭代过程收敛．

方案 2：$\varphi(x)=1+\dfrac{1}{x}+\dfrac{1}{x^2}$，$\varphi'(x)=-\dfrac{1}{x^2}-\dfrac{2}{x^3}$. 由例 2 知方程的根 x^* 在 1.8 附近，而 $|\varphi'(1.8)|\approx0.6516<1$，所以迭代过程在方程的根 x^* 附近具有局部收敛性．

方案 3：$\varphi(x)=x^3-x^2-1$，$\varphi'(x)=3x^2-2x$，对任意 $x\in[1,2]$，知 $|\varphi'(x)|>1$，所以迭代过程不收敛．

2.2.2 迭代加速方法

在例 2 中我们看到，虽然前两种方案都是收敛的，但是收敛速度是较慢的，为此我们研究迭代公式的加工，以提高收敛速度．

设 x_k 是 x^* 的某个近似值，迭代一次后得，$x_{k+1}=\varphi(x_k)$，由中值定理得，$x_{k+1}-x^*=\varphi'(\xi)(x_k-x^*)$，其中，$\xi$ 在 x_k 与 x^* 之间．假设 $\varphi'(x)$ 变化不大，可以近似地取某个近似值 L，则有 $x_{k+1}-x^*\approx L(x_k-x^*)$. 同理得，$x_{k+2}-x^*\approx L(x_{k+1}-x^*)$，两式相除消去 L，解得

$$x^*\approx\frac{x_kx_{k+2}-x_{k+1}^2}{x_{k+2}-2x_{k+1}+x_k}=x_{k+2}-\frac{(x_{k+2}-x_{k+1})^2}{x_{k+2}-2x_{k+1}+x_k}$$

所以取 $x_{k+3}=x_{k+2}-\dfrac{(x_{k+2}-x_{k+1})^2}{x_{k+2}-2x_{k+1}+x_k}$，应该比直接由迭代 $x_{k+3}=\varphi(x_{k+2})$ 计算所得结果要好．

如此继续下去，每迭代两次后，取一次，这样产生的迭代方法即称为 Aitken（埃特金）加速方法［或 Steffensen（斯特芬森）加速方法］. 具体迭代公式如下，其中，$k=0,1,2,\cdots$.

校正：$y_k=\varphi(x_k)$

再校正：$z_k=\varphi(y_k)$

改进：$x_{k+1}=z_k-\dfrac{(z_k-y_k)^2}{z_k-2y_k+x_k}$ (2-5)

实际计算时也常用下列迭代公式，其中，$k=0, 1, 2, \cdots$.

校正：$y_k=\varphi(x_k)$

再校正：$z_k=\varphi(y_k)$

改进：$x_{k+1}=x_k-\dfrac{(y_k-x_k)^2}{z_k-2y_k+x_k}$ (2-6)

当一般迭代公式收敛速度较慢甚至不收敛时，用以上两种迭代公式可以大大提高收敛速度.

【例 4】 用 Aitken 加速方法求解例 2.

解 方案 1：$x_{k+1}=\sqrt[3]{x_k^2+x_k+1}$，此时 Aitken 加速方法迭代公式为

$$y_k=\sqrt[3]{x_k^2+x_k+1}$$

$$z_k=\sqrt[3]{y_k^2+y_k+1}$$

$$x_{k+1}=z_k-\frac{(z_k-y_k)^2}{z_k-2y_k+x_k},\ k=0, 1, 2, \cdots$$

方案 2：Aitken 加速方法迭代公式为

$$y_k=1+\frac{1}{x_k}+\frac{1}{x_k^2}$$

$$z_k=1+\frac{1}{y_k}+\frac{1}{y_k^2}$$

$$x_{k+1}=z_k-\frac{(z_k-y_k)^2}{z_k-2y_k+x_k},\ k=0, 1, 2, \cdots$$

方案 3：Aitken 加速方法迭代公式为

$$y_k=x_k^3-x_k^2-1$$

$$z_k=y_k^3-y_k^2-1$$

$$x_{k+1}=z_k-\frac{(z_k-y_k)^2}{z_k-2y_k+x_k},\ k=0, 1, 2, \cdots$$

以上三种方案仍取 $x_0=2$，计算结果见表 2-2.

表 2-2　计算结果

迭代次数	方案 1			方案 2			方案 3		
k	x_k	y_k	z_k	x_k	y_k	z_k	x_k	y_k	z_k
0	2.00000	1.91293	1.87314	2.00000	1.75000	1.89796	2.00000	3.00000	17.0000
1	1.83965	1.83945	1.83936	1.83600	1.82489	1.84826	1.92308	2.41374	7.23671
2	1.83929			1.83892	1.83951	1.83915	1.86750	2.02547	3.20702
3				1.83901	1.83946	1.83918	1.84312	1.86416	2.00300
4				1.83921	1.83942	1.83920	1.83936	1.83976	1.84235
5				1.83929			1.83928		

由前述内容可见，Aitken 加速方法的加速效果还是比较显著的．同时，原来方案 3 是不收敛的公式，但通过改进变为了收敛的公式．

实际上式(2-6) 是将不动点迭代法式(2-2) 计算的两步合并成一步得到的，可将它写成另一种不动点迭代．

$$x_{k+1}=\psi(x_k),\ k=0,\ 1,\ \cdots \tag{2-7}$$

式中，

$$\psi(x)=x-\frac{[\varphi(x)-x]^2}{\varphi(\varphi(x))-2\varphi(x)+x} \tag{2-8}$$

对不动点迭代法式(2-7) 有以下局部收敛性定理．

定理 3 若 x^* 为式(2-8) 定义的迭代函数 $\psi(x)$ 的不动点，则 x^* 为 $\varphi(x)$ 的不动点，反之，若 x^* 为 $\varphi(x)$ 的不动点，设 $\varphi''(x)$ 存在，$\varphi'(x^*)\neq 1$，则 x^* 是 $\psi(x)$ 的不动点，且 Aitken 加速方法式(2-6) 是二阶收敛的．

2.3 Newton 法

2.3.1 Newton 法迭代公式

设方程 $f(x)=0$ 中的函数 $f(x)$ 二次连续可微，x^* 为方程 $f(x)=0$ 的实根，x_k 是其某个近似值，将 $f(x)$ 在 x_k 点做泰勒（Taylor）展开，得

$$f(x)=f(x_k)+f'(x_k)(x-x_k)+\frac{f''(x_k)}{2!}(x-x_k)^2+\cdots$$

在上式中取线性部分

$$f(x_k)+f'(x_k)(x-x_k)=0 \tag{2-9}$$

的根，作为方程 $f(x)=0$ 的根的一个近似．由式(2-9) 得

$$x^*\approx x_k-\frac{f(x_k)}{f'(x_k)}$$

将这一近似值作为第 $k+1$ 次迭代值，得到

$$x_{k+1}=x_k-\frac{f(x_k)}{f'(x_k)},\ k=0,\ 1,\ 2,\ \cdots \tag{2-10}$$

此即称为 Newton（牛顿）法．

求方程 $f(x)=0$ 的根，从几何上讲，它是曲线 $y=f(x)$ 与直线 $y=0$（x 轴）交点的横坐标，而 $f(x_k)+f'(x_k)(x-x_k)=0$，相当于直线 $y=f(x_k)+f'(x_k)(x-x_k)$ 与 $y=0$（x 轴）交点的横坐标．直线 $y=f(x_k)+f'(x_k)(x-x_k)$ 实际上是曲线 $y=f(x)$ 在 $(x_k,\ f(x_k))$ 点的切线方程，所以 Newton 迭代法的几何意义是：将切线与 x 轴交点的横坐标作为曲线与 x 轴交点的横坐标的近似（以切线代替曲线），故 Newton 法又常称为切线法．

【例 5】 用牛顿法解方程 $f(x)=xe^x-1=0$.

解 牛顿迭代格式为

$$x_{k+1}=x_k-\frac{x_k-e^{-x_k}}{1+x_k}$$

设取迭代初值 $x_0=0.5$，迭代结果为

$$x_1=0.571，x_3=0.56709，x_4=0.56714$$

若用不动点迭代法 $x_{k+1}=e^{-x_k}$ 迭代到同一精度要迭代 17 次，故牛顿迭代法收敛速度快．

2.3.2 Newton 法的局部收敛性

讨论 Newton 法的局部收敛性之前，我们先给出衡量一般迭代法收敛速度快慢的定义及其收敛定理．

定义 2　设迭代过程 $x_{k+1}=\varphi(x_k)$ 收敛于方程 $x=\varphi(x)$ 的根 x^*，若迭代误差 $e_k=x_k-x^*$，当 $k\to\infty$时，$\lim\limits_{k\to\infty}\frac{x_{k+1}-x^*}{(x_k-x^*)^p}=\lim\limits_{k\to\infty}\frac{e_{k+1}}{e_k^p}=c\neq 0$（$c$ 为一常数）成立，则称该迭代过程是 p 阶收敛的．特别地，$p=1$ 时称为线性收敛，$p=2$ 时称为平方收敛，$p>1$ 时称为超线性收敛．

定理 4　对于迭代过程 $x_{k+1}=\varphi(x_k)$，若 $\varphi^{(p)}(x)$ 在 x^* 的附近连续，且 $\varphi'(x^*)=\varphi''(x^*)=\cdots=\varphi^{(p-1)}(x^*)=0$，而 $\varphi^{(p)}(x^*)\neq 0$，则该迭代过程在 x^* 的附近是 p 阶收敛的．

证明　首先由 $\varphi'(x^*)=0$ 知，迭代过程 $x_{k+1}=\varphi(x_k)$ 具有局部收敛性．其次，将 $\varphi(x_k)$ 在 x^* 点做泰勒（Taylor）展开，得

$$\varphi(x_k)=\varphi(x^*)+\varphi'(x^*)(x_k-x^*)+\frac{\varphi''(x^*)}{2!}(x_k-x^*)^2+\cdots+\frac{\varphi^{(p-1)}(x^*)}{(p-1)!}(x_k-x^*)^{p-1}+\frac{\varphi^{(p)}(\xi)}{p!}(x_k-x^*)^p$$

式中，ξ 在 x_k 与 x^* 之间．由条件知，$\varphi(x_k)=\varphi(x^*)+\frac{\varphi^{(p)}(\xi)}{p!}(x_k-x^*)^p$，即 $x_{k+1}-x^*=\frac{\varphi^{(p)}(\xi)}{p!}(x_k-x^*)^p$，所以有 $\lim\limits_{k\to\infty}\frac{x_{k+1}-x^*}{(x_k-x^*)^p}=\lim\limits_{k\to\infty}\frac{\varphi^{(p)}(\xi)}{p!}$，由于$\xi$在$x_k$与 x^*之间，又由收敛性知 $x_k\xrightarrow{k\to\infty}x^*$，所以

$$\lim_{k\to\infty}\frac{x_{k+1}-x^*}{(x_k-x^*)^p}=\frac{\varphi^{(p)}(x^*)}{p!} \tag{2-11}$$

作为以上定理的应用，我们考虑 Newton 法．

【例 6】　设 x^* 为方程 $f(x)=0$ 的根，若 $f'(x^*)\neq 0$，且 $f''(x)$ 在 x^* 的附近连续，则 Newton 法至少具有二阶局部收敛性．

解　由于迭代函数 $\varphi(x)=x-\frac{f(x)}{f'(x)}$，则知 $\varphi'(x)=\frac{f(x)f''(x)}{[f'(x)]^2}$，将 $x=x^*$ 代入得 $\varphi'(x^*)=0$，同理 $\varphi''(x^*)=\frac{f''(x^*)}{f'(x^*)}$，若 $f''(x^*)\neq 0$，则由式(2-11)知，$\lim\limits_{k\to\infty}\frac{x_{k+1}-x^*}{(x_k-x^*)^2}=\frac{\varphi''(x^*)}{2!}=\frac{f''(x^*)}{2f'(x^*)}$，若 $f''(x^*)=0$，则知至少三阶局部收敛．所以说

Newton 法在单根附近至少具有二阶局部收敛性．

【例 7】 试确定常数 p、q、r，使迭代公式 $x_{k+1}=px_k+q\dfrac{a}{x_k^2}+r\dfrac{a^2}{x_k^5}$ 产生的序列 $\{x_k\}$ 收敛到$\sqrt[3]{a}$，并使收敛阶尽量高．

解 因为迭代函数为 $\varphi(x)=px+q\dfrac{a}{x^2}+r\dfrac{a^2}{x^5}$，而 $x^*=\sqrt[3]{a}$，根据定理 4 知，要使收敛阶尽量高，应有 $x^*=\varphi(x^*)$，$\varphi'(x^*)=0$，$\varphi''(x^*)=0$，由此三式即可得到 p、q、r 所满足的三个方程为

$$p+q+r=1,\ p-2q-5r=0,\ q+5r=0$$

解之得 $p=q=\dfrac{5}{9}$，$r=-\dfrac{1}{9}$，且 $\varphi'''(\sqrt[3]{a})\neq 0$，故迭代公式是三阶收敛的．

2.3.3 针对重根情况的 Newton 法

以上是在 $f'(x^*)\neq 0$ 的假设［即 $f(x)=0$ 有单根 x^* 的情况］下，得知 Newton 法至少具有二阶局部收敛性．若 $f(x)=0$ 有 $m(m>1)$ 重根 x^*，Newton 法只有线性收敛．

事实上，若 x^* 是 $f(x)=0$ 的 $m(m>1)$ 重根，有 $f(x)=(x-x^*)^m g(x)$，其中，$m>1$，$g(x)$ 为二次连续可微函数，$g(x^*)\neq 0$. 此时

$$f'(x)=(x-x^*)^{m-1}[mg(x)+(x-x^*)g'(x)]$$

$$f''(x)=(x-x^*)^{m-2}[m(m-1)g(x)+2m(x-x^*)g'(x)+(x-x^*)^2g''(x)]$$

再由 $\varphi'(x)=\dfrac{f(x)f''(x)}{[f'(x)]^2}$ 知

$$\varphi'(x)=\frac{\left(1-\dfrac{1}{m}\right)+(x-x^*)\dfrac{2g'(x)}{mg(x)}+(x-x^*)^2\dfrac{g''(x)}{m^2g(x)}}{\left[1+(x-x^*)\dfrac{g'(x)}{mg(x)}\right]^2}$$

得到 $\varphi'(x^*)=1-\dfrac{1}{m}$，显然 $m>1$ 时，$\varphi'(x^*)\neq 0$，但有 $|\varphi'(x^*)|<1$，所以是线性收敛的．但若改用

$$x_{k+1}=x_k-m\frac{f(x_k)}{f'(x_k)},\ k=0,\ 1,\ 2,\ \cdots \tag{2-12}$$

即取迭代函数 $\Phi(x)=x-m\dfrac{f(x)}{f'(x)}$，则得 $\Phi'(x)=1-m+m\dfrac{f(x)f''(x)}{[f'(x)]^2}=1-m+m\varphi'(x)$，得 $\Phi'(x^*)=1-m+m\varphi'(x^*)=1-m+m\left(1-\dfrac{1}{m}\right)=0$，所以迭代过程式(2-12)仍然具有二阶局部收敛性．

【例 8】 方程 $x^3-2x^2+x=0$ 有二重根 $x^*=1$，取 $x_0=1.5$，用 Newton 法式(2-10)及求重根公式(2-12) 分别迭代三次，比较结果．

解 设 $f(x)=x^3-2x^2+x$，则 $f'(x)=3x^2-4x+1$.

Newton 法：$x_{k+1}=\dfrac{2x_k^2(x_k-1)}{3x_k^2-4x_k+1}(k=0,\ 1,\ 2,\ \cdots)$.

求重根的迭代法：$x_{k+1}=\dfrac{x_k(x_k^2-1)}{3x_k^2-4x_k+1}(k=0,\ 1,\ 2,\ \cdots)$.

计算结果见表 2-3.

表 2-3　计算结果

迭代次数 k	Newton 法 x_k	求重根的迭代法 x_k
0	1.5	1.5
1	1.2857	1.07143
2	1.15716	1.00228
3	1.08358	1.000006
4	1.04334	
5	1.02210	

计算结果表明，对于求重根的迭代法来说，Newton 法收敛较慢，而求重根的迭代法式(2-12) 是收敛较快的方法.

2.3.4　简化 Newton 法与 Newton 下山法

牛顿法的优点是收敛快. 缺点一是每步迭代要计算 $f(x_k)$ 及 $f'(x_k)$，计算量较大且有时 $f'(x_k)$ 计算较困难；缺点二是初始近似 x_0 只在根 x^* 附近才能保证收敛，如 x_0 给的不合适可能不收敛. 为了克服这两个缺点，通常可用下述方法.

① 简化牛顿法，也称平行弦法，其迭代公式为

$$x_{k+1}=x_k-Cf(x_k),\ C\neq 0,\ k=0,\ 1,\ \cdots \tag{2-13}$$

迭代公式 $\varphi(x)=x-Cf(x)$.

若 $|\varphi'(x)|=|1-Cf'(x)|<1$，即取 $0<Cf'(x)<2$，在根 x^* 附近成立，则迭代法式(2-13) 局部收敛.

在式(2-13) 中取 $C=\dfrac{1}{f'(x_0)}$，则称为**简化牛顿法**，这类方法计算量小，但只有线性收敛，其几何意义是将斜率为 $f'(x_0)$ 的平行弦与 x 轴的交点作为 x^* 的近似.

② 牛顿下山法. 牛顿法收敛性依赖初值 x_0 的选取，如果 x_0 偏离所求 x^* 较远，则牛顿法可能发散.

例如：用牛顿法求解方程

$$x^3-x-1=0 \tag{2-14}$$

此方程在 $x=1.5$ 附近有一个根 x^*，选取迭代初值 $x_0=1.5$.

用牛顿法公式

$$x_{k+1}=x_k-\frac{x_k^3-x_k-1}{3x_k^2-1} \tag{2-15}$$

计算得

$$x_1=1.34783,\ x_2=1.32520,\ x_3=1.32472$$

迭代 3 次得到的结果 x_3 有 6 位有效数字.

但是，如果改用 $x_0=0.6$ 作为迭代初值，则依牛顿法式(2-15) 迭代一次得

$$x_1=17.9$$

这个结果反而比 $x_0=0.6$ 更偏离了所求的根 $x^*=1.32472$.

为了防止迭代发散，我们对迭代过程再附加一项要求，即具有单调性

$$|f(x_{k+1})|<|f(x_k)| \tag{2-16}$$

满足这项要求的算法称为**下山法**.

我们将牛顿法与下山法结合起来用，即在下山法保证函数值稳定下降的前提下，用牛顿法加快收敛速度．为此，我们将牛顿法的计算结果

$$\overline{x}_{k+1}=x_k-\frac{f(x_k)}{f'(x_k)}$$

与前一步的近似值 x_k 的适当加权平均作为新的改进值.

$$x_{k+1}=\lambda\overline{x}_{k+1}+(1-\lambda)x_k \tag{2-17}$$

式中，$\lambda(0<\lambda\leqslant 1)$ 称为下山因子．式(2-17) 即为

$$x_{k+1}=x_k-\lambda\frac{f(x_k)}{f'(x_k)},\ k=0,\ 1,\ \cdots \tag{2-18}$$

称为**牛顿下山法**．选择下山因子时从 $\lambda=1$ 开始，逐次将 λ 减半进行试算，直到能使下降条件式(2-16) 成立为止．用此法解式(2-14)，当 $x_0=0.6$ 时，由式(2-15) 求得 $x_1=17.9$，它不满足条件式(2-16)，对 λ 逐次取半进行试算，当 $\lambda=\frac{1}{32}$时，可求得 $x_1=1.140625$，此时有 $f(x_1)=-0.656643$，而 $f(x_0)=-1.384$，显然 $|f(x_1)|<|f(x_0)|$．由 x_1 计算 x_2，x_3，…时，$\lambda=1$，均能使条件式(2-16) 成立，计算结果为

$$x_2=1.36181,\ f(x_2)=0.1866$$
$$x_3=1.32628,\ f(x_3)=0.00667$$
$$x_4=1.32472,\ f(x_4)=0.0000086$$

x_4 即为 x^* 的近似．一般情况只要使条件式(2-16) 成立，则可得到 $\lim\limits_{k\to\infty}f(x_k)=0$，从而使 $\{x_k\}$ 收敛.

2.3.5 弦截法

应用 Newton 法时，需要用到函数 $f(x)$ 的导数，但 $f(x)$ 在某点不可导或者 $f(x)$ 的导数较冗长时，会给 Newton 法的应用带来不便，为此我们用差商代替导数的办法，得到

$$x_{k+1}=x_k-\frac{f(x_k)}{f(x_k)-f(x_{k-1})}(x_k-x_{k-1}),\ k=1,\ 2,\ 3,\ \cdots \tag{2-19}$$

式(2-19) 称为弦截法．与 Newton 法比较，可以看出它实际是在 Newton 法中用

$$f'(x_k)\approx\frac{f(x_k)-f(x_{k-1})}{x_k-x_{k-1}}$$

代替的结果．而过点 $(x_k,\ f(x_k))$ 的斜率为 $\frac{f(x_k)-f(x_{k-1})}{x_k-x_{k-1}}$ 的直线是曲线 $y=f(x)$ 的割线，它实际是将割线与 x 轴的交点的横坐标作为曲线与 x 轴交点的横坐标的近似，所以通常称为弦截法，又称为离散 Newton 法．应该注意的是用弦截法求方程的根时，应该取两个初始值.

【例 9】 用弦截法解方程 $f(x)=xe^x-1=0$.

解 设取 $x_0=0.5$，$x_1=0.6$ 作为开始值，用弦截法求得的结果为

$$x_2=0.56532,\ x_3=0.56709,\ x_4=0.56714$$

比较牛顿法的计算结果：弦截法的收敛速度也很快.

弦截法具有超线性收敛性：假设 $f(x)$ 在根 x^* 的邻域 Δ：$|x-x^*|\leqslant\delta$ 内具有二阶连续导数，且对任意 $x\in\Delta$ 有 $f'(x)\neq 0$，又初值 x_0，$x_1\in\Delta$，那么当邻域 Δ 充分小时，弦截法将按阶 $p=\dfrac{1+\sqrt{5}}{2}$ 收敛到根 x^*．这里 p 是方程 $\lambda^2-\lambda-1=0$ 的正根．

2.3.6 抛物线法

设已知方程 $f(x)=0$ 的三个近似根为 x_k、x_{k-1}、x_{k-2}，我们以这三点为节点构造插值多项式 $p_2(x)$，并适当选取 $p_2(x)$ 的一个零点 x_{k+1} 作为新的近似根，这样确定的迭代过程称为**抛物线法**，亦称为**密勒（Müller）法**．在几何图形上，这种方法的基本思想是将抛物线 $y=p_2(x)$ 与 x 轴的交点 x_{k+1} 作为所求根 x^* 的近似位置．

现在推导抛物线法的计算公式．插值多项式

$$p_2(x)=f(x_k)+f[x_k,x_{k-1}](x-x_k)+f[x_k,x_{k-1},x_{k-2}](x-x_k)(x-x_{k-1})$$

有两个零点为

$$x_{k+1}=x_k-\frac{2f(x_k)}{\omega\pm\sqrt{\omega^2-4f(x_k)f[x_k,x_{k-1},x_{k-2}]}} \tag{2-20}$$

式中，

$$\omega=f[x_k,x_{k-1}]+f[x_k,x_{k-1},x_{k-2}](x_k-x_{k-1})$$

为了从式(2-20) 定出一个值 x_{k+1}，我们需要讨论根式前正负号的取舍问题．

在 x_k、x_{k-1}、x_{k-2} 三个近似根中，自然假定 x_k 更接近所求的根 x^*，这时，为了保证精度，我们选取式(2-20) 中较接近 x_k 的一个值作为新的近似根 x_{k+1}，为此，只需取根式前的符号与 ω 的符号相同．

【例 10】 用抛物线法求解方程 $f(x)=xe^x-1=0$.

解 设用

$$x_0=0.5,\ x_1=0.6,\ x_2=0.56532$$

作为开始值，计算得

$$f(x_0)=-0.175639,\ f(x_1)=0.093271,\ f(x_2)=-0.005031$$
$$f[x_1,x_0]=2.68910,\ f[x_2,x_1]=2.83454,\ f[x_2,x_1,x_0]=2.21418$$

故

$$\omega=f[x_2,x_1]+f[x_2,x_1,x_0](x_2-x_1)=2.75732$$

带入式(2-20) 求得

$$x_3=x_2-\frac{2f(x_2)}{\omega+\sqrt{\omega^2-4f(x_2)f[x_2,x_1,x_0]}}=0.56714$$

以上计算表明，抛物线法比弦截法收敛得更快．

事实上，在一定条件下可以证明，对于抛物线法，迭代误差有下列渐近关系式．

$$\frac{|e_{k+1}|}{|e_k|^{1.840}}\to\left|\frac{f'''(x^*)}{6f'(x^*)}\right|^{0.42}$$

可见抛物线也是超线性收敛的，其收敛的阶 $p=1.840$（是方程 $\lambda^3-\lambda^2-\lambda-1=0$ 的根），收敛速度比弦截法更接近牛顿法．

从式(2-20) 看到，即使 x_{k-2}、x_{k-1}、x_k 均为实数，x_{k+1} 也可以是复数，所以抛物线法适用于求多项式的实根和复根．

2.4 非线性方程组的数值解法

考虑 n 个未知量 n 个方程的非线性方程组

$$\begin{cases} f_1(x_1, x_2, \cdots, x_n)=0 \\ f_2(x_1, x_2, \cdots, x_n)=0 \\ \quad\vdots \\ f_n(x_1, x_2, \cdots, x_n)=0 \end{cases} \tag{2-21}$$

的数值解，其中，$f_i(i=1, 2, \cdots, n)$ 是定义在某区域 $D\subset\mathbf{R}^n$ 上的变量 $x_i(i=1, 2, \cdots, n)$ 的实值连续函数 . f_i 中至少有一个关于 $x_1, x_2, \cdots, x_n$ 是非线性的，否则就是线性方程组；如果 $n=1$，则是一元非线性方程 .

采用向量记号

$$\boldsymbol{x}=\begin{pmatrix} x_1 \\ x_2 \\ \vdots \\ x_n \end{pmatrix}, \quad \boldsymbol{F}(\boldsymbol{x})=\begin{pmatrix} f_1(\boldsymbol{x}) \\ f_2(\boldsymbol{x}) \\ \vdots \\ f_n(\boldsymbol{x}) \end{pmatrix}$$

非线性方程组则可以表示成与一元方程“外表”相似的方程（组）

$$\boldsymbol{F}(\boldsymbol{x})=\boldsymbol{0} \tag{2-22}$$

如果方程组在 D 上有解，则求解问题就是求满足方程组的一组 $x_1^*, x_2^*, \cdots, x_n^*$ 或解向量 $\boldsymbol{x}^*=(x_1^* \quad x_2^* \quad \cdots \quad x_n^*)^{\mathrm{T}}$，使得 $\boldsymbol{F}(\boldsymbol{x}^*)=\boldsymbol{0}$.

关于非线性方程组 $\boldsymbol{F}(\boldsymbol{x})=\boldsymbol{0}$ 的解法，主要有类似于一元方程解法的不动点迭代法和 Newton 迭代法 .

2.4.1 不动点迭代法

类似于一元方程，把 $\boldsymbol{F}(\boldsymbol{x})=\boldsymbol{0}$ 改写为等价方程

$$\boldsymbol{x}=\boldsymbol{\Phi}(\boldsymbol{x}) \tag{2-23}$$

其中，$\boldsymbol{\Phi}(\boldsymbol{x})=(\varphi_1(\boldsymbol{x}) \quad \varphi_2(\boldsymbol{x}) \quad \cdots \quad \varphi_n(\boldsymbol{x}))^{\mathrm{T}}$. 于是，从某个取定的初始值开始，对应上式构建的迭代公式（也称不动点迭代法）为

$$\boldsymbol{x}^{(k+1)}=\boldsymbol{\Phi}(\boldsymbol{x}^{(k)}), \qquad k=0, 1, \cdots \tag{2-24}$$

如果上式确定的序列 $\{\boldsymbol{x}^{(k)}\}(k=0, 1, \cdots)$ 有极限存在 $\lim\limits_{k\to\infty}\boldsymbol{x}^{(k)}=\boldsymbol{x}^*$，即序列 $\{\boldsymbol{x}^{(k)}\}$ 收敛，则 $\boldsymbol{x}^*$ 满足方程 $\boldsymbol{x}^*=\boldsymbol{\Phi}(\boldsymbol{x}^*)$，即 $\boldsymbol{x}^*$ 是迭代函数 $\boldsymbol{\Phi}(\boldsymbol{x})$ 的不动点，从而是方程 $\boldsymbol{x}=\boldsymbol{\Phi}(\boldsymbol{x})$ 的解 .

【例 11】 用不动点迭代法解下列非线性方程组 .

$$\begin{cases} x_1^2-10x_1+x_2^2+8=0 \\ x_1x_2^2+x_1-10x_2+8=0 \end{cases}$$

已知其精确解 $\boldsymbol{x}^*=(1 \quad 1)^{\mathrm{T}}$.

解 将方程组改写成等价形式 $\boldsymbol{x}=\boldsymbol{\Phi}(\boldsymbol{x})$.

$$\begin{cases} x_1=\varphi_1(x_1, x_2)=(x_1^2+x_2^2+8)/10 \\ x_2=\varphi_2(x_1, x_2)=(x_1x_2^2+x_1+8)/10 \end{cases}$$

并相应的构造不动点迭代公式

$$\begin{cases} x_1^{(k+1)}=[(x_1^{(k)})^2+(x_2^{(k)})2+8]/10 \\ x_2^{(k+1)}=[x_1^{(k)}(x_2^{(k)})^2+x_1^{(k)}+8)]/10 \end{cases}, \quad k=0, 1, \cdots$$

取初始点 $\boldsymbol{x}^{(0)}=(0 \quad 0)^{\mathrm{T}}$，有

$$\boldsymbol{x}^{(1)}=(0.8 \quad 0.8)^{\mathrm{T}},$$
$$\boldsymbol{x}^{(2)}=(0.9280 \quad 0.9312)^{\mathrm{T}}$$
$$\cdots$$
$$\boldsymbol{x}^{(18)}=(0.999999972 \quad 0.999999972)^{\mathrm{T}}$$
$$\cdots$$

上述迭代收敛.

2.4.2 Newton 法

$\boldsymbol{F}(\boldsymbol{x})=\boldsymbol{0}$ 的 Newton 迭代公式为 $\boldsymbol{x}^{(k+1)}=\boldsymbol{x}^{(k)}-(\boldsymbol{F}'(\boldsymbol{x}^{(k)}))^{-1}\boldsymbol{F}(\boldsymbol{x}^{(k)})$，其中，导数矩阵

$$\boldsymbol{F}'(\boldsymbol{x})=\begin{bmatrix} \dfrac{\partial f_1(\boldsymbol{x})}{\partial x_1} & \dfrac{\partial f_1(\boldsymbol{x})}{\partial x_2} & \cdots & \dfrac{\partial f_1(\boldsymbol{x})}{\partial x_n} \\ \dfrac{\partial f_2(\boldsymbol{x})}{\partial x_1} & \dfrac{\partial f_2(\boldsymbol{x})}{\partial x_2} & \cdots & \dfrac{\partial f_2(\boldsymbol{x})}{\partial x_n} \\ \vdots & \vdots & & \vdots \\ \dfrac{\partial f_n(\boldsymbol{x})}{\partial x_1} & \dfrac{\partial f_n(\boldsymbol{x})}{\partial x_2} & \cdots & \dfrac{\partial f_n(\boldsymbol{x})}{\partial x_n} \end{bmatrix}$$

为 $\boldsymbol{F}(\boldsymbol{x})$ 的 Jacobi 矩阵，$(\boldsymbol{F}'(\boldsymbol{x}))^{-1}$ 为 $\boldsymbol{F}(\boldsymbol{x})$ 的导数矩阵的逆矩阵.

考虑二阶的非线性方程组

$$\begin{cases} f_1(x, y)=0 \\ f_2(x, y)=0 \end{cases}$$

假设已知方程组的一组近似值 (x_0, y_0)，利用 Taylor 公式将 $f_1(x, y)$ 和 $f_2(x, y)$ 在 (x_0, y_0) 附近展开，并取线性部分，得到

$$\begin{cases} \dfrac{\partial f_1(x_0,y_0)}{\partial x}(x-x_0)+\dfrac{\partial f_1(x_0,y_0)}{\partial y}(y-y_0)=-f_1(x_0,y_0) \\ \dfrac{\partial f_2(x_0,y_0)}{\partial x}(x-x_0)+\dfrac{\partial f_2(x_0,y_0)}{\partial y}(y-y_0)=-f_2(x_0,y_0) \end{cases}$$

只要系数行列式

$$J_0=\begin{vmatrix} \dfrac{\partial f_1(x_0,y_0)}{\partial x} & \dfrac{\partial f_1(x_0,y_0)}{\partial y} \\ \dfrac{\partial f_2(x_0,y_0)}{\partial x} & \dfrac{\partial f_2(x_0,y_0)}{\partial y} \end{vmatrix}\neq 0$$

就可以求得式(2-21) 的解为

$$\begin{cases} x_1 = x_0 + \dfrac{1}{J_0}\begin{vmatrix} \dfrac{\partial f_1(x_0,y_0)}{\partial y} & f_1(x_0,y_0) \\ \dfrac{\partial f_2(x_0,y_0)}{\partial y} & f_2(x_0,y_0) \end{vmatrix} \\ y_1 = y_0 + \dfrac{1}{J_0}\begin{vmatrix} f_1(x_0,y_0) & \dfrac{\partial f_1(x_0,y_0)}{\partial x} \\ f_2(x_0,y_0) & \dfrac{\partial f_2(x_0,y_0)}{\partial x} \end{vmatrix} \end{cases}$$

【例 12】 设

$$\begin{cases} f_1(x,\ y) = x^2 + y^2 - 5 = 0 \\ f_2(x,\ y) = (x+1)y - (3x+1) = 0 \end{cases}$$

用 Newton 法求方程组在 $(x_0,\ y_0)=(1,\ 1)$ 附近的解 .

解 计算偏微分矩阵行列式

$$J_0 = \begin{vmatrix} \dfrac{\partial f_1}{\partial x} & \dfrac{\partial f_1}{\partial y} \\ \dfrac{\partial f_2}{\partial x} & \dfrac{\partial f_2}{\partial y} \end{vmatrix} = \begin{vmatrix} 2x & 2y \\ y-3 & x+1 \end{vmatrix}$$

由于 $(x_0,\ y_0)=(1,\ 1)$，计算得到

$$f_1(x_0,\ y_0)=-3,\ f_2(x_0,\ y_0)=-2,\ J_0=8$$

于是

$$\begin{cases} x_1 = 1 + \dfrac{1}{8}\begin{vmatrix} 2 & -3 \\ 2 & -2 \end{vmatrix} = 1 + \dfrac{1}{4} \\ y_1 = 1 + \dfrac{1}{8}\begin{vmatrix} -3 & 2 \\ -2 & 2 \end{vmatrix} = 2 + \dfrac{1}{4} \end{cases}$$

再由 $(x_1,\ y_1)=\left(1+\dfrac{1}{4},\ 2+\dfrac{1}{4}\right)$ 计算得到

$$\begin{cases} x_2 = 1 \\ y_2 = 2 + \dfrac{1}{36} \end{cases}$$

如此继续下去，直到两次相邻的近似值 $(x_k,\ y_k)$ 和 $(x_{k+1},\ y_{k+1})$ 满足

$$\max(|x_{k+1}-x_k|,\ |y_{k+1}-y_k|) < \varepsilon$$

式中，ε 为事先给定的精度要求 .

2.4.3 拟 Newton 法

Newton 法求解非线性方程组的最大优点是收敛速度快，但计算量很大，具体操作较难，因为 Newton 法每一步迭代都必须计算 Jacobi 矩阵 $\boldsymbol{F}'(\boldsymbol{x}^{(k)})$ 及其逆矩阵，而且对初始近似 $\boldsymbol{x}^{(0)}$ 的要求十分苛刻 . 所以，如何减少计算量并保持较高的收敛速度是求解非线性方程组的一个十分重要的问题 . 拟 Newton 法就是针对这一问题提出的 .

为了减少计算量，我们用矩阵 $\boldsymbol{A}_k$ 近似替代 Newton 法中的 $\boldsymbol{F}'(\boldsymbol{x}^{(k)})$，得到如下的迭代公式

$$\boldsymbol{x}^{(k+1)} = \boldsymbol{x}^{(k)} - \boldsymbol{A}_k^{-1}\boldsymbol{F}(\boldsymbol{x}^{(k)}),\ k=0,\ 1,\ \cdots \tag{2-25}$$

式中，$\boldsymbol{A}_k$ 非奇异．为了避免每次迭代都要计算逆矩阵，我们设法构造 $\boldsymbol{B}_k$ 直接近似替代 $\boldsymbol{F}'(\boldsymbol{x}^{(k)})$ 的逆矩阵 $(\boldsymbol{F}'(\boldsymbol{x}^{(k)}))^{-1}$，这样，迭代公式变为

$$\boldsymbol{x}^{(k+1)}=\boldsymbol{x}^{(k)}-\boldsymbol{B}_k\boldsymbol{F}(\boldsymbol{x}^{(k)}),\ k=0,1,\cdots \tag{2-26}$$

我们称迭代法式(2-25) 或式(2-26) 为拟 Newton 法．

接下来的问题就是如何构造矩阵 $\boldsymbol{A}_k$ 及 $\boldsymbol{B}_k$，或者寻找它们满足的条件．当 $\boldsymbol{x}$ 充分光滑，且 $\|\Delta\boldsymbol{x}^{(k)}\|$ 很小时，

$$\boldsymbol{F}(\boldsymbol{x}^{(k+1)})-\boldsymbol{F}(\boldsymbol{x}^{(k)})\approx\boldsymbol{F}'(\boldsymbol{x}^{(k+1)})\Delta\boldsymbol{x}_k$$

所以，我们要求矩阵 $\boldsymbol{A}_{k+1}$ 满足关系式

$$\boldsymbol{F}(\boldsymbol{x}^{(k+1)})-\boldsymbol{F}(\boldsymbol{x}^{(k)})=\boldsymbol{A}_{k+1}\Delta\boldsymbol{x}_k$$

记

$$\boldsymbol{y}^{(k)}=\boldsymbol{F}(\boldsymbol{x}^{(k+1)})-\boldsymbol{F}(\boldsymbol{x}^{(k)})$$

则上式可写成

$$\boldsymbol{y}^{(k)}=\boldsymbol{A}_{k+1}\Delta\boldsymbol{x}_k \tag{2-27}$$

或者矩阵 $\boldsymbol{B}_{k+1}$ 满足关系式

$$\boldsymbol{B}_{k+1}\boldsymbol{y}^{(k)}=\Delta\boldsymbol{x}_k \tag{2-28}$$

我们称式(2-27) 或式(2-28) 为拟 Newton 方程（或拟 Newton 条件）．这是拟 Newton 法中近似矩阵 $\boldsymbol{A}_{k+1}$ 或 $\boldsymbol{B}_{k+1}$ 应满足的基本关系式．

$\boldsymbol{A}_k$ 或 $\boldsymbol{B}_k$ 的不同选取，可以得到不同的拟 Newton 法．

下面讨论矩阵 $\boldsymbol{A}_k$ 或 $\boldsymbol{B}_\mathrm{k}$ 的具体选取方法．假设已得出矩阵 $\boldsymbol{A}_k$，并希望由其产生 $\boldsymbol{A}_{k+1}$，即令

$$\boldsymbol{A}_{k+1}=\boldsymbol{A}_k+\boldsymbol{E}_k$$

并称矩阵 $\boldsymbol{E}_k$ 为第 k 次校正矩阵．显然，若能确定 $\boldsymbol{E}_k$ 使得 $\boldsymbol{A}_{k+1}$ 满足拟 Newton 方程式(2-27)，则 $\boldsymbol{B}_{k+1}$ 也就产生了．

这里我们只讨论简单的情况．限制 $\boldsymbol{E}_k$ 的秩为 $1[R(\boldsymbol{E}_k)=1]$，即令

$$\boldsymbol{E}_k=\boldsymbol{u}_k\boldsymbol{v}_k^{\mathrm{T}}$$

式中，$\boldsymbol{u}_k$，$\boldsymbol{v}_k\in\mathbf{R}^n$ 为非零的 n 维向量，将上式代入式(2-28) 后令其满足拟 Newton 方程式(2-27)，并令 $\boldsymbol{v}_k^{\mathrm{T}}\Delta\boldsymbol{x}_k\neq0$，可以推出矩阵 $\boldsymbol{E}_k=\boldsymbol{u}_k\boldsymbol{v}_k^{\mathrm{T}}$ 的表达式

$$\boldsymbol{E}_k=\frac{(\boldsymbol{y}^{(k)}-\boldsymbol{A}_k\Delta\boldsymbol{x}_k)\boldsymbol{v}_k^{\mathrm{T}}}{\boldsymbol{v}_k^{\mathrm{T}}\Delta\boldsymbol{x}_k},\ \boldsymbol{v}_k^{\mathrm{T}}\Delta\boldsymbol{x}_k\neq0$$

于是，一旦 $\boldsymbol{x}^{(k)}$ 确定，就可以计算 $\boldsymbol{x}^{(k+1)}$．

$$\begin{cases}\boldsymbol{A}_k=\boldsymbol{A}_{k-1}+\dfrac{(\boldsymbol{y}^{(k-1)}-\boldsymbol{A}_{k-1}\Delta\boldsymbol{x}_{k-1})\boldsymbol{v}_{k-1}^{\mathrm{T}}}{\boldsymbol{v}_{k-1}^{\mathrm{T}}\Delta\boldsymbol{x}_{k-1}}\\ \boldsymbol{x}^{(k+1)}=\boldsymbol{x}^{(k)}-\boldsymbol{A}_k^{-1}\boldsymbol{F}(\boldsymbol{x}^{(k)})\end{cases},\ k=1,2,\cdots,\ \boldsymbol{v}_k^{\mathrm{T}}\Delta\boldsymbol{x}_k\neq0 \tag{2-29}$$

取定 $\boldsymbol{v}_k$，便可得到一个特殊的方法，如取

$$\boldsymbol{v}_k=\Delta\boldsymbol{x}_k$$

则当 $\Delta\boldsymbol{x}_k\neq0$ 时，$(\Delta\boldsymbol{x}_k)^{\mathrm{T}}\Delta\boldsymbol{x}_k\neq0$，于是，方程(2-29) 变为

$$\begin{cases} \boldsymbol{A}_k = \boldsymbol{A}_{k-1} + \dfrac{(\boldsymbol{y}^{(k-1)} - \boldsymbol{A}_{k-1}\Delta\boldsymbol{x}_{k-1})\Delta\boldsymbol{x}_{k-1}^{\mathrm{T}}}{\Delta\boldsymbol{x}_{k-1}^{\mathrm{T}}\Delta\boldsymbol{x}_{k-1}}, \quad k=1,2,\cdots, \boldsymbol{v}_k^{\mathrm{T}}\Delta\boldsymbol{x}_k \neq 0 \\ \boldsymbol{x}^{(k+1)} = \boldsymbol{x}^{(k)} - \boldsymbol{A}_k^{-1}\boldsymbol{F}(\boldsymbol{x}^{(k)}) \end{cases} \tag{2-30}$$

方程(2-30) 称为 Broyden 算法.

若 Broyden 算法像方程(2-30) 描述的那样进行，标量函数计算量就会从 n^2+n 减少到 n [计算 $\boldsymbol{F}(\boldsymbol{x}^{(k)})$ 需要相同的计算量]，但是求解相关的 $n\times n$ 线性方程组

$$\boldsymbol{A}_k\Delta\boldsymbol{x}_k = -\boldsymbol{F}(\boldsymbol{x}^{(k)})$$

仍然需要 $O(n^3)$ 的计算量. 使用此类形式的方法并不见得好，因为收敛性由 Newton 法的二次收敛降低为超线性收敛.

通过运用 Sherman 和 Morrison 的矩阵求逆公式，可以对上述方法进行显著改进.

定理 5 **(Sherman-Morrison 公式)** 如果 $\boldsymbol{A}$ 是一个非奇异矩阵，$\boldsymbol{x}$ 和 $\boldsymbol{y}$ 是向量，只要 $\boldsymbol{y}^{\mathrm{T}}\boldsymbol{A}^{-1}\boldsymbol{x} \neq -1$，那么 $\boldsymbol{A}+\boldsymbol{x}\boldsymbol{y}^{\mathrm{T}}$ 是非奇异的，并且

$$(\boldsymbol{A}+\boldsymbol{x}\boldsymbol{y}^{\mathrm{T}})^{-1} = \boldsymbol{A}^{-1} - \frac{\boldsymbol{A}^{-1}\boldsymbol{x}\boldsymbol{y}^{\mathrm{T}}\boldsymbol{A}^{-1}}{1+\boldsymbol{y}^{\mathrm{T}}\boldsymbol{A}^{-1}\boldsymbol{x}}$$

Sherman-Morrison 公式可使 $\boldsymbol{A}_k^{-1}$ 从 $\boldsymbol{A}_{k-1}^{-1}$ 直接计算出来，不需要每步都求矩阵的逆矩阵，也不用求矩阵 $\boldsymbol{A}_k^{-1}$，大大减少了计算量，可设 $\boldsymbol{A}=\boldsymbol{A}_{k-1}$，$\boldsymbol{y}=\Delta\boldsymbol{x}_{k-1}$，$\boldsymbol{x}=\dfrac{(\boldsymbol{y}^{(k-1)} - \boldsymbol{A}_{k-1}\Delta\boldsymbol{x}_{k-1})\Delta\boldsymbol{x}_{k-1}^{\mathrm{T}}}{\Delta\boldsymbol{x}_{k-1}^{\mathrm{T}}\Delta\boldsymbol{x}_{k-1}}$，则由方程(2-28) 及定理 5 可得

$$\boldsymbol{A}_k^{-1} = \boldsymbol{A}_{k-1}^{-1} + \frac{(\Delta\boldsymbol{x}_{k-1} - \boldsymbol{A}_{k-1}^{-1}\boldsymbol{y}_{k-1})\Delta\boldsymbol{x}_{k-1}^{\mathrm{T}}\boldsymbol{A}_{k-1}^{-1}}{\Delta\boldsymbol{x}_{k-1}^{\mathrm{T}}\boldsymbol{A}_{k-1}^{-1}\boldsymbol{y}_{k-1}} \tag{2-31}$$

这个计算在每一步只包含矩阵与向量相乘，$\boldsymbol{A}_k$ 的计算被跳过去，因此只需 $O(n^3)$ 算术运算.

【例 13】 用 Broyden 方法解非线性方程组

$$\begin{cases} 3x_1 - \cos(x_2x_3) - \dfrac{1}{2} = 0 \\ x_1^2 - 81(x_2+0.1)^2 + \sin x_3 + 1.06 = 0 \\ \mathrm{e}^{-x_1x_2} + 20x_3 + \dfrac{10\pi-3}{3} = 0 \end{cases}$$

在点 (0，0，0) 附近的解，取初值 $\boldsymbol{x}^{(0)} = (0.1 \quad 0.1 \quad -0.1)^{\mathrm{T}}$.

解 由

$$\boldsymbol{x}^{(0)} = (0.1 \quad 0.1 \quad -0.1)^{\mathrm{T}}$$

$$\boldsymbol{F}(x_1, x_2, x_3) = (f_1(x_1, x_2, x_3) \quad f_2(x_1, x_2, x_3) \quad f_3(x_1, x_2, x_3))^{\mathrm{T}}$$

式中，

$$\begin{cases} f_1(x_1, x_2, x_3) = 3x_1 - \cos(x_2x_3) - \dfrac{1}{2} \\ f_2(x_1, x_2, x_3) = x_1^2 - 81(x_2+0.1)^2 + \sin x_3 + 1.06 \\ f_3(x_1, x_2, x_3) = \mathrm{e}^{-x_1x_2} + 20x_3 + \dfrac{10\pi-3}{3} \end{cases}$$

得 $\boldsymbol{F}(\boldsymbol{x})$ 的 Jacobi 矩阵为

$$\boldsymbol{F}'(\boldsymbol{x})=\begin{pmatrix} 3 & x_3\sin x_2x_3 & x_2\sin x_2x_3 \\ 2x_1 & -162(x_2+0.1) & \cos x_3 \\ -x_2\mathrm{e}^{-x_1x_2} & -x_2\mathrm{e}^{-x_1x_2} & 20 \end{pmatrix}$$

那么

$$\boldsymbol{F}(\boldsymbol{x}^{(0)})=\begin{pmatrix} -1.199950 \\ -2.269833 \\ 8.462025 \end{pmatrix}$$

并且

$$\boldsymbol{A}_0=\boldsymbol{F}'(\boldsymbol{x}^{(0)})=\begin{pmatrix} 3 & 9.999833\times10^{-4} & -9.999833\times10^{-4} \\ 0.2 & -32.4 & 0.9950042 \\ -9.900498\times10^{-2} & -9.900498\times10^{-2} & 20 \end{pmatrix}$$

于是有

$$\boldsymbol{A}_0^{-1}=(\boldsymbol{F}'(\boldsymbol{x}^{(0)}))^{-1}=\begin{pmatrix} 0.3333332 & 1.023852\times10^{-5} & 1.615701\times10^{-5} \\ 2.108607\times10^{-3} & -3.086883\times10^{-2} & 1.535836\times10^{-3} \\ 1.660520\times10^{-3} & -1.527577\times10^{-4} & 5.000768\times10^{-2} \end{pmatrix}$$

所以

$$\boldsymbol{x}^{(1)}=\boldsymbol{x}^{(0)}-\boldsymbol{A}_0^{-1}\boldsymbol{F}(\boldsymbol{x}^{(0)})=\begin{pmatrix} 0.4998697 \\ 1.946685\times10^{-2} \\ -0.5215205 \end{pmatrix}$$

$$\boldsymbol{F}(\boldsymbol{x}^{(1)})=\begin{pmatrix} -3.394465\times10^{-4} \\ -0.3443879 \\ 3.188238\times10^{-2} \end{pmatrix}$$

$$\boldsymbol{y}_0=\boldsymbol{F}(\boldsymbol{x}^{(1)})-\boldsymbol{F}(\boldsymbol{x}^{(0)})=\begin{pmatrix} 1.199611 \\ 1.925445 \\ -8.430143 \end{pmatrix}$$

$$\Delta\boldsymbol{x}_0=\begin{pmatrix} 0.3998697 \\ -8.053315\times10^{-2} \\ -0.4215204 \end{pmatrix}$$

$$\Delta\boldsymbol{x}_0^{\mathrm{T}}\boldsymbol{A}_0^{-1}\boldsymbol{y}_0=0.3424604$$

$$\begin{aligned}\boldsymbol{A}_1^{-1}&=\boldsymbol{A}_0^{-1}+(1/0.3424604)[(\Delta x_0-A_0^{-1}y_0)\Delta\boldsymbol{x}_0^{\mathrm{T}}\boldsymbol{A}_0^{-1}]\\ &=\begin{pmatrix} 0.3333781 & 1.11050\times10^{-5} & 8.967344\times10^{-6} \\ -2.021270\times10^{-3} & -3.094849\times10^{-2} & 2.196906\times10^{-3} \\ 1.022214\times10^{-3} & -1.650709\times10^{-4} & 5.010986\times10^{-2} \end{pmatrix}\end{aligned}$$

则

$$\boldsymbol{x}^{(2)}=\boldsymbol{x}^{(1)}-\boldsymbol{A}_1^{-1}\boldsymbol{F}(\boldsymbol{x}^{(1)})=\begin{pmatrix} 0.4999863 \\ 8.737833\times10^{-3} \\ -0.5231746 \end{pmatrix}$$

Broyden 方法与 Newton 法相比收敛速度较慢，但省去了计算 $\boldsymbol{F}'(\boldsymbol{x}^{(k)})$ 及 $(\boldsymbol{F}'(\boldsymbol{x}^{(k)}))^{-1}$，因而大大减少了计算量 .

2.5 基于 MATLAB：非线性方程及方程组求解

本节将给出求解非线性方程及方程组的函数与源程序，并提供相应的案例作为参考.

(1) fzero 函数

在 MATLAB 中，提供了 fzero 函数用来计算非线性方程的根，这个函数将返回给定初值附近的根. 当有多个根的时候，fzero 函数需要多次指定初值. 其调用格式如下.

x=fzero(fun，x0)：fun 为求解的方程；x0 为估计的根，x0 可为标量或长度为 2 的向量，为向量时函数两端值应该符号相反，此时求区间上的解，只能求解 x0 附近的一个解.

x=fzero(fun，x0，options)：参数 options 为设定的属性值.

x=fzero(problem)：指定一个问题 problem 求零点.

[x，fval，exitflag，output] =fzero(…)：求出一元函数零点的同时计算出自变量取该值时的函数值 fval. exitflag 表明解存在的情况，即正数表示解存在，负数表示解不存在（遇到负数、NaN 或无穷大等). 参数 output 包含计算过程中的信息，它是一个结构体，output. algorithm 为所用的算法，output. funcCount 为函数赋值次数，output. iterations 为迭代次数.

【例 14】 利用 fzero 函数求解方程 $f(x)=x^3+x^2-3x-3=0$ 的零点.

解 代码如下：

```
>> clear all;
>> fun=@(x)x^3+x^2-3*x-3;x0=2;options=optimset('Display','iter');
>> [x,fval,exitflag,output]=fzero(fun,x0,options);
```

运行程序，输出如下：

```
围绕 2 搜索包含符号变换的区间：
Func-count      a          f(a)          b          f(b)       Procedure
    1           2            3           2            3        初始区间
    3        1.94343      2.28683     2.05657      3.75797     search
    5           1.92      2.00429        2.08      4.08531     search
    7        1.88686      1.61737     2.11314      4.56183     search
    9           1.84       1.0951        2.16       5.2633     search
   11        1.77373     0.405251     2.22627      6.31155     search
   12           1.68    -0.475968     2.22627      6.31155     search
在区间[1.68,2.22627]中搜索零点：
Func-count      x            f(x)        Procedure
   12           1.68      -0.475968      initial
   13        1.71831      -0.128906      interpolation
   14        1.73225     0.00188626      interpolation
   15        1.73205   -1.70846e-05      interpolation
   16        1.73205    -2.2288e-09      interpolation
   17        1.73205    1.77636e-15      interpolation
   18        1.73205    1.77636e-15      interpolation
在区间[1.68,2.22627]中发现零点.
```

（2）fsolve 函数

fsolve 函数是用最小二乘法求解非线性方程组 $F(\boldsymbol{x})=\boldsymbol{0}$ 的，变量 $\boldsymbol{x}$ 可以是向量或矩阵，方程组可以由代数方程或超越方程构成．其调用格式如下．

x=fsolve(fun，x0)：x 为方程的零点；fun 为所求方程的函数；x0 为初始点．

x= fsolve(fun，x0，options)：options 为选择项，包括 Display、TolX、Jacobian、MaxFunEvals 与 MaxIter. 其中，Display 为显示迭代的情况，有如下参数：off 表示不显示（默认情况）；iter 表示显示迭代情况；final 表示只显示最终的结果．TolX 表示 x 终止精度．使用 Jacobian 时，如果为 on，表示需要在外部函数中定义 Jacobi 矩阵；如果是 off，表示用差商代替导数（默认情况）．MaxFunEvals 为调用函数的最大次数．MaxIter 为最大迭代次数．

[x，fval]=fsolve(fun，x0)：fval 为计算终止时的函数值．

[x，fval，exitflag]=fsolve(…)：exitflag 为终止计算的条件信息．

[x，fval，exitflag，output]=fsolve(…)：output 为输出的关于变量的信息．

[x，fval，exitflag，output，jacobian]=fsolve(…)：jacobian 为输出的 Jacobi 矩阵．

【例 15】 利用 fsolve 函数求解多元函数 $\begin{cases}2x_1-x_2=\mathrm{e}^{-x_1}\\-x_1+2x_2=\mathrm{e}^{-x_2}\end{cases}$.

解 根据需要，创建多元函数的 m 文件函数 fun. m，代码为：

```
function F = fun (x)
F = [2*x(1)-x(2)-exp(-x(1));-x(1) + 2*x(2)-exp(-x(2))];
```

调用 fsolve 函数求解多元函数的零点，代码为：

```
>> clear all;
>> x0 = [-4;-6];options = optimset('Display','iter');
>> [x,fval,exitflag,output,jacobian] = fsolve(@fun,x0,options);
```

运行程序，输出如下：

```
x = 0.567143290196905
    0.567143290184042
fval = 1.0e-09 *
      -0.320748316795516
      -0.366633057247157
exitflag = 1
output = 包含以下字段的 struct:
    iterations:11;funcCount:36;algorithm:'trust-region-dogleg';
    firstorderopt:6.204512737298595e-10
jacobian = 2.567143283784389   -1.000000000000000
          -1.000000000000000   2.567143283784389
```

（3）二分法

在 MATLAB 中，没有提供对应的函数实现二分法求非线性方程的解，可通过自定义编写 sfen. m 实现二分法求解非线性方程，源代码为：

```
function [x,err,yc] = sfen(f,a,b,eps)
% sfen.m 函数用二分法求解非线性方程
% a,b 表示求解区间[a,b]的端点,并且满足 f(a)*f(b)<0;f 为所求解的非线性方程的函数句柄或函数名;eps 表示精度指标;x 为得到的近似解;err 为 x 的误差估计;yc 为函数 f 在 x 上的值
```

```
ya = feval(f,a);yb = feval(f,b);
if yb = = 0
  x = b;err = 0;yc = feval(f,x);return;
end
if ya * yb > 0
  disp('[a,b]不是有根区间!');x = NaN;err = NaN;yc = NaN;return;
end
max1 = 1 + round((log(b-a)-log(eps))/ log(2));
for k = 1:max1
  x = (a + b)/ 2;yc = feval(f,x);
  if yc = = 0
    a = x;b = x;break;
  elseif yb * yc > 0
    b = x;yb = yc;
  else
    a = x;ya = yc;
  end
  if abs(b-a)< eps
    break;
  end
x = (a + b)/ 2;err = abs(b-a);yc = feval(f,x);
fprintf('迭代次数 k = %d\n',k);fprintf('近似解 x = %.6f\n',x);
fprintf('误差估计 err = %.6f\n',err);fprintf('函数值 yc = %.6f\n',yc);
end
```

【例 16】 利用二分法求非线性方程 $f(x)=x^3+x^2-3x-3=0$ 在区间 [1，2] 的根，要求误差不超过 0.01.

解 根据需要，其实现的 MATLAB 代码为：

```
>> sfen(@(x)x.^3 + x.^2-3*x-3,1,2,0.01)
>> x = -1:0.01:4;f = x.^3 + x.^2-3*x-3;plot(x,f);grid on;
```

运行程序，输出如下，效果如图 2-1 所示.

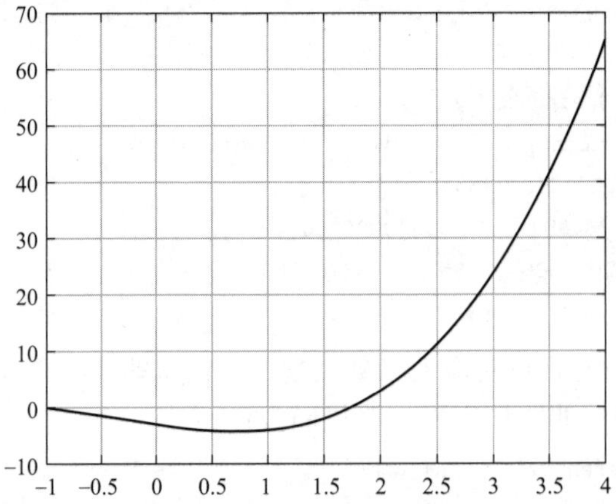

图 2-1　二分法的数值解

```
迭代次数 k = 1,近似解 x = 1.750000,误差估计 err = 0.500000,函数值 yc = 0.171875
迭代次数 k = 2,近似解 x = 1.625000,误差估计 err = 0.250000,函数值 yc = -0.943359
迭代次数 k = 3,近似解 x = 1.687500,误差估计 err = 0.125000,函数值 yc = -0.409424
迭代次数 k = 4,近似解 x = 1.718750,误差估计 err = 0.062500,函数值 yc = -0.124786
迭代次数 k = 5,近似解 x = 1.734375,误差估计 err = 0.031250,函数值 yc = 0.022030
迭代次数 k = 6,近似解 x = 1.726562,误差估计 err = 0.015625,函数值 yc = -0.051755
ans = 1.7266
```

（4） Steffensen 加速方法

在 MATLAB 中没有提供专门的函数用于利用 Steffensen 加速方法求非线性方程的解，可通过自定义编写 Steffensen.m 函数实现该方法．函数的源代码为：

```
function [x,time] = Steffensen(f,x0,tol)
% Steffensen.m 函数利用 Steffensen 加速方法求非线性方程的解
% x 为所求的近似解;time 为迭代次数;f 为所求解的非线性方程;x0为初始值;tol 为给定的误差限,如果不指定,默认为 1.0e-5
if nargin == 2
    tol = 1.0e-5;
end
time = 0;err = inf;x = x0;
while err > tol
    x1 = x;y = feval(f,x1);z = feval(f,y);x = x1-(y-x1)^2 / (z-2 * y + x1);
    err = abs(x-x1);time = time + 1;
end
disp(['迭代误差 err = ',num2str(err)]);
disp(['近似解 x = ',num2str(x)]);
disp(['迭代次数 time = ',num2str(time)]);
```

【例 17】 利用 Steffensen 加速方法计算非线性方程 $f(x)=x^3+x^2-3x-3=0$ 在 $x=1$ 附近的根．

解 其实现 MATLAB 代码如下所示．

```
>> [x,t] = Steffensen(@(x)x.^3 + x.^2-3*x-3,1);x = -4:0.01:4;y = x.^3 + x.^2-3*x-3;plot(x,y);
>> grid on;
```

运行程序，输出如下，效果如图 2-2 所示．

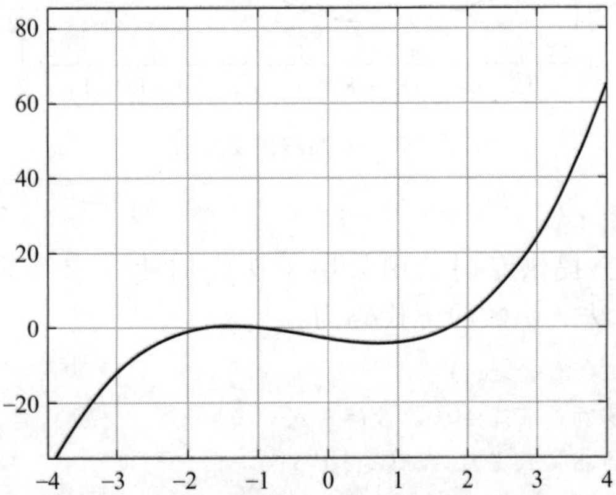

图 2-2 Steffensen 加速方法的数值解

```
迭代误差 err = 5.535e-07;近似解 x = 1.9122;迭代次数 time = 7
```

（5）牛顿法（求解非线性方程）

在 MATLAB 中，没有提供专门的函数用于牛顿法求解非线性方程，此处编写 Newton_f.m 函数实现该方法．函数的源代码为：

```
function [g,te] = Newton_f(f,x0,tol)
% Newton_f.m 函数利用 Newton 法求函数的零点
% x0为迭代初始值;tol 为指定误差限,如果默认,为10^-5
if nargin = = 2
  tol = 1.0e-5;
end
syms x;df = matlabFunction(diff(sym(f)));x1 = x0;te = 0;w = inf;
while w > tol
     te = te + 1;fx = f(x1);dfx = df(x1);g = x1-fx / dfx;w = abs(g-x1);x1 = g;
end
fprintf('近似解 x = %.6f\n',x1);
```

【例 18】 利用牛顿迭代法计算非线性方程 $f(x)=x^3+x^2-3x-3=0$ 在区间 $[1,\ 2]$ 的一个根．

解 其实现的 MATLAB 代码为：

```
>> [x,te] = Newton_f(@(x)x.^3 + x.^2-3*x-3,1.5,1e-4);
>> x = 0:0.01:2;y = x.^3 + x.^2-3*x-3;plot(x,y);grid on;
```

运行程序，输出如下，效果如图 2-3 所示．

```
近似解 x = 1.732051
```

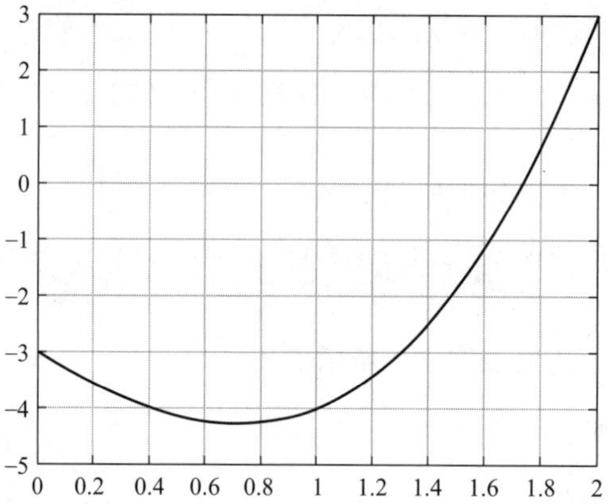

图 2-3　牛顿法的数值解

（6）迭代加速方法

在 MATLAB 中，没有提供专门的函数用于迭代加速法求解非线性方程，自定义编写 multiple.m 函数实现该方法．函数的源代码为：

```
function [g,te] = multiple(f,x0,tol)
% multiple.m 函数利用多项式下降法求函数的零点
% x0为迭代初始值;tol 为指定误差限,默认为10^-5
if nargin = = 2
     tol = 1.0e-5;
```

```
end
df = matlabFunction(diff(sym(f)));df2 = matlabFunction(diff(diff(sym(f))));x1 = x0;
te = 0;w = inf;
while w > tol
   te = te + 1;fx = f(x1);df_val = df(x1);df2_val = df2(x1);
   g = x1-fx * df_val / (df_val^2-fx * df2_val);w = abs(g-x1);x1 = g;
end
g = x1;fprintf('近似解 x = %.6f\n',x1);
```

【例 19】 利用迭代加速法计算非线性方程 $f(x)=x^3+x^2-3x-3=0$ 在 $x=1.5$ 附近的一个根．

解　其实现的 MATLAB 代码为：

```
>> [x,t] = multiple(@(x)x.^3 + x.^2-3*x-3,1.5,1e-4);x = -2:0.01:2;
>> y = x.^3 + x.^2-3*x-3;plot(x,y);grid on;
```

运行程序，输出如下，效果如图 2-4 所示．

```
近似解 x = 1.732051
```

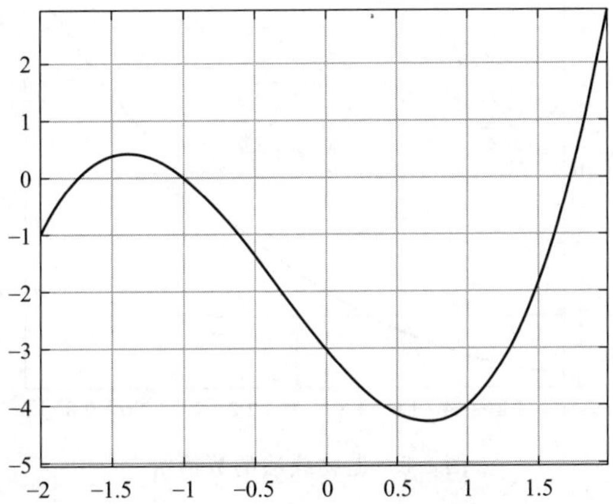

图 2-4　迭代加速方法的数值解

（7）抛物线法

在 MATLAB 中，没有提供专门的函数用于抛物线法求解非线性方程，自定义编写 Parabola.m 函数实现该方法．函数的源代码为：

```
function xr = Parabola(fun,x0,x1,x2,D)
% Parabola.m 用抛物线法求非线性方程根的函数
% fun 为给定的非线性方程;x0,x1,x2为给定的初始值;D为近似值的误差限;xr为所求得的非线性方程的近似解
if nargin < 5
   D = 1e-6;
end
ak = inf;
while abs(ak)> D
   f2 = feval(fun,x2);f1 = feval(fun,x1);f0 = feval(fun,x0);ak = f2;
   ck = ((f0-f2)/(x0-x2)-(f0-f2)/(x0-x2))/(x0-x2);
   bk = (f2-f1)/(x2-x1) + ck * (x2-x1);
```

```
  x0 = x1;   x1 = x2;x2 = x2-2 * ak/ (bk + sign(bk)* sqrt(bk^2-4 * ak * ck));
end
xr = x2;fprintf('近似解 x = %.6f\n',xr);
```

【例 20】 利用抛物线法计算非线性方程 $f(x)=x^3+x^2-3x-3=0$ 在区间［1，2］的一个根 .

解 根据需要，建立非线性方程的 m 文件，代码为：

```
function y = fun(x)
y = x.^3 + x.^2-3*x-3
```

其实现 MATLAB 代码为

```
>> x = linspace(1,3,200);y = fun(x);plot(x,y);hold on;plot(xlim,[0,0],'r');
>> xr = Parabola('fun',1,2,3);plot(xr,fun(xr),'k + ','MarkerSize',14);grid on;
```

运行程序，输出如下，效果如图 2-5 所示 .

```
近似解 x = 1.732051
```

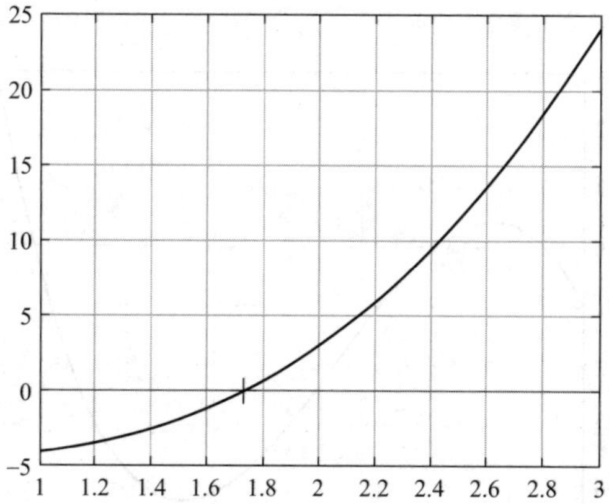

图 2-5 抛物线法的数值解

（8）不动点迭代法

在 MATLAB 中，没有提供专门的函数用于不动点求解非线性方程组，可自定义编写 budongd. m 函数实现该方法 . 函数的源代码为：

```
function [x,n] = budongd(F,x0,eps)
% budonqd.m 函数为用不动点迭代法求非线性方程组的解
%F 为被求的非线性方程组;x0为初始值;eps 为解的精度;x 为用不动点求非线性方程组的一组解;n 为迭代步数
if nargin = = 2
  eps = 1.0e-6;
end
  x0 = transpose(x0);n = 0;tol = 1;
while tol>eps
  x = F(x0');tol = norm(x-x0');n = n + 1;x0 = x';
  if(n>100000)
    disp('迭代步数太多,可能不收敛!');return;
  end
end
```

【例 21】 利用不动点迭代法计算非线性方程组 $\begin{cases}0.5\sin x+0.1\cos(xy)-x=0\\0.5\cos x-0.1\cos y-y=0\end{cases}$.

解　MATLAB代码为：

```
>>F = @(x)[0.5.*sin(x(1)) + 0.1.*cos(x(1).*x(2));0.5.*cos(x(1))-0.1.*cos(x(2))];x0 = [0;0];
[x,n] = budongd(F,x0,1e-6);
>>disp('Solution:');disp(x);disp(['Number of iterations: ',num2str(n)]);
```

运行程序，输出如下：

```
Solution:0.1981 0.3980
Number of iterations:18
```

(9) 牛顿法（求解非线性方程组）

在MATLAB中，没有提供专门的函数用于牛顿法求解非线性方程组，可自定义编写NewtonG.m函数实现该方法．函数的源代码为：

```
function [x,n,data] = NewtonG(x0,tol)
%NewtonG.m为用牛顿法求解非线性方程组的函数
%输入x0为迭代初值;tol为误差限,如果默认,则为10的-10次方;data用来存放计算的中间数据便于对收敛情况分析
if nargin == 1
  tol = 1e-10;
end
x1 = x0-fun(x0)/dfun(x0);n = 1;
while (norm(x1-x0)>tol)&&(n<500)
  x0 = x1;x1 = x0-fun(x0)/dfun(x0);n = n + 1;data(:,n) = x1;
end
x = x1;
```

【例 22】 利用牛顿法求解非线性方程组 $\begin{cases}x^2-2x-y+0.5=0\\x^2+4y^2-4=0\end{cases}$，初值取 $\begin{pmatrix}x\\y\end{pmatrix}=\begin{pmatrix}1\\1\end{pmatrix}$.

解　根据需要，编写非线性方程组的m文件，代码为：

```
function f = fun(x0)
x = x0(1);y = x0(2);f1 = x.^2-2*x-y + 0.5;f2 = x^2 + 4*y^2-4;f = [f1 f2];
```

根据需要，编写方程的Jacobi矩阵函数的m文件，代码为：

```
function f = dfun(x0)
x = x0(1);y = x0(2);f = [2*x-2,-1;2*x,8*y];
```

其实现的MATLAB代码为：

```
>>x0 = [1,1];[x,n,data] = NewtonG(x0);disp("计算结果为:"),x,disp("迭代次数为:"),n
>>subplot(2,1,1);plot(data(1,:));title("x在迭代中的变化");
>>subplot(2,1,2);plot(data(2,:));title("y在迭代中的变化");
```

运行程序，输出如下，效果如图2-6所示．

```
计算结果为:x = -0.2222   0.9938
迭代次数为:n = 16
```

(10) 简化牛顿法

在MATLAB中，自定义编写Simplified _ Newton.m函数用于简化牛顿法求解非线性

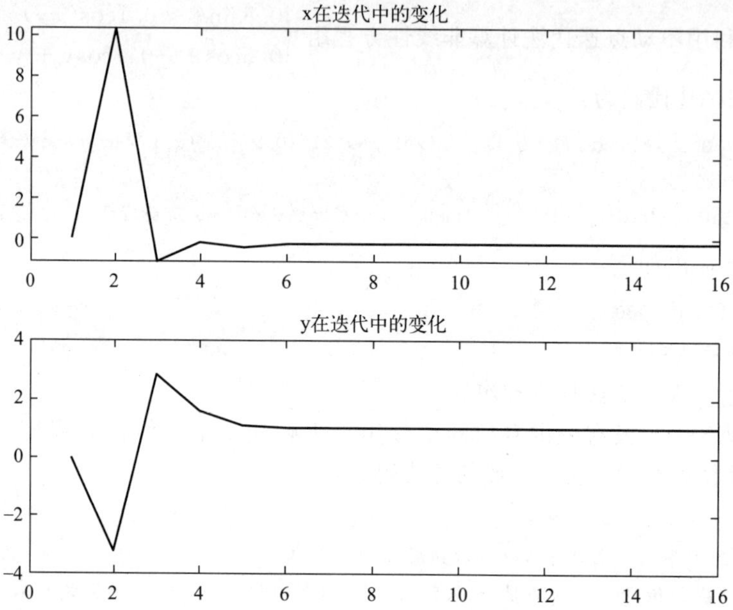

图 2-6 非线性方程组牛顿法的数值解

方程组．函数的源代码为：

```
function [x,n,data] = Simplified_Newton(x0,tol)
if nargin = = 1
  tol = 1e-10;
end
x1 = x0-fun(x0)/ dfun(x0);n = 1;cm = dfun(x0);
while (norm(x1-x0)> tol)&& (n < 500)
  x0 = x1;x1 = x0-fun(x0)/ cm;n = n + 1;data(:,n) = x1;
end
x = x1;
```

【例 23】 利用简化牛顿法求解非线性方程组 $\begin{cases}x^2-2x-y+0.5=0\\x^2+4y^2-4=0\end{cases}$，初值取 $\begin{pmatrix}x\\y\end{pmatrix}=\begin{pmatrix}0\\1.5\end{pmatrix}$.

解 根据需要，编写非线性方程组的 m 文件，代码为：

```
function f = fun(x0)
x = x0(1);y = x0(2);f1 = x.^2-2*x-y + 0.5;f2 = x^2 + 4*y^2-4;f = [f1 f2];
```

根据需要，编写方程的 Jacobi 矩阵函数的 m 文件，代码为：

```
function f = dfun(x0)
x = x0(1);y = x0(2);f = [2*x-2,-1;2*x,8*y];
```

其实现的 MATLAB 代码为：

```
>> x0 = [0 1.5];[x,n,data] = Simplified_Newton(x0);disp('计算结果为:');x,
>> disp('迭代次数为:');n
>> subplot(2,1,1);plot(data(1,:),'r:');title('x 在迭代中的变化');
>> subplot(2,1,2);plot(data(2,:));title('y 在迭代中的变化')
```

运行程序，输出如下，效果如图 2-7 所示．

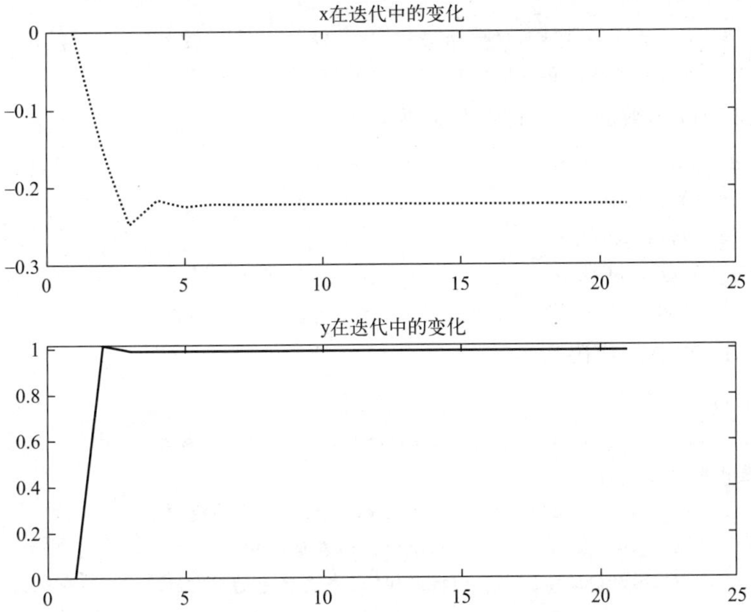

图 2-7　非线性方程组简化牛顿法的数值解

```
计算结果为:x = -0.222214555094034,0.993808418636080;迭代次数为:n = 21
```

（11）拟牛顿法

在 MATLAB 中，没有提供专门的函数用于拟牛顿法求解非线性方程组，下面通过自定义 Broyden1.m 函数实现该方法．其代码如下：

```
function [x,n,data] = Broyden1(x0,tol)
% Brovden1.m 为用秩1拟牛顿法求解非线性方程组的函数
% x0为给定的初始值;tol 为允许的误差
if nargin = = 1
  tol = 1e-5;
end
H0 = dfun(x0);H0 = inv(H0);x1 = x0-H0*fun(x0);n = 1;w = 0.1;
while(w>tol)&(n<20)&(n<500)
  w = norm(x1-x0);dx = x1-x0;y = fun(x1)-fun(x0);fz = dx'*H0*y;
  H1 = H0 + (dx-H0*y)*(dx)'*H0/fz;t_x0 = x0;x0 = x1;x1 = t_x0-H1*fun(t_x0);H = H1;n = n + 1;
  data(:,n) = x1;
end
x = x1;
```

【例 24】 利用秩 1 拟牛顿法求解非线性方程组 $\begin{cases}3x-\cos(yz)-0.5=0\\ x^2-81(y+0.1)^2+\sin z+1.06=0\\ e^{-xy}+20z+(10\pi-3)/3=0\end{cases}$，初值取 $\begin{pmatrix}x\\ y\\ z\end{pmatrix}=\begin{pmatrix}0.1\\ 0.1\\ -0.1\end{pmatrix}$．

解 根据需要，建立非线性方程组的 m 文件，代码为：

```
function F = fun(x0)
x = x0(1);y = x0(2);z = x0(3);f1 = 3*x-cos(y*z)-0.5;f2 = x^2-81 *(y + 0.1)^2 + sin(z) + 1.06;
f3 = exp(-x*y) + 20 * z + (10 * pi-3)/3;F = [f1;f2;f3];
```

建立 Jacobi 矩阵函数的 m 文件，代码为：

```
function f = dfun(x0)
x = x0(1);y = x0(2);z = x0(3);
f = [3,z*sin(z*y),y*sin(y*z);
  2*x,-162*(y + 0.1),cos(z);
  -y*exp(-x*y),-x*exp(-x*y),20];
```

其实现的 MATLAB 代码为：

```
>> clear all;
>> x0 = [0.1 0.1-0.1]';[x,n,data] = Broyden1(x0);disp('计算结果为:'),x',
>> disp('迭代次数为:'),n
>> subplot(3,1,1),plot(data(1,:),'k-.');title('x1在迭代中的变化');
>> subplot(3,1,2),plot(data(2,:),'r:'),title('x2在迭代中的变化');
>> subplot(3,1,3),plot(data(3,:),'m'),title('x3在迭代中的变化');
```

运行程序，输出如下，效果如图 2-8 所示 .

```
计算结果为:ans = 0.5000   0.0000   -0.5236
迭代次数为:n = 7
```

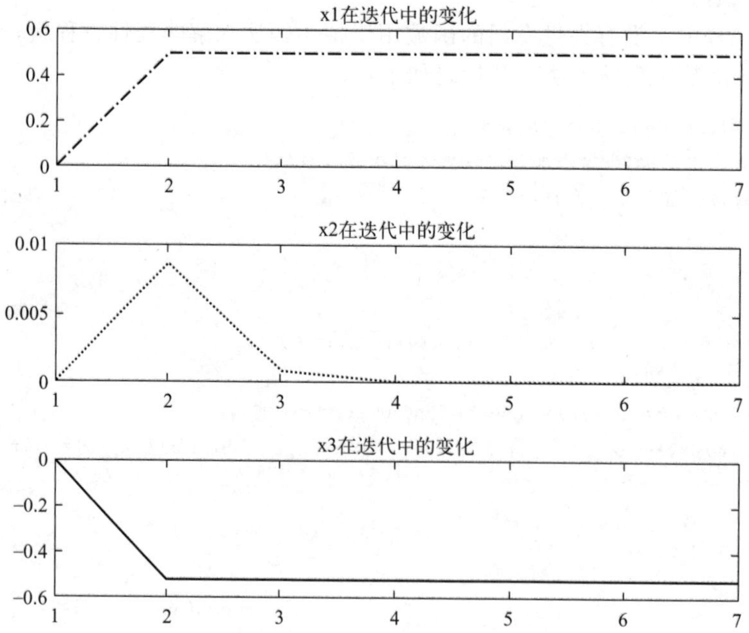

图 2-8 非线性方程组秩 1 拟牛顿法的数值解

（12）最速下降法

在 MATLAB 中，没有提供专门的函数用于最速下降法求非线性方程组的解，可通过编写 Steepestdescent.m 函数实现该方法 . 其函数代码为：

```
function [x,n] = Steepestdescent(F,x0,h,eps)
% Steepestdescent.m 为用最速下降法求非线性方程组的解的函数
% F 为被求的非线性方程组;x0为给定的初始值;h为数值微分增量步长;eps为解的精度;x为求得的非线性方程组的解;n为迭代步数
format long;
if nargin = = 3
  eps = 1.0e-8;
end
m = length(x0);x0 = transpose(x0);n = 1;tol = 1;
while tol>eps
  fx = F(x0);J = zeros(m,m);
  for i = 1:m
    x1 = x0;x1(i) = x1(i) + h;J(:,i) = (F(x1)-fx)/h;
  end
  lamda = fx/sum(diag(transpose(J)*J));x = x0-J*lamda;
  fr = F(x);tol = dot(fr,fr);x0 = x;n = n + 1;
  if(m>100000)
    disp('迭代步数太多,可能不收敛!');return;
  end
end
format short;
```

【例 25】 利用最速下降法求解非线性方程组 $\begin{cases}0.5\sin x+0.1\cos(xy)-x=0\\0.5\cos x-0.1\sin y-y=0\end{cases}$，初值取 $\begin{pmatrix}x\\y\end{pmatrix}=\begin{pmatrix}-2\\4\end{pmatrix}$，精确到 1e-6.

其实现的 MATLAB 代码为：

```
>>F = @(x)[0.5.*sin(x(1)) + 0.1.*cos(x(1).*x(2))-x(1); 0.5.*cos(x(1))-0.1.*cos(x(2))-x(2)];
x0 = [-2; 4];
>>[x,n] = Steepestdescent(F,x0,20,1e-6);x',n
```

运行程序，输出如下：

```
ans = 0.1965,0.3984;n = 25
```

习题 2

1. 用二分法求方程 $x^3-x-1=0$ 在 [1, 2] 内的近似根，精确到 10^{-3}.

2. 证明用二分法得到的序列 $\{x_k\}$ 为线性收敛.

3. 设有方程 $f(x)=x^3-x^2-1=0$,

① 证明该方程在区间 [1, 2] 上有唯一根 x^*.

② 证明迭代公式 $x_{k+1}=\sqrt[3]{x_k^2+1}\,(k=0,1,\cdots)$ 对于任意初值 $x_0\in[1,2]$ 都是收敛的，并用此迭代公式求其近似根直到有 8 位有效数字.

4. 对于 $\varphi(x)=x+\alpha(x^2-5)$，要使迭代公式 $x_{k+1}=\varphi(x_k)$ 局部收敛到 $x^*=\sqrt{5}$，求 α 的取值范围.

5. 用迭代法 $x_{k+1}=x_k-\lambda(x_k)f(x_k)$ 求方程 $f(x)=x^3-x^2-x-1=0$ 的根，求 $\lambda(x_k)$ 使迭代序

列 $\{x_k\}$ 局部平方收敛．

6. 给定函数 $f(x)$，设对一切 x，$f'(x)$ 都存在，且 $0<m\leqslant f'(x)\leqslant M$. 证明对 $0<\lambda<\dfrac{2}{M}$ 的任意常数 λ，迭代法 $x_{k+1}=x_k-\lambda f(x_k)$ 均收敛于方程 $f(x)=0$ 的根．

7. 用 Newton 法求 $f(x)=x^2-3x-e^x+2=0$ 在 $x_0=1$ 附近的根，精确到四位有效数字．

8. 求方程 $x^3-2x-5=0$ 在 $x_0=2$ 附近的一个根，将方程改写成下列等价形式，并建立相应的迭代公式：

① $x=\sqrt[3]{2x+5}$，迭代公式 $x_{k+1}=\sqrt[3]{2x_k+5}$；

② $x=\sqrt{2+\dfrac{5}{x}}$，迭代公式 $x_{k+1}=\sqrt{2+\dfrac{5}{x_k}}$；

③ $x=x^3-x-5$，迭代公式 $x_{k+1}=x_k^3-x_k-5$.

试分析每种迭代公式的收敛性，并选取一种收敛最快的迭代公式求出具有五位有效数字的近似根．

9. 求 $f(x)=x^3-3x-1=0$ 在 $x_0=2$ 附近的根，精确值为 $x^*=1.87938524\cdots$，精确到四位有效数字．

① 用 Newton 法；

② 用弦截法，取 $x_0=2$，$x_1=1.9$；

③ 用抛物线法，取 $x_0=1$，$x_1=3$，$x_2=2$.

10. 假设某城市在城镇化进程中，当年移入该市的人口速率为 435000 人每年，此时该市人口满足下列人口方程：$1564000=1000000e^{\lambda}+\dfrac{435000}{\lambda}(e^{\lambda}-1)$. 试用 Newton 法确定式中的参数 λ，精确到 10^{-4}，并以此预测该市第二年年底的人数．

11. 方程 $x^4-4x^2+4=0$ 有二重根 $x^*=\sqrt{2}$，用 Newton 法和 $x_{k+1}=x_k-m\dfrac{f(x_k)}{f'(x_k)}$ 分别迭代三次，比较其结果．

12. 应用 Newton 法于方程 $x^3-a=0$，导出求 $\sqrt[3]{a}$ 的迭代公式，并由此计算 $\sqrt[3]{120}$ 的具有四位有效数字的近似值．

13. 设 x^* 是方程 $f(x)=0$ 的根，且 $f'(x^*)\neq 0$，$f''(x)$ 在 x^* 的邻域内连续．证明使用 Newton 法产生的迭代序列 $\{x_k\}$ 满足 $\lim\limits_{k\to\infty}\dfrac{x_k-x_{k-1}}{(x_{k-1}-x_{k-2})^2}=-\dfrac{f''(x^*)}{2f'(x^*)}$.

14. 应用 Newton 法于方程 $x^n-a=0$，导出求 $\sqrt[n]{a}$ 的迭代公式，并求 $\lim\limits_{k\to\infty}\dfrac{\sqrt[n]{a}-x_{k+1}}{(\sqrt[n]{a}-x_k)^2}$.

15. 设 $f(x)$ 具有二阶连续导数，$f(x^*)=0$，$f'(x^*)\neq 0$，证明迭代公式 $x_{k+1}=x_k-\dfrac{f^2(x_k)}{f(x_k+f(x_k))-f(x_k)}$ 是二阶收敛的．

16. 用抛物线法求多项式 $p(x)=4x^4-10x^3+1.25x^2+5x+1.5$ 的两个零点，再利用降阶求出全部零点．

17. 非线性方程组 $\begin{cases}3x_1^2-x_2^2=0\\3x_1x_2^3-x_1^3-1=0\end{cases}$ 在 $(0.4\quad 0.7)^{\mathrm{T}}$ 附近有一个解，构造一个不动点迭代法，使它能收敛到这个解，并计算精确到 10^{-5} 的结果（按 $\|\cdot\|_\infty$）.

18. 用牛顿法解方程组 $\begin{cases}x^2+y^2=4\\x^2-y^2=1\end{cases}$，取 $\boldsymbol{x}^{(0)}=(1.6\quad 1.2)^{\mathrm{T}}$.

参考答案

第3章 线性方程组数值解法

3.1 引言

线性方程组的求解问题来源于自然科学及工程实际问题．解线性方程组的方法一般分为直接方法和迭代方法两种．所谓直接方法即经过有限次四则运算，且在每一步运算中都不产生舍入误差的假定下，可求得方程组的精确解．迭代法就是用某种极限过程去逐步逼近线性方程组的精确解的一种方法．由于线性方程组的解为向量，精确解与近似解的差仍为向量，而向量无法比较大小，因此我们引入向量来进行误差分析．

3.2 范数与误差分析

3.2.1 向量与矩阵的范数

我们用直接方法解线性方程组 $\boldsymbol{AX}=\boldsymbol{b}$ 时，由于舍入误差的存在，只能求得近似解．那么这个近似解的近似程度如何？这需要一个量的概念．正如两个数的近似程度可用误差和相对误差的大小来衡量一样，向量也需要一个衡量“大小”的概念．同样对矩阵的“大小”衡量也需要这样一个量．这就是我们要讲的向量和矩阵范数的概念．

定义 1 设 $\boldsymbol{X}=(x_1 \quad \cdots \quad x_n)^{\mathrm{T}} \in \mathbf{R}^n$，若 $\boldsymbol{X}$ 的某个实值函数 $N(\boldsymbol{X})=\|\boldsymbol{X}\|$ 满足：

① $\|\boldsymbol{X}\| \geqslant 0$，且 $\|\boldsymbol{X}\|=0$ 时当且仅当 $\boldsymbol{X}=\mathbf{0}$（非负性）；

② $\forall \lambda \in \mathbf{R}$，$\|\lambda \boldsymbol{X}\|=|\lambda|\,\|\boldsymbol{X}\|$（齐次性）；

③ $\boldsymbol{Y} \in \mathbf{R}^n$，$\|\boldsymbol{X}+\boldsymbol{Y}\| \leqslant \|\boldsymbol{X}\|+\|\boldsymbol{Y}\|$（三角不等式）．

则称 $N(\boldsymbol{X})=\|\boldsymbol{X}\|$ 为 $\mathbf{R}^n$ 上向量的一种范数（模、长度）．

常用的向量范数有：

① $\|\boldsymbol{X}\|_1=\sum\limits_{i=1}^{n}|x_i|$ （1-范数）；

② $\|\boldsymbol{X}\|_2=\sqrt{\sum_{i=1}^{n} x_i^2}$ （2-范数）；

③ $\|\boldsymbol{X}\|_\infty=\max\limits_{1\leqslant i\leqslant n}|x_i|$（$\infty$-范数）.

容易验证以上三种范数都满足定义 1.

定义 2 设向量 $\boldsymbol{X}$，$\boldsymbol{Y}\in\mathbf{R}^n$，称 $d(\boldsymbol{X},\boldsymbol{Y})=\|\boldsymbol{X}-\boldsymbol{Y}\|$ 为向量 $\boldsymbol{X}$，$\boldsymbol{Y}$ 之间的距离．其中，$\|\cdot\|$表示向量的某一种范数．

定义 3 设 $\{\boldsymbol{X}^{(k)}\}$ 为 $\mathbf{R}^n$ 中一个向量序列，记 $\boldsymbol{X}^*=(x_1^* \ \cdots \ x_n^*)^{\mathrm{T}}\in\mathbf{R}^n$，$\boldsymbol{X}^{(k)}=(x_1^{(k)} \ \cdots \ x_n^{(k)})^{\mathrm{T}}$，若 $\lim\limits_{k\to\infty}x_i^{(k)}=x_i^*(i=1,\cdots,n)$，则称 $\boldsymbol{X}^{(k)}$ 收敛于 $\boldsymbol{X}^*$，记为 $\lim\limits_{k\to\infty}\boldsymbol{X}^{(k)}=\boldsymbol{X}^*$.

定理 1 $\lim\limits_{k\to\infty}\boldsymbol{X}^{(k)}=\boldsymbol{X}^*$ 的充分必要条件是 $\lim\limits_{k\to 0}\|\boldsymbol{X}^{(k)}-\boldsymbol{X}^*\|=0$. 其中，$\|\cdot\|$表示向量的某一种范数．

定理 2 **（向量范数的等价性）** 设$\|\boldsymbol{X}\|_s$ 和$\|\boldsymbol{X}\|_t$ 为 $\mathbf{R}^n$ 上的任意两种范数，则存在常数 c_1，$c_2>0$，使得 $c_1\|\boldsymbol{X}\|_s\leqslant\|\boldsymbol{X}\|_t\leqslant c_2\|\boldsymbol{X}\|_s$ 对一切 $\boldsymbol{X}\in\mathbf{R}^n$ 成立．

注意：若 $\lim\limits_{k\to\infty}\boldsymbol{X}^{(k)}=\boldsymbol{X}^*$，则有 $\lim\limits_{k\to\infty}\|\boldsymbol{X}^{(k)}\|=\|\boldsymbol{X}^*\|$. 但反之不一定成立．

定义 4 **（矩阵的范数）** 若矩阵 $\boldsymbol{A}\in\mathbf{R}^{n\times n}$ 的某个非负的实值函数 $N(\boldsymbol{A})=\|\boldsymbol{A}\|$ 满足：

① $\|\boldsymbol{A}\|\geqslant 0$，且$\|\boldsymbol{A}\|=0$ 时当且仅当 $\boldsymbol{A}=\boldsymbol{0}$（非负性）；

② $\forall\lambda\in\mathbf{R}$，$\|\lambda\boldsymbol{A}\|=|\lambda|\|\boldsymbol{A}\|$（齐次性）；

③ $\boldsymbol{B}\in\mathbf{R}^{n\times n}$，$\|\boldsymbol{A}+\boldsymbol{B}\|\leqslant\|\boldsymbol{A}\|+\|\boldsymbol{B}\|$（三角不等式）；

④ $\boldsymbol{B}\in\mathbf{R}^{n\times n}$，$\|\boldsymbol{AB}\|\leqslant\|\boldsymbol{A}\|\|\boldsymbol{B}\|$（相容性）.

则称 $N(\boldsymbol{A})=\|\boldsymbol{A}\|$ 为 $\mathbf{R}^{n\times n}$ 上的一种矩阵范数（模、长度）.

与向量的 2-范数相应的有矩阵的 F-范数定义，即设 $\boldsymbol{A}=(a_{ij})_{n\times n}$，$\|\boldsymbol{A}\|_{\mathrm{F}}=\left(\sum\limits_{i,j=1}^{n}a_{ij}^2\right)^{\frac{1}{2}}$，显然它满足矩阵范数的定义．事实上，按照定义 4 可以用很多方法定义矩阵范数．

在研究解的误差时，向量和矩阵是不可能分开的，为此希望有一种矩阵范数能与向量范数相联系，且二者具有相容性．就是说，对任意 $\boldsymbol{X}\in\mathbf{R}^n$，$\boldsymbol{A}\in\mathbf{R}^{n\times n}$，有$\|\boldsymbol{AX}\|\leqslant\|\boldsymbol{A}\|\|\boldsymbol{X}\|$. 针对这一点，我们有下列矩阵的算子范数定义．

定义 5 **（矩阵的算子范数或自然范数）** 设 $\boldsymbol{X}\in\mathbf{R}^n$，$\boldsymbol{A}\in\mathbf{R}^{n\times n}$，给定一种向量范数$\|\boldsymbol{X}\|_v(v=1,2,\infty)$，相应地定义矩阵的范数为

$$\|\boldsymbol{A}\|_v=\max_{\boldsymbol{X}\neq\boldsymbol{0}}\frac{\|\boldsymbol{AX}\|_v}{\|\boldsymbol{X}\|_v},\ v=1,2,\infty$$

容易验证以上定义的这种矩阵的范数满足定义 4 的条件，且满足$\|\boldsymbol{AX}\|\leqslant\|\boldsymbol{A}\|\|\boldsymbol{X}\|$这一相容性条件．

很显然，以上定义的这种矩阵的范数完全依赖于向量 $\boldsymbol{X}\in\mathbf{R}^n$ 的范数的选择．一旦给定向量的一种范数，矩阵的范数也就确定了．对于常用的向量 $\boldsymbol{X}$ 的三种范数，相应地有矩阵的三种范数．

定理 3 设 $\boldsymbol{A}\in\mathbf{R}^{n\times n}$，则有

① $\|\boldsymbol{A}\|_\infty=\max\limits_{1\leqslant i\leqslant n}\sum\limits_{j=1}^{n}|a_{ij}|$（称为矩阵的行范数）；

② $\|A\|_1=\max\limits_{1\leqslant j\leqslant n}\sum\limits_{i=1}^{n}|a_{ij}|$（称为矩阵的列范数）；

③ $\|A\|_2=\sqrt{\lambda_{\max}(A^{\mathrm T}A)}$（称为矩阵的 2-范数）.

证明　证明过程就是一个推导过程.

① 设 $X=(x_1\quad x_2\quad\cdots\quad x_n)^{\mathrm T}\neq\mathbf 0$，记 $t=\max|x_i|=\|X\|_\infty$，$\mu=\max\limits_{1\leqslant i\leqslant n}\sum\limits_{j=1}^{n}|a_{ij}|$，由 $\|AX\|_\infty=\max\limits_{1\leqslant i\leqslant n}\left|\sum\limits_{j=1}^{n}a_{ij}x_j\right|\leqslant\max\limits_{1\leqslant i\leqslant n}\sum\limits_{j=1}^{n}|a_{ij}||x_j|\leqslant t\max\limits_{1\leqslant i\leqslant n}\sum\limits_{j=1}^{n}|a_{ij}|$，这说明对任何 $X=(x_1\quad x_2\quad\cdots\quad x_n)^{\mathrm T}\neq\mathbf 0$，有 $\dfrac{\|AX\|_\infty}{\|X\|_\infty}\leqslant\mu$.

接下来只需证明确实存在一个向量 $X_0\neq\mathbf 0$，使得 $\dfrac{\|AX_0\|_\infty}{\|X_0\|_\infty}=\mu$.

假设 $\mu=\sum\limits_{j=1}^{n}|a_{i_0j}|$，今取向量 $X_0=(x_1\quad x_2\quad\cdots\quad x_n)^{\mathrm T}$，其中，$x_j=\mathrm{sign}(a_{i_0j})(j=1,2,\cdots,n)$，显然 $\|X_0\|_\infty=1$，且 AX_0 的第 i_0 个分量为 $\sum\limits_{j=1}^{n}a_{i_0j}x_j=\sum\limits_{j=1}^{n}|a_{i_0j}|$，这说明

$$\|AX_0\|_\infty=\max_{1\leqslant i\leqslant n}\left|\sum_{j=1}^{n}a_{ij}x_j\right|=\sum_{j=1}^{n}|a_{i_0j}|=\mu$$

② 同①可证.

③ 由于对任意 $X=(x_1\quad x_2\quad\cdots\quad x_n)^{\mathrm T}\neq\mathbf 0$，有 $\|AX\|_2^2=(AX,AX)=X^{\mathrm T}A^{\mathrm T}AX\geqslant 0$，显然 $A^{\mathrm T}A$ 为对称矩阵，所以 $A^{\mathrm T}A$ 为半正定矩阵，从而 $A^{\mathrm T}A$ 的特征值为非负实数，设为 $\lambda_1\geqslant\lambda_2\geqslant\cdots\geqslant\lambda_n\geqslant 0$，设 $u_1,u_2,\cdots,u_n$ 为对应的特征向量，且满足 $(u_i,u_j)=\begin{cases}1, & i=j\\0, & i\neq j\end{cases}$（即为两两正交的单位向量）. 又设 $\mathbf 0\neq X\in\mathbf R^n$，则 X 可以写成 $X=\sum\limits_{i=1}^{n}c_iu_i(c_i\in\mathbf R)$，$\dfrac{\|AX\|_2^2}{\|X\|_2^2}=\dfrac{(A^{\mathrm T}AX,X)}{(X,X)}\leqslant\dfrac{\sum\limits_{i=1}^{n}c_i^2\lambda_1}{\sum\limits_{i=1}^{n}c_i^2}=\lambda_1$. 今取 $X=u_1$（λ_1 对应的特征向量），可知上式等号成立，故有

$$\|A\|_2=\max_{X\neq\mathbf 0}\frac{\|AX\|_2}{\|X\|_2}=\sqrt{\lambda_1}=\sqrt{\lambda_{\max}(A^{\mathrm T}A)}$$

定理 4　设 $A\in R^{n\times n}$，则有

① $\|A\|_2=\|A^{\mathrm T}\|_2$；

② $\|A^{\mathrm T}A\|_2=\|A\|_2^2$；

③ 若 U 为正交矩阵，则 $\|UA\|_2=\|A\|_2$.

证明　① 由于 $\|A\|_2=\sqrt{\lambda_{\max}(A^{\mathrm T}A)}$，$\|A^{\mathrm T}\|_2=\sqrt{\lambda_{\max}[(A^{\mathrm T})^{\mathrm T}A^{\mathrm T}]}=\sqrt{\lambda_{\max}(AA^{\mathrm T})}$，注意到，$AA^{\mathrm T}$ 与 $A^{\mathrm T}A$ 有相同的特征值，所以，结论成立.

② 记 $B=A^{\mathrm T}A$，则 B 是一个对称半正定矩阵，因此

$$\begin{aligned}\|A^{\mathrm T}A\|_2=\|B\|_2&=\sqrt{\lambda_{\max}(B^{\mathrm T}B)}=\sqrt{\lambda_{\max}(B^2)}=\sqrt{[\lambda_{\max}(B)]^2}\\&=\lambda_{\max}(B)=\lambda_{\max}(A^{\mathrm T}A)=\|A\|_2^2\end{aligned}$$

③ 因为 U 为正交矩阵，故有 $U^TU=E$（单位矩阵），因此

$$\|UA\|_2=\sqrt{\lambda_{max}[(UA)^T(UA)]}=\sqrt{\lambda_{max}(A^TU^TUA)}=\sqrt{\lambda_{max}(A^TA)}=\|A\|_2$$

为方便研究问题，我们再引入下一个概念．

定义 6 设 $A\in R^{n\times n}$ 的特征值为 λ_1，…，λ_n，称 $\rho(A)=\max\limits_{1\leqslant i\leqslant n}|\lambda_i|$ 为矩阵 A 的谱半径．

定理 5 **（特征值上界）** 设 $A\in R^{n\times n}$，则 $\rho(A)\leqslant\|A\|$，即矩阵的谱半径不超过矩阵的任何一种范数．

证明 设 λ 为矩阵 A 的任一特征值，$X\neq 0$ 为相应的特征向量，则 $AX=\lambda X$，于是 $|\lambda|\|X\|=\|\lambda X\|=\|AX\|\leqslant\|A\|\|X\|$，同除以 $\|X\|$，得 $|\lambda|\leqslant\|A\|$.

定理 6 设 $A\in R^{n\times n}$ 为实对称矩阵，则 $AX=b\neq 0$.

证明 $\|A\|_2=\sqrt{\lambda_{max}(A^TA)}=\sqrt{\lambda_{max}(A^2)}=\sqrt{[|\lambda|_{max}(A)]^2}=\rho(A)$.

定理 7 若 $\|B\|<1$，则 $I\pm B$ 为非奇异矩阵，且 $\|(I\pm B)^{-1}\|\leqslant\dfrac{1}{1-\|B\|}$.

证明 反证，假设 $I\pm B$ 为奇异矩阵，则齐次线性方程组 $(I\pm B)X=0$ 有非零解，设 $X_0\neq 0$ 为其一个解，有 $(I\pm B)X_0=0$，得 $\mp BX_0=X_0$，取范数得 $\dfrac{\|BX_0\|}{\|X_0\|}=1$，所以，$\|B\|=\max\limits_{X\neq 0}\dfrac{\|BX\|}{\|X\|}\geqslant 1$. 矛盾．

又由 $(I\pm B)(I\pm B)^{-1}=I$，得 $(I\pm B)^{-1}\pm B(I\pm B)^{-1}=I$ 及 $(I\pm B)^{-1}=I\mp B(I\pm B)^{-1}$，取范数得，$\|(I\pm B)^{-1}\|\leqslant\|I\|+\|B(I\pm B)^{-1}\|\leqslant 1+\|B\|\|(I\pm B)^{-1}\|$，移项得证．

3.2.2 条件数与误差分析

用某种数值计算方法求解线性方程组时，可能所得结果不准确．究其原因一般有两种可能：一是方程组本身有问题；二是计算方法不恰当．方法不恰当时，我们可以改变计算方法．但若方程组本身有问题，就要仔细研究了．见下例．

【例 1】 求解方程组 $\begin{pmatrix}7 & 10\\5 & 7\end{pmatrix}\begin{pmatrix}x_1\\x_2\end{pmatrix}=\begin{pmatrix}1\\0.7\end{pmatrix}$ 或记为 $AX=b$.

解 显然其精确解是 $X^*=\begin{pmatrix}0\\0.1\end{pmatrix}$，由于系数矩阵 A 和常数项 b 是由实际问题得出的，它们的数据可能带有一定的误差，那么这些误差对方程组的解有何影响呢？不妨设 b 的元素有误差 ± 0.01. 假设方程组为 $\begin{pmatrix}7 & 10\\5 & 7\end{pmatrix}\begin{pmatrix}x_1\\x_2\end{pmatrix}=\begin{pmatrix}1.01\\0.69\end{pmatrix}$，解之得 $X=\begin{pmatrix}-0.17\\0.22\end{pmatrix}$. 可见解的误差为 $\delta X=\begin{pmatrix}-0.17\\0.12\end{pmatrix}$. 本来 b 的元素的误差只有 ± 0.01，而解的误差却很大．这种方程组是不容易求得精确解的．下面我们给这种方程组一个定义．

定义 7 如果矩阵 A 或常数项 b 有微小变化时，会引起方程组 $AX=b$ 的解有巨大的变化，则称此方程组为“病态”方程组，否则称为“良态”方程组．“病（良）态”方程组的系数矩阵称为“病（良）态”矩阵．

以下我们就研究当矩阵 $\boldsymbol{A}$ 或常数项 $\boldsymbol{b}$ 有微小变化（或称微小扰动）$\delta\boldsymbol{A}$ 或 $\delta\boldsymbol{b}$ 时，方程组解 $\boldsymbol{X}$ 的误差 $\delta\boldsymbol{X}$ 与 $\delta\boldsymbol{A}$ 和 $\delta\boldsymbol{b}$ 有何联系．为方便研究问题，我们分以下三种情况来研究：

① 只有常数项 $\boldsymbol{b}$ 有微小变化，而矩阵 $\boldsymbol{A}$ 是精确的，误差 $\delta\boldsymbol{X}$ 与 $\delta\boldsymbol{A}$ 和 $\delta\boldsymbol{b}$ 有何联系；

② 只有矩阵 $\boldsymbol{A}$ 有微小变化，而常数项 $\boldsymbol{b}$ 是精确的，误差 $\delta\boldsymbol{X}$ 与 $\delta\boldsymbol{A}$ 和 $\delta\boldsymbol{b}$ 有何联系；

③ 当矩阵 $\boldsymbol{A}$ 和常数项 $\boldsymbol{b}$ 均有微小变化时，误差 $\delta\boldsymbol{X}$ 与 $\delta\boldsymbol{A}$ 和 $\delta\boldsymbol{b}$ 有何联系．

对于第 1 种情况，我们有以下定理．

定理 8　（$\boldsymbol{b}$ 扰动对解的影响）　设 $\boldsymbol{A}$ 为非奇异矩阵，$\boldsymbol{X}$ 为精确解，且 $\boldsymbol{AX}=\boldsymbol{b}\neq\boldsymbol{0}$ 及 $\boldsymbol{A}(\boldsymbol{X}+\delta\boldsymbol{X})=\boldsymbol{b}+\delta\boldsymbol{b}$，则有 $\dfrac{\|\delta\boldsymbol{X}\|}{\|\boldsymbol{X}\|}\leqslant\|\boldsymbol{A}^{-1}\|\|\boldsymbol{A}\|\dfrac{\|\delta\boldsymbol{b}\|}{\|\boldsymbol{b}\|}$. 其中，$\|\cdot\|$为某一种范数．

证明　由 $\boldsymbol{A}(\boldsymbol{X}+\delta\boldsymbol{X})=\boldsymbol{b}+\delta\boldsymbol{b}$，得 $\boldsymbol{AX}+\boldsymbol{A}\delta\boldsymbol{X}=\boldsymbol{b}+\delta\boldsymbol{b}$，再由 $\boldsymbol{AX}=\boldsymbol{b}$，得知 $\boldsymbol{A}\delta\boldsymbol{X}=\delta\boldsymbol{b}$. 由于 $\boldsymbol{A}$ 为非奇异矩阵，得 $\delta\boldsymbol{X}=\boldsymbol{A}^{-1}\delta\boldsymbol{b}$. 取范数$\|\delta\boldsymbol{X}\|\leqslant\|\boldsymbol{A}^{-1}\|\|\delta\boldsymbol{b}\|$，又由 $\boldsymbol{AX}=\boldsymbol{b}$ 得$\|\boldsymbol{b}\|\leqslant\|\boldsymbol{A}\|\|\boldsymbol{X}\|$，所以$\|\boldsymbol{X}\|\geqslant\dfrac{\|\boldsymbol{b}\|}{\|\boldsymbol{A}\|}$. 从而得

$$\frac{\|\delta\boldsymbol{X}\|}{\|\boldsymbol{X}\|}\leqslant\frac{\|\boldsymbol{A}^{-1}\|\|\delta\boldsymbol{b}\|}{\dfrac{\|\boldsymbol{b}\|}{\|\boldsymbol{A}\|}}=\|\boldsymbol{A}^{-1}\|\|\boldsymbol{A}\|\frac{\|\delta\boldsymbol{b}\|}{\|\boldsymbol{b}\|}$$

得证．

此定理说明，解向量 $\boldsymbol{X}$ 的相对误差限是常数项 $\boldsymbol{b}$ 的相对误差的$\|\boldsymbol{A}^{-1}\|\|\boldsymbol{A}\|$倍．显然，$\|\boldsymbol{A}^{-1}\|\|\boldsymbol{A}\|$越大，解的相对误差限也就越大，从而近似程度就越差．

对于第 2 种情况，有以下定理．

定理 9　（$\boldsymbol{A}$ 扰动对解的影响）　设 $\boldsymbol{A}$ 为非奇异矩阵，$\boldsymbol{X}$ 为精确解，且 $\boldsymbol{AX}=\boldsymbol{b}\neq\boldsymbol{0}$ 及 $(\boldsymbol{A}+\delta\boldsymbol{A})(\boldsymbol{X}+\delta\boldsymbol{X})=\boldsymbol{b}$，若$\|\boldsymbol{A}^{-1}\|\|\delta\boldsymbol{A}\|<1$，则有 $\dfrac{\|\delta\boldsymbol{X}\|}{\|\boldsymbol{X}\|}\leqslant\dfrac{\|\boldsymbol{A}^{-1}\|\|\boldsymbol{A}\|\dfrac{\|\delta\boldsymbol{A}\|}{\|\boldsymbol{A}\|}}{1-\|\boldsymbol{A}^{-1}\|\|\boldsymbol{A}\|\dfrac{\|\delta\boldsymbol{A}\|}{\|\boldsymbol{A}\|}}$. $\|\cdot\|$的意义同上．

证明　由 $(\boldsymbol{A}+\delta\boldsymbol{A})(\boldsymbol{X}+\delta\boldsymbol{X})=\boldsymbol{b}$ 得，$\boldsymbol{AX}+\delta\boldsymbol{AX}+(\boldsymbol{A}+\delta\boldsymbol{A})\delta\boldsymbol{X}=\boldsymbol{b}$，又有 $\boldsymbol{AX}=\boldsymbol{b}$ 知

$$(\boldsymbol{A}+\delta\boldsymbol{A})\delta\boldsymbol{X}=-\delta\boldsymbol{AX}\tag{3-1}$$

以下考虑 $\boldsymbol{A}+\delta\boldsymbol{A}$ 的可逆性，由于 $\boldsymbol{A}+\delta\boldsymbol{A}=\boldsymbol{A}(\boldsymbol{I}+\boldsymbol{A}^{-1}\delta\boldsymbol{A})$，又 $\boldsymbol{A}$ 为非奇异矩阵，且$\|\boldsymbol{A}^{-1}\delta\boldsymbol{A}\|\leqslant\|\boldsymbol{A}^{-1}\|\|\delta\boldsymbol{A}\|<1$，又 $\boldsymbol{I}+\boldsymbol{A}^{-1}\delta\boldsymbol{A}$ 为非奇异矩阵，所以由式(3-1) 得

$$\delta\boldsymbol{X}=-(\boldsymbol{A}+\delta\boldsymbol{A})^{-1}\delta\boldsymbol{AX}=-[\boldsymbol{A}(\boldsymbol{I}+\boldsymbol{A}^{-1}\delta\boldsymbol{A})]^{-1}\delta\boldsymbol{AX}=-(\boldsymbol{I}+\boldsymbol{A}^{-1}\delta\boldsymbol{A})^{-1}\boldsymbol{A}^{-1}\delta\boldsymbol{AX}$$

两边取范数得，$\|\delta\boldsymbol{X}\|\leqslant\|(\boldsymbol{I}+\boldsymbol{A}^{-1}\delta\boldsymbol{A})^{-1}\|\|\boldsymbol{A}^{-1}\|\|\delta\boldsymbol{A}\|\|\boldsymbol{X}\|$，同除以$\|\boldsymbol{X}\|$，得

$$\frac{\|\delta\boldsymbol{X}\|}{\|\boldsymbol{X}\|}\leqslant\frac{\|\boldsymbol{A}^{-1}\|\|\delta\boldsymbol{A}\|}{1-\|\boldsymbol{A}^{-1}\|\|\delta\boldsymbol{A}\|}\leqslant\frac{\|\boldsymbol{A}^{-1}\|\|\boldsymbol{A}\|\dfrac{\|\delta\boldsymbol{A}\|}{\|\boldsymbol{A}\|}}{1-\|\boldsymbol{A}^{-1}\|\|\boldsymbol{A}\|\dfrac{\|\delta\boldsymbol{A}\|}{\|\boldsymbol{A}\|}}$$

得证．

此定理说明，当 $\delta\boldsymbol{A}$ 充分小，且$\|\boldsymbol{A}^{-1}\|\|\delta\boldsymbol{A}\|<1$ 时，解 $\boldsymbol{X}$ 的相对误差限约为矩阵 $\boldsymbol{A}$ 的相对误差的$\|\boldsymbol{A}^{-1}\|\|\boldsymbol{A}\|$倍．同样有$\|\boldsymbol{A}^{-1}\|\|\boldsymbol{A}\|$越大，解的相对误差限也就越大，从而近似程度越差．

对于第 3 种情况，有以下定理，

定理 10　（$\boldsymbol{A}$ 和 $\boldsymbol{b}$ 同时扰动对解的影响）　设 $\boldsymbol{A}$ 为非奇异矩阵，$\boldsymbol{X}$ 为精确解，且 $\boldsymbol{AX}=$

$\boldsymbol{b}\neq\boldsymbol{0}$ 及 $(\boldsymbol{A}+\delta\boldsymbol{A})(\boldsymbol{X}+\delta\boldsymbol{X})=\boldsymbol{b}+\delta\boldsymbol{b}$，若 $\|\boldsymbol{A}^{-1}\|\|\delta\boldsymbol{A}\|<1$，则有

$$\frac{\|\delta\boldsymbol{X}\|}{\|\boldsymbol{X}\|}\leqslant\frac{\|\boldsymbol{A}^{-1}\|\|\boldsymbol{A}\|}{1-\|\boldsymbol{A}^{-1}\|\|\boldsymbol{A}\|\dfrac{\|\delta\boldsymbol{A}\|}{\|\boldsymbol{A}\|}}\left(\frac{\|\delta\boldsymbol{b}\|}{\|\boldsymbol{b}\|}+\frac{\|\delta\boldsymbol{A}\|}{\|\boldsymbol{A}\|}\right)\text{（}\|\cdot\|\text{的意义同上）}$$

证明　由 $(\boldsymbol{A}+\delta\boldsymbol{A})(\boldsymbol{X}+\delta\boldsymbol{X})=\boldsymbol{b}+\delta\boldsymbol{b}$，并由 $\boldsymbol{AX}=\boldsymbol{b}\neq\boldsymbol{0}$ 知

$$\delta\boldsymbol{X}=\boldsymbol{A}^{-1}\delta\boldsymbol{b}-\boldsymbol{A}^{-1}\delta\boldsymbol{AX}-\boldsymbol{A}^{-1}\delta\boldsymbol{A}\delta\boldsymbol{X}$$

两边取范数得

$$\|\delta\boldsymbol{X}\|\leqslant\|\boldsymbol{A}^{-1}\|\|\delta\boldsymbol{b}\|+\|\boldsymbol{A}^{-1}\|\|\delta\boldsymbol{A}\|\|\boldsymbol{X}\|+\|\boldsymbol{A}^{-1}\|\|\delta\boldsymbol{A}\|\|\delta\boldsymbol{X}\|$$

移项并整理得

$$(1-\|\boldsymbol{A}^{-1}\|\|\delta\boldsymbol{A}\|)\|\delta\boldsymbol{X}\|\leqslant\|\boldsymbol{A}^{-1}\|(\|\delta\boldsymbol{b}\|+\|\delta\boldsymbol{A}\|\|\boldsymbol{X}\|)$$

由于 $\|\boldsymbol{A}^{-1}\|\|\delta\boldsymbol{A}\|<1$，得

$$\|\delta\boldsymbol{X}\|\leqslant\frac{\|\boldsymbol{A}^{-1}\|}{1-\|\boldsymbol{A}^{-1}\|\|\delta\boldsymbol{A}\|}(\|\delta\boldsymbol{b}\|+\|\delta\boldsymbol{A}\|\|\boldsymbol{X}\|)$$

两边除以 $\|\boldsymbol{X}\|$，并利用 $\|\boldsymbol{X}\|\geqslant\dfrac{\|\boldsymbol{b}\|}{\|\boldsymbol{A}\|}$，得到

$$\frac{\|\delta\boldsymbol{X}\|}{\|\boldsymbol{X}\|}\leqslant\frac{\|\boldsymbol{A}^{-1}\|\|\boldsymbol{A}\|}{1-\|\boldsymbol{A}^{-1}\|\|\delta\boldsymbol{A}\|}\left(\frac{\|\delta\boldsymbol{b}\|}{\|\boldsymbol{b}\|}+\frac{\|\delta\boldsymbol{A}\|}{\|\boldsymbol{A}\|}\right)$$

从以上三个定理可以看出，某种意义上讲，$\|\boldsymbol{A}^{-1}\|\|\boldsymbol{A}\|$ 刻画了方程组的解对原始数据的灵敏度，或者说刻画了方程组的“病态”程度．为此引入以下定义．

定义 8　**（矩阵的条件数）**　设 $\boldsymbol{A}$ 为非奇异矩阵，称 $\mathrm{cond}(\boldsymbol{A})_v=\|\boldsymbol{A}^{-1}\|_v\|\boldsymbol{A}\|_v$ 为矩阵 $\boldsymbol{A}$ 的条件数（$v=1, 2, \infty$）.

矩阵的条件数有以下性质：

① 对任何非奇异矩阵 $\boldsymbol{A}$，都有 $\mathrm{cond}(\boldsymbol{A})_v\geqslant 1$.

② 设 $\boldsymbol{A}$ 为非奇异矩阵，且 $c\neq 0$ 为一常数，则 $\mathrm{cond}(c\boldsymbol{A})_v=\mathrm{cond}(\boldsymbol{A})_v$.

③ $\boldsymbol{A}$ 的 2-条件数（又称谱条件数）满足

$$\mathrm{cond}(\boldsymbol{A})_2=\|\boldsymbol{A}^{-1}\|_2\|\boldsymbol{A}\|_2=\sqrt{\frac{\lambda_{\max}(\boldsymbol{A}^{\mathrm{T}}\boldsymbol{A})}{\lambda_{\min}(\boldsymbol{A}^{\mathrm{T}}\boldsymbol{A})}}$$

特别是当 $\boldsymbol{A}$ 为对称矩阵时，$\mathrm{cond}(\boldsymbol{A})_2=\dfrac{|\lambda_1|}{|\lambda_n|}$，其中，$\lambda_1$、$\lambda_n$ 为 $\boldsymbol{A}$ 的按绝对值（模）最大和最小的特征值．

④ 若 $\boldsymbol{A}$ 为正交矩阵，则 $\mathrm{cond}(\boldsymbol{A})_2=1$.

⑤ 设 $\boldsymbol{A}$ 为非奇异矩阵，$\boldsymbol{R}$ 为正交矩阵，则 $\mathrm{cond}(\boldsymbol{RA})_2=\mathrm{cond}(\boldsymbol{AR})_2=\mathrm{cond}(\boldsymbol{A})_2$.

证明　只证明③、⑤，其他易证．对于③，有

$$\begin{aligned}\mathrm{cond}(\boldsymbol{A})_2&=\|\boldsymbol{A}^{-1}\|_2\|\boldsymbol{A}\|_2=\sqrt{\lambda_{\max}(\boldsymbol{A}^{\mathrm{T}}\boldsymbol{A})}\sqrt{\lambda_{\max}[(\boldsymbol{A}^{-1})^{\mathrm{T}}\boldsymbol{A}^{-1}]}\\&=\sqrt{\lambda_{\max}(\boldsymbol{A}^{\mathrm{T}}\boldsymbol{A})}\sqrt{\lambda_{\max}[(\boldsymbol{AA})^{\mathrm{T}}]^{-1}]}=\sqrt{\lambda_{\max}(\boldsymbol{A}^{\mathrm{T}}\boldsymbol{A})}\sqrt{\frac{1}{\lambda_{\min}(\boldsymbol{AA}^{\mathrm{T}})}}\end{aligned}$$

由于 $\boldsymbol{AA}^{\mathrm{T}}$ 和 $\boldsymbol{A}^{\mathrm{T}}\boldsymbol{A}$ 有相同的特征值，因此 $\mathrm{cond}(\boldsymbol{A})_2=\sqrt{\dfrac{\lambda_{\max}(\boldsymbol{A}^{\mathrm{T}}\boldsymbol{A})}{\lambda_{\min}(\boldsymbol{A}^{\mathrm{T}}\boldsymbol{A})}}$ 成立．

特别当 $\boldsymbol{A}$ 为对称矩阵时，$\boldsymbol{A}^{\mathrm{T}}\boldsymbol{A}=\boldsymbol{A}^2$，且 $\boldsymbol{A}^2$ 的特征值等于 $\boldsymbol{A}$ 的特征值的平方，所以 $\mathrm{cond}(\boldsymbol{A})_2=\dfrac{|\lambda_1|}{|\lambda_n|}$ 成立．对于⑤，由③知

$$\mathrm{cond}(\boldsymbol{RA})_2=\sqrt{\frac{\lambda_{\max}[(\boldsymbol{RA})^{\mathrm T}(\boldsymbol{RA})]}{\lambda_{\min}[(\boldsymbol{RA})^{\mathrm T}(\boldsymbol{RA})]}}=\sqrt{\frac{\lambda_{\max}(\boldsymbol{A}^{\mathrm T}\boldsymbol{R}^{\mathrm T}\boldsymbol{RA})}{\lambda_{\min}(\boldsymbol{A}^{\mathrm T}\boldsymbol{R}^{\mathrm T}\boldsymbol{RA})}}=\sqrt{\frac{\lambda_{\max}(\boldsymbol{A}^{\mathrm T}\boldsymbol{A})}{\lambda_{\min}(\boldsymbol{A}^{\mathrm T}\boldsymbol{A})}}=\mathrm{cond}(\boldsymbol{A})_2$$

$$\mathrm{cond}(\boldsymbol{AR})_2=\sqrt{\frac{\lambda_{\max}[(\boldsymbol{AR})^{\mathrm T}(\boldsymbol{AR})]}{\lambda_{\min}[(\boldsymbol{AR})^{\mathrm T}(\boldsymbol{AR})]}}=\sqrt{\frac{\lambda_{\max}(\boldsymbol{R}^{\mathrm T}\boldsymbol{A}^{\mathrm T}\boldsymbol{AR})}{\lambda_{\min}(\boldsymbol{R}^{\mathrm T}\boldsymbol{A}^{\mathrm T}\boldsymbol{AR})}}=\sqrt{\frac{\lambda_{\max}(\boldsymbol{A}^{\mathrm T}\boldsymbol{A})}{\lambda_{\min}(\boldsymbol{A}^{\mathrm T}\boldsymbol{A})}}=\mathrm{cond}(\boldsymbol{A})_2$$

以上证明过程用到了 $\boldsymbol{R}$ 为正交矩阵时 $\boldsymbol{R}^{\mathrm T}=\boldsymbol{R}^{-1}$ 以及相似矩阵有相同特征值两个结论．

【例 2】 在例 1 中，当 $\boldsymbol{b}$ 的元素有 ± 0.01 误差时，解向量的相对误差限是多少？

解　由 $\boldsymbol{A}=\begin{pmatrix}7&10\\5&7\end{pmatrix}$，$\boldsymbol{b}=\begin{pmatrix}1\\0.7\end{pmatrix}$，知 $\boldsymbol{A}^{-1}=\begin{pmatrix}-7&10\\5&-7\end{pmatrix}$，$\|\boldsymbol{A}\|_\infty=17$，$\|\boldsymbol{A}^{-1}\|_\infty=17$，$\|\boldsymbol{b}\|_\infty=1$，$\|\delta\boldsymbol{b}\|_\infty=0.01$，则知解向量的相对误差限为

$$\frac{\|\delta\boldsymbol{X}\|_\infty}{\|\boldsymbol{X}\|_\infty}\leqslant\|\boldsymbol{A}^{-1}\|_\infty\|\boldsymbol{A}\|_\infty\frac{\|\delta\boldsymbol{b}\|_\infty}{\|\boldsymbol{b}\|_\infty}=17\times17\times\frac{0.01}{1}=2.89=289\%$$

由以上知，条件数的大小决定了方程组的“病态”情况，然而要计算一个矩阵的条件数并非易事．一般地，出现以下几种情况时方程组往往是“病态”的．

① 用主元素消元法解方程组时，出现小主元；

② 系数矩阵的行列式之值相对来说很小；

③ 系数矩阵元素间数量级相差很大，且无规则；

④ 系数矩阵的最大特征值与最小特征值之比很大．

对于“病态”方程组可用以下方法处理：

① 采用高精度（例双精度）的算术运算；

② 对方程组做适当处理．常采用两边同时左右乘以一个矩阵的方法．

【例 3】 讨论解方程组 $\begin{pmatrix}1&10^4\\1&1\end{pmatrix}\begin{pmatrix}x_1\\x_2\end{pmatrix}=\begin{pmatrix}10^4\\2\end{pmatrix}$ 时，方程组的“病态”情况，并予以改善．

解　由于 $\boldsymbol{A}=\begin{pmatrix}1&10^4\\1&1\end{pmatrix}$，$\boldsymbol{A}^{-1}=\dfrac{1}{10^4-1}\begin{pmatrix}-1&10^4\\1&-1\end{pmatrix}$，所以知 $\mathrm{cond}(\boldsymbol{A})_\infty\approx10^4$，可知方程组严重“病态”．

今用 $\boldsymbol{D}=\begin{pmatrix}10^{-4}&0\\0&1\end{pmatrix}$ 左乘以上方程组，可得

$$\begin{pmatrix}10^{-4}&0\\0&1\end{pmatrix}\begin{pmatrix}1&10^4\\1&1\end{pmatrix}\begin{pmatrix}x_1\\x_2\end{pmatrix}=\begin{pmatrix}10^{-4}&0\\0&1\end{pmatrix}\begin{pmatrix}10^4\\2\end{pmatrix}$$

而 $\overline{\boldsymbol{A}}=\begin{pmatrix}10^{-4}&0\\0&1\end{pmatrix}\begin{pmatrix}1&10^4\\1&1\end{pmatrix}=\begin{pmatrix}10^{-4}&1\\1&1\end{pmatrix}$，这时得到 $\mathrm{cond}(\overline{\boldsymbol{A}})_\infty\approx4$. 条件数得到了较大的改善．

3.3 高斯消元法

3.3.1 高斯消元法介绍

高斯（Gauss）消元法是一个古老的求解线性方程组的方法，它是求解线性方程组及矩

阵 $\boldsymbol{A}$ 的逆矩阵的一种直接方法，由此改进变形得到的主元素消元法、三角分解法是目前常用的有效方法.

设给定线性方程组

$$\begin{cases} a_{11}x_1+a_{12}x_2+\cdots+a_{1n}x_n=b_1 \\ a_{21}x_1+a_{22}x_2+\cdots+a_{2n}x_n=b_2 \\ \cdots \\ a_{n1}x_1+a_{n1}x_2+\cdots+a_{nn}x_n=b_n \end{cases} \tag{3-2}$$

记 $\boldsymbol{A}=\begin{bmatrix} a_{11} & a_{12} & \cdots & a_{1n} \\ a_{21} & a_{22} & \cdots & a_{2n} \\ \vdots & \vdots & & \vdots \\ a_{n1} & a_{n2} & \cdots & a_{nn} \end{bmatrix}$，$\boldsymbol{X}=\begin{bmatrix} x_1 \\ x_2 \\ \vdots \\ x_n \end{bmatrix}$，$\boldsymbol{b}=\begin{bmatrix} b_1 \\ b_2 \\ \vdots \\ b_n \end{bmatrix}$，则线性方程组(3-2) 可写成

$$\boldsymbol{AX}=\boldsymbol{b} \tag{3-3}$$

注意：为保证方程组(3-3) 有唯一解，本章总假定 $\det(\boldsymbol{A})\neq 0$.

由克拉默 (Cramer) 法则知，此时方程组(3-2) 有唯一解 $x_i=\dfrac{\det(\boldsymbol{A}_i)}{\det(\boldsymbol{A})}$ $(i=1, 2, \cdots, n)$，其中，$\det(\boldsymbol{A}_i)$ 等于用 $\boldsymbol{b}$ 代替 $\boldsymbol{A}$ 的第 i 列后得到的行列式. 但一般不用此法解线性方程组，原因是计算量太大.

但系数矩阵 $\boldsymbol{A}=\begin{bmatrix} a_{11} & a_{12} & \cdots & a_{1n} \\ 0 & a_{22} & \cdots & a_{2n} \\ \vdots & \vdots & & \vdots \\ 0 & 0 & \cdots & a_{nn} \end{bmatrix}$ 时，方程组为

$$\begin{cases} a_{11}x_1+a_{12}x_2+\cdots+a_{1n}x_n=b_1 \\ \qquad\quad a_{22}x_2+\cdots+a_{2n}x_n=b_2 \\ \qquad\qquad \cdots \\ \qquad\qquad\qquad a_{nn}x_n=b_n \end{cases} \tag{3-4}$$

的形式，由于已假设 $\det(\boldsymbol{A})\neq 0$，所以每个 $a_{ii}\neq 0$ $(i=1, 2, \cdots, n)$. 由式(3-4) 的最后一式知，$x_n=\dfrac{b_n}{a_{nn}}$，代入倒数第二式即可得到 x_{n-1}，一般地，

$$x_k=\frac{1}{a_{kk}}(b_k-\sum_{j=k+1}^{n}a_{kj}x_j),\ k=n-1, \cdots, 2, 1 \tag{3-5}$$

由此可见，如果将系数矩阵 $\boldsymbol{A}$ 化成上三角矩阵，这将使得解方程组问题式(3-3) 大大简化. Gauss 消元法就是基于这一思想，即用逐次消去未知数的方法把原方程组 $\boldsymbol{AX}=\boldsymbol{b}$ 化为与其等价的三角形方程组，进而解这个三角形方程组.

接下来讨论此方法：记原方程组为 $\boldsymbol{A}^{(1)}\boldsymbol{X}=\boldsymbol{b}^{(1)}$，即 $\boldsymbol{A}^{(1)}=(a_{ij}^{(1)})_{n\times n}$，$\boldsymbol{b}^{(1)}=(b_1^{(1)} \ \cdots \ b_n^{(1)})^{\mathrm{T}}$.

第 1 步：假设 $a_{11}^{(1)}\neq 0$，我们的目的是使从第二个方程起到最后一个方程中都不含未知数 x_1，即将 $\boldsymbol{A}^{(1)}=(a_{ij}^{(1)})_{n\times n}$ 中 $a_{21}^{(1)}$，$\cdots$，$a_{n1}^{(1)}$ 化为 0. 由线性代数的知识可知，只需将增广矩阵 $(\boldsymbol{A}^{(1)}\boldsymbol{b}^{(1)})$ 的第一行乘以一个乘数后，分别加到第二行到第 n 行上. 为此先计算乘数 $m_{i1}=\dfrac{a_{i1}^{(1)}}{a_{11}^{(1)}}(i=2, 3, \cdots, n)$，用 $-m_{i1}$ 乘以第一个方程后加到第 i $(i=2, 3, \cdots, n)$ 个

方程上，从而消去 x_1，得到等价的方程组为

$$\begin{pmatrix} a_{11}^{(1)} & a_{12}^{(1)} & \cdots & a_{1n}^{(1)} \\ 0 & a_{22}^{(2)} & \cdots & a_{2n}^{(2)} \\ \vdots & \vdots & & \vdots \\ 0 & a_{n2}^{(2)} & \cdots & a_{nn}^{(2)} \end{pmatrix} \begin{pmatrix} x_1 \\ x_2 \\ \vdots \\ x_n \end{pmatrix} = \begin{pmatrix} b_1^{(1)} \\ b_2^{(2)} \\ \vdots \\ b_n^{(2)} \end{pmatrix}$$

记为 $\boldsymbol{A}^{(2)}\boldsymbol{X}=\boldsymbol{b}^{(2)}$，$\boldsymbol{A}^{(2)}$ 与 $\boldsymbol{b}^{(2)}$ 中的元素计算公式为

$$a_{ij}^{(2)}=a_{ij}^{(1)}-m_{i1}a_{1j}^{(1)}，i，j=2，\cdots，n$$
$$b_i^{(2)}=b_i^{(1)}-m_{i1}b_1^{(1)}，i=2，\cdots，n$$

第 k 步：$1\leqslant k\leqslant n-1$，设第 $k-1$ 步已完成，且得到与方程组(3-3) 等价的方程组 $\boldsymbol{A}^{(k)}\boldsymbol{X}=\boldsymbol{b}^{(k)}$，其中，

$$\boldsymbol{A}^{(k)}=\begin{pmatrix} a_{11}^{(1)} & a_{12}^{(1)} & & \cdots & & a_{1n}^{(1)} \\ & a_{22}^{(2)} & & \cdots & & a_{2n}^{(2)} \\ & & \ddots & & & \vdots \\ & & & a_{kk}^{(k)} & \cdots & a_{kn}^{(k)} \\ & & & \vdots & & \vdots \\ & & & a_{nk}^{(k)} & \cdots & a_{nn}^{(k)} \end{pmatrix}，\boldsymbol{b}^{(k)}=\begin{pmatrix} b_1^{(1)} \\ b_2^{(2)} \\ \vdots \\ b_k^{(k)} \\ \vdots \\ b_n^{(k)} \end{pmatrix}$$

假设 $a_{kk}^{(k)}\neq 0$，计算乘数 $m_{ik}=\dfrac{a_{ik}^{(k)}}{a_{kk}^{(k)}}(i=k+1，\cdots，n)$，用 $-m_{ik}$ 乘以第 k 个方程后加到第 $i(i=k+1，\cdots，n)$ 个方程上，从而消去 x_k，得到等价的方程组 $\boldsymbol{A}^{(k+1)}\boldsymbol{X}=\boldsymbol{b}^{(k+1)}$，其中，$\boldsymbol{A}^{(k+1)}$，$\boldsymbol{b}^{(k+1)}$ 的元素计算公式为

$$\begin{aligned} a_{ij}^{(k+1)}&=a_{ij}^{(k)}-m_{ik}a_{kj}^{(k)}，i，j=k+1，\cdots，n \\ b_i^{(k+1)}&=b_i^{(k)}-m_{ik}b_k^{(k)}，i=k+1，\cdots，n \end{aligned} \tag{3-6}$$

继续以上过程，且设所有 $a_{kk}^{(k)}\neq 0$($a_{kk}^{(k)}$ 称为主元素)，直到完成第 $n-1$ 次消元，即可得到与式(3-3) 等价的三角形方程组，$\boldsymbol{A}^{(n)}\boldsymbol{X}=\boldsymbol{b}^{(n)}$，即

$$\begin{pmatrix} a_{11}^{(1)} & a_{12}^{(1)} & & \cdots & & a_{1n}^{(1)} \\ & a_{22}^{(2)} & & \cdots & & a_{2n}^{(2)} \\ & & \ddots & & & \vdots \\ & & & a_{kk}^{(k)} & \cdots & a_{kn}^{(k)} \\ & & & & \ddots & \vdots \\ & & & & & a_{nn}^{(n)} \end{pmatrix} \begin{pmatrix} x_1 \\ x_2 \\ \vdots \\ x_n \end{pmatrix} = \begin{pmatrix} b_1^{(1)} \\ b_2^{(2)} \\ \vdots \\ b_k^{(k)} \\ \vdots \\ b_n^{(n)} \end{pmatrix} \tag{3-7}$$

为方便，记 $\boldsymbol{U}=(u_{ij})_{n\times n}=\boldsymbol{A}^{(n)}$，$\boldsymbol{f}=(f_1\ \ \cdots\ \ f_n)^{\mathrm{T}}=\boldsymbol{b}^{(n)}$，则式(3-7) 变为 $\boldsymbol{UX}=\boldsymbol{f}$，其中，$\boldsymbol{U}$ 为上三角矩阵，由式(3-5) 知

$$x_n=\frac{f_n}{u_{nn}}，x_k=\frac{1}{u_{kk}}\left(f_k-\sum_{j=k+1}^{n}u_{kj}x_j\right)，k=n-1，\cdots 2，1$$

这一过程称为回代过程．由上述内容知 Gauss 消元法有两个过程：

① 消元过程；

② 回代过程．

由以上讨论知，每次消元都要求主元素 $a_{kk}^{(k)}\neq 0$，那么矩阵 $\boldsymbol{A}$ 满足什么条件才能有 $a_{kk}^{(k)}\neq 0$？若存在某个 i_1 使 $a_{i_1i_1}^{(i_1)}=0$，应该如何处理呢？

定理 11 若矩阵 $\boldsymbol{A}$ 为 n 阶非奇异矩阵，则可通过 Gauss 消元法（包括交换两行的初等变换）将方程组(3-3) 化为三角形方程组．

定理 12 若 n 阶矩阵 $\boldsymbol{A}$ 满足所有顺序主子式均不为零，即 $a_{11}\neq 0$，$\begin{vmatrix} a_{11} & a_{12} \\ a_{21} & a_{22} \end{vmatrix}\neq 0$，…，$|\boldsymbol{A}|\neq 0$，则可通过 Gauss 消元法（不包括交换两行的初等变换）将方程组(3-3) 化为三角形方程组．

计算公式如下．

① 消元计算：对 $k=1, 2, \cdots, n-1$.

$$\begin{cases} m_{ik}=\dfrac{a_{ik}^{(k)}}{a_{kk}^{(k)}}, & i=k+1, \cdots, n \\ a_{ij}^{(k+1)}=a_{ij}^{(k)}-m_{ik}a_{kj}^{(k)}, & i, j=k+1, \cdots, n \\ b_i^{(k+1)}=b_i^{(k)}-m_{ik}b_k^{(k)}, & i=k+1, \cdots, n \end{cases} \tag{3-8}$$

② 回代计算：解 $\boldsymbol{UX}=\boldsymbol{f}$.

$$x_n=\frac{f_n}{u_{nn}},\ x_k=\frac{1}{u_{kk}}\left(f_k-\sum_{j=k+1}^{n}u_{kj}x_j\right),\ k=n-1, \cdots 2, 1$$

证明 只需证明主元素 $a_{kk}^{(k)}\neq 0$ 即可．用 $\Delta_1, \Delta_2, \cdots, \Delta_n$ 表示矩阵 $\boldsymbol{A}$ 的顺序主子式，由数学归纳法知，当 $k=1$ 时，由于 $\Delta_1=a_{11}=a_{11}^{(1)}\neq 0$，所以 $k=1$ 时成立．假设对 $k-1$ 成立，即当 $\Delta_1, \Delta_2, \cdots, \Delta_{k-1}\neq 0$ 时，$a_{ii}^{(i)}\neq 0(i=1, \cdots, k-1)$. 下证当 $\Delta_1, \Delta_2, \cdots, \Delta_k\neq 0$ 时，$a_{kk}^{(k)}\neq 0$ 成立．由归纳假设知，$a_{ii}^{(i)}\neq 0(i=1, \cdots, k-1)$，所以 $\boldsymbol{A}^{(1)}$ 可由 Gauss 消元法约化到 $\boldsymbol{A}^{(k)}$，即

$$\boldsymbol{A}^{(1)}\rightarrow\boldsymbol{A}^{(k)}=\begin{pmatrix} a_{11}^{(1)} & a_{12}^{(1)} & & \cdots & & a_{1n}^{(1)} \\ & a_{22}^{(2)} & & \cdots & & a_{2n}^{(2)} \\ & & \ddots & & & \vdots \\ & & & a_{kk}^{(k)} & \cdots & a_{kn}^{(k)} \\ & & & \vdots & & \vdots \\ & & & a_{nk}^{(k)} & \cdots & a_{nn}^{(k)} \end{pmatrix}$$

由于

$$\boldsymbol{A}^{(1)}\rightarrow\Delta_2=\begin{vmatrix} a_{11} & a_{12} \\ a_{21} & a_{22} \end{vmatrix}=\begin{vmatrix} a_{11}^{(1)} & a_{12}^{(1)} \\ & a_{22}^{(2)} \end{vmatrix}=a_{11}^{(1)}a_{22}^{(2)}$$

$$\boldsymbol{A}^{(1)}\rightarrow\Delta_3=\begin{vmatrix} a_{11} & a_{12} & a_{13} \\ a_{21} & a_{22} & a_{23} \\ a_{31} & a_{32} & a_{33} \end{vmatrix}=\begin{vmatrix} a_{11}^{(1)} & a_{12}^{(1)} & a_{13}^{(1)} \\ & a_{22}^{(2)} & a_{23}^{(2)} \\ & & a_{33}^{(3)} \end{vmatrix}=a_{11}^{(1)}a_{22}^{(2)}a_{33}^{(3)}$$

$$\boldsymbol{A}^{(1)}\rightarrow\Delta_k=a_{11}^{(1)}a_{22}^{(2)}\cdots a_{kk}^{(k)}$$

且 $\Delta_k\neq 0$ 及由归纳假设知，必有 $a_{kk}^{(k)}\neq 0$ 成立．

Gauss 消元法的计算工作量如下．

① 消元计算：对 $k=1, 2, \cdots, n-1$，计算 $m_{ik}=\dfrac{a_{ik}^{(k)}}{a_{kk}^{(k)}}(i=k+1, \cdots, n)$ 需要使用

$n-k$ 次除法，求 $a_{ij}^{(k+1)}(i,j=k+1,\cdots,n)$ 时，需要使用 $(n-k)^2$ 次乘法及 $(n-k)^2$ 次加减法，所以此过程共需要乘除法次数为

$$\sum_{k=1}^{n-1}(n-k)+\sum_{k=1}^{n-1}(n-k)^2=\frac{n^3}{3}+\frac{n^2}{2}-\frac{5n}{6}$$

需要加减法次数为

$$\sum_{k=1}^{n-1}(n-k)^2=\frac{n(n-1)(2n-1)}{6}$$

再考虑求 $b_n^{(n)}$ 时，由 $b_i^{(k+1)}=b_i^{(k)}-m_{ik}b_k^{(k)}(i=k+1,\cdots,n)$ 知，需要乘法、加法各 $\sum_{k=1}^{n-1}(n-k)=\frac{n(n-1)}{2}$ 次．

② 回代计算：解 $\boldsymbol{UX}=\boldsymbol{f}$ 时，共需乘除法 $\sum_{k=1}^{n-1}(n-k)=\frac{n(n-1)}{2}+n=\frac{n(n+1)}{2}$ 次，加减法 $\frac{n(n-1)}{2}$ 次．故有以下定理．

定理 13 若矩阵 $\boldsymbol{A}$ 为 n 阶非奇异矩阵，则用 Gauss 消元法解方程组(3-3) 共需乘除法次数 $\mathrm{MD}=\frac{n^3}{3}+n^2-\frac{n}{3}$，加减法次数 $\mathrm{AS}=\frac{n(n-1)(2n+5)}{6}$.

由此可见，若 $n=10$，用 Gauss 消元法解方程组(3-3) 共需乘除法次数约为 430 次．但若用 Cramer 法则，需要计算 11 个 n 阶行列式，大约需 11！=39916800 次乘除法．

3.3.2 高斯主元消元法

由上节内容知，在 Gauss 消元法中，有可能出现 $a_{kk}^{(k)}=0$ 的情况，此时一般需要使用交换两行的运算．而实际计算中有时即使 $a_{kk}^{(k)}\neq 0$，但绝对值很小也会导致计算结果不可靠，为此我们研究主元素消元法．

完全主元素消元法如下．

第 1 步：在整个矩阵 $\boldsymbol{A}$ 中选取一个绝对值最大的元素，即确定 i_1，j_1 使 $|a_{i_1j_1}|=\max\limits_{1\leqslant i,\ j\leqslant n}|a_{ij}|\neq 0$，若 $i_1\neq 1$，交换增广矩阵 $(\boldsymbol{A}\quad \boldsymbol{b})$ 的第 1 行与第 i_1 行；若 $j_1\neq 1$，交换 $(\boldsymbol{A}\quad \boldsymbol{b})$ 中 $\boldsymbol{A}$ 的第 1 列与第 j_1 列，然后进行消元．注意：交换列的同时未知数 x_1 与 x_{j_1} 的位置也相应做了交换．

第 k 步：设增广矩阵 $(\boldsymbol{A}\quad \boldsymbol{b})$ 已化为

$$(\boldsymbol{A}\quad \boldsymbol{b})\rightarrow(\boldsymbol{A}^{(k)}\quad \boldsymbol{b}^{(k)})=\begin{pmatrix} a_{11} & a_{12} & & \cdots & & a_{1n} & b_1 \\ & a_{22} & & \cdots & & a_{2n} & b_2 \\ & & \ddots & & & \vdots & \vdots \\ & & & a_{kk} & \cdots & a_{kn} & b_k \\ & & & \vdots & & \vdots & \vdots \\ & & & a_{nk} & \cdots & a_{nn} & b_n \end{pmatrix}\text{（为方便，上标已略）}$$

在 $\boldsymbol{A}^{(k)}$ 的第 k 行到第 n 行和第 k 列到第 n 列中选取一个绝对值最大的元素，即确定 i_k，j_k 使 $|a_{i_kj_k}|=\max\limits_{k\leqslant i,\ j\leqslant n}|a_{ij}|\neq 0$. 若 $i_k\neq k$，交换增广矩阵 $(\boldsymbol{A}^{(k)}\quad \boldsymbol{b}^{(k)})$ 的第 k 行与第 i_k 行；若 $j_k\neq k$，交换 $(\boldsymbol{A}^{(k)}\quad \boldsymbol{b}^{(k)})$ 中 $\boldsymbol{A}^{(k)}$ 的第 k 列与第 j_k 列，然后进行消元，直到最后

将方程组化为三角形方程组回代求解．应注意的是最后所求解是 x_1，x_2，…，x_n 经过交换后的解，应该按照原交换次序交换后才得到原方程组的解．

列主元素消元法如下．

完全主元素消元法是一个近似程度很高的算法，但是计算工作量很大．下面介绍常用的列主元素消元法，它仅考虑按列选主元素，然后进行消元．

设列主元素消元法已完成 $k-1$ 步，得到

$$(\boldsymbol{A}\quad \boldsymbol{b})\rightarrow(\boldsymbol{A}^{(k)}\quad \boldsymbol{b}^{(k)})=\begin{pmatrix} a_{11} & a_{12} & & \cdots & a_{1n} & b_1 \\ & a_{22} & & \cdots & a_{2n} & b_2 \\ & & \ddots & & \vdots & \vdots \\ & & & a_{kk} \ \cdots & a_{kn} & b_k \\ & & & \vdots & \vdots & \vdots \\ & & & a_{nk} \ \cdots & a_{nn} & b_n \end{pmatrix}$$

在第 k 列中（从第 k 行到第 n 行）选取一个绝对值最大的元素，即有 $|a_{i_k k}|=\max\limits_{k\leqslant i\leqslant n}|a_{ik}|$．若 $i_k\neq k$，交换增广矩阵 $(\boldsymbol{A}^{(k)}\quad \boldsymbol{b}^{(k)})$ 的第 k 行与第 i_k 行，然后进行消元．

3.4 矩阵三角分解法

本节我们先用矩阵理论来分析 Gauss 消元法的实质，从而建立矩阵三角分解定理，并由此建立当方程组的系数矩阵具有某些特殊性质时的方程组的数值解法．

3.4.1 三角分解法

设方程组(3-3) 的系数矩阵 $\boldsymbol{A}$ 的各阶顺序主子式均不为 0，由于对 $\boldsymbol{A}$ 实行一次初等行变换相当于用一个初等矩阵左乘以 $\boldsymbol{A}$，因此由 $\boldsymbol{A}^{(1)}$ 化为 $\boldsymbol{A}^{(2)}$，$\boldsymbol{b}^{(1)}$ 化为 $\boldsymbol{b}^{(2)}$ 的过程相当于用 $n-1$ 个初等矩阵左乘以矩阵 $\boldsymbol{A}^{(1)}$ 和 $\boldsymbol{b}^{(1)}$，这 $n-1$ 个初等矩阵的乘积矩阵设为 $\boldsymbol{L}_1$，即有 $\boldsymbol{L}_1\boldsymbol{A}^{(1)}=\boldsymbol{A}^{(2)}$，$\boldsymbol{L}_1\boldsymbol{b}^{(1)}=\boldsymbol{b}^{(2)}$，其中，$\boldsymbol{L}_1=\begin{pmatrix} 1 & & & \\ -m_{21} & 1 & & \\ \vdots & & \ddots & \\ -m_{n1} & & & 1 \end{pmatrix}$．一般地，由 $\boldsymbol{A}^{(k)}$ 化为 $\boldsymbol{A}^{(k+1)}$，$\boldsymbol{b}^{(k)}$ 化为 $\boldsymbol{b}^{(k+1)}$ 的过程相当于

$$\boldsymbol{L}_k\boldsymbol{A}^{(k)}=\boldsymbol{A}^{(k+1)},\ \boldsymbol{L}_k\boldsymbol{b}^{(k)}=\boldsymbol{b}^{(k+1)}$$

其中，

$$\boldsymbol{L}_k=\begin{pmatrix} 1 & & & & & \\ & \ddots & & & & \\ & & 1 & & & \\ & & -m_{k+1,k} & 1 & & \\ & & \vdots & & \ddots & \\ & & -m_{nk} & & & 1 \end{pmatrix},\ k=1,\cdots,n-1$$

所以，由 $\boldsymbol{A}^{(1)}$ 化为 $\boldsymbol{A}^{(n)}$，$\boldsymbol{b}^{(1)}$ 化为 $\boldsymbol{b}^{(n)}$ 的整个过程相当于 $\boldsymbol{L}_{n-1}\cdots\boldsymbol{L}_2\boldsymbol{L}_1\boldsymbol{A}^{(1)}=\boldsymbol{A}^{(n)}$，$\boldsymbol{L}_{n-1}\cdots\boldsymbol{L}_2\boldsymbol{L}_1\boldsymbol{b}^{(1)}=\boldsymbol{b}^{(n)}$，又因为 $\boldsymbol{L}_k(k=1,\cdots,n-1)$ 是可逆矩阵，故有

$$\boldsymbol{A}=\boldsymbol{A}^{(1)}=\boldsymbol{L}_1^{-1}\cdots\boldsymbol{L}_{n-1}^{-1}\boldsymbol{A}^{(n)} \tag{3-9}$$

又 $\boldsymbol{A}^{(n)}$ 为上三角矩阵，$\boldsymbol{L}_k(k=1,\cdots,n-1)$ 是单位下三角矩阵，其逆矩阵也是单位下三角矩阵，单位下三角矩阵与单位下三角矩阵的乘积也是单位下三角矩阵，令 $\boldsymbol{A}^{(n)}=\boldsymbol{U}$，$\boldsymbol{L}_1^{-1}\cdots\boldsymbol{L}_{n-1}^{-1}=\boldsymbol{L}$，则式(3-9) 变为

$$\boldsymbol{A}=\boldsymbol{L}\boldsymbol{U} \tag{3-10}$$

式中，$\boldsymbol{L}$ 是单位下三角矩阵；$\boldsymbol{U}$ 为上三角矩阵．由此知 Gauss 消元法的实质是对系数矩阵 $\boldsymbol{A}$ 做了一次三角分解．于是有以下定理．

定理 14　若 n 阶矩阵 $\boldsymbol{A}$ 满足所有顺序主子式均不为零，则 $\boldsymbol{A}$ 可以分解成 $\boldsymbol{A}=\boldsymbol{L}\boldsymbol{U}$. 其中，$\boldsymbol{L}$ 是单位下三角矩阵，$\boldsymbol{U}$ 为上三角矩阵，且这种分解是唯一的．(通常称其为矩阵的 LU 分解定理．)

证明　由以上分析知存在性得证，下证唯一性．假设 $\boldsymbol{A}$ 可以分解成

$$\boldsymbol{A}=\boldsymbol{L}\boldsymbol{U}=\boldsymbol{L}_1\boldsymbol{U}_1 \tag{3-11}$$

即假设 $\boldsymbol{A}$ 有两种分解，其中，$\boldsymbol{L}$、$\boldsymbol{L}_1$ 是单位下三角矩阵，$\boldsymbol{U}$，$\boldsymbol{U}_1$ 为上三角矩阵，因为 $\boldsymbol{L}$，$\boldsymbol{L}_1$ 和 $\boldsymbol{U}$，$\boldsymbol{U}_1$ 均为可逆矩阵，在式(3-11) 两边左乘以 $\boldsymbol{L}^{-1}$，右乘以 $\boldsymbol{U}_1^{-1}$ 得

$$\boldsymbol{U}\boldsymbol{U}_1^{-1}=\boldsymbol{L}^{-1}\boldsymbol{L}_1 \tag{3-12}$$

上式左边为一个上三角矩阵，右边为一个单位下三角矩阵，所以必为一个单位矩阵，即 $\boldsymbol{U}\boldsymbol{U}_1^{-1}=\boldsymbol{L}^{-1}\boldsymbol{L}_1=\boldsymbol{I}$，所以有 $\boldsymbol{U}=\boldsymbol{U}_1$，$\boldsymbol{L}=\boldsymbol{L}_1$.

以下我们再讨论列主元素消元法到底是如何分解的．

由于从 $\boldsymbol{A}^{(1)}$ 变换到 $\boldsymbol{A}^{(2)}$ 需要两个过程，首先是选主元素并交换两行，然后消元．而交换两行的初等变换相当于用一个初等矩阵左乘以矩阵 $\boldsymbol{A}^{(1)}$，消元时由以上内容知相当于用 $\boldsymbol{L}_1$ 左乘以矩阵，所以第一步相当于 $\boldsymbol{L}_1\boldsymbol{I}_{1,i_1}\boldsymbol{A}^{(1)}=\boldsymbol{A}^{(2)}$ 及 $\boldsymbol{L}_1\boldsymbol{I}_{1,i_1}\boldsymbol{b}^{(1)}=\boldsymbol{b}^{(2)}$，这里 $\boldsymbol{I}_{1,i_1}$ 为单位矩阵经过交换第 1 行与第 i_1 行后所得到的初等矩阵．一般地，从 $\boldsymbol{A}^{(k)}$ 变换到 $\boldsymbol{A}^{(k+1)}$，相当于 $\boldsymbol{L}_k\boldsymbol{I}_{k,i_k}\boldsymbol{A}^{(k)}=\boldsymbol{A}^{(k+1)}$，其中，$\boldsymbol{L}_k$ 同上，$\boldsymbol{I}_{k,i_k}$ 为单位矩阵 $\boldsymbol{I}$ 经过交换第 k 行与第 i_k 行后所得到的矩阵．所以整个列主元素消去法过程相当于 $\boldsymbol{L}_{n-1}\boldsymbol{I}_{n-1,i_{n-1}}\cdots\boldsymbol{L}_1\boldsymbol{I}_{1,i_1}\boldsymbol{A}=\boldsymbol{A}^{(n)}=\boldsymbol{U}$.

令 $\overline{\boldsymbol{P}}=\boldsymbol{L}_{n-1}\boldsymbol{I}_{n-1,i_{n-1}}\cdots\boldsymbol{L}_1\boldsymbol{I}_{1,i_1}$，则有 $\overline{\boldsymbol{P}}\boldsymbol{A}=\boldsymbol{U}$. 仅就 $n=4$ 时详细讨论．

$$\begin{aligned}\boldsymbol{U}=\boldsymbol{A}^{(4)}&=\boldsymbol{L}_3\boldsymbol{I}_{3,i_3}\boldsymbol{L}_2\boldsymbol{I}_{2,i_2}\boldsymbol{L}_1\boldsymbol{I}_{1,i_1}\boldsymbol{A}\\&=\boldsymbol{L}_3(\boldsymbol{I}_{3,i_3}\boldsymbol{L}_2\boldsymbol{I}_{3,i_3})(\boldsymbol{I}_{3,i_3}\boldsymbol{I}_{2,i_2}\boldsymbol{L}_1\boldsymbol{I}_{2,i_2}\boldsymbol{I}_{3,i_3})(\boldsymbol{I}_{3,i_3}\boldsymbol{I}_{2,i_2}\boldsymbol{I}_{1,i_1})\boldsymbol{A}\end{aligned} \tag{3-13}$$

此式的成立是由于由单位矩阵经过交换两行后所得到的初等矩阵的逆矩阵仍是其本身，即 $\boldsymbol{I}_{k,i_k}\boldsymbol{I}_{k,i_k}=\boldsymbol{I}$，又由于式(3-13) 中每个括号内的矩阵仍是一个与 $\boldsymbol{L}_k$ 同型的矩阵，故式(3-13) 记为 $\boldsymbol{U}=\boldsymbol{L}_3\overline{\boldsymbol{L}}_2\overline{\boldsymbol{L}}_1\boldsymbol{P}\boldsymbol{A}$，所以 $\boldsymbol{P}\boldsymbol{A}=\overline{\boldsymbol{L}}_1^{-1}\overline{\boldsymbol{L}}_2^{-1}\boldsymbol{L}_3^{-1}\boldsymbol{U}=\boldsymbol{L}\boldsymbol{U}$.

可见列主元素消元法相当于对方程组(3-2) 做一系列行交换后，对 $\boldsymbol{P}\boldsymbol{A}\boldsymbol{X}=\boldsymbol{P}\boldsymbol{b}$ 应用了 Gauss 消元法，即相当于对 $\boldsymbol{P}\boldsymbol{A}$ 做了一个三角分解．

定理 15　**(列主元素三角分解定理)**　设 $\boldsymbol{A}$ 为 n 阶非奇异矩阵，则存在排列矩阵 $\boldsymbol{P}$，使 $\boldsymbol{P}\boldsymbol{A}=\boldsymbol{L}\boldsymbol{U}$. 这里 $\boldsymbol{L}$、$\boldsymbol{U}$ 意义同上．

不选主元素的直接三角分解法如下．

由以上的讨论知，Gauss 消元法的实质是对系数矩阵 $\boldsymbol{A}$ 做了一次三角分解，即 $\boldsymbol{A}=\boldsymbol{L}\boldsymbol{U}$，这时解方程组 $\boldsymbol{A}\boldsymbol{X}=\boldsymbol{b}$ 的问题就变为求解 $\boldsymbol{L}\boldsymbol{U}\boldsymbol{X}=\boldsymbol{b}$ 的问题了．若令 $\boldsymbol{U}\boldsymbol{X}=\boldsymbol{Y}$，则有 $\boldsymbol{L}\boldsymbol{Y}=$

$\boldsymbol{b}$. 因为 $\boldsymbol{L}$、$\boldsymbol{U}$ 均为三角矩阵，所以这两个方程组都是容易求解的．可见一旦矩阵 $\boldsymbol{A}$ 实现了 $\boldsymbol{L}$，$\boldsymbol{U}$ 分解，则解 $\boldsymbol{AX}=\boldsymbol{b}$ 的问题，就变为求解两个三角形方程组的问题了，即解：

① $\boldsymbol{LY}=\boldsymbol{b}$，求 $\boldsymbol{Y}$；

② $\boldsymbol{UX}=\boldsymbol{Y}$，求 $\boldsymbol{X}$.

下面讨论矩阵 $\boldsymbol{A}$ 的 $\boldsymbol{L}$，$\boldsymbol{U}$ 分解问题，设

$$\boldsymbol{A}=\begin{pmatrix} a_{11} & a_{12} & a_{13} & \cdots & a_{1n} \\ a_{21} & a_{22} & a_{23} & \cdots & a_{2n} \\ a_{31} & a_{32} & a_{33} & \cdots & a_{3n} \\ \vdots & \vdots & \vdots & & \vdots \\ a_{n1} & a_{n2} & a_{n3} & \cdots & a_{nn} \end{pmatrix}=\begin{pmatrix} 1 & & & & \\ l_{21} & 1 & & & \\ l_{31} & l_{32} & 1 & & \\ \vdots & \vdots & \vdots & \ddots & \\ l_{n1} & l_{n2} & l_{n3} & \cdots & 1 \end{pmatrix}\begin{pmatrix} u_{11} & u_{12} & u_{13} & \cdots & u_{1n} \\ & u_{22} & u_{23} & \cdots & u_{2n} \\ & & u_{33} & \cdots & u_{3n} \\ & & & \ddots & \vdots \\ & & & & u_{nn} \end{pmatrix}$$

由矩阵乘法知：由 $a_{1i}=u_{1i}(i=1,\cdots,n)$，得 $u_{1i}=a_{1i}(i=1,\cdots,n)$. 又 $a_{21}=l_{21}u_{11}$，$a_{31}=l_{31}u_{11}$，…，$a_{n1}=l_{n1}u_{11}$，得 $l_{i1}=\dfrac{a_{i1}}{u_{11}}(i=2,\cdots,n)$.

假设已求出 $\boldsymbol{U}$ 的第一行到第 $r-1$ 行及 $\boldsymbol{L}$ 的第一列到第 $r-1$ 列($2\leqslant r\leqslant n$)，下求 $\boldsymbol{U}$ 的第 r 行及 $\boldsymbol{L}$ 的第 r 列．

求 $u_{ri}(i=r,r+1,\cdots,n)$. 由矩阵乘法知

$$a_{ri}=\sum_{k=1}^{n}l_{rk}u_{ki}=\sum_{k=1}^{r}l_{rk}u_{ki}=\sum_{k=1}^{r-1}l_{rk}u_{ki}+u_{ri}$$

得

$$u_{ri}=a_{ri}-\sum_{k=1}^{r-1}l_{rk}u_{ki},\ i=r+1,\cdots,n \tag{3-14}$$

求 $l_{ir}(i=r+1,\cdots,n)$.

同样，由矩阵乘法知

$$a_{ir}=\sum_{k=1}^{n}l_{ik}u_{kr}=\sum_{k=1}^{r}l_{ik}u_{kr}=\sum_{k=1}^{r-1}l_{ik}u_{kr}+l_{ir}u_{rr}$$

得

$$l_{ir}=\frac{1}{u_{rr}}(a_{ir}-\sum_{k=1}^{r-1}l_{ik}u_{kr}),\ i=r+1,\cdots,n \tag{3-15}$$

由式(3-14) 和式(3-15) 即可完成矩阵 $\boldsymbol{A}$ 的分解，然后解 $\boldsymbol{LY}=\boldsymbol{b}$ 及 $\boldsymbol{UX}=\boldsymbol{Y}$.

具体算法如下．

① $u_{1i}=a_{1i}\quad(i=1,\cdots,n)$，$l_{i1}=\dfrac{a_{i1}}{u_{11}}\quad(i=2,\cdots,n)$.

对 $r=2,\cdots,n$ 做到第三步．

② 求 $\boldsymbol{U}$ 的第 r 行，　$u_{ri}=a_{ri}-\displaystyle\sum_{k=1}^{r-1}l_{rk}u_{ki}(i=r,r+1,\cdots,n)$.

③ 求 $\boldsymbol{L}$ 的第 r 列，　$l_{ir}=\dfrac{1}{u_{rr}}(a_{ir}-\displaystyle\sum_{k=1}^{r-1}l_{ik}u_{kr})(i=r+1,\cdots,n)$.

④ 求 $\boldsymbol{LY}=\boldsymbol{b}$，$y_1=b_1$，$y_k=b_k-\displaystyle\sum_{i=1}^{k-1}l_{ki}y_i(k=2,\cdots,n)$.

⑤ 求 $\boldsymbol{UX}=\boldsymbol{Y}$，$x_n=\dfrac{y_n}{u_{nn}}x_k=\dfrac{1}{u_{kk}}(y_k-\displaystyle\sum_{i=k+1}^{n}u_{ki}x_i)(k=n-1,\cdots,2,1)$.

【例 4】 用三角分解法解方程组 $\begin{pmatrix}5 & 2 & 1\\ -1 & 4 & 2\\ 2 & -3 & 10\end{pmatrix}\begin{pmatrix}x_1\\ x_2\\ x_3\end{pmatrix}=\begin{pmatrix}-12\\ 20\\ 3\end{pmatrix}$，要求将系数矩阵 $\boldsymbol{A}$ 分解成一个单位下三角矩阵 $\boldsymbol{L}$ 和一个上三角矩阵 $\boldsymbol{U}$ 的乘积的形式.

解 ① 分解 $\begin{pmatrix}5 & 2 & 1\\ -1 & 4 & 2\\ 2 & -3 & 10\end{pmatrix}=\begin{pmatrix}1 & 0 & 0\\ -\dfrac{1}{5} & 1 & 0\\ \dfrac{2}{5} & -\dfrac{19}{22} & 1\end{pmatrix}\begin{pmatrix}5 & 2 & 1\\ 0 & \dfrac{22}{5} & \dfrac{11}{5}\\ 0 & 0 & \dfrac{23}{2}\end{pmatrix}=\boldsymbol{LU}$.

② 解 $\boldsymbol{LY}=\boldsymbol{b}$，即解 $\begin{pmatrix}1 & 0 & 0\\ -\dfrac{1}{5} & 1 & 0\\ \dfrac{2}{5} & -\dfrac{19}{22} & 1\end{pmatrix}\begin{pmatrix}y_1\\ y_2\\ y_3\end{pmatrix}=\begin{pmatrix}-12\\ 20\\ 3\end{pmatrix}$，得 $\begin{pmatrix}y_1\\ y_2\\ y_3\end{pmatrix}=\begin{pmatrix}-12\\ \dfrac{88}{5}\\ 23\end{pmatrix}$.

③ 解 $\boldsymbol{UX}=\boldsymbol{Y}$，即解 $\begin{pmatrix}5 & 2 & 1\\ 0 & \dfrac{22}{5} & \dfrac{11}{5}\\ 0 & 0 & \dfrac{23}{2}\end{pmatrix}\begin{pmatrix}x_1\\ x_2\\ x_3\end{pmatrix}=\begin{pmatrix}-12\\ \dfrac{88}{5}\\ 23\end{pmatrix}$，得 $\begin{pmatrix}x_1\\ x_2\\ x_3\end{pmatrix}=\begin{pmatrix}-4\\ 3\\ 2\end{pmatrix}$.

3.4.2 平方根法

对于一般线性方程组 $\boldsymbol{Ax}=\boldsymbol{b}$ 可以用以上介绍的几种方法求解，但系数矩阵 $\boldsymbol{A}$ 具有某些特殊性质时，可用特殊方法来求解．本节讨论系数矩阵 $\boldsymbol{A}$ 为对称正定矩阵时常用的平方根法及改进的平方根法.

设 $\boldsymbol{A}$ 为实对称正定矩阵，由线性代数的知识得知，$\boldsymbol{A}$ 的各阶顺序主子式均大于 0，从而由前述讨论知，$\boldsymbol{A}$ 可以唯一地分解成 $\boldsymbol{A}=\boldsymbol{LU}$，其中，$\boldsymbol{L}$ 是单位下三角矩阵，$\boldsymbol{U}$ 为上三角矩阵.此时 $\boldsymbol{U}$ 还可以分解成下列形式.

$$\boldsymbol{U}=\begin{pmatrix}u_{11} & u_{12} & \cdots & u_{1n}\\ & u_{22} & \cdots & u_{2n}\\ & & \ddots & \vdots\\ & & & u_{nn}\end{pmatrix}=\begin{pmatrix}u_{11} & & & \\ & u_{22} & & \\ & & \ddots & \\ & & & u_{nn}\end{pmatrix}\begin{pmatrix}1 & \dfrac{u_{12}}{u_{11}} & \cdots & \dfrac{u_{1n}}{u_{11}}\\ & 1 & \cdots & \dfrac{u_{2n}}{u_{22}}\\ & & \ddots & \vdots\\ & & & 1\end{pmatrix}=\boldsymbol{DU}_0$$

所以，得 $\boldsymbol{A}=\boldsymbol{LU}=\boldsymbol{LDU}_0$，又因为 $\boldsymbol{A}^{\mathrm{T}}=\boldsymbol{A}$，所以

$$(\boldsymbol{LDU}_0)^{\mathrm{T}}=\boldsymbol{U}_0^{\mathrm{T}}(\boldsymbol{DL}^{\mathrm{T}})=\boldsymbol{LDU}_0=\boldsymbol{L}(\boldsymbol{DU}_0)$$

注意到分解是唯一的，所以有 $\boldsymbol{U}_0^{\mathrm{T}}=\boldsymbol{L}$，即有 $\boldsymbol{A}$ 分解成了 $\boldsymbol{A}=\boldsymbol{LDL}^{\mathrm{T}}$.

考虑对角矩阵 $\boldsymbol{D}=\begin{pmatrix}u_{11} & & & \\ & u_{22} & & \\ & & \ddots & \\ & & & u_{nn}\end{pmatrix}$ 的元素，由矩阵 $\boldsymbol{A}$ 的正定性知，$\boldsymbol{A}$ 的各阶顺序主子阵也是对称正定矩阵，且各阶顺序主子式全大于 0，即

$$\det(\Delta_k)=u_{11}u_{22}\cdots u_{kk}>0,\ k=1,\ \cdots,\ n$$

所以 $u_{ii}>0(i=1,\ \cdots,\ n)$.

故有

$$D=\begin{pmatrix}u_{11}&&&\\&u_{22}&&\\&&\ddots&\\&&&u_{nn}\end{pmatrix}=\begin{pmatrix}\sqrt{u_{11}}&&&\\&\sqrt{u_{22}}&&\\&&\ddots&\\&&&\sqrt{u_{nn}}\end{pmatrix}\begin{pmatrix}\sqrt{u_{11}}&&&\\&\sqrt{u_{22}}&&\\&&\ddots&\\&&&\sqrt{u_{nn}}\end{pmatrix}$$

$$=D^{\frac{1}{2}}D^{\frac{1}{2}}$$

最后得 $A=LDL^{\mathrm{T}}=(LD^{\frac{1}{2}})(LD^{\frac{1}{2}})^{\mathrm{T}}=\overline{L}\,\overline{L}^{\mathrm{T}}$. 总结以上内容得以下定理.

定理 16 **（对称正定矩阵的三角分解定理）** 若 A 为 n 阶实对称正定矩阵，则存在一个实非奇异下三角矩阵 L，使得 $A=LL^{\mathrm{T}}$. 当限定 L 的对角元素为正时，这种分解是唯一的.

同以上的三角分解法，下面我们讨论矩阵 L 的元素的求法.

$$\begin{pmatrix}a_{11}&a_{12}&\cdots&a_{1n}\\a_{21}&a_{22}&\cdots&a_{2n}\\\vdots&\vdots&&\vdots\\a_{n1}&a_{n2}&\cdots&a_{nn}\end{pmatrix}=\begin{pmatrix}l_{11}&&&\\l_{21}&l_{22}&&\\\vdots&\vdots&\ddots&\\l_{n1}&l_{n2}&\cdots&l_{nn}\end{pmatrix}\begin{pmatrix}l_{11}&l_{21}&\cdots&l_{n1}\\&l_{22}&\cdots&l_{n2}\\&&\ddots&\vdots\\&&&l_{nn}\end{pmatrix}$$

式中，$l_{ii}>0(i=1,\ \cdots,\ n)$，且 $j<k$ 时，$l_{jk}=0$. 由矩阵乘法知，$a_{11}=l_{11}^2$，$a_{i1}=l_{i1}l_{11}$，所以 $l_{11}=\sqrt{a_{11}}$，$l_{i1}=\dfrac{a_{i1}}{l_{11}}(i=2,\ \cdots,\ n)$，得 L 的第一列及 L^{T} 的第一行.

下面求 L 的第 j 列及 L^{T} 的第 j 行，即求 $l_{ij}(i=j,\ j+1,\ \cdots,\ n)$.

考虑到 L^{T} 的第 j 列为 L 的第 j 行，由矩阵乘法公式得

$$a_{ij}=\sum_{k=1}^{n}l_{ik}l_{jk}=\sum_{k=1}^{j}l_{ik}l_{jk}=\sum_{k=1}^{j-1}l_{ik}l_{jk}+l_{ij}l_{jj}\tag{3-16}$$

当 $i=j$ 时，$a_{jj}=\sum_{k=1}^{n}l_{jk}^2=\sum_{k=1}^{j-1}l_{jk}^2+l_{jj}^2$，从而有 $l_{jj}=\left(a_{jj}-\sum_{k=1}^{j-1}l_{jk}^2\right)^{\frac{1}{2}}$，$l_{ij}=\dfrac{1}{l_{jj}}\left(a_{ij}-\sum_{k=1}^{j-1}l_{ik}l_{jk}\right)$. 于是得平方根法计算公式：

① $l_{11}=\sqrt{a_{11}}$，$l_{i1}=\dfrac{a_{i1}}{l_{11}}(i=2,\ \cdots,\ n)$；

② 对 $j=2,\ \cdots,\ n$，$l_{jj}=\left(a_{jj}-\sum_{k=1}^{j-1}l_{jk}^2\right)^{\frac{1}{2}}$，$l_{ij}=\dfrac{1}{l_{jj}}\left(a_{ij}-\sum_{k-1}^{j-1}l_{ik}l_{jk}\right)(i=j,\ j+1,\ \cdots,\ n)$；

③ 求 $LY=b$，$y_1=\dfrac{b_1}{l_{11}}$，$y_i=\dfrac{1}{l_{ii}}(b_i-\sum_{k=1}^{i-1}l_{ik}y_k)(i=2,\ \cdots,\ n)$；

④ 求 $L^{\mathrm{T}}X=Y$，$x_n=\dfrac{y_n}{l_{nn}}$，$x_i=\dfrac{1}{l_{ii}}(y_i-\sum_{k=i+1}^{n}l_{ki}x_k)(i=n-1,\ \cdots,\ 2,\ 1)$.

根据以上计算公式可知，分解过程中元素 l_{jk} 是有界的，且 $l_{jj}>0$，所以平方根法是稳定的. 又因为矩阵 A 是对称矩阵，存储时只需存储对角线及以下的元素即可. 这是平方根法的一个优点.

3.4.3 追赶法

这一节我们研究如

$$\begin{pmatrix} b_1 & c_1 & & & & & \\ a_2 & b_2 & c_2 & & & & \\ & \ddots & \ddots & \ddots & & & \\ & & a_i & b_i & c_i & & \\ & & & \ddots & \ddots & \ddots & \\ & & & & a_{n-1} & b_{n-1} & c_{n-1} \\ & & & & & a_n & b_n \end{pmatrix} \begin{pmatrix} x_1 \\ x_2 \\ \vdots \\ x_n \end{pmatrix} = \begin{pmatrix} f_1 \\ f_2 \\ \vdots \\ f_n \end{pmatrix}$$

的方程组的解法，其中，a_i，b_i，c_i 满足 $|b_1|>|c_1|$，$|b_n|>|a_n|$，$|b_i|\geqslant|a_i|+|c_i|$，$a_i c_i\neq 0(i=2,\cdots,n-1)$，该系数矩阵称为三对角占优矩阵．由系数矩阵的特点知，同样矩阵 $\boldsymbol{A}$ 可以分解成 $\boldsymbol{A}=\boldsymbol{LU}$，其中，$\boldsymbol{L}$ 是下三角矩阵，$\boldsymbol{U}$ 为上三角矩阵．以下内容可说明这种分解是可以实现的．

设

$$\boldsymbol{A}=\begin{pmatrix} b_1 & c_1 & & & & & \\ a_2 & b_2 & c_2 & & & & \\ & \ddots & \ddots & \ddots & & & \\ & & a_i & b_i & c_i & & \\ & & & \ddots & \ddots & \ddots & \\ & & & & a_{n-1} & b_{n-1} & c_{n-1} \\ & & & & & a_n & b_n \end{pmatrix}$$

$$=\begin{pmatrix} \alpha_1 & & & & & \\ \gamma_2 & \alpha_2 & & & & \\ & \ddots & \ddots & & & \\ & & \gamma_i & \alpha_i & & \\ & & & \ddots & \ddots & \\ & & & & \gamma_{n-1} & \alpha_{n-1} & \\ & & & & & \gamma_n & \alpha_n \end{pmatrix} \begin{pmatrix} 1 & \beta_1 & & & & & \\ & 1 & \beta_2 & & & & \\ & & \ddots & \ddots & & & \\ & & & 1 & \beta_{i-1} & & \\ & & & & 1 & \beta_i & \\ & & & & & \ddots & \ddots \\ & & & & & 1 & \beta_{n-1} \\ & & & & & & 1 \end{pmatrix}$$

由矩阵乘法知，$b_1=\alpha_1$，$c_1=\alpha_1\beta_1$，$a_i=\gamma_i$，$b_i=\gamma_i\beta_{i-1}+\alpha_i(i=2,\cdots,n)$，$c_i=\alpha_i\beta_i(i=2,\cdots,n-1)$，所以有 $\alpha_1=b_1$，$\beta_1=\dfrac{c_1}{\alpha_1}$，$\gamma_i=a_i$，$\alpha_i=b_i-\gamma_i\beta_{i-1}(i=2,\cdots,n)$，而 $\beta_i=\dfrac{c_i}{\alpha_i}(i=2,\cdots,n-1)$.

证明　$|\alpha_i|>|c_i|\neq 0$，且 $0<|\beta_i|<1$. 显然当 $i=1$ 时，$\alpha_1=b_1\neq 0$，且 $\beta_1=\dfrac{c_1}{\alpha_1}$，所以 $|\alpha_1|=|b_1|>|c_1|\neq 0$，且有 $0<|\beta_1|<1$. 假设 $|\alpha_{i-1}|>|c_{i-1}|\neq 0$，且 $0<|\beta_{i-1}|<1$ 成立，以下证明对 i 也成立．由于 $|\alpha_i|=|b_i-\gamma_i\beta_{i-1}|=|b_i-a_i\beta_{i-1}|\geqslant|b_i|-$

$|a_i||\beta_{i-1}|$，注意到 $0<|\beta_{i-1}|<1$，$|\alpha_i|>|b_i|-|a_i|\geqslant|c_i|\neq 0$，又 $\beta_i=\dfrac{c_i}{\alpha_i}$，所以 $0<|\beta_i|<1$ 成立．

由以上的讨论知，只要矩阵 $\boldsymbol{A}$ 为三对角占优矩阵，即可将 $\boldsymbol{A}$ 分解成 $\boldsymbol{A}=\boldsymbol{LU}$，从而将解三对角线方程组的问题转化为求解 $\boldsymbol{LY}=\boldsymbol{b}$ 及 $\boldsymbol{UX}=\boldsymbol{Y}$ 的问题．具体公式如下．

① 计算 $\{\beta_i\}$ 的递推公式，$\beta_1=\dfrac{c_1}{\alpha_1}$，$\beta_i=\dfrac{c_i}{b_i-a_i\beta_{i-1}}(i=2,\cdots,n-1)$．

② 解 $\boldsymbol{LY}=\boldsymbol{b}$，$y_1=\dfrac{f_1}{b_1}$，$y_i=\dfrac{f_i-a_iy_{i-1}}{b_i-a_i\beta_{i-1}}(i=2,\cdots,n)$．

③ 解 $\boldsymbol{UX}=\boldsymbol{Y}$，$x_n=y_n$，$x_i=y_i-\beta_ix_{i+1}(i=n-1,\cdots,2,1)$．

追赶法实际是三角分解法用于解三对角线方程组的情形，只是由于系数矩阵较简单，所以计算公式也简单，并且计算过程是稳定的．

【例 5】 用追赶法解三对角线方程组 $\begin{pmatrix}-2&1&0&0\\1&-2&1&0\\0&1&-2&1\\0&0&1&-2\end{pmatrix}\begin{pmatrix}x_1\\x_2\\x_3\\x_4\end{pmatrix}=\begin{pmatrix}1\\1\\0\\-1\end{pmatrix}$．

解 ① 分解

$$\begin{pmatrix}-2&1&0&0\\1&-2&1&0\\0&1&-2&1\\0&0&1&-2\end{pmatrix}=\begin{pmatrix}1&0&0&0\\-\frac{1}{2}&1&0&0\\0&-\frac{2}{3}&1&0\\0&0&-\frac{3}{4}&1\end{pmatrix}\begin{pmatrix}-2&1&0&0\\0&-\frac{3}{2}&1&0\\0&0&-\frac{4}{3}&1\\0&0&0&-\frac{5}{4}\end{pmatrix}=\boldsymbol{LU};$$

② 解 $\boldsymbol{LY}=\boldsymbol{b}$，即解 $\begin{pmatrix}1&0&0&0\\-\frac{1}{2}&1&0&0\\0&-\frac{2}{3}&1&0\\0&0&-\frac{3}{4}&1\end{pmatrix}\begin{pmatrix}y_1\\y_2\\y_3\\y_4\end{pmatrix}=\begin{pmatrix}1\\1\\0\\-1\end{pmatrix}$，得 $\begin{pmatrix}y_1\\y_2\\y_3\\y_4\end{pmatrix}=\begin{pmatrix}1\\\frac{3}{2}\\1\\-\frac{1}{4}\end{pmatrix}$；

③ 解 $\boldsymbol{UX}=\boldsymbol{Y}$，即解 $\begin{pmatrix}-2&1&0&0\\0&-\frac{3}{2}&1&0\\0&0&-\frac{4}{3}&1\\0&0&0&-\frac{5}{4}\end{pmatrix}\begin{pmatrix}x_1\\x_2\\x_3\\x_4\end{pmatrix}=\begin{pmatrix}1\\\frac{3}{2}\\1\\-\frac{1}{4}\end{pmatrix}$，得 $\begin{pmatrix}x_1\\x_2\\x_3\\x_4\end{pmatrix}=\begin{pmatrix}-\frac{6}{5}\\-\frac{7}{5}\\-\frac{3}{5}\\\frac{1}{5}\end{pmatrix}$．

3.5　迭代法的基本原理

3.5.1　迭代法的一般概念

解线性方程组的迭代法就是从某一初始近似解向量 $\boldsymbol{X}^{(0)}$ 开始，产生一个收敛于方程组的解向量 $\boldsymbol{X}^{*}$ 的向量序列 $\{\boldsymbol{X}^{(k)}\}$ $(k=0, 1, 2, \cdots)$. 其方法是将一个方程组 $\boldsymbol{AX}=\boldsymbol{b}$ 转化成与之等价的方程组 $\boldsymbol{X}=\boldsymbol{BX}+\boldsymbol{f}$，这里 $\boldsymbol{B}\in\mathbf{R}^{n\times n}$，$\boldsymbol{f}\in\mathbf{R}^{n}$，任取初始向量 $\boldsymbol{X}^{(0)}$，由迭代公式

$$\boldsymbol{X}^{(k+1)}=\boldsymbol{BX}^{(k)}+\boldsymbol{f},\ k=0, 1, 2, \cdots \tag{3-17}$$

产生一个向量序列 $\{\boldsymbol{X}^{(k)}\}$，其中，矩阵 $\boldsymbol{B}$ 称为迭代矩阵.

【例 6】 用迭代法解方程组 $\begin{pmatrix}10 & -1 & -2\\ -1 & 10 & -2\\ -1 & -1 & 5\end{pmatrix}\begin{pmatrix}x_1\\ x_2\\ x_3\end{pmatrix}=\begin{pmatrix}7.2\\ 8.3\\ 4.2\end{pmatrix}$.

解　将方程组改写成等价形式(从第 i 个方程中解出 x_i).

$$\begin{cases}x_1=\dfrac{1}{10}(x_2+2x_3+7.2)\\ x_2=\dfrac{1}{10}(x_1+2x_3+8.3)\\ x_3=\dfrac{1}{5}(x_1+x_2+4.2)\end{cases}$$

若令 $\boldsymbol{B}=\begin{pmatrix}0 & \dfrac{1}{10} & \dfrac{2}{10}\\ \dfrac{1}{10} & 0 & \dfrac{2}{10}\\ \dfrac{1}{5} & \dfrac{1}{5} & 0\end{pmatrix}$，$\boldsymbol{f}=\begin{pmatrix}\dfrac{7.2}{10}\\ \dfrac{8.3}{10}\\ \dfrac{4.2}{5}\end{pmatrix}$，则可得到 $\boldsymbol{X}=\boldsymbol{BX}+\boldsymbol{f}$. 建立迭代公式

$$\boldsymbol{X}^{(k+1)}=\boldsymbol{BX}^{(k)}+\boldsymbol{f},\ k=0, 1, 2, \cdots \tag{3-18}$$

取 $\boldsymbol{X}^{(0)}=(0\ \ 0\ \ 0)^{\mathrm{T}}$，得到

$$\boldsymbol{X}^{(1)}=(0.72\ \ 0.83\ \ 0.84)^{\mathrm{T}}$$
$$\boldsymbol{X}^{(2)}=(0.971\ \ 1.070\ \ 1.150)^{\mathrm{T}}$$
$$\cdots$$
$$\boldsymbol{X}^{(9)}=(1.0999\ \ 1.1999\ \ 1.2999)^{\mathrm{T}}$$

分量形式的一般计算公式为

$$\begin{cases}x_1^{(k+1)}=\dfrac{1}{10}(x_2^{(k)}+2x_3^{(k)}+7.2)\\ x_2^{(k+1)}=\dfrac{1}{10}(x_1^{(k)}+2x_3^{(k)}+8.3),\ k=0, 1, 2, \cdots\\ x_3^{(k+1)}=\dfrac{1}{5}(x_1^{(k)}+x_2^{(k)}+4.2)\end{cases}$$

式(3-18)称为迭代公式的向量（矩阵）形式．

注意：同第2章求解方程的根一样，并非任何由方程组 $\boldsymbol{AX}=\boldsymbol{b}$ 转化成的等价形式 $\boldsymbol{X}=\boldsymbol{BX}+\boldsymbol{f}$ 建立的迭代公式 $\boldsymbol{X}^{(k+1)}=\boldsymbol{BX}^{(k)}+\boldsymbol{f}$ 所产生的向量序列 $\{\boldsymbol{X}^{(k)}\}$ 都收敛．那么在什么条件下才收敛呢？先给出收敛的定义．

定义 9 ① 对给定的线性方程组 $\boldsymbol{X}=\boldsymbol{BX}+\boldsymbol{f}$，用公式 $\boldsymbol{X}^{(k+1)}=\boldsymbol{BX}^{(k)}+\boldsymbol{f}$ 逐步代入求近似解的方法称为迭代法（又称一阶定常法）．

② 若 $\lim\limits_{k\to\infty}\boldsymbol{X}^{(k)}$ 存在，且 $\lim\limits_{k\to\infty}\boldsymbol{X}^{(k)}=\boldsymbol{X}^*$，则称迭代法收敛，$\boldsymbol{X}^*$ 就是方程组的解，否则称迭代法不收敛．

那么满足什么条件才有序列 $\{\boldsymbol{X}^{(k)}\}$ 收敛呢？

设方程组 $\boldsymbol{X}=\boldsymbol{BX}+\boldsymbol{f}$ 有唯一解 $\boldsymbol{X}^*$，即 $\boldsymbol{X}^*=\boldsymbol{BX}^*+\boldsymbol{f}$．引进误差向量 $\boldsymbol{\varepsilon}^{(k)}=\boldsymbol{X}^{(k)}-\boldsymbol{X}^*$，则有

$$\boldsymbol{\varepsilon}^{(k+1)}=\boldsymbol{X}^{(k+1)}-\boldsymbol{X}^*=\boldsymbol{BX}^{(k)}+\boldsymbol{f}-\boldsymbol{BX}^*-\boldsymbol{f}=\boldsymbol{B}(\boldsymbol{X}^{(k)}-\boldsymbol{X}^*)=\boldsymbol{B\varepsilon}^{(k)}$$

所以，$\boldsymbol{\varepsilon}^{(k)}=\boldsymbol{B\varepsilon}^{(k-1)}=\boldsymbol{B}^2\boldsymbol{\varepsilon}^{(k-2)}=\cdots=\boldsymbol{B}^k\boldsymbol{\varepsilon}^{(0)}$（$\boldsymbol{\varepsilon}^{(0)}=\boldsymbol{X}^{(0)}-\boldsymbol{X}^*$）．可见要使 $\lim\limits_{k\to\infty}\boldsymbol{X}^{(k)}=\boldsymbol{X}^*$，即 $\boldsymbol{\varepsilon}^{(k)}\xrightarrow{k\to\infty}\boldsymbol{0}$，需有 $\boldsymbol{B}^k\xrightarrow{k\to\infty}\boldsymbol{0}$.

那么矩阵 $\boldsymbol{B}$ 满足什么条件才能保证 $\boldsymbol{B}^k\xrightarrow{k\to\infty}\boldsymbol{0}$ 呢？我们将在3.5.2中详细讨论．

3.5.2 迭代法的收敛性

要讨论迭代法的收敛性，就要讨论迭代矩阵 $\boldsymbol{B}$ 在什么条件下，有 $\boldsymbol{B}^k\xrightarrow{k\to\infty}\boldsymbol{0}$ 成立．为此有以下定理．

定理 17 **（迭代法收敛的充分条件）** 设方程组 $\boldsymbol{AX}=\boldsymbol{b}$ 的迭代公式为 $\boldsymbol{X}^{(k+1)}=\boldsymbol{BX}^{(k)}+\boldsymbol{f}$，由此产生的向量序列为 $\{\boldsymbol{X}^{(k)}\}$（$k=0,1,2,\cdots$）．$\boldsymbol{X}^{(0)}$ 为任意初始向量，若迭代矩阵的某一种范数 $\|\boldsymbol{B}\|_v=q<1$（$v=1,2,\infty$），则有：

① 迭代法收敛；

② $$\|\boldsymbol{X}^*-\boldsymbol{X}^{(k)}\|_v\leqslant\frac{q}{1-q}\|\boldsymbol{X}^{(k)}-\boldsymbol{X}^{(k-1)}\|_v;\tag{3-19}$$

③ $$\|\boldsymbol{X}^*-\boldsymbol{X}^{(k)}\|_v\leqslant\frac{q^k}{1-q}\|\boldsymbol{X}^{(1)}-\boldsymbol{X}^{(0)}\|_v.\tag{3-20}$$

证明 （以下证明中总是省略范数的下标 v）① 由 $\boldsymbol{AX}=\boldsymbol{b}$ 的等价形式 $\boldsymbol{X}=\boldsymbol{BX}+\boldsymbol{f}$ 知，$(\boldsymbol{I}-\boldsymbol{B})\boldsymbol{X}=\boldsymbol{f}$，因为 $\|\boldsymbol{B}\|=q<1$，由定理7知，矩阵 $\boldsymbol{I}-\boldsymbol{B}$ 非奇异，因此方程组 $(\boldsymbol{I}-\boldsymbol{B})\boldsymbol{X}=\boldsymbol{f}$ 有唯一解 $\boldsymbol{X}^*$，即有 $\boldsymbol{X}^*=\boldsymbol{BX}^*+\boldsymbol{f}$．对 $\boldsymbol{\varepsilon}^{(k)}=\boldsymbol{B}^k\boldsymbol{\varepsilon}^{(0)}$，取范数得 $\|\boldsymbol{\varepsilon}^{(k)}\|\leqslant\|\boldsymbol{B}\|^k\|\boldsymbol{\varepsilon}^{(0)}\|=q^k\|\boldsymbol{\varepsilon}^{(0)}\|$．又因 $q<1$，所以有 $q^k\xrightarrow{k\to\infty}0$，故得 $\lim\limits_{k\to\infty}\|\boldsymbol{\varepsilon}^{(k)}\|=\lim\limits_{k\to\infty}\|\boldsymbol{X}^*-\boldsymbol{X}^{(k)}\|=0$，即 $\lim\limits_{k\to\infty}\boldsymbol{X}^{(k)}=\boldsymbol{X}^*$ 成立．

② 因为 $\boldsymbol{X}^{(k+1)}=\boldsymbol{BX}^{(k)}+\boldsymbol{f}$ 及 $\boldsymbol{X}^*=\boldsymbol{BX}^*+\boldsymbol{f}$，所以有

$$\boldsymbol{X}^{(k+1)}-\boldsymbol{X}^{(k)}=\boldsymbol{B}(\boldsymbol{X}^{(k)}-\boldsymbol{X}^{(k-1)})$$

两边取范数得

$$\|\boldsymbol{X}^{(k+1)}-\boldsymbol{X}^{(k)}\|\leqslant q\|\boldsymbol{X}^{(k)}-\boldsymbol{X}^{(k-1)}\|\tag{3-21}$$

又因 $\boldsymbol{X}^*-\boldsymbol{X}^{(k+1)}=\boldsymbol{B}(\boldsymbol{X}^*-\boldsymbol{X}^{(k)})$ 取范数得

$$\|\boldsymbol{X}^*-\boldsymbol{X}^{(k+1)}\|\leqslant q\|\boldsymbol{X}^*-\boldsymbol{X}^{(k)}\|\tag{3-22}$$

所以由式(3-21)和式(3-22)得到

$$\begin{aligned}\|X^{(k+1)}-X^{(k)}\|&=\|X^*-X^{(k)}-(X^*-X^{(k+1)})\|\\&\geqslant\|X^*-X^{(k)}\|-\|X^*-X^{(k+1)}\|\geqslant\|X^*-X^{(k)}\|-q\|X^*-X^{(k)}\|\\&=(1-q)\|X^*-X^{(k)}\|\end{aligned}$$

整理得

$$\|X^*-X^{(k)}\|\leqslant\frac{1}{1-q}\|X^{(k+1)}-X^{(k)}\|\leqslant\frac{q}{1-q}\|X^{(k)}-X^{(k-1)}\|$$

③ $$\begin{aligned}\|X^*-X^{(k)}\|&\leqslant\frac{q}{1-q}\|X^{(k)}-X^{(k-1)}\|\leqslant\frac{q^2}{1-q}\|X^{(k-1)}-X^{(k-2)}\|\\&\leqslant\cdots\leqslant\frac{q^k}{1-q}\|X^{(1)}-X^{(0)}\|.\end{aligned}$$

考察例 6 的迭代矩阵 B，可知 $\|B\|_\infty=\|B\|_1=\frac{2}{5}<1$，所以迭代收敛 .

注意：

① 此定理是迭代收敛的充分条件而非必要条件；

② 由结论③知，收敛速度的快慢取决于 $q<1$ 的程度，q 越小，收敛速度越快；

③ 由结论②知，要使 $\|X^*-X^{(k)}\|\leqslant\varepsilon$，只需 $\|X^{(k+1)}-X^{(k)}\|$ 充分小 . 一般用 $\|X^{(k+1)}-X^{(k)}\|\leqslant\varepsilon_0$ 作为迭代的终止条件 .

定理 18　设 $B=(b_{ij})_n\in\mathbf{R}^{n\times n}$，则 $\lim\limits_{k\to\infty}B^k=0$ 的充分必要条件是 $\rho(B)<1$.

证明　由于对任意矩阵 B 都存在一个非奇异矩阵 P，使得 $P^{-1}BP=\begin{pmatrix}J_1&&\\&\ddots&\\&&J_r\end{pmatrix}\equiv J$

为一个约当型矩阵，其中，$J_i=\begin{pmatrix}\lambda_i&1&&&\\&\lambda_i&1&&\\&&\ddots&\ddots&\\&&&\lambda_i&1\\&&&&\lambda_i\end{pmatrix}$ 为约当块矩阵 .

显然 $B=PJP^{-1}$，$B^k=PJ^kP^{-1}$，而 $J^k=\begin{pmatrix}J_1^k&&\\&\ddots&\\&&J_r^k\end{pmatrix}$，于是

$$B^k\xrightarrow{k\to\infty}\mathbf{0}\Leftrightarrow J^k\xrightarrow{k\to\infty}\mathbf{0}\Leftrightarrow J_i^k\xrightarrow{k\to\infty}\mathbf{0},\ i=1,2,\cdots,r$$

又因 $J_i^k=\begin{pmatrix}\lambda_i^k&\binom{k}{1}\lambda_i^{k-1}&\cdots&\binom{k}{t-1}\lambda_i^{k-t+1}\\&\lambda_i^k&\binom{k}{1}\lambda_i^{k-1}\quad\cdots&\binom{k}{t-2}\lambda_i^{k-t+2}\\&&\ddots\qquad\ddots&\vdots\\&&\lambda_i^k&\binom{k}{1}\lambda_i^{k-1}\\&&&\lambda_i^k\end{pmatrix}$，其中，$t$ 为 J_i 的阶数，所以，$J_i^k\xrightarrow{k\to\infty}\mathbf{0}\Leftrightarrow|\lambda_i|<1$，即 B 的所有特征值的绝对值（模）小于 1，故有 $B^k\xrightarrow{k\to\infty}\mathbf{0}\Leftrightarrow\rho(B)<1$ 结论成立 .

定理 19　**（迭代法基本定理）** 设方程组 $AX=b$ 的迭代公式为 $X^{(k+1)}=BX^{(k)}+f$，

$X^{(0)}$ 为任意初始向量，迭代公式收敛的充分必要条件是 $\rho(B)<1$，且当 $\rho(B)<1$（迭代矩阵的谱半径小于1）时，其值越小收敛速度越快．

证明 由定理18知，结论显然成立．

【例7】 设有迭代公式 $X^{(k+1)}=BX^{(k)}+f$，其中，$B=\begin{pmatrix}0.9 & 0\\0.3 & 0.8\end{pmatrix}$，$f=\begin{pmatrix}1\\2\end{pmatrix}$，试考察其收敛性．

解 显然 $\|B\|_\infty=1.1$，$\|B\|_1=1.2$，$\|B\|_2=1.021$，而 $\rho(B)=0.9<1$，所以迭代公式对任意初始向量都收敛．

方程组 $AX=b$ 中的系数矩阵 A 具有某些特殊性质时，以上两种迭代公式有以下几个结论．

定义10 设 $A=(a_{ij})_n\in\mathbf{R}^{n\times n}$（或 $\in\mathbf{C}^{n\times n}$），$R_i(A)=\sum\limits_{\substack{i\neq j\\j=1}}^{n}|a_{ij}|\ (i=1,\ 2,\ \cdots,\ n)$.

① 若 A 满足 $|a_{ii}|>R_i(A)(i=1,\ 2,\ \cdots,\ n)$，即 A 的每一行对角元素的绝对值（模）都严格大于同行其他元素的绝对值（模）之和，则称 A 为严格对角优势矩阵．

② 若 A 满足 $|a_{ii}|\geqslant R_i(A)(i=1,\ 2,\ \cdots,\ n)$，且至少有一个不等式严格成立，则称 A 为弱对角优势矩阵．

③ 若存在正对角矩阵 $d=\mathrm{diag}(d_1,\ d_2,\ \cdots,\ d_n)$，使得 Ad 为严格对角优势矩阵（弱对角优势矩阵），则称 A 为广义严格对角优势矩阵（广义弱对角优势矩阵）．

定义11 **（可约与不可约矩阵）** 设 $A=(a_{ij})_n\in\mathbf{R}^{n\times n}$（或 $\in\mathbf{C}^{n\times n}$），当 $n\geqslant2$ 时，如果存在 n 阶排列矩阵 P 使 $P^{\mathrm{T}}AP=\begin{pmatrix}A_{11} & A_{12}\\0 & A_{22}\end{pmatrix}$ 成立，其中，A_{11} 为 r 阶子矩阵，A_{22} 为 $n-r$ 阶子矩阵（$1\leqslant r\leqslant n$），则称矩阵 A 是可约矩阵，否则称 A 为不可约矩阵．

易知，A 为可约矩阵，当且仅当存在一个下标的非空子集 $J\subset\{1,\ 2,\ \cdots,\ n\}$ 使 $a_{kj}=0$，$k\in J$，$j\notin J$ 成立．

定理20 设 $A=(a_{ij})_n\in\mathbf{R}^{n\times n}$（或 $\in\mathbf{C}^{n\times n}$）为严格对角优势矩阵或为不可约弱对角优势矩阵，则 A 是非奇异矩阵．

证明 首先设 A 为严格对角优势矩阵，假设 A 是奇异矩阵，则 $AX=0$ 有非零解．不妨设 $X=(x_1\ \ \cdots\ \ x_n)^{\mathrm{T}}\neq0$ 为其一个解，且设 $|x_k|=\max\limits_{1\leqslant i\leqslant n}|x_i|\neq0$，由方程组 $AX=0$ 的第 k 个方程得 $|a_{kk}x_k|=\left|\sum\limits_{\substack{j=1\\j\neq k}}^{n}a_{kj}x_j\right|\leqslant\sum\limits_{\substack{j=1\\j\neq k}}^{n}|a_{kj}||x_j|\leqslant|x_k|\sum\limits_{\substack{j=1\\j\neq k}}^{n}|a_{kj}|$，两边同除以 $|x_k|$，得 $|a_{kk}|\leqslant\sum\limits_{\substack{j=1\\j\neq k}}^{n}|a_{kj}|$，与条件矛盾，所以 A 是非奇异矩阵．

其次，若 A 为不可约弱对角优势矩阵，仍假设 A 是奇异矩阵，设 $X=(x_1\ \ \cdots\ \ x_n)^{\mathrm{T}}\neq0$ 为 $AX=0$ 的一个解，且不妨设 $|x_k|=\max\limits_{1\leqslant i\leqslant n}|x_i|=1$，由于 A 至少有一行满足对角元素的绝对值（模）都严格大于同行其他元素的绝对值（模）之和，不妨设为第 m 行，即有 $|a_{mm}|>\sum\limits_{\substack{j=1\\j\neq m}}^{n}|a_{mj}|$ 成立．由此知解 $X=(x_1\ \ \cdots\ \ x_n)^{\mathrm{T}}\neq0$ 的分量的绝对值（模）不可能都等于1. 事实上，如果 $|x_j|=1(j=1,\ 2,\ \cdots,\ n)$，则由 $AX=0$ 的第 m 个方程知 $|a_{mm}|\leqslant\sum\limits_{\substack{j=1\\j\neq m}}^{n}|a_{mj}|$，这

与 $|a_{mm}| > \sum_{\substack{j=1\\j\neq m}}^{n} |a_{mj}|$ 矛盾．为此定义下标集合 $J=\{j \mid |x_j|=1\}$，$\overline{J}=\{j \mid |x_j|<1\}$，显然 $J\cup\overline{J}=\{1, 2, \cdots, n\}$，且 $J\cap\overline{J}=\varnothing$．对任意 $r\in J$，由 $|a_{rr}|=|a_{rr}||x_r|\leqslant \sum_{\substack{j=1\\j\neq r}}^{n}|a_{rj}||x_j|$，可知，对一切 $s\in\overline{J}$，都有 $a_{rs}=0$，否则，由此不等式得 $|a_{rr}|=|a_{rr}||x_r|\leqslant \sum_{\substack{j=1\\j\neq r}}^{n}|a_{rj}||x_j| < \sum_{\substack{j=1\\j\neq r}}^{n}|a_{rj}|$，这与矩阵为弱对角优势矩阵矛盾，而对任意 $r\in J$，$s\in\overline{J}$，有 $a_{rs}=0$ 成立又意味着 $\boldsymbol{A}$ 为可约矩阵，与 $\boldsymbol{A}$ 为不可约矩阵矛盾，故结论成立．

推论　设 $\boldsymbol{A}=(a_{ij})_n\in\mathbf{R}^{n\times n}$（或 $\in\mathbf{C}^{n\times n}$）为广义严格对角优势矩阵或广义弱对角优势矩阵，则 $\boldsymbol{A}$ 是非奇异矩阵．

3.6　基本迭代法

3.6.1　雅可比迭代法

设有方程组 $\boldsymbol{AX}=\boldsymbol{b}$，用方程形式写成 $\sum_{j=1}^{n}a_{ij}x_j=b_i(i=1, 2, \cdots, n)$，这里假设 $|\boldsymbol{A}|\neq 0$，且 $a_{ii}\neq 0(i=1, 2, \cdots, n)$，从第 i 个方程中解出 x_i，得 $x_i=\frac{1}{a_{ii}}(b_i-\sum_{\substack{j=1\\j\neq i}}^{n}a_{ij}x_j)(i=1, 2, \cdots, n)$，写成易于迭代的形式为

$$x_i^{(k+1)}=\frac{1}{a_{ii}}(b_i-\sum_{\substack{j=1\\j\neq i}}^{n}a_{ij}x_j^{(k)}),\ i=1, 2, \cdots, n,\ k=0, 1, 2, \cdots \tag{3-23}$$

这就是 Jacobi（雅可比）迭代法的分量形式．

为讨论迭代法的收敛性，我们将以上形式写成矩阵形式(向量形式)．将矩阵 $\boldsymbol{A}$ 分解成

$$\boldsymbol{A}=\begin{pmatrix}a_{11} & & & \\ & a_{22} & & \\ & & \ddots & \\ & & & a_{nn}\end{pmatrix}-\begin{pmatrix}0 & & & \\ -a_{21} & 0 & & \\ \vdots & & \ddots & \\ -a_{n1} & \cdots & -a_{n,n-1} & 0\end{pmatrix}-\begin{pmatrix}0 & -a_{12} & \cdots & -a_{1n}\\ & 0 & \cdots & \vdots \\ & & \ddots & -a_{n-1,n}\\ & & & 0\end{pmatrix}$$

$$=\boldsymbol{D}-\boldsymbol{L}-\boldsymbol{U}$$

这样一来式(3-23) 就可写成矩阵形式

$$\begin{aligned}\boldsymbol{X}^{(k+1)}&=\boldsymbol{D}^{-1}(\boldsymbol{b}+\boldsymbol{LX}^{(k)}+\boldsymbol{UX}^{(k)})=\boldsymbol{D}^{-1}(\boldsymbol{L}+\boldsymbol{U})\boldsymbol{X}^{(k)}+\boldsymbol{D}^{-1}\boldsymbol{b}\\&=\boldsymbol{B}_0\boldsymbol{X}^{(k)}+\boldsymbol{f},\ k=0, 1, 2, \cdots\end{aligned}$$

式中，$$\boldsymbol{B}_0=\boldsymbol{D}^{-1}(\boldsymbol{L}+\boldsymbol{U}) \tag{3-24}$$

称为 Jacobi 迭代法的迭代矩阵；$\boldsymbol{f}=\boldsymbol{D}^{-1}\boldsymbol{b}$．于是 Jacobi 迭代法的矩阵形式为

$$X^{(k+1)}=B_0X^{(k)}+f,\ k=0,1,2,\cdots$$

可见 Jacobi 迭代法公式简单，易于操作．

3.6.2 高斯-赛德尔迭代法

考察 Jacobi 迭代法的分量形式

$$x_i^{(k+1)}=\frac{1}{a_{ii}}(b_i-\sum_{\substack{j=1\\j\neq i}}^{n}a_{ij}x_j^{(k)})=\frac{1}{a_{ii}}(b_i-\sum_{j=1}^{i-1}a_{ij}x_j^{(k)}-\sum_{j=i+1}^{n}a_{ij}x_j^{(k)}),\ i=1,2,\cdots,n$$

在第 $k+1$ 次迭代中，求 $X^{(k+1)}$ 的过程是把 $X^{(k+1)}$ 的分量一个一个地求出来，次序为 $x_1^{(k+1)}$，$x_2^{(k+1)}$，…，$x_n^{(k+1)}$．求 $x_i^{(k+1)}(i\geqslant 2)$ 时，$x_1^{(k+1)}$，$x_2^{(k+1)}$，…，$x_{i-1}^{(k+1)}$ 已求出，若序列收敛，这些最新分量肯定比 $x_1^{(k)}$，$x_2^{(k)}$，…，$x_{i-1}^{(k)}$ 要"好"，所以把式(3-23) 改写成

$$x_i^{(k+1)}=\frac{1}{a_{ii}}(b_i-\sum_{j=1}^{i-1}a_{ij}x_j^{(k+1)}-\sum_{j=i+1}^{n}a_{ij}x_j^{(k)}),\ i=1,2,\cdots,n \tag{3-25}$$

这就用上了最新分量，称为 Gauss-Seidel（高斯-赛德尔）迭代法的分量形式．为便于迭代，常写成下列形式．

$$\begin{cases}x_i^{(k+1)}=x_i^{(k)}+\Delta x_i\\ \Delta x_i=\dfrac{1}{a_{ii}}(b_i-\sum\limits_{j=1}^{i-1}a_{ij}x_j^{(k+1)}-\sum\limits_{j=i}^{n}a_{ij}x_j^{(k)})\end{cases},\ k=0,1,2,\cdots,\ i=1,2,\cdots,n \tag{3-26}$$

下面将式(3-26) 写成矩阵形式．由 Jacobi 迭代法的矩阵形式 $X^{(k+1)}=D^{-1}(b+LX^{(k)}+UX^{(k)})$ 知，$DX^{(k+1)}=b+LX^{(k)}+UX^{(k)}$，而最新分量只在小于 i 时应用，所以 Gauss-Seidel 迭代法的矩阵形式为

$$DX^{(k+1)}=b+LX^{(k+1)}+UX^{(k)}$$

得 $X^{(k+1)}=(D-L)^{-1}UX^{(k)}+(D-L)^{-1}b(k=0,1,2,\cdots)$.

综合以上得 Gauss-Seidel 迭代法的矩阵形式为

$$\begin{cases}X^{(k+1)}=GX^{(k)}+F\\ G=(D-L)^{-1}U\\ F=(D-L)^{-1}b\end{cases},\ k=0,1,2,\cdots \tag{3-27}$$

$G=(D-L)^{-1}U$ 称为 Gauss-Seidel 迭代法的迭代矩阵．

【例 8】 用 Gauss-Seidel 迭代法再解例 6.

解 分量形式计算公式为

$$\begin{cases}x_1^{(k+1)}=\dfrac{1}{10}(x_2^{(k)}+2x_3^{(k)}+7.2)\\ x_2^{(k+1)}=\dfrac{1}{10}(x_1^{(k+1)}+2x_3^{(k)}+8.3)\\ x_3^{(k+1)}=\dfrac{1}{5}(x_1^{(k+1)}+x_2^{(k+1)}+4.2)\end{cases}$$

取 $X^{(0)}=(0\quad 0\quad 0)^T$，$X^{(1)}=(0.72\quad 0.902\quad 1.16)^T$，$X^{(2)}=(1.024\quad 1.1644\quad 1.2768)^T$，$X^{(3)}=(1.091976\quad 1.1947336\quad 1.29734192)^T$，$X^{(4)}=(1.0989417\quad 1.19936256\quad 1.2996609)^T$.

显然 Gauss-Seidel 迭代法与 Jacobi 迭代法相比，要达到同样精度，所需计算次数要少

得多．

注意：并非 Gauss-Seidel 迭代法一定比 Jacobi 迭代法要好，因为有的方程组用 Jacobi 迭代法收敛，而用 Gauss-Seidel 迭代法却是发散的（见习题）．

3.6.3　超松弛迭代法

逐次超松弛迭代法（SOR）是 Gauss-Seidel 迭代法的一个改进，此方法适用于解大型稀疏矩阵方程组．

设有方程组 $\boldsymbol{AX}=\boldsymbol{b}$，且设 $a_{ii}\neq 0(i=1,2,\cdots,n)$，将矩阵 $\boldsymbol{A}$ 分解成 $\boldsymbol{A}=\boldsymbol{D}-\boldsymbol{L}-\boldsymbol{U}$，这里 $\boldsymbol{D}$、$\boldsymbol{L}$、$\boldsymbol{U}$ 的意义同前文．

假设已求出第 k 次近似 $\boldsymbol{X}^{(k)}=(x_1^{(k)}\quad x_2^{(k)}\quad\cdots\quad x_n^{(k)})^{\mathrm{T}}$，以及第 $k+1$ 次近似 $\boldsymbol{X}^{(k+1)}$ 的前 $i-1$ 个分量 $x_1^{(k+1)}$，$x_2^{(k+1)}$，…，$x_{i-1}^{(k+1)}$，下面求第 i 个分量 $x_i^{(k+1)}$．

先由 Gauss-Seidel 迭代法求出一个量，记为 $\overline{x}_i^{(k+1)}$，即

$$\overline{x}_i^{(k+1)}=\frac{1}{a_{ii}}(b_i-\sum_{j=1}^{i-1}a_{ij}x_j^{(k+1)}-\sum_{j=i+1}^{n}a_{ij}x_j^{(k)}),\ i=1,2,\cdots,n$$

我们不将 $\overline{x}_i^{(k+1)}$ 作为 $\boldsymbol{X}^{(k+1)}$ 的第 i 个分量 $x_i^{(k+1)}$，而是把 $\overline{x}_i^{(k+1)}$ 和 $\boldsymbol{X}^{(k)}$ 的第 i 个分量 $x_i^{(k)}$ 的加权平均值作为 $x_i^{(k+1)}$，即

$$\begin{aligned}x_i^{(k+1)}&=(1-w)x_i^{(k)}+w\overline{x}_i^{(k+1)}\\&=x_i^{(k)}+w(\overline{x}_i^{(k+1)}-x_i^{(k)})\\&=x_i^{(k)}+w[\frac{1}{a_{ii}}(b_i-\sum_{j=1}^{i-1}a_{ij}x_j^{(k+1)}-\sum_{j=i+1}^{n}a_{ij}x_j^{(k)})-x_i^{(k)}]\\&=x_i^{(k)}+\frac{w}{a_{ii}}(b_i-\sum_{j=1}^{i-1}a_{ij}x_j^{(k+1)}-\sum_{j=i}^{n}a_{ij}x_j^{(k)}),\ i=1,2,\cdots,n,\ k=0,1,2,\cdots\end{aligned}\tag{3-28}$$

式中，w 称为松弛因子．

式(3-28) 还可以写成如下形式．

$$\begin{cases}x_i^{(k+1)}=x_i^{(k)}+\Delta x_i\\ \Delta x_i=\dfrac{w}{a_{ii}}(b_i-\sum\limits_{j=1}^{i-1}a_{ij}x_j^{(k+1)}-\sum\limits_{j=i}^{n}a_{ij}x_j^{(k)})\end{cases},\ k=0,1,2,\cdots,\ i=1,2,\cdots,n$$

这就是逐次超松弛迭代法的分量形式．显然，$w=1$ 时，SOR 迭代法即为 Gauss-Seidel 迭代法．一般地，$w<1$ 时，称为低松弛迭代法，$w>1$ 时，称为超松弛迭代法．

【例 9】 用 SOR 迭代法解方程组 $\begin{pmatrix}4&3&0\\3&4&-1\\0&-1&4\end{pmatrix}\begin{pmatrix}x_1\\x_2\\x_3\end{pmatrix}=\begin{pmatrix}24\\30\\-24\end{pmatrix}$，其中，方程组的准确解为 $\boldsymbol{X}^*=(3\quad 4\quad -5)^{\mathrm{T}}$．

解　计算公式为

$$\begin{cases}x_1^{(k+1)}=x_1^{(k)}+\dfrac{w}{4}(24-4x_1^{(k)}-3x_2^{(k)})\\ x_2^{(k+1)}=x_2^{(k)}+\dfrac{w}{4}(30-3x_1^{(k+1)}-4x_2^{(k)}+x_3^{(k)}),\ k=0,1,\cdots\\ x_3^{(k+1)}=x_3^{(k)}+\dfrac{w}{4}(-24+x_2^{(k+1)}-4x_3^{(k)})\end{cases}$$

分别取 $w=1$(Gauss-Seidel 迭代法）和 $w=1.25$，初始向量 $\boldsymbol{X}^{(0)}=(1\quad 1\quad 1)^{\mathrm{T}}$，计算结果见表 3-1.

表 3-1 计算结果（第 3 章例 9）

迭代次数 k	$w=1$			$w=1.25$		
	$x_1^{(k)}$	$x_2^{(k)}$	$x_3^{(k)}$	$x_1^{(k)}$	$x_2^{(k)}$	$x_3^{(k)}$
1	5.2500000	3.8125000	−5.0468750	6.3125000	3.5195313	−6.6501465
2	3.1406250	3.8828125	−5.0292969	2.6223145	3.9585266	−4.6004238
3	3.0878906	3.9267578	−5.0183105	3.1333027	4.0102646	−5.0966863
4	3.0549310	3.9542236	−5.0114441	2.5970512	4.0074838	−4.9734897
5	3.0343323	3.9713898	−5.0071526	3.0037211	4.0029250	−5.0057135

当 $w=1$ 时，迭代到 34 次得 $\boldsymbol{X}^{(34)}=(3.000000\quad 4.000000\quad -5.000000)^{\mathrm{T}}$，而 $w=1.25$ 时，迭代到 14 次得 $\boldsymbol{X}^{(14)}=(3.000000\quad 4.000000\quad -5.000000)^{\mathrm{T}}$. 可以看出，适当选择松弛因子 w，SOR 迭代法比 Gauss-Seidel 迭代法的收敛速度快得多.

为便于讨论 SOR 迭代法的收敛性，我们导出它的矩阵形式.

由式(3-28) 得，$a_{ii}x_i^{(k+1)}=a_{ii}x_i^{(k)}+w(b_i-\sum\limits_{j=1}^{i-1}a_{ij}x_j^{(k+1)}-\sum\limits_{j=i}^{n}a_{ij}x_j^{(k)})$

$$=(1-w)a_{ii}x_i^{(k)}+w(b_i-\sum_{j=1}^{i-1}a_{ij}x_j^{(k+1)}-\sum_{j=i+1}^{n}a_{ij}x_j^{(k)}) \tag{3-29}$$

因为矩阵 $\boldsymbol{A}$ 分解成 $\boldsymbol{A}=\boldsymbol{D}-\boldsymbol{L}-\boldsymbol{U}$，由 $\boldsymbol{D}$、$\boldsymbol{L}$、$\boldsymbol{U}$ 的特性知，式(3-29) 可写成

$$\boldsymbol{D}\boldsymbol{X}^{(k+1)}=(1-w)\boldsymbol{D}\boldsymbol{X}^{(k)}+w(\boldsymbol{b}+\boldsymbol{L}\boldsymbol{X}^{(k+1)}+\boldsymbol{U}\boldsymbol{X}^{(k)})$$

即得

$$(\boldsymbol{D}-w\boldsymbol{L})\boldsymbol{X}^{(k+1)}=[(1-w)\boldsymbol{D}+w\boldsymbol{U}]\boldsymbol{X}^{(k)}+w\boldsymbol{b}$$

由于 $a_{ii}\neq 0(i=1,2,\cdots,n)$，所以 $\boldsymbol{D}-w\boldsymbol{L}$ 非奇异，故得

$$\boldsymbol{X}^{(k+1)}=(\boldsymbol{D}-w\boldsymbol{L})^{-1}[(1-w)\boldsymbol{D}+w\boldsymbol{U}]\boldsymbol{X}^{(k)}+(\boldsymbol{D}-w\boldsymbol{L})^{-1}w\boldsymbol{b}$$

若令

$$\boldsymbol{L}_w=(\boldsymbol{D}-w\boldsymbol{L})^{-1}[(1-w)\boldsymbol{D}+w\boldsymbol{U}],\ \boldsymbol{f}=(\boldsymbol{D}-w\boldsymbol{L})^{-1}w\boldsymbol{b} \tag{3-30}$$

则 SOR 迭代法的矩阵形式为

$$\boldsymbol{X}^{(k+1)}=\boldsymbol{L}_w\boldsymbol{X}^{(k)}+\boldsymbol{f},\ k=0,1,2,\cdots$$

$\boldsymbol{L}_w$ 由式(3-30) 定义，称为 SOR 迭代法的迭代矩阵. 可见 SOR 迭代法也是一种一阶定常法，因此上节讨论的一般理论结果也同样适用于 SOR 迭代法. 从而有以下定理.

定理 21 设方程组 $\boldsymbol{AX}=\boldsymbol{b}$ 的对角元素 $a_{ii}\neq 0(i=1,2,\cdots,n)$，则解 $\boldsymbol{AX}=\boldsymbol{b}$ 的 SOR 迭代法，对任意初始向量 $\boldsymbol{X}^{(0)}$，迭代公式收敛的充分必要条件是 $\rho(\boldsymbol{L}_w)<1$.

由于我们引进松弛因子的目的是加快收敛速度，因而如何选择松弛因子 w 使收敛速度加快就是关键问题，为此有以下几个结论.

定理 22 **(SOR 方法收敛的必要条件)** 设解 $\boldsymbol{AX}=\boldsymbol{b}$ 的 SOR 迭代法对任意初始向量 $\boldsymbol{X}^{(0)}$ 都收敛，则松弛因子 $0<w<2$.

证明 由于 SOR 迭代法收敛，则有 $\rho(\boldsymbol{L}_w)<1$. 设 $\boldsymbol{L}_w$ 的特征值为 $\lambda_i(i=1,2,\cdots,n)$，则有 $|\det(\boldsymbol{L}_w)|=|\lambda_1\lambda_2\cdots\lambda_n|\leqslant(\max\limits_i|\lambda_i|)^n=[\rho(\boldsymbol{L}_w)]^n$

得

$$|\det(\boldsymbol{L}_w)|^{\frac{1}{n}} \leqslant [\rho(\boldsymbol{L}_w)] < 1 \tag{3-31}$$

另一方面，

$$\begin{aligned}\det(\boldsymbol{L}_w) &= \det\{(\boldsymbol{D}-w\boldsymbol{L})^{-1}[(1-w)\boldsymbol{D}+w\boldsymbol{U}]\} \\ &= \det[(\boldsymbol{D}-w\boldsymbol{L})^{-1}]\det[(1-w)\boldsymbol{D}+w\boldsymbol{U}]\end{aligned}$$

由于 $\boldsymbol{D}-w\boldsymbol{L}$ 为一个下三角矩阵，其对角元素为 $a_{ii}(i=1,2,\cdots,n)$，所以 $(\boldsymbol{D}-w\boldsymbol{L})^{-1}$ 也为下三角矩阵，其对角元素为 $\dfrac{1}{a_{ii}}(i=1,2,\cdots,n)$，故得

$$\det[(\boldsymbol{D}-w\boldsymbol{L})^{-1}] = \frac{1}{a_{11}a_{22}\cdots a_{nn}} \tag{3-32}$$

同理 $(1-w)\boldsymbol{D}+w\boldsymbol{U}$ 为一个上三角矩阵，其对角元素为 $(1-w)a_{ii}(i=1,2,\cdots,n)$，因此

$$\det[(1-w)\boldsymbol{D}+w\boldsymbol{U}] = (1-w)^n a_{11}a_{22}\cdots a_{nn} \tag{3-33}$$

由式(3-32) 与式(3-33) 得到 $\det(\boldsymbol{L}_w)=(1-w)^n$，再由式(3-31) 得 $|(1-w)^n|^{\frac{1}{n}}<1$，从而得 $|1-w|<1$，即 $0<w<2$ 成立.

此定理是 SOR 迭代法收敛的必要条件，当松弛因子满足此必要条件且系数矩阵为特殊矩阵时，SOR 迭代法即可对任意初始向量都收敛.

定理 23　若方程组 $\boldsymbol{AX}=\boldsymbol{b}$ 的系数矩阵 $\boldsymbol{A}$ 为对称正定矩阵，且 $0<w<2$，则对任意初始向量，解方程组的 SOR 迭代法都收敛.

证明　设 λ 和 $\boldsymbol{y}$ 是 SOR 迭代法的迭代矩阵 $\boldsymbol{L}_w=(\boldsymbol{D}-w\boldsymbol{L})^{-1}[(1-w)\boldsymbol{D}+w\boldsymbol{U}]$ 的任一特征值和对应的特征向量，于是有 $[(1-w)\boldsymbol{D}+w\boldsymbol{U}]\boldsymbol{y}=\lambda(\boldsymbol{D}-w\boldsymbol{L})\boldsymbol{y}$，两边用 $\boldsymbol{y}$ 做内积，得 $\{[(1-w)\boldsymbol{D}+w\boldsymbol{U}]\boldsymbol{y},\boldsymbol{y}\}=\lambda\{(\boldsymbol{D}-w\boldsymbol{L})\boldsymbol{y},\boldsymbol{y}\}$，解得

$$\lambda = \frac{(\boldsymbol{Dy},\boldsymbol{y})-w(\boldsymbol{Dy},\boldsymbol{y})+w(\boldsymbol{Uy},\boldsymbol{y})}{(\boldsymbol{Dy},\boldsymbol{y})-w(\boldsymbol{Ly},\boldsymbol{y})} \tag{3-34}$$

由于

$$(\boldsymbol{Dy},\boldsymbol{y}) = \sum_{i=1}^{n} a_{ii}|y_i|^2 \equiv \sigma > 0 \tag{3-35}$$

令 $-(\boldsymbol{Ly},\boldsymbol{y})=\alpha+i\beta$，又 $\boldsymbol{A}=\boldsymbol{A}^{\mathrm{T}}$，所以

$$\boldsymbol{U}=\boldsymbol{L}^{\mathrm{T}}-(\boldsymbol{Uy},\boldsymbol{y})=-(\boldsymbol{y},\boldsymbol{Ly})=-\overline{(\boldsymbol{Ly},\boldsymbol{y})}=\alpha-i\beta$$

注意：向量 $\boldsymbol{X}$、$\boldsymbol{Y}$ 的内积满足 $(\boldsymbol{X},\boldsymbol{Y})=\overline{(\boldsymbol{Y},\boldsymbol{X})}$.

因为 $\boldsymbol{A}$ 为正定矩阵，所以有

$$\begin{aligned}0 &< (\boldsymbol{Ay},\boldsymbol{y}) = ((\boldsymbol{D}-\boldsymbol{L}-\boldsymbol{U})\boldsymbol{y},\boldsymbol{y}) = (\boldsymbol{Dy},\boldsymbol{y})-((\boldsymbol{L}+\boldsymbol{U})\boldsymbol{y},\boldsymbol{y}) \\ &= \sigma-(\boldsymbol{Ly},\boldsymbol{y})-(\boldsymbol{Uy},\boldsymbol{y}) = \sigma+2\alpha\end{aligned} \tag{3-36}$$

所以 $\lambda=\dfrac{(\sigma-w\sigma-\alpha w)+iw\beta}{(\sigma+\alpha w)+iw\beta}$，则有 $|\lambda|^2=\dfrac{(\sigma-w\sigma-\alpha w)^2+w^2\beta^2}{(\sigma+\alpha w)^2+w^2\beta^2}$.

当 $0<w<2$ 时，$(\sigma-w\sigma-\alpha w)^2-(\sigma+\alpha w)^2=w\sigma(\sigma+2\sigma)(w-2)<0$，因此 $|\lambda|<1$.

由此定理得以下结论.

推论　若方程组 $\boldsymbol{AX}=\boldsymbol{b}$ 的系数矩阵 $\boldsymbol{A}$ 为对称正定矩阵，则对任意初始向量，解方程组的 Gauss-Seidel 迭代法收敛.

证明　因为 Gauss-Seidel 迭代法为 SOR 方法中 $w=1$ 的情形.

注意：系数矩阵 $\boldsymbol{A}$ 为对称正定矩阵时，解方程组的 Jacobi 迭代法却不一定收敛（见习题）.

定理 24 设 $\boldsymbol{A}=(a_{ij})_{n\times n}\in\mathbf{R}^{n\times n}$（或 $\in\mathbf{C}^{n\times n}$）为严格对角优势矩阵或不可约弱对角优势矩阵，则对任意初始向量，解方程组 $\boldsymbol{AX}=\boldsymbol{b}$ 的 Jacobi 迭代法和 Gauss-Seidel 迭代法均收敛.

证明 首先证明 $\boldsymbol{A}$ 为严格对角优势矩阵时，两种迭代法的收敛性.

① Jacobi 迭代法. 由于迭代矩阵

$$\boldsymbol{B}_0=\boldsymbol{D}^{-1}(\boldsymbol{L}+\boldsymbol{U})=\begin{pmatrix}0 & \dfrac{-a_{12}}{a_{11}} & \cdots & \dfrac{-a_{1n}}{a_{11}}\\ \dfrac{-a_{21}}{a_{22}} & 0 & \cdots & \dfrac{-a_{2n}}{a_{22}}\\ \vdots & \vdots & \ddots & \vdots\\ \dfrac{-a_{n1}}{a_{nn}} & \dfrac{-a_{n2}}{a_{nn}} & \cdots & 0\end{pmatrix}$$

又由于 $|a_{ii}|>\sum\limits_{\substack{j=1\\ j\neq i}}^{n}|a_{ij}|$，所以 $\sum\limits_{\substack{j=1\\ j\neq i}}^{n}\left|\dfrac{a_{ij}}{a_{ii}}\right|<1(i=1,2,\cdots,n)$，即 $\|\boldsymbol{B}_0\|_\infty<1$，因此 Jacobi 迭代法收敛.

② Gauss-Seidel 迭代法. 由于迭代矩阵 $\boldsymbol{G}=(\boldsymbol{D}-\boldsymbol{L})^{-1}\boldsymbol{U}$，若能证明 $\boldsymbol{G}$ 的特征值的绝对值（模）都小于 1，则定理得证. 实际上若设 λ 为 $\boldsymbol{G}$ 的任一特征值，则有特征多项式

$$\begin{aligned}|\lambda\boldsymbol{I}-\boldsymbol{G}|&=|\lambda\boldsymbol{I}-(\boldsymbol{D}-\boldsymbol{L})^{-1}\boldsymbol{U}|=|(\boldsymbol{D}-\boldsymbol{L})^{-1}[\lambda(\boldsymbol{D}-\boldsymbol{L})-\boldsymbol{U}]|\\&=|(\boldsymbol{D}-\boldsymbol{L})^{-1}||\lambda(\boldsymbol{D}-\boldsymbol{L})-\boldsymbol{U}|=0\end{aligned}$$

又由于 $|(\boldsymbol{D}-\boldsymbol{L})^{-1}|\neq 0$，所以有 $|\lambda(\boldsymbol{D}-\boldsymbol{L})-\boldsymbol{U}|=0$，而

$$\lambda(\boldsymbol{D}-\boldsymbol{L})-\boldsymbol{U}=\begin{pmatrix}\lambda a_{11} & a_{12} & \cdots & a_{1n}\\ \lambda a_{21} & \lambda a_{22} & \cdots & a_{2n}\\ \vdots & \vdots & & \vdots\\ \lambda a_{n1} & \lambda a_{n2} & \cdots & \lambda a_{nn}\end{pmatrix}$$

若 $|\lambda|\geqslant 1$，则因为 $|a_{ii}|>\sum\limits_{\substack{j=1\\ j\neq i}}^{n}|a_{ij}|$，所以 $|\lambda||a_{ii}|>\sum\limits_{\substack{j=1\\ j\neq i}}^{n}|a_{ij}||\lambda|$，即

$$|\lambda a_{ii}|>\sum_{j=1}^{i-1}|a_{ij}||\lambda|+\sum_{j=i+1}^{n}|a_{ij}|$$

这说明矩阵 $\lambda(\boldsymbol{D}-\boldsymbol{L})-\boldsymbol{U}$ 为严格对角优势矩阵，所以 $|\lambda(\boldsymbol{D}-\boldsymbol{L})-\boldsymbol{U}|\neq 0$，即 $|\lambda|\geqslant 1$ 不是 $\boldsymbol{G}$ 的特征值.

$\boldsymbol{A}$ 为不可约弱对角优势矩阵时，证明方法类似.

推论 设 $\boldsymbol{A}=(a_{ij})_n\in\mathbf{R}^{n\times n}$（或 $\in\mathbf{C}^{n\times n}$）为广义严格对角优势矩阵或广义弱对角优势矩阵，则对任意初始向量，解方程组 $\boldsymbol{AX}=\boldsymbol{b}$ 的 Jacobi 迭代法和 Gauss-Seidel 迭代法均收敛.

证明 由于 $\boldsymbol{A}$ 为广义严格对角优势矩阵，即存在正对角矩阵 $\boldsymbol{d}=\mathrm{diag}\{d_1,d_2,\cdots,d_n\}$，使得矩阵 $\boldsymbol{Ad}$ 为严格对角优势矩阵. 由定理知，解方程组 $(\boldsymbol{Ad})\boldsymbol{X}=\boldsymbol{b}$ 的 Jacobi 迭代法和 Gauss-Seidel 迭代法均收敛，再由定理得知，两种迭代法的迭代矩阵都满足谱半径小于 1. 对于矩阵 $\boldsymbol{A}$ 的分解 $\boldsymbol{A}=\boldsymbol{D}-\boldsymbol{L}-\boldsymbol{U}$，此时 $\boldsymbol{Ad}=\boldsymbol{Dd}-\boldsymbol{Ld}-\boldsymbol{Ud}$，得到 Jacobi 迭代法迭代矩

阵为 $\overline{\boldsymbol{B}}_0=(\boldsymbol{Dd})^{-1}(\boldsymbol{Ld}+\boldsymbol{Ud})=\boldsymbol{d}^{-1}[\boldsymbol{D}^{-1}(\boldsymbol{L}+\boldsymbol{U})]\boldsymbol{d}$，可见迭代矩阵 $\overline{\boldsymbol{B}}_0=(\boldsymbol{Dd})^{-1}(\boldsymbol{Ld}+\boldsymbol{Ud})$ 与 $\boldsymbol{B}_0=\boldsymbol{D}^{-1}(\boldsymbol{L}+\boldsymbol{U})$ 相似，所以 $\rho(\boldsymbol{B}_0)=\rho(\overline{\boldsymbol{B}}_0)<1$，因此 Jacobi 迭代法收敛.

Gauss-Seidel 迭代法的收敛性证明与之类似.

定理 25 若系数矩阵 $\boldsymbol{A}$ 为对角优势矩阵，且 $0<w\leqslant 1$，解方程组的 SOR 迭代法收敛.

对于一般系数矩阵 $\boldsymbol{A}$，现在还没有 SOR 迭代法收敛的充分必要条件. 松弛因子如何选取才能使得收敛速度最快？目前只对具有某些特殊性质的矩阵有一个最佳松弛因子公式.

关于解线性方程组其他迭代法以及常用的 Jacobi 迭代法、Gauss-Seidel 迭代法和 SOR 迭代法的更多收敛性定理，感兴趣的读者可以参阅书后的参考文献.

3.7 共轭梯度法

3.7.1 与方程组等价的变分问题

共轭梯度法简称 CG（conjugate gradient）方法，又称共轭斜量法，它是一种变分方法，对应于求一个二次函数的极值. 我们将求解线性方程组问题转化为求二次函数极值的问题.

设 $\boldsymbol{A}=(a_{ij})\in\mathbf{R}^{n\times n}$ 是对称正定矩阵，$\boldsymbol{b}=(b_1\quad b_2\quad\cdots\quad b_n)^{\mathrm{T}}$，求解的线性方程组为

$$\boldsymbol{Ax}=\boldsymbol{b} \tag{3-37}$$

考虑如下定义的二次函数 φ：$\mathbf{R}^n\to\mathbf{R}$，

$$\varphi(\boldsymbol{x})=\frac{1}{2}(\boldsymbol{Ax},\ \boldsymbol{x})-(\boldsymbol{b},\ \boldsymbol{x})=\frac{1}{2}\sum_{i=1}^{n}\sum_{j=1}^{n}a_{ij}x_ix_j-\sum_{j=1}^{n}b_jx_j \tag{3-38}$$

函数 φ 有如下性质：

① 对一切 $\boldsymbol{x}\in\mathbf{R}^n$，$\varphi(\boldsymbol{x})$ 的梯度

$$\nabla\varphi(\boldsymbol{x})=\boldsymbol{Ax}-\boldsymbol{b} \tag{3-39}$$

② 对一切 $\boldsymbol{x}$，$\boldsymbol{y}\in\mathbf{R}^n$ 及 $\alpha\in\mathbf{R}$，

$$\begin{aligned}\varphi(\boldsymbol{x}+\alpha\boldsymbol{y})&=\frac{1}{2}[\boldsymbol{A}(\boldsymbol{x}+\alpha\boldsymbol{y}),\ \boldsymbol{x}+\alpha\boldsymbol{y}]-(\boldsymbol{b},\ \boldsymbol{x}+\alpha\boldsymbol{y})\\&=\varphi(\boldsymbol{x})+\alpha(\boldsymbol{Ax}-\boldsymbol{b},\ \boldsymbol{y})+\frac{\alpha^2}{2}(\boldsymbol{Ay},\ \boldsymbol{y})\end{aligned} \tag{3-40}$$

③ 设 $\boldsymbol{x}^*=\boldsymbol{A}^{-1}\boldsymbol{b}$ 是线性方程组式(3-37) 的解，则有

$$\varphi(\boldsymbol{x}^*)=-\frac{1}{2}(\boldsymbol{b},\ \boldsymbol{A}^{-1}\boldsymbol{b})=-\frac{1}{2}(\boldsymbol{Ax}^*,\ \boldsymbol{x}^*)$$

且对一切 $\boldsymbol{x}\in\mathbf{R}^n$，有

$$\begin{aligned}\varphi(\boldsymbol{x})-\varphi(\boldsymbol{x}^*)&=\frac{1}{2}(\boldsymbol{Ax},\ \boldsymbol{x})-(\boldsymbol{Ax}^*,\ \boldsymbol{x})+\frac{1}{2}(\boldsymbol{Ax}^*,\ \boldsymbol{x}^*)\\&=\frac{1}{2}(\boldsymbol{A}(\boldsymbol{x}-\boldsymbol{x}^*),\ \boldsymbol{x}-\boldsymbol{x}^*)\end{aligned} \tag{3-41}$$

以上性质可根据定义式(3-38) 直接运算验证.

定理 26 设 $\boldsymbol{A}$ 对称正定，则 $\boldsymbol{x}^*$ 为线性方程组(3-37) 解的充分必要条件是 $\boldsymbol{x}^*$ 满足

$$\varphi(\boldsymbol{x}^*)=\min_{\boldsymbol{x}\in\mathbf{R}^n}\varphi(\boldsymbol{x})$$

证明 设 $\boldsymbol{x}^*=\boldsymbol{A}^{-1}\boldsymbol{b}$，由式(3-41) 及 $\boldsymbol{A}$ 的正定性得

$$\varphi(\boldsymbol{x})-\varphi(\boldsymbol{x}^*)=\frac{1}{2}(\boldsymbol{A}(\boldsymbol{x}-\boldsymbol{x}^*),\ \boldsymbol{x}-\boldsymbol{x}^*)\geqslant 0$$

由 $\boldsymbol{A}$ 的正定性知，这只有 $\boldsymbol{x}=\boldsymbol{x}^*$ 才能成立，证毕 .

由定理可知，求 $\boldsymbol{x}^*\in\mathbf{R}^n$ 使 $\varphi(\boldsymbol{x})$ 达到最小值，这就是求解等价于线性方程组(3-37) 的变分问题 . 求解方法是构造一个向量序列 $\{\boldsymbol{x}^{(k)}\}$ 使 $\varphi(\boldsymbol{x}^{(k)})\rightarrow\varphi(\boldsymbol{x}^*)$.

3.7.2 最速下降法

通常求 $\varphi(\boldsymbol{x})$ 的极小值点 $\boldsymbol{x}^*$ 可转化为求一维问题的极小值，即从 $\boldsymbol{x}^{(0)}$ 出发，找一个方向 $\boldsymbol{p}^{(0)}$，令 $\boldsymbol{x}^{(1)}=\boldsymbol{x}^{(0)}+\alpha\boldsymbol{p}^{(0)}$，使 $\varphi(\boldsymbol{x}^{(1)})=\min\limits_{\alpha\in\mathbf{R}}\varphi(\boldsymbol{x}^{(0)}+\alpha\boldsymbol{p}^{(0)})$.

一般地，令

$$\boldsymbol{x}^{(k+1)}=\boldsymbol{x}^{(k)}+\alpha_k\boldsymbol{p}^{(k)} \tag{3-42}$$

使

$$\varphi(\boldsymbol{x}^{(k+1)})=\min_{\alpha\in\mathbf{R}}\varphi(\boldsymbol{x}^{(k)}+\alpha\boldsymbol{p}^{(k)})$$

由于

$$\varphi(\boldsymbol{x}^{(k)}+\alpha\boldsymbol{p}^{(k)})=\varphi(\boldsymbol{x}^{(k)})+\alpha(\boldsymbol{A}\boldsymbol{x}^{(k)}-\boldsymbol{b},\ \boldsymbol{p}^{(k)})+\frac{\alpha^2}{2}(\boldsymbol{A}\boldsymbol{p}^{(k)},\ \boldsymbol{p}^{(k)})$$

$$\frac{\mathrm{d}\varphi(\boldsymbol{x}^{(k)}+\alpha\boldsymbol{p}^{(k)})}{\mathrm{d}\alpha}=(\boldsymbol{A}\boldsymbol{x}^{(k)}-\boldsymbol{b},\ \boldsymbol{p}^{(k)})+\alpha(\boldsymbol{A}\boldsymbol{p}^{(k)},\ \boldsymbol{p}^{(k)})=0$$

于是可得

$$\alpha_k=-\frac{(\boldsymbol{A}\boldsymbol{x}^{(k)}-\boldsymbol{b},\ \boldsymbol{p}^{(k)})}{(\boldsymbol{A}\boldsymbol{p}^{(k)},\ \boldsymbol{p}^{(k)})} \tag{3-43}$$

这样得到的 α_k 显然满足

$$\varphi(\boldsymbol{x}^{(k)}+\alpha_k\boldsymbol{p}^{(k)})\leqslant\varphi(\boldsymbol{x}^{(k)}+\alpha\boldsymbol{p}^{(k)}),\ \forall\alpha\in\mathbf{R}$$

这就是求 $\varphi(\boldsymbol{x})$ 极小点的下降算法，这里 $\boldsymbol{p}^{(k)}$ 是任选的一个方向，我们也可选定一个方向 $\boldsymbol{p}^{(k)}$ 使 $\varphi(\boldsymbol{x})$ 在点 $\boldsymbol{x}^{(k)}$ 沿 $\boldsymbol{p}^{(k)}$ 下降最快，实际上二次函数式(3-38) 的几何意义是一族超椭球面 $\varphi(\boldsymbol{x})=\varphi(\boldsymbol{x}^{(k)})[\varphi(\boldsymbol{x}^{(k)})\geqslant\varphi(\boldsymbol{x}^{(k+1)})]$，$\boldsymbol{x}^*$ 为它的中心，$n=2$ 就是二维空间的椭圆曲线，我们从 $\boldsymbol{x}^{(k)}$ 出发，先找一个使函数值 $\varphi(\boldsymbol{x})$ 减小最快的方向，这就是正交于椭球面的函数 $\varphi(\boldsymbol{x})$ 的负梯度方向 $-\nabla\varphi(\boldsymbol{x}^{(k)})=-\left(\frac{\partial\varphi(\boldsymbol{x}^{(k)})}{\partial x_1}\quad\cdots\quad\frac{\partial\varphi(\boldsymbol{x}^{(k)})}{\partial x_n}\right)^{\mathrm{T}}$，由式(3-39) 得

$$\boldsymbol{p}^{(k)}=-\nabla\varphi(\boldsymbol{x}^{(k)})=-(\boldsymbol{A}\boldsymbol{x}^{(k)}-\boldsymbol{b})=\boldsymbol{r}^{(k)}$$

由式(3-43) 可得

$$\alpha_k=\frac{(\boldsymbol{r}^{(k)},\ \boldsymbol{r}^{(k)})}{(\boldsymbol{A}\boldsymbol{r}^{(k)},\ \boldsymbol{r}^{(k)})} \tag{3-44}$$

于是

$$\boldsymbol{x}^{(k+1)}=\boldsymbol{x}^{(k)}+\alpha_k\boldsymbol{r}^{(k)},\ k=0,\ 1,\ \cdots \tag{3-45}$$

式中，$\boldsymbol{r}^{(k)}=\boldsymbol{b}-\boldsymbol{A}\boldsymbol{x}^{(k)}$ 为剩余向量 . 由式(3-44) 和式(3-45) 计算得到的向量序列 $\{\boldsymbol{x}^{(k)}\}$ 称为解线性方程组的最速下降法 . 用

$$\begin{aligned}(\boldsymbol{r}^{(k+1)}, \boldsymbol{r}^{(k)}) &= (\boldsymbol{b}-\boldsymbol{A}(\boldsymbol{x}^{(k)}+\alpha_k \boldsymbol{r}^{(k)}), \boldsymbol{r}^{(k)}) \\ &= (\boldsymbol{r}^{(k)}, \boldsymbol{r}^{(k)})-\alpha_k(\boldsymbol{A}\boldsymbol{r}^{(k)}, \boldsymbol{r}^{(k)})=0\end{aligned}$$

可说明两个相邻的搜索方向是正交的，还可证明由式(3-44) 和式(3-45) 得到的 $\{\varphi(\boldsymbol{x}^{(k)})\}$ 是单调下降且有下界的序列，它存在极限，满足

$$\lim_{k\to\infty}\boldsymbol{x}^{(k)}=\boldsymbol{x}^*=\boldsymbol{A}^{-1}\boldsymbol{b}$$

而且

$$\|\boldsymbol{x}^{(k)}-\boldsymbol{x}^*\|_{\boldsymbol{A}}\leqslant\left(\frac{\lambda_1-\lambda_n}{\lambda_1+\lambda_n}\right)^k\|\boldsymbol{x}^{(0)}-\boldsymbol{x}^*\|_{\boldsymbol{A}}$$

式中，λ_1，λ_n 分别为对称正定矩阵 $\boldsymbol{A}$ 的最大与最小特征值．$\|\boldsymbol{u}\|_{\boldsymbol{A}}=(\boldsymbol{A}\boldsymbol{u}, \boldsymbol{u})^{\frac{1}{2}}$，当 $\lambda_1\gg\lambda_n$ 时，收敛是很慢的，而且当 $\|\boldsymbol{r}^{(k)}\|$ 很小时，由于舍入误差影响，计算将不稳定，所以这个算法实际中很少使用，需要寻找对整体而言下降最快的算法．

3.7.3 共轭梯度法（CG 方法）

CG 方法是一种求解大型稀疏对称正定方程组十分有效的方法．仍然选择一组搜索方向 $\boldsymbol{p}^{(0)}$，$\boldsymbol{p}^{(1)}$，…，但不再是具有正交性的 $\boldsymbol{r}^{(0)}$，$\boldsymbol{r}^{(1)}$，… 方向，如果按方向 $\boldsymbol{p}^{(0)}$，$\boldsymbol{p}^{(1)}$，…，$\boldsymbol{p}^{(k-1)}$ 已进行 k 次一维搜索，求得 $\boldsymbol{x}^{(k)}$，下一步确定 $\boldsymbol{p}^{(k)}$ 方向能使 $\boldsymbol{x}^{(k+1)}$ 更快地求得 $\boldsymbol{x}^*$，在 $\boldsymbol{p}^{(k)}$ 确定后，仍按式(3-42) 和式(3-43) 的下降算法求得 α_k，若已算出 $\boldsymbol{x}^{(k)}$（不失一般性设 $\boldsymbol{x}^{(0)}=\boldsymbol{0}$），则由式(3-42) 得

$$\boldsymbol{x}^{(k+1)}=\boldsymbol{x}^{(k)}+\alpha_k\boldsymbol{p}^{(k)}$$

$$\boldsymbol{x}^{(k)}=\alpha_0\boldsymbol{p}^{(0)}+\alpha_1\boldsymbol{p}^{(1)}+\cdots+\alpha_{k-1}\boldsymbol{p}^{(k-1)}$$

开始可取 $\boldsymbol{p}^{(0)}=\boldsymbol{r}^{(0)}$，当 $k\geqslant1$ 时确定 $\boldsymbol{p}^{(k)}$，除了使

$$\varphi(\boldsymbol{x}^{(k+1)})=\min_{\alpha}\varphi(\boldsymbol{x}^{(k)}+\alpha\boldsymbol{p}^{(k)})$$

还希望 $\{\boldsymbol{p}^{(k)}\}$ 的选择使

$$\varphi(\boldsymbol{x}^{(k+1)})=\min_{\boldsymbol{x}\in\operatorname{span}\{\boldsymbol{p}^{(0)}, \boldsymbol{p}^{(1)}, \cdots, \boldsymbol{p}^{(k)}\}}\varphi(\boldsymbol{x}) \tag{3-46}$$

这里 $\boldsymbol{x}\in\operatorname{span}\{\boldsymbol{p}^{(0)}, \boldsymbol{p}^{(1)}, \cdots, \boldsymbol{p}^{(k)}\}$ 可表示为

$$\boldsymbol{x}=\boldsymbol{y}+\alpha\boldsymbol{p}^{(k)}, \ \boldsymbol{y}\in\operatorname{span}\{\boldsymbol{p}^{(0)}, \boldsymbol{p}^{(1)}, \cdots, \boldsymbol{p}^{(k-1)}\}, \ \alpha\in\mathbf{R} \tag{3-47}$$

所以由式(3-40) 得

$$\begin{aligned}\varphi(\boldsymbol{x}) &= \varphi(\boldsymbol{y}+\alpha\boldsymbol{p}^{(k)}) \\ &= \varphi(\boldsymbol{y})+\alpha(\boldsymbol{A}\boldsymbol{y}, \boldsymbol{p}^{(k)})-\alpha(\boldsymbol{b}, \boldsymbol{p}^{(k)})+\frac{\alpha^2}{2}(\boldsymbol{A}\boldsymbol{p}^{(k)}, \boldsymbol{p}^{(k)})\end{aligned} \tag{3-48}$$

式(3-47) 表示在 $\boldsymbol{y}$ 已确定的情况下，选 $\boldsymbol{p}^{(k)}$ 使 $\boldsymbol{x}$ 在整个空间 $\{\boldsymbol{p}^{(0)}, \boldsymbol{p}^{(1)}, \cdots, \boldsymbol{p}^{(k)}\}$ 中 $\varphi(\boldsymbol{x})$ 最小，为了使式(3-46) 极小化，需要对 α 及 $\boldsymbol{y}$ 分别求极小值，在式(3-48) 中出现的交叉项 $(\boldsymbol{A}\boldsymbol{y}, \boldsymbol{p}^{(k)})$ 必须为 0，即

$$(\boldsymbol{A}\boldsymbol{y}, \boldsymbol{p}^{(k)})=0, \ \forall\boldsymbol{y}\in\operatorname{span}\{\boldsymbol{p}^{(0)}, \boldsymbol{p}^{(1)}, \cdots, \boldsymbol{p}^{(k-1)}\}$$

也就是

$$(\boldsymbol{A}\boldsymbol{p}^{(j)}, \boldsymbol{p}^{(k)})=0, \ j=0, 1, \cdots, k-1$$

如果对 $k=1, 2, \cdots$ 每步都如此选择 $\boldsymbol{p}^{(k)}$，则它符合以下定义．

定义 12　设 $\boldsymbol{A}$ 对称正定，若 $\mathbf{R}^n$ 中向量组 $\{\boldsymbol{p}^{(0)}, \boldsymbol{p}^{(1)}, \cdots, \boldsymbol{p}^{(m)}\}$ 满足

$$(\boldsymbol{A}\boldsymbol{p}^{(i)}, \boldsymbol{p}^{(j)})=0, \ i\neq j, \ i, j=0, 1, \cdots, m$$

则称它为 $\mathbf{R}^n$ 中一个 $\boldsymbol{A}$- 共轭向量组或 $\boldsymbol{A}$- 正交向量组.

若取 $\{\boldsymbol{p}^{(0)}, \boldsymbol{p}^{(1)}, \cdots\}$ 是 $\boldsymbol{A}$-共轭向量组，考虑式(3-46) 的解，$\boldsymbol{p}^{(k)}$ 使式(3-48) 中 $(\boldsymbol{Ay}, \boldsymbol{p}^{(k)})=0$，于是式(3-46) 可分离为两个极小问题，由式(3-48) 可得

$$\begin{aligned}\min_{\boldsymbol{x}\in\operatorname{span}\{\boldsymbol{p}^{(0)},\boldsymbol{p}^{(1)},\cdots,\boldsymbol{p}^{(k)}\}}\varphi(\boldsymbol{x}) &= \min_{\alpha,\boldsymbol{y}}\varphi(\boldsymbol{y}+\alpha\boldsymbol{p}^{(k)})\\ &= \min_{\boldsymbol{y}}\varphi(\boldsymbol{y})+\min_{\alpha}\Big[\frac{\alpha^2}{2}(\boldsymbol{Ap}^{(k)}, \boldsymbol{p}^{(k)})\\ &\quad +\alpha(\boldsymbol{Ay}, \boldsymbol{p}^{(k)})-\alpha(\boldsymbol{b}, \boldsymbol{p}^{(k)})\Big]\end{aligned}$$

第一个极小是 $\boldsymbol{y}\in\operatorname{span}\{\boldsymbol{p}^{(0)}, \boldsymbol{p}^{(1)}, \cdots, \boldsymbol{p}^{(k-1)}\}$ 的解 $\boldsymbol{y}=\boldsymbol{x}^{(k)}$.

第二个极小就是式(3-42) 的极小，由 $\boldsymbol{r}^{(k)}=\boldsymbol{b}-\boldsymbol{Ax}^{(k)}$ 及式(3-43) 得

$$\alpha_k=\frac{(\boldsymbol{r}^{(k)}, \boldsymbol{p}^{(k)})}{(\boldsymbol{Ap}^{(k)}, \boldsymbol{p}^{(k)})} \tag{3-49}$$

对于 CG 法中向量组 $\{\boldsymbol{p}^{(0)}, \boldsymbol{p}^{(1)}, \cdots\}$ 的选择，可令 $\boldsymbol{p}^{(0)}=\boldsymbol{r}^{(0)}$，$\boldsymbol{p}^{(k)}$ 选为 $\boldsymbol{p}^{(0)}$，$\boldsymbol{p}^{(1)}$，…，$\boldsymbol{p}^{(k-1)}$ 的 $\boldsymbol{A}$-共轭，它并不唯一，可选为 $\boldsymbol{r}^{(k)}$ 与 $\boldsymbol{p}^{(k-1)}$ 的线性组合. 不妨设

$$\boldsymbol{p}^{(k)}=\boldsymbol{r}^{(k)}+\beta_{k-1}\boldsymbol{p}^{(k-1)} \tag{3-50}$$

利用 $(\boldsymbol{p}^{(k)}, \boldsymbol{p}^{(k-1)})=0$，可定出

$$\beta_{k-1}=-\frac{(\boldsymbol{r}^{(k)}, \boldsymbol{Ap}^{(k-1)})}{(\boldsymbol{p}^{(k-1)}, \boldsymbol{Ap}^{(k-1)})} \tag{3-51}$$

这样由式(3-50) 和式(3-51) 得到的 $\boldsymbol{p}^{(k)}$ 与 $\boldsymbol{p}^{(k-1)}$ 是 $\boldsymbol{A}$-共轭的.

根据以上分析，取 $\boldsymbol{x}^{(0)}\in\mathbf{R}^n$，$\boldsymbol{r}^{(0)}=\boldsymbol{b}-\boldsymbol{Ax}^{(0)}$，$\boldsymbol{p}^{(0)}=\boldsymbol{r}^{(0)}$，可按式(3-49) 和式(3-42) 求得 α_0，$\boldsymbol{x}^{(1)}$，再由式(3-51) 和式(3-50) 求得 β_0，$\boldsymbol{p}^{(1)}$，从而得到序列 $\{\boldsymbol{x}^{(k)}\}$，这就是 CG 方法.

下面对式(3-49) 做进一步简化. 由

$$\boldsymbol{r}^{(k+1)}=\boldsymbol{b}-\boldsymbol{Ax}^{(k+1)}=\boldsymbol{r}^{(k)}-\alpha_k\boldsymbol{Ap}^{(k)} \tag{3-52}$$

得

$$(\boldsymbol{r}^{(k+1)}, \boldsymbol{p}^{(k)})=(\boldsymbol{r}^{(k)}, \boldsymbol{p}^{(k)})-\alpha_k(\boldsymbol{Ap}^{(k)}, \boldsymbol{p}^{(k)})=0$$
$$(\boldsymbol{r}^{(k)}, \boldsymbol{p}^{(k)})=(\boldsymbol{r}^{(k)}, \boldsymbol{r}^{(k)}+\beta_{k-1}\boldsymbol{p}^{(k-1)})=(\boldsymbol{r}^{(k)}, \boldsymbol{r}^{(k)})$$

再代回式(3-49)，得

$$\alpha_k=\frac{(\boldsymbol{r}^{(k)}, \boldsymbol{r}^{(k)})}{(\boldsymbol{p}^{(k)}, \boldsymbol{Ap}^{(k)})} \tag{3-53}$$

由此看出，当 $\boldsymbol{r}^{(k)}\neq\boldsymbol{0}$ 时，$\alpha_k>0$.

定理 27 由式(3-42)、式(3-50)～式(3-53) 组成的 CG 方法得到的序列 $\{\boldsymbol{r}^{(k)}\}$ 及 $\{\boldsymbol{p}^{(k)}\}$ 有以下性质：

① $(\boldsymbol{r}^{(i)}, \boldsymbol{r}^{(j)})=0(i\neq j)$，即 $\{\boldsymbol{r}^{(k)}\}$ 构成 $\mathbf{R}^n$ 中的正交向量组.

② $(\boldsymbol{Ap}^{(i)}, \boldsymbol{p}^{(j)})=(\boldsymbol{p}^{(i)}, \boldsymbol{Ap}^{(j)})=0(i\neq j)$，即 $\{\boldsymbol{p}^{(k)}\}$ 为一个 $\boldsymbol{A}$-共轭向量组.

证明 用数学归纳法，由式(3-52) 及 α_0、β_0 的表达式得

$$(\boldsymbol{r}^{(0)}, \boldsymbol{r}^{(1)})=(\boldsymbol{r}^{(0)}, \boldsymbol{r}^{(0)})-\alpha_0(\boldsymbol{r}^{(0)}, \boldsymbol{Ar}^{(0)})=0$$
$$(\boldsymbol{p}^{(1)}, \boldsymbol{Ap}^{(0)})=(\boldsymbol{r}^{(1)}, \boldsymbol{Ar}^{(0)})+\beta_0(\boldsymbol{r}^{(0)}, \boldsymbol{Ar}^{(0)})=0$$

现设 $\boldsymbol{r}^{(0)}$，$\boldsymbol{r}^{(1)}$，…，$\boldsymbol{r}^{(k)}$ 互相正交，$\boldsymbol{p}^{(0)}$，$\boldsymbol{p}^{(1)}$，…，$\boldsymbol{p}^{(k)}$ 相互 $\boldsymbol{A}$-共轭，则对 $k+1$，由式(3-52) 得

$$(\boldsymbol{r}^{(k+1)}, \boldsymbol{r}^{(j)})=(\boldsymbol{r}^{(k)}, \boldsymbol{r}^{(j)})-\alpha_k(\boldsymbol{Ap}^{(k)}, \boldsymbol{r}^{(j)})$$

若 $j=k$，由 α_k 的表达式式(3-53) 得到 $(\boldsymbol{r}^{(k+1)}, \boldsymbol{r}^{(k)})=0$.

若 $j=0, 1, \cdots, k-1$，由归纳法假设得 $(\boldsymbol{r}^{(k)}, \boldsymbol{r}^{(j)})=0$，再由式(3-50) 得

$$\boldsymbol{r}^{(j)}=\boldsymbol{p}^{(j)}-\beta_{j-1}\boldsymbol{p}^{(j-1)}$$

从而得

$$(\boldsymbol{r}^{(k+1)}, \boldsymbol{r}^{(j)})=(\boldsymbol{r}^{(k)}-\alpha_k\boldsymbol{A}\boldsymbol{p}^{(k)}, \boldsymbol{r}^{(j)})=-\alpha_k(\boldsymbol{A}\boldsymbol{p}^{(k)}, \boldsymbol{p}^{(j)}-\beta_{j-1}\boldsymbol{p}^{(j-1)})=0$$

再看 $\boldsymbol{p}^{(k+1)}$，由式(3-50) 和式(3-51) 得

$$(\boldsymbol{p}^{(k+1)}, \boldsymbol{A}\boldsymbol{p}^{(k)})=(\boldsymbol{r}^{(k+1)}, \boldsymbol{A}\boldsymbol{p}^{(k)})+\beta_k(\boldsymbol{p}^{(k)}, \boldsymbol{A}\boldsymbol{p}^{(k)})=0$$

对 $j=0, 1, \cdots, k-1$，有

$$(\boldsymbol{p}^{(k+1)}, \boldsymbol{A}\boldsymbol{p}^{(j)})=(\boldsymbol{r}^{(k+1)}, \boldsymbol{A}\boldsymbol{p}^{(j)})+\beta_k(\boldsymbol{p}^{(k)}, \boldsymbol{A}\boldsymbol{p}^{(j)})$$

上式右端最后一项由归纳法假设为零，前一项由式(3-52) 得 $\boldsymbol{A}\boldsymbol{p}^{(j)}=\frac{1}{\alpha_j}(\boldsymbol{r}^{(j)}-\boldsymbol{r}^{(j+1)})$，再由 $\boldsymbol{r}^{(k+1)}$ 与 $\boldsymbol{r}^{(j)}$ 的正交性得 $(\boldsymbol{r}^{(k+1)}, \boldsymbol{A}\boldsymbol{p}^{(j)})=0$. 定理得证.

由定理证明的推导还可简化 β_k 的计算，由式(3-51) 得

$$\begin{aligned}\beta_k&=-\frac{(\boldsymbol{r}^{(k+1)}, \boldsymbol{A}\boldsymbol{p}^{(k)})}{(\boldsymbol{p}^{(k)}, \boldsymbol{A}\boldsymbol{p}^{(k)})}=\frac{-(\boldsymbol{r}^{(k+1)}, \alpha_k^{-1}(\boldsymbol{r}^{(k)}-\boldsymbol{r}^{(k+1)}))}{(\boldsymbol{r}^{(k)}+\beta_{k-1}\boldsymbol{p}^{(k-1)}, \boldsymbol{A}\boldsymbol{p}^{(k)})}\\&=\frac{(\boldsymbol{r}^{(k+1)}, \boldsymbol{r}^{(k+1)})}{\alpha_k(\boldsymbol{r}^{(k)}, \boldsymbol{A}\boldsymbol{p}^{(k)})}=\frac{(\boldsymbol{r}^{(k+1)}, \boldsymbol{r}^{(k+1)})}{(\boldsymbol{r}^{(k)}, \boldsymbol{r}^{(k)})}\end{aligned} \tag{3-54}$$

由此可见，若 $\boldsymbol{r}^{(k+1)}\neq\boldsymbol{0}$，则 $\beta_k>0$，根据式(3-53) 和式(3-54) 可将 CG 方法归纳如下.

① 任取 $\boldsymbol{x}^{(0)}\in\mathbf{R}^n$，计算 $\boldsymbol{r}^{(0)}=\boldsymbol{b}-\boldsymbol{A}\boldsymbol{x}^{(0)}$，取 $\boldsymbol{p}^{(0)}=\boldsymbol{r}^{(0)}$.

② 对 $k=0, 1, \cdots$，计算

$$\alpha_k=\frac{(\boldsymbol{r}^{(k)}, \boldsymbol{r}^{(k)})}{(\boldsymbol{p}^{(k)}, \boldsymbol{A}\boldsymbol{p}^{(k)})}$$

$$\boldsymbol{x}^{(k+1)}=\boldsymbol{x}^{(k)}+\alpha_k\boldsymbol{p}^{(k)}$$

$$\boldsymbol{r}^{(k+1)}=\boldsymbol{r}^{(k)}-\alpha_k\boldsymbol{A}\boldsymbol{p}^{(k)}$$

$$\beta_k=\frac{(\boldsymbol{r}^{(k+1)}, \boldsymbol{r}^{(k+1)})}{(\boldsymbol{r}^{(k)}, \boldsymbol{r}^{(k)})}$$

$$\boldsymbol{p}^{(k+1)}=\boldsymbol{r}^{(k+1)}+\beta_k\boldsymbol{p}^{(k)}$$

③ 若 $\boldsymbol{r}^{(k)}=\boldsymbol{0}$ 或 $(\boldsymbol{p}^{(k)}, \boldsymbol{A}\boldsymbol{p}^{(k)})=0$，计算停止，则 $\boldsymbol{x}^{(k)}=\boldsymbol{x}^*$. 由于 $\boldsymbol{A}$ 正定，故当 $(\boldsymbol{p}^{(k)}, \boldsymbol{A}\boldsymbol{p}^{(k)})=0$ 时，$\boldsymbol{p}^{(k)}=\boldsymbol{0}$，而 $(\boldsymbol{r}^{(k)}, \boldsymbol{r}^{(k)})=(\boldsymbol{r}^{(k)}, \boldsymbol{p}^{(k)})=0$，即 $\boldsymbol{r}^{(k)}=\boldsymbol{0}$.

由于 $\{\boldsymbol{r}^{(k)}\}$ 互相正交，故在 $\boldsymbol{r}^{(0)}, \boldsymbol{r}^{(1)}, \cdots, \boldsymbol{r}^{(n)}$ 中至少有一个为零向量. 若 $\boldsymbol{r}^{(k)}=\boldsymbol{0}$，则 $\boldsymbol{x}^{(k)}=\boldsymbol{x}^*$. 所以用 CG 方法求解 n 维线性方程组，理论上最多 n 步便可求得精确解，从这个意义上讲 CG 方法是一种直接法. 但在舍入误差存在的情况下，很难保证 $\{\boldsymbol{r}^{(k)}\}$ 的正交性，此外，当 n 很大时，实际计算步长 $k\ll n$，即可达到精度要求，不必计算 n 步. 从这个意义上讲，它是一个迭代法，所以也有收敛性问题，可以证明对 CG 方法有估计式

$$\|\boldsymbol{x}^{(k)}-\boldsymbol{x}^*\|_{\boldsymbol{A}}\leqslant 2\left(\frac{\sqrt{K}-1}{\sqrt{K}+1}\right)^k\|\boldsymbol{x}^{(0)}-\boldsymbol{x}^*\|_{\boldsymbol{A}} \tag{3-55}$$

式中，$\|\boldsymbol{x}\|_{\boldsymbol{A}}=(\boldsymbol{x}, \boldsymbol{A}\boldsymbol{x})^{\frac{1}{2}}$，$K=\mathrm{cond}(\boldsymbol{A})_2$.

【例 10】 用 CG 方法解线性方程组

$$\begin{cases}3x_1+x_2=5\\x_1+2x_2=5\end{cases}$$

解 显然 $\boldsymbol{A}=\begin{pmatrix}3&1\\1&2\end{pmatrix}$ 是对称正定的．

取 $\boldsymbol{x}^{(0)}=(0\quad 0)^{\mathrm{T}}$，则

$$\boldsymbol{p}^{(0)}=\boldsymbol{r}^{(0)}=\boldsymbol{b}-\boldsymbol{A}\boldsymbol{x}^{(0)}=(5\quad 5)^{\mathrm{T}}$$

$$\alpha_0=\frac{(\boldsymbol{r}^{(0)},\ \boldsymbol{r}^{(0)})}{(\boldsymbol{A}\boldsymbol{p}^{(0)},\ \boldsymbol{p}^{(0)})}=\frac{2}{7}$$

$$\boldsymbol{x}^{(1)}=\boldsymbol{x}^{(0)}+\alpha_0\boldsymbol{p}^{(0)}=\begin{pmatrix}\frac{10}{7}&\frac{10}{7}\end{pmatrix}^{\mathrm{T}}$$

$$\boldsymbol{r}^{(1)}=\boldsymbol{r}^{(0)}-\alpha_0\boldsymbol{A}\boldsymbol{p}^{(0)}=\begin{pmatrix}-\frac{5}{7}&\frac{5}{7}\end{pmatrix}^{\mathrm{T}}$$

$$\beta_0=\frac{(\boldsymbol{r}^{(1)},\ \boldsymbol{r}^{(1)})}{(\boldsymbol{r}^{(0)},\ \boldsymbol{r}^{(0)})}=\frac{1}{49}$$

$$\boldsymbol{p}^{(1)}=\boldsymbol{r}^{(1)}+\beta_0\boldsymbol{p}^{(0)}=\begin{pmatrix}-\frac{30}{49}&\frac{40}{49}\end{pmatrix}^{\mathrm{T}}$$

类似可计算出 $\alpha_1=\frac{7}{10}$，$\boldsymbol{x}^{(2)}=(1\quad 2)^{\mathrm{T}}$ 为方程的精确解．

由式(3-55) 看出当 $K\gg 1$，即 $\boldsymbol{A}$ 为“病态”矩阵时，CG 方法收敛很慢．为改善收敛性，可采用预处理方法降低矩阵的条件数，从而可得到各种预处理共轭梯度法．

3.8 基于 MATLAB：线性方程组的求解

本节将给出求解线性方程组的相关函数与源程序，并提供相应的案例作为参考．

(1) 范数与条件数

① 向量的范数．在 MATLAB 中，求这 3 种向量范数的函数分别如下．

n=norm(X)：返回向量的 2-范数，相当于 n=norm(X，2).

n=norm(X，p)：对任意大于 1 的 p 值，返回向量 X 的 p-范数．

n=norm(X，inf)：返回向量的∞-范数，相当于 n=max(abs(X)).

n=norm(X，-inf)：返回向量的−∞-范数，相当于 n=min(abs(X)).

【例 11】 求给定向量（−23 −1）的范数．

解 程序如下．

```
>> X = [-23 -1];n = norm(X),n2 = norm(X,3),n3 = norm(X,inf),n4 = norm(X,-inf)
```

运行程序，输出如下：

```
n = 23.021728866442675;n2 = 23.000630102460452;n3 = 23;n4 = 1
```

② 矩阵的范数．在 MATLAB 中，提供的 norm 函数同样也可用来求矩阵的范数，其调用格式如下．

n=norm(A)：计算矩阵的 2-范数，也就是最大奇异值．

n=norm(A，p)：根据参数 p 的值不同，求不同阶的范数值．当 p=1 时，计算矩阵 A

的1-范数，相当于max(sum(abs(A)))；当p=2时，计算矩阵A的2-范数，相当于norm(A)；当p=inf时，计算矩阵A的∞-范数，相当于max(sum(abs(A')))；当p=fro时，计算矩阵A的F-范数(Frobenius-范数)，相当于sqrt(sum(diag(A'*A)))。

注意：当矩阵维数比较大时，会导致计算矩阵范数的时间比较长，并且当一个近似的范数值满足要求时，可以考虑使用normest函数来估计2-范数．normest函数初开发时是为了提供给稀疏矩阵使用的，同时它也能接收满矩阵的输入，一般在满矩阵维数比较大时使用．

normest的调用格式如下．

nrm=normest(S)：估计矩阵S的2-范数，默认的允许误差数值为1e-6.

nrm=normest(S，tol)：将参数tol作为允许的相对误差．

[nrm，count]=normest(…)：返回2-范数除外，还返回了使用的迭代次数count.

【例12】 求矩阵(201 −110 −330)的范数．

解 程序如下．

```
>>A=[201;-110;-330];n=norm(A),n2=norm(A,1),n3=norm(A,inf),n4=norm(A,'fro')
```

运行程序，输出如下：

```
n=4.017474330969645e+02;n2=641;n3=330;n4=4.017474330969645e+02
```

【例13】 分别使用norm函数与normest函数求解随机矩阵的范数．

解 程序如下．

```
>>clear all;
>>W=rand(2000);
>>tic
>>w_norm=norm(W)
>>toc
>>tic
>>w_normest=normest(W)
>>toc
```

运行程序，输出如下：

```
w_norm=1.000269354686608e+03历时1.517253秒
w_normest=1.000269354686608e+03历时0.040499秒
```

③ 条件数运算．在MATLAB中，提供了cond函数来求解矩阵的条件数，函数的调用格式如下．

c=cond(X)：计算矩阵X的2-范数下的条件数．

c=cond(X，p)：参数p为指定条件数的类型．取值为：当p=1时，即计算矩阵X的1-范数下的条件数；当p=2时，即计算矩阵X的2-范数下的条件数；当p=inf时，即计算矩阵X的∞-范数下的条件数；当p=fro时，即计算矩阵X的Frobenius-范数下的条件数．

【例14】 计算随机矩阵的条件数．

解 程序如下．

```
>>clear all;
>>A=rand(3),c1=cond(A),c2=cond(A,1),c3=cond(A,inf),c4=cond(A,'fro')
```

运行程序，输出如下：

```
A = 0.480758177419787   0.396115377738849   0.422719367325624
    0.126926710003420   0.848032197997566   0.298714948464805
    0.498313400449329   0.383615645246405   0.603430868139461
c1 = 15.647867495502330;c2 = 22.320589543759958
c3 = 17.976401534627197;c4 = 17.007681431928152
```

在 MATLAB 中，采用 rcond 函数来计算矩阵条件数的倒数．函数的调用格式为：c=rcond(A)．当矩阵 A 为“病态”时，该函数的返回值接近 0；当矩阵为“良态”时，返回值接近 1．如：

```
>>rcA = rcond(A),B = hilb(3);rcB = rcond(B)
```

运行程序，输出如下：

```
rcA = 0.044801684025392;   rcB = 0.001336898395722
```

此外，在 MATLAB 中，可采用 condest 函数计算矩阵的 1-范数的条件数的估计值，该函数的调用格式为：c=condest(A)．如：

```
>>condest(A)
```

运行程序，输出如下：

```
ans = 22.320589543759958
```

(2) 直接法求解方程组

在 MATLAB 中，求解线性方程组最简单的方法是矩阵除法，它只需使用简单的“\”或“/”这两种符号就可以实现．对于恰定方程组，如果数值解有解，则可以使用矩阵 A 的伪逆矩阵 pinv(A) 来得到方程的一个解，其对应的数值解为 pinv(A) * b.

【例 15】 利用直接法求解非奇异矩阵的线性方程组的解．

解 程序如下．

```
>>clear all;
>>A = pascal(4)
A =   1  1   1   1
      1  2   3   4
      1  3   6  10
      1  4  10  20
>>b = [1 3 4 6]';x = A\ b;x',Bsol = A*x;Bsol ',D = det(A)
ans = -4,10,-7,2;ans = 1,3,4,6;D = 1
```

【例 16】 使用伪逆矩阵的方法求解奇异矩阵线性方程组的解．

解 程序如下．

```
>>clear all;
>>A = [1 3 7;-1 4 4;1 10 18];b = [5 2 12]';x = pinv(A)*b;x',Bsol = A*x;Bsol'
ans = 0.3850,-0.1103,0.7066;ans = 5.0000,2.0000,12.0000
```

(3) solve 函数求解方程组

代数方程是指未涉及微分运算的方程，相对比较简单．当方程组不存在符号解，如果又无其他自由参数时，solve 将给出数值解，其调用格式如下．

S=solve(eqn)：输入的 eqn 变量可以是符号表达式或字符串，如果为一个符号式的表达式(x^2-2 * x+1)或一个字符串，不包含一个等号，即默认 solve=(eqn)的调用格式，默认 eqn=0(由 symvar 确定).

S=solve(eqn, var, Name, Value): var 为相应的表达式变量; Name 为设置的属性名; Value 为属性名对应的属性值.

Y=solve(eqns)或 Y=solve(eqns, vars, Name, Value): eqns 为非线性方程组的表达式.

[y1, …, yN]=solve(eqns)或[y1, …, yN]=solve(eqns, vars, Name, Value): yl, y2, …, yN 为返回的输出变量名.

【例 17】 利用 solve 函数解方程组 $\begin{cases}3x-4y+5z=15\\-x+2y-3z=9\\x^2-4y^2=12\end{cases}$.

解 程序如下.

```
>> clear all;
>> syms x y z;
>> eq1 = 3*x-4*y + 5*z-15;eq2 = -x + 2*y-3*z-9;eq3 = x^2-4*y^2-12;
>> s = solve(eq1,eq2,eq3,x,y,z);x = s. x,y = s. y,z = s. z
```

运行程序，输出如下:

```
x = 24-(4*55^(1/2))/5
    (4*55^(1/2))/5 + 24
y = 3-(8*55^(1/2))/5
    (8*55^(1/2))/5 + 3
z = -(4*55^(1/2))/5-9
    (4*55^(1/2))/5-9
```

(4) 消元法求解线性方程组

在 MATLAB 中，没有给定对应的内置函数实现 Gauss 消元法求解线性方程组，此处可自定义编写 gauss _ x. m 函数实现利用 Gauss 消元法求解线性方程组. 函数的源代码为:

```
function x = gauss_x(A,b)
% Gauss 消元法求解线性方程组
zg = [A b];n = length(b);ra = rank(A);rz = rank( zg);temp1 = rz-ra;
if temp1 > 0
  disp('无一般意义下的解,系数矩阵与增广矩阵的秩不同')
return;
end
if ra == rz
  if ra == n
    x = zeros(n,1);c = zeros(1,n + 1);
    for p = 1:n-1
      for k = p + 1:n
        m = zg(k,p)/zg(p,p);zg(k,p:n + 1) = zg(k,p:n + 1)-m* zg(p,p:n + 1);
      end
    end
    b = zg(1:n,n  + 1);A = zg(1:n,1:n);x(n) = b(n)/A(n,n);
    for q = n-1:-1:1
      x(q) = (b(q)- sum(A(q,q+  1 :n)* x(q+1:n)))/A(q,q);
    end
```

```
    end
    disp('方程为欠定方程!');
end
```

【例 18】 利用 Gauss 消元法求解线性方程组 $\begin{cases}2x_1+4x_2-6x_3=-4\\x_1+5x_2+3x_3=10\\x_1+3x_2+2x_3=5\end{cases}$.

解 其实现的 MATLAB 代码为：

```
>>clear all;
A=[2 4 -6;1 5 3;1 3 2];b=[-4 10 5]';x=gauss_x(A,b);x'
方程为欠定方程!
ans=-3,2,1
```

(5) 三角分解法求解线性方程组

① LU 分解.

【例 19】 利用 LU 分解求解线性方程组 $\begin{cases}-x_1+8x_2-5x_3=2\\9x_1-x_2+2x_3=3\\2x_1-5x_2+7x_3=5\end{cases}$.

解 程序如下.

```
>> clear all;
>> A=[-1 8 -5;9 -1 2;2 -5 7];[ L1,U1 ]=lu(A),b=[2 3 5]';xb=A\b,[L,U,P]=lu(A)
>> y1=L\b;y1=U\y1;xb1=U\y1;y2=L1\b;xb2=U1\y1;xb1',xb2'
```

运行程序，输出如下：

```
L1=-0.1111    1.0000         0
      1.0000         0         0
      0.2222   -0.6056    1.0000
U1=9.0000   -1.0000    2.0000
           0    7.8889   -4.7778
           0         0    3.6620
xb=0.1231
     1.2462
     1.5692
L=1.0000          0          0
   -0.1111    1.0000          0
    0.2222   -0.6056    1.0000
U=   9.0000   -1.0000    2.0000
           0    7.8889   -4.7778
           0         0    3.6620
P=   0   1   0
     1   0   0
     0   0   1
ans=-0.0551,0.4821,0.4852;ans=-0.0551,0.4821,0.4852
```

② 楚列斯基分解.

【例 20】 利用楚列斯基分解法求以下线性方程组的解.

$$\begin{cases}8x_1+2x_2+4x_3+x_4+4x_5=5\\2x_1+9x_2+8x_3+2x_4+3x_5=4\\4x_1+8x_2+9x_3+3x_4+2x_5=3\\x_1+2x_2+3x_3+7x_4+x_5=2\\4x_1+3x_2+2x_3+x_4+7x_5=1\end{cases}$$

解　其实现的 MATLAB 代码为：

```
>> clear all;
>> A=[8 2 4 1 4;2 9 8 2 3;4 8 9 3 2;1 2 3 7 1;4 3 2 1 7];b=[5 4 3 2 1]';c=chol(A),x=c\(c'\b);
>> x'
c=   2.8284   0.7071   1.4142   0.3536   1.4142
          0   2.9155   2.4010   0.6002   0.6860
          0        0   1.1114   0.9527  -1.4819
          0        0        0   2.3679   0.6335
          0        0        0        0   1.3900
ans=3.3736,5.5956,-5.9253,1.1231,-2.6505
```

③ 奇异值分解．

【例 21】　利用奇异值分解函数，计算方程组 $\begin{pmatrix}6.5&-1&-1&3.6\\6.2&7&-5&4\\3&2.1&-6&4.8\\1&5.6&3.7&2.1\end{pmatrix}\begin{pmatrix}x_1\\x_2\\x_3\\x_4\end{pmatrix}=\begin{pmatrix}12.3\\21.4\\-7.8\\21\end{pmatrix}$．

解　其实现的 MATLAB 代码为：

```
>> clear all;
>> a=[6.5 -1 -1 3.6;6.2 7 -5 4;3 2.1 -6 4.8;1 5.6 3.7 2.1];b=[12.3 21.4 -7.8 21]';
>> [U,S,V]=svd(a),x=V*inv(S)*U'*b;x'
```

运行程序，输出如下：

```
U=-0.3753   0.3119  -0.8727  -0.0160
  -0.7465  -0.1958   0.2403   0.5887
  -0.5213   0.3432   0.3595  -0.6937
  -0.1733  -0.8641  -0.2267  -0.4147
S=14.8575        0        0        0
        0   7.4628        0        0
        0        0   5.2132        0
        0        0        0   2.2234
V=-0.5927   0.1311  -0.6389   0.4726
  -0.4655  -0.7773   0.3914   0.1611
   0.4439  -0.6149  -0.6377  -0.1350
  -0.4848   0.0231  -0.1786  -0.8559
ans=3.9800,2.5094,2.1991,-2.4615
```

④ QR 分解．

【例 22】　利用 QR 分解法求解线性方程组 $\begin{cases}4x_1+2x_2-x_3=2\\3x_1-x_2+2x_3=10\\11x_1+3x_2=8\end{cases}$ 的一个特解．

解 程序如下

```
>> clear all;
>> A = [4 2 -1;3 -1 2;11 3 0];B = [2 10 8]';D = det(A),[Q,R] = qr(A),X = R\(Q\B)
```

运行程序，输出如下：

```
D = 0
Q = -0.3310    0.4730   -0.8165
    -0.2483   -0.8785   -0.4082
    -0.9104    0.0676    0.4082
R = -12.0830   -3.1449   -0.1655
          0    2.0272   -2.2299
          0         0   -0.0000
警告：矩阵接近奇异值，或者缩放错误，结果可能不准确，RCOND = 4.056459e-17.
X = 1.0e + 15 *
   -1.4992
    5.4972
    4.9975
```

(6) 迭代法

迭代法主要有 Jacobi 迭代、Gauss-Seidel 迭代和 SOR 迭代，它们各有特点，下面分别给予介绍．

① Jacobi 迭代．在 MATLAB 中，没有给定对应的内置函数实现 Jacobi 迭代求解线性方程组，此处自定义编写 fjacobi. m 函数实现利用 Jacobi 迭代求解线性方程组．函数的源代码为：

```
function x = fjacobi(A,b,P,delta,n)
%A 为 n 维非奇异矩阵;b 为 n 维值向量;P 为初值;delta 为误差限;n 为给定的迭代最高次数
N = length(b);
for k = 1:n
  for j = 1:N
    x(j) = (b(j)-A(j,[1:j-1,j + 1:N])* P([1:j-1,j + 1:N]))/A(j,j);
  end
  err = abs(norm( x'-P));P = x';
  if(err <delta)
    break;
  end
end
x = x';k,err
```

【例 23】 利用 Jacobi 迭代法求解线性方程组 $\begin{cases}4x_1+x_2-x_3=13\\x_1-5x_2-x_3=-8\\2x_1-x_2-6x_3=-2\end{cases}$．

解 实现的 MATLAB 代码为：

```
>> clear all;
>> A = [4 1 -1;1 -5 -1;2 -1 -6];b = [13 -8 -2]';x0 = [0 0 0]';x = fjacobi(A,b,x0,1e-4,20);
>>x',(A*x)'
```

运行程序，输出如下：

```
k = 9;err = 2.5713e-05;ans = 3.0000,2.0000,1.0000
ans = 13.0000,-8.0000,-2.0000
```

② Gauss-Seidel 迭代．在 MATLAB 中，没有给定对应的内置函数实现 Gauss-Seidel 迭代求解线性方程组，此处自定义可编写 gau _ seidel. m 函数实现利用 Gauss-Seidel 迭代求解线性方程组．函数的源代码为：

```
function x = gau_seidel(A,b,x0,ep,N)
% 用高斯迭代法解线性方程组 Ax = b
% A 为系数矩阵,b 为右端向量,x0为初始向量(默认零向量),ep 为精度(1e-6),N 为最大迭代次数(默认500次),x 为返回的近似解向量
n = length(b);
if nargin<5
  N = 500;
end
if nargin<4
  ep = 1e-6;
end
if nargin<3
  x0 = zeros(n,1);
end
x = zeros(n,1);k = 0;
 while k<N
  for i = 1:n
    if i == 1
      x(1) = (b(1)-A(1,2:n)*x0(2:n))/A(1,1);
    elseif i == n
      x(n) = (b(n)-A(n,1:n-1)*x(1:n-1))/A(n,n);
    else
      x(i) = (b(i)-A(i,1:i-1)*x(1:i-1)-A(i,i + 1:n)*x0(i + 1:n))/A(i,i);
    end
  end
  if norm(x-x0,inf)<ep
    break;
  end
  x0 = x;disp('x = ');k = k + 1;
end
if k == N
  Warning('已到达迭代次数上限!');
end
disp(['k = ',num2str(k)])
```

【例 24】 取初值 $x^{(0)}=(0\quad 0\quad 0\quad 0)^{T}$，精度要求 $\varepsilon=1e\text{-}6$，用 Gauss-Seidel 迭代法解线性方程组

$$\begin{cases}6x_1-2x_2-x_3-x_4=-16\\-2x_1+12x_2-x_3-x_4=6\\-x_1-x_2+6x_3-2x_4=8\\-x_1-x_2-x_3+12x_4=54\end{cases}$$

解　程序如下．

```
>> B = [6,-2,-1,-1;-2,12,-1,-1;-1,-1,6,-2;-1,-1,-1,12];b2 = [-16;6;8;54];x0 = [0;0;0;0];ep =
1e-6;
>> N = 500;x = gau_seidel(B,b2,x0,ep,N);x'
```

运行程序，输出如下：

```
k = 11;ans = -1.0782,0.9553,2.8897,4.7306
```

③ SOR 迭代．在 MATLAB 中，没有给定对应的内置函数实现 SOR 迭代求解线性方程组，此处自定义可编写 sor.m 函数实现利用 SOR 迭代求解线性方程组．函数的源代码为：

```
function [x,k] = sor(A,b,x0,w,tol)
%超松弛迭代法计算线性方程组
%tol 为需要的计算精度,max 为迭代最大次数
max = 300;
if(w<= 0||w>= 2)
  error;return;
end
D = diag(diag(A));L = - tril(A,-1);U = - triu(A,1);B = inv(D-L*w)*((1-w)* D + w* U);
f = w* inv((D-L*w))* b;x = B* x0 + f;k = 1;
while norm(x-x0)> = tol
  x0 = x;x = B* x0 + f;k = k + 1;
  if(k >= max)
    disp('迭代次数太多,SOR 方法可能不收敛');return;
  end
end
```

【例 25】　利用 SOR 迭代法求解线性方程组 $\begin{cases}5x_1-x_2-x_3-x_4=-4\\-x_1+10x_2-x_3-x_4=12\\-x_1-x_2+5x_3-x_4=8\\-x_1-x_2-x_3+10x_4=34\end{cases}$，计算精度为 1e-8.

解　实现的 MATLAB 代码为：

```
>> clear all;
>> A = [5 -1 -1 -1;-1 10 -1 -1;-1 -1 5 -1;-1 -1 -1 10];b = [-4 12 8 34]';x0 = [1 1 1 1]';
>> [x,n] = sor(A,b,x0,1.3,1e-8);x',n
```

运行程序，输出如下：

```
ans = 1.0000,2.0000,3.0000,4.0000;n = 20
>> [x,n] = sor(A,b,x0,1.2,1e-8);x',n
```

运行程序，输出如下：

```
ans = 1.0000,2.0000,3.0000,4.0000;n = 16
```

```
>> [x,n] = sor(A,b,x0,1.1,1e-8);x',n
```

运行程序，输出如下：

```
ans = 1.0000,2.0000,3.0000,4.0000;n = 12
```

习题 3

1. 用高斯消元法解线性方程组 $\begin{cases}7x_1+x_2-x_3=3\\2x_1+4x_2+2x_3=1.\\-x_1+x_2+3x_3=2\end{cases}$

2. 给定线性方程组 $\begin{pmatrix}-0.002 & 2 & 2\\1 & 0.78125 & 0\\3.996 & 505625 & 4\end{pmatrix}\begin{pmatrix}x_1\\x_2\\x_3\end{pmatrix}=\begin{pmatrix}0.4\\1.3816\\7.4178\end{pmatrix}$，已知精确解 $x^*=(1.92730\quad -0.698496\quad 0.900423)^{\mathrm{T}}$.

① 用高斯消元法解此线性方程组；

② 用列主元素消元法解线性方程组.

3. 设 $\boldsymbol{A}=(a_{ij})_{n\times n}\in\mathbf{R}^{n\times n}$，$a_{11}\neq 0$，经过一步高斯消元法得到 $\boldsymbol{A}^{(2)}=\begin{pmatrix}a_{11} & \boldsymbol{\alpha}_1^{\mathrm{T}}\\\boldsymbol{0} & \boldsymbol{A}_2\end{pmatrix}$，其中，$\boldsymbol{A}_2=\begin{pmatrix}a_{22}^{(2)} & \cdots & a_{2n}^{(2)}\\\vdots & & \vdots\\a_{n2}^{(2)} & \cdots & a_{nn}^{(2)}\end{pmatrix}$，证明：

① 若 $\boldsymbol{A}$ 为对称矩阵，则 $\boldsymbol{A}_2$ 也为对称矩阵；

② 若 $\boldsymbol{A}$ 为对角占优矩阵，则 $\boldsymbol{A}_2$ 也为对角占优矩阵.

4. 设有方程组 $\begin{pmatrix}2 & 1 & 1\\1 & 3 & 2\\1 & 2 & 2\end{pmatrix}\begin{pmatrix}x_1\\x_2\\x_3\end{pmatrix}=\begin{pmatrix}4\\6\\5\end{pmatrix}$，试将系数矩阵分解成一个单位下三角矩阵和一个上三角矩阵之积，即 $\boldsymbol{A}=\boldsymbol{LU}$，然后利用该分解解此方程组.

5. 试推导矩阵 $\boldsymbol{A}$ 的 Crout 分解 $\boldsymbol{A}=\boldsymbol{LU}$ 的计算公式，其中，$\boldsymbol{L}$ 为下三角形矩阵，$\boldsymbol{U}$ 为单位上三角形矩阵.

6. 设 $\boldsymbol{L}$ 为非奇异下三角形矩阵，

① 列出逐次代入求解 $\boldsymbol{LX}=\boldsymbol{f}$ 的公式；

② 上述求解过程需要多少次乘除法？

7. 用平方根法解方程组 $\begin{pmatrix}4 & 1 & -1 & 0\\1 & 3 & -1 & 0\\-1 & -1 & 5 & 2\\0 & 0 & 2 & 4\end{pmatrix}\begin{bmatrix}x_1\\x_2\\x_3\\x_4\end{bmatrix}=\begin{pmatrix}7\\8\\-4\\6\end{pmatrix}$.

8. 用追赶法解方程组 $\begin{pmatrix}2 & -1 & & \\-1 & 3 & -2 & \\ & -2 & 4 & -2\\ & & -3 & 5\end{pmatrix}\begin{bmatrix}x_1\\x_2\\x_3\\x_4\end{bmatrix}=\begin{pmatrix}6\\1\\0\\1\end{pmatrix}$.

9. 设向量 $\boldsymbol{X}=(4\quad 2\quad -1\quad 10)^{\mathrm{T}}$，求 $\|\boldsymbol{X}\|_\infty$，$\|\boldsymbol{X}\|_1$，$\|\boldsymbol{X}\|_2$.

10. 设 $\boldsymbol{A}\in\mathbf{R}^{n\times n}$ 为非奇异矩阵，$\|\boldsymbol{X}\|$ 为 $\mathbf{R}^n$ 上的一种向量范数，定义 $\|\boldsymbol{X}\|_A=\|\boldsymbol{AX}\|$，证明 $\|\boldsymbol{X}\|_A$ 也是 $\mathbf{R}^n$ 上的一种向量范数.

11. 记 $\|X\|_p=(\sum_{i=1}^{n}|x_i|^p)^{\frac{1}{p}}$ 其中，$X=(x_1 \quad \cdots \quad x_n)^T$，证明：$\lim_{p\to\infty}\|X\|_p=\|X\|_\infty$.

12. 设 $A=\begin{pmatrix}1 & -2\\-2 & 1\end{pmatrix}$，求 $\|A\|_\infty$，$\|A\|_1$，$\|A\|_2$，$\rho(A)$.

13. 设 $A, B\in \mathbf{R}^{n\times n}$ 均为非奇异矩阵，$\|\cdot\|$ 表示矩阵的某一种算子范数，证明：

① $\|A^{-1}\|\geqslant\|A\|^{-1}$；

② $\|A^{-1}-B^{-1}\|\leqslant\|A^{-1}\|\|B^{-1}\|\|A-B\|$.

14. 设 $A\in \mathbf{R}^{n\times n}$ 为对称矩阵，λ_1，λ_2，…，λ_n 为 A 的特征值，证明 $\|A\|_F=(\lambda_1^2+\lambda_2^2+\cdots+\lambda_n^2)^{\frac{1}{2}}$.

15. 设 $A\in \mathbf{R}^{n\times n}$，试证明 $\frac{1}{\sqrt{n}}\|A\|_F\leqslant\|A\|_2\leqslant\|A\|_F$.

16. 设 $A\in \mathbf{R}^{n\times n}$，按矩阵范数的定义证明 $\|A\|_{\oplus}=\sum_{i=1}^{n}\sum_{j=1}^{n}|a_{ij}|$ 是一种矩阵范数.

17. 设 $A=\begin{pmatrix}7 & 10\\5 & 7\end{pmatrix}$，$B=\begin{pmatrix}100 & 99\\99 & 98\end{pmatrix}$，求 $\mathrm{cond}(A)_\infty$，$\mathrm{cond}(A)_2$，$\mathrm{cond}(B)_1$.

18. 证明：

① $\mathrm{cond}(A)=\mathrm{cond}(A^{-1})$；

② $\mathrm{cond}(AB)\leqslant\mathrm{cond}(A)\mathrm{cond}(B)$.

19. 设 $A=\begin{pmatrix}a & 0\\4 & 0.9\end{pmatrix}$，确定 a 的取值范围使 $\lim_{k\to\infty}A^k=\mathbf{0}$.

20. 给定方程组：

① $\begin{pmatrix}1 & 0 & 1\\-1 & 1 & 0\\1 & 2 & -3\end{pmatrix}\begin{pmatrix}x_1\\x_2\\x_3\end{pmatrix}=\begin{pmatrix}1\\0\\2\end{pmatrix}$；

② $\begin{pmatrix}1 & 0.5 & 0.5\\0.5 & 1 & 0.5\\0.5 & 0.5 & 1\end{pmatrix}\begin{pmatrix}x_1\\x_2\\x_3\end{pmatrix}=\begin{pmatrix}4\\10\\1\end{pmatrix}$.

证明：对①Jacobi 迭代收敛，而 Gauss-Seidel 迭代发散；对②Jacobi 迭代发散，而 Gauss-Seidel 迭代收敛.

21. 给定方程组 $\begin{pmatrix}8 & -1 & 1\\2 & 10 & -1\\1 & 1 & -5\end{pmatrix}\begin{pmatrix}x_1\\x_2\\x_3\end{pmatrix}=\begin{pmatrix}1\\4\\3\end{pmatrix}$，判别用 Jacobi 和 Gauss-Seidel 迭代法解此方程组的收敛性. 若收敛，取初值 $x^{(0)}=(0 \quad 0 \quad 0)^T$，求满足 $\|x^{(k+1)}-x^{(k)}\|<10^{-3}$ 的解.

22. 给定方程组 $\begin{pmatrix}1 & 2 & -2\\1 & 1 & 1\\2 & 2 & 1\end{pmatrix}\begin{pmatrix}x_1\\x_2\\x_3\end{pmatrix}=\begin{pmatrix}1\\2\\3\end{pmatrix}$，判别用 Jacobi 和 Gauss-Seidel 迭代法解此方程组的收敛性.

23. 已知方程组 $\begin{pmatrix}1 & a\\4a & 1\end{pmatrix}\begin{pmatrix}x_1\\x_2\end{pmatrix}=\begin{pmatrix}1\\2\end{pmatrix}$，对任意 $X^{(0)}$，给出解此方程组的 Jacobi 迭代法和 Gauss-Seidel 迭代法收敛时 a 的取值范围.

24. 证明矩阵 $\begin{pmatrix}1 & a & 0\\a & 1 & a\\0 & a & 1\end{pmatrix}$ 对于 $-\frac{1}{\sqrt{2}}<a<\frac{1}{\sqrt{2}}$ 是正定的，且此时用 Jacobi 迭代法解方程组 $AX=b$ 是收敛的.

25. 证明矩阵 $\begin{pmatrix}1 & a & a\\ a & 1 & a\\ a & a & 1\end{pmatrix}$ 对于 $-\frac{1}{2}<a<1$ 是正定的，而 Jacobi 迭代法只对 $-\frac{1}{2}<a<\frac{1}{2}$ 是收敛的．

26. 设 $\boldsymbol{A}\in\mathbf{R}^{n\times n}$ 为非奇异矩阵，则解 $\boldsymbol{A}^{\mathrm{T}}\boldsymbol{AX}=\boldsymbol{b}$ 的 Gauss-Seidel 迭代法总是收敛的，从而证明解 $\boldsymbol{AX}=\boldsymbol{b}$ 时总可构造迭代收敛的 Gauss-Seidel 迭代法．

27. 用逐次超松弛迭代法解方程组 $\begin{pmatrix}5 & 2 & 1\\ -1 & 4 & 2\\ 2 & -3 & 10\end{pmatrix}\begin{pmatrix}x_1\\ x_2\\ x_3\end{pmatrix}=\begin{pmatrix}-12\\ 20\\ 3\end{pmatrix}$［取 $w=0.9$，$\boldsymbol{X}^{(0)}=(0\quad 0\quad 0)^{\mathrm{T}}$］．

28. 设 $\boldsymbol{A}_1=\begin{pmatrix}\frac{1}{2} & 0\\ 16 & \frac{1}{2}\end{pmatrix}$，证明 $\lim\limits_{k\to\infty}\boldsymbol{A}_1^k=\boldsymbol{0}$，但对于 $\boldsymbol{A}_2=\begin{pmatrix}1 & 0\\ \frac{1}{4} & \frac{1}{2}\end{pmatrix}$ 时，$\lim\limits_{k\to\infty}\boldsymbol{A}_2^k$ 不收敛．

29. 设方程组 $\begin{cases}a_{11}x_1+a_{12}x_2=b_1\\ a_{21}x_1+a_{22}x_2=b_2\end{cases}(a_{11},\ a_{22}\neq 0)$，证明解此方程组的 Jacobi 迭代法与 Gauss-Seidel 迭代法同时收敛或发散，并给出两种迭代法收敛的充要条件．

30. 给定方程组 $\begin{pmatrix}1 & -1 & 0\\ -0.25 & 1 & -0.5\\ 0 & -0.5 & 1\end{pmatrix}\begin{pmatrix}x_1\\ x_2\\ x_3\end{pmatrix}=\begin{pmatrix}1\\ 0\\ 0\end{pmatrix}$，不进行计算，试判别用 Jacobi 和 Gauss-Seidel 迭代法解此方程组的收敛性．若收敛，哪种迭代法收敛快？

31. 试说明 Gauss-Seidel 迭代法的迭代矩阵 $\boldsymbol{G}=(\boldsymbol{D}-\boldsymbol{L})^{-1}\boldsymbol{U}$ 中至少有一个特征值等于零．

32. 已知方程组 $\begin{pmatrix}2 & -1\\ -1 & 2\end{pmatrix}\begin{pmatrix}x_1\\ x_2\end{pmatrix}=\begin{pmatrix}1\\ 2\end{pmatrix}$，对任意 $\boldsymbol{X}^{(0)}$，若用迭代公式 $\boldsymbol{X}^{(k+1)}=\boldsymbol{X}^{(k)}-w(\boldsymbol{AX}^{(k)}-\boldsymbol{b})$ 求解此方程组．

① 求使迭代公式收敛时 w 的取值范围．

② 当 w 取何值时，收敛速度最快？

33. 取 $\boldsymbol{x}^{(0)}=\boldsymbol{0}$，用共轭梯度法求解下列线性方程组：

① $\begin{pmatrix}6 & 3\\ 3 & 2\end{pmatrix}\begin{pmatrix}x_1\\ x_2\end{pmatrix}=\begin{pmatrix}0\\ -1\end{pmatrix}$；

② $\begin{pmatrix}4 & 3 & 0\\ 3 & 4 & -1\\ 0 & -1 & 4\end{pmatrix}\begin{pmatrix}x_1\\ x_2\\ x_3\end{pmatrix}=\begin{pmatrix}3\\ 5\\ -5\end{pmatrix}$．

34. 证明在共轭梯度法中有 $\varphi(\boldsymbol{x}^{(k+1)})\leqslant\varphi(\boldsymbol{x}^{(k)})$，若 $\boldsymbol{r}^{(k)}\neq\boldsymbol{0}$，则严格不等式成立．

参考答案

第4章 矩阵特征值与奇异值分解

4.1 引言

在许多实际问题中，常常会遇到计算矩阵的特征值及特征向量问题，这些问题归为：

① 已知矩阵 $\boldsymbol{A}=(a_{ij})_{n\times n}$，求特征方程 $\varphi(\lambda)=\det(\lambda\boldsymbol{I}-\boldsymbol{A})=0$ 的根 . $\varphi(\lambda)=\lambda^{n}+c_1\lambda^{n-1}+\cdots+c_{n-1}\lambda+c_n$ 称为矩阵 $\boldsymbol{A}=(a_{ij})_{n\times n}$ 的特征多项式，在复数范围内，$\varphi(\lambda)=0$ 有 n 个根，这 n 个根称为矩阵 $\boldsymbol{A}$ 的特征值 .

② 设 λ 为 $\boldsymbol{A}$ 的一个特征值，齐次线性方程组 $(\lambda\boldsymbol{I}-\boldsymbol{A})\boldsymbol{X}=\boldsymbol{0}$ 的非零解，即为特征值 λ 对应的特征向量 .

以下是有关矩阵特征问题的几个结论 .

定理 1 设 $\lambda_i(i=1,2,\cdots,n)$ 为 $\boldsymbol{A}$ 的特征值，则有：

① $\sum\limits_{i=1}^{n}\lambda_i=\sum\limits_{i=1}^{n}a_{ii}=\mathrm{tr}(\boldsymbol{A})$（称为 $\boldsymbol{A}$ 的迹）；

② $\det(\boldsymbol{A})=\prod\limits_{i=1}^{n}\lambda_i$.

定理 2 设矩阵 $\boldsymbol{A}$ 与 $\boldsymbol{B}$ 相似（即存在可逆矩阵 $\boldsymbol{P}$，使 $\boldsymbol{B}=\boldsymbol{P}^{-1}\boldsymbol{A}\boldsymbol{P}$），则有：

① $\boldsymbol{A}$ 与 $\boldsymbol{B}$ 有相同的特征值；

② 若 $\boldsymbol{X}$ 是 $\boldsymbol{B}$ 的一个特征向量，则 $\boldsymbol{P}\boldsymbol{X}$ 是 $\boldsymbol{A}$ 的特征向量 .

定理 3 （Gerschgorin's 定理） ① 设 $\boldsymbol{A}=(a_{ij})_{n\times n}$，则 $\boldsymbol{A}$ 的每一个特征值必属于下列某个圆盘 .

$$|\lambda-a_{ii}|\leqslant\sum_{\substack{j=1\\j\neq i}}^{n}|a_{ij}|,\ i=1,2,\cdots,n$$

即每一个 λ 都在以 a_{ii} 为圆心，以 $\sum\limits_{\substack{j=1\\j\neq i}}^{n}|a_{ij}|$ 为半径的复平面上的一个圆盘中 .

② 若 $\boldsymbol{A}$ 的 m 个圆盘组成的和集 S 与余下的 $n-m$ 个圆盘不连接，则 S 内恰含 m 个 $\boldsymbol{A}$ 的

特征值．

证明　① 设 λ 为 $\boldsymbol{A}$ 的一个特征值，$\boldsymbol{X}$ 为相应的特征向量，即 $\boldsymbol{AX}=\lambda\boldsymbol{X}$，设 $|x_i|=\max\limits_k|x_k|\neq 0$，考虑 $\boldsymbol{AX}=\lambda\boldsymbol{X}$ 的第 i 个方程 $\sum\limits_{j=1}^{n}a_{ij}x_j=\lambda x_i$，得 $\sum\limits_{\substack{j=1\\j\neq i}}^{n}a_{ij}x_j=\lambda x_i-a_{ii}x_i$，取绝对值得 $|(\lambda-a_{ii})x_i|=\left|\sum\limits_{\substack{j=1\\j\neq i}}^{n}a_{ij}x_j\right|\leqslant\sum\limits_{\substack{j=1\\j\neq i}}^{n}|a_{ij}||x_j|\leqslant|x_i|\sum\limits_{\substack{j=1\\j\neq i}}^{n}|a_{ij}|$，同除以 $|x_i|$ 即得．

② 略．

【例 1】 设 $\boldsymbol{A}=\begin{pmatrix}4&1&1\\0&2&1\\2&0&9\end{pmatrix}$，估计 $\boldsymbol{A}$ 的特征值的取值范围．

解　求圆盘：$R_1=\{z\,|\,|z-4|\leqslant 2\}$；$R_2=\{z\,|\,|z-2|\leqslant 1\}$；$R_3=\{z\,|\,|z-9|\leqslant 2\}$．可见 R_3 与 R_1、R_2 是分离的．由定理 3 知，R_3 内有一个特征值 λ_1，又因为复特征值是成对出现的，故 λ_1 必为实数，且 $7\leqslant\lambda_1\leqslant 11$．而 λ_2，$\lambda_3\in R_1\cup R_2$，由此得 $7\leqslant\rho(\boldsymbol{A})\leqslant 11$．

定义 1　设 $\boldsymbol{A}\in\mathbf{R}^{n\times n}$ 为对称矩阵，$\boldsymbol{X}$ 为任意非零向量，称

$$R(\boldsymbol{X})=\frac{(\boldsymbol{AX},\ \boldsymbol{X})}{(\boldsymbol{X},\ \boldsymbol{X})}\tag{4-1}$$

为对应向量 $\boldsymbol{X}$ 的瑞利（*Rayleigh*）商．

定理 4　设 $\boldsymbol{A}\in\mathbf{R}^{n\times n}$ 为对称矩阵，$\lambda_1\geqslant\lambda_2\geqslant\cdots\geqslant\lambda_n$ 为其特征值，$\boldsymbol{X}_1$，$\boldsymbol{X}_2$，…，$\boldsymbol{X}_n$ 为对应的特征向量，且满足 $(\boldsymbol{X}_i,\ \boldsymbol{X}_j)=\delta_{ij}=\begin{cases}1, & i=j\\0, & i\neq j\end{cases}$，则有：

① $\lambda_n\leqslant\dfrac{(\boldsymbol{AX},\ \boldsymbol{X})}{(\boldsymbol{X},\ \boldsymbol{X})}\leqslant\lambda_1$（对任意非零 $\boldsymbol{X}\in\mathbf{R}^n$）；

② $\lambda_n=\min\limits_{\boldsymbol{X}\neq\boldsymbol{0}}\dfrac{(\boldsymbol{AX},\ \boldsymbol{X})}{(\boldsymbol{X},\ \boldsymbol{X})}$；

③ $\lambda_1=\max\limits_{\boldsymbol{X}\neq\boldsymbol{0}}\dfrac{(\boldsymbol{AX},\ \boldsymbol{X})}{(\boldsymbol{X},\ \boldsymbol{X})}$.

证明　对任意非零向量 $\boldsymbol{X}\in\mathbf{R}^n$，因为 $\boldsymbol{X}_1$，$\boldsymbol{X}_2$，…，$\boldsymbol{X}_n$ 组成 $\mathbf{R}^n$ 的一个标准正交基，所以有 $\boldsymbol{X}=a_1\boldsymbol{X}_1+a_2\boldsymbol{X}_2+\cdots+a_n\boldsymbol{X}_n$．

$$\begin{aligned}\boldsymbol{AX}&=\boldsymbol{A}(a_1\boldsymbol{X}_1+a_2\boldsymbol{X}_2+\cdots+a_n\boldsymbol{X}_n)\\&=\boldsymbol{A}a_1\boldsymbol{X}_1+\boldsymbol{A}a_2\boldsymbol{X}_2+\cdots+\boldsymbol{A}a_n\boldsymbol{X}_n\\&=a_1\lambda_1\boldsymbol{X}_1+a_2\lambda_2\boldsymbol{X}_2+\cdots+a_n\lambda_n\boldsymbol{X}_n\end{aligned}$$

$$(\boldsymbol{AX},\ \boldsymbol{X})=(a_1\lambda_1\boldsymbol{X}_1+a_2\lambda_2\boldsymbol{X}_2+\cdots+a_n\lambda_n\boldsymbol{X}_n,\ a_1\boldsymbol{X}_1+a_2\boldsymbol{X}_2+\cdots+a_n\boldsymbol{X}_n)=\sum_{i=1}^{n}a_i^2\lambda_i$$

同理，$(\boldsymbol{X},\ \boldsymbol{X})=(a_1\boldsymbol{X}_1+a_2\boldsymbol{X}_2+\cdots+a_n\boldsymbol{X}_n,\ a_1\boldsymbol{X}_1+a_2\boldsymbol{X}_2+\cdots+a_n\boldsymbol{X}_n)=\sum\limits_{i=1}^{n}a_i^2$.

所以 $\dfrac{(\boldsymbol{AX},\ \boldsymbol{X})}{(\boldsymbol{X},\ \boldsymbol{X})}=\dfrac{\sum\limits_{i=1}^{n}a_i^2\lambda_i}{\sum\limits_{i=1}^{n}a_i^2}$，由 $\lambda_1\geqslant\lambda_2\geqslant\cdots\geqslant\lambda_n$ 知结论①成立．

取 $\boldsymbol{X}=\boldsymbol{X}_n$ 时，有 $\dfrac{(\boldsymbol{AX}_n,\ \boldsymbol{X}_n)}{(\boldsymbol{X}_n,\ \boldsymbol{X}_n)}=\lambda_n$，取 $\boldsymbol{X}=\boldsymbol{X}_1$ 时，有 $\dfrac{(\boldsymbol{AX}_1,\ \boldsymbol{X}_1)}{(\boldsymbol{X}_1,\ \boldsymbol{X}_1)}=\dfrac{a_1^2\lambda_1}{a_1^2}=\lambda_1$，因此结论②、③成立．

此定理说明 *Rayleigh* 商位于最小特征值与最大特征值之间．

4.2 幂法与反幂法

4.2.1 幂法

当我们需要计算矩阵 $\boldsymbol{A}$ 的谱半径时，只需求出矩阵 $\boldsymbol{A}$ 的按模最大的特征值（常称为主特征值）．求解这类问题可以用下面所介绍的幂法．幂法是一种迭代法，程序设计简单，优点是对稀疏矩阵很有效，缺点是有时收敛速度很慢．

设 $\boldsymbol{A}=(a_{ij})_{n\times n}$ 有一个完全的特征向量组(即有 n 个线性无关的特征向量)，且设 $\boldsymbol{A}$ 的特征值 λ_1，λ_2，…，λ_n 满足 $|\lambda_1|>|\lambda_2|\geqslant\cdots\geqslant|\lambda_n|$ 及 $\boldsymbol{A}$ 的主特征值 λ_1 为实数，$\boldsymbol{X}_1$，$\boldsymbol{X}_2$，…，$\boldsymbol{X}_n$ 为对应的 n 个线性无关的特征向量．

任取初始非零向量 $\boldsymbol{v}_0$，用矩阵 $\boldsymbol{A}$ 构造一个向量序列 $\{\boldsymbol{v}_k\}$，即

$$
\begin{aligned}
&\boldsymbol{v}_1=\boldsymbol{A}\boldsymbol{v}_0\\
&\boldsymbol{v}_2=\boldsymbol{A}\boldsymbol{v}_1=\boldsymbol{A}^2\boldsymbol{v}_0\\
&\cdots\\
&\boldsymbol{v}_{k+1}=\boldsymbol{A}\boldsymbol{v}_k=\boldsymbol{A}^{k+1}\boldsymbol{v}_0\\
&\cdots
\end{aligned}
$$

由于 $\boldsymbol{X}_1$，$\boldsymbol{X}_2$，…，$\boldsymbol{X}_n$ 线性无关，可以组成 $\mathbf{R}^n$ 的一个基，因此非零向量 $\boldsymbol{v}_0$ 假设可以表示为 $\boldsymbol{v}_0=\alpha_1\boldsymbol{X}_1+\cdots+\alpha_n\boldsymbol{X}_n$(设 $\alpha_1\neq 0$)，由线性代数知识知

$$
\begin{aligned}
\boldsymbol{v}_k&=\boldsymbol{A}^k\boldsymbol{v}_0\\
&=\boldsymbol{A}^k(\alpha_1\boldsymbol{X}_1+\cdots+\alpha_n\boldsymbol{X}_n)\\
&=\alpha_1\lambda_1^k\boldsymbol{X}_1+\cdots+\alpha_n\lambda_n^k\boldsymbol{X}_n\\
&=\lambda_1^k\left(\alpha_1\boldsymbol{X}_1+\frac{\lambda_2^k}{\lambda_1^k}\alpha_2\boldsymbol{X}_2+\cdots+\frac{\lambda_n^k}{\lambda_1^k}\alpha_n\boldsymbol{X}_n\right)\\
&=\lambda_1^k(\alpha_1\boldsymbol{X}_1+\boldsymbol{\varepsilon}_k)
\end{aligned}
$$

式中，$\boldsymbol{\varepsilon}_k=\sum\limits_{i=2}^{n}\alpha_i\left(\dfrac{\lambda_i}{\lambda_1}\right)^k\boldsymbol{X}_i$．由于 $\left|\dfrac{\lambda_i}{\lambda_1}\right|<1$，所以 $\boldsymbol{\varepsilon}_k\xrightarrow{k\to\infty}\mathbf{0}$，$\lim\limits_{k\to\infty}\dfrac{\boldsymbol{v}_k}{\lambda_1^k}=\alpha_1\boldsymbol{X}_1$，故当 k 充分大时，$\boldsymbol{v}_k\approx\alpha_1\lambda_1^k\boldsymbol{X}_1$，即 $\boldsymbol{v}_k$ 近似于主特征值所对应的特征向量．下面考虑主特征值 λ_1 的计算．

为方便，记 $(\boldsymbol{v}_k)_i$ 为向量 $\boldsymbol{v}_k$ 的第 i 个分量，即 $\boldsymbol{v}_k=((\boldsymbol{v}_k)_1\quad(\boldsymbol{v}_k)_2\quad\cdots\quad(\boldsymbol{v}_k)_n)^{\mathrm{T}}$，由 $\boldsymbol{v}_k=\lambda_1^k(\alpha_1\boldsymbol{X}_1+\boldsymbol{\varepsilon}_k)$ 知，

$$
\frac{(\boldsymbol{v}_{k+1})_i}{(\boldsymbol{v}_k)_i}=\frac{\lambda_1^{k+1}[\alpha_1(\boldsymbol{X}_1)_i+(\boldsymbol{\varepsilon}_{k+1})_i]}{\lambda_1^k[\alpha_1(\boldsymbol{X}_1)_i+(\boldsymbol{\varepsilon}_k)_i]}\xrightarrow{k\to\infty}\lambda_1 \tag{4-2}
$$

此式说明，两相邻迭代向量的分量之比随 k 趋于无穷大而收敛到主特征值 λ_1.

由以上讨论可知，比值 $\left|\frac{\lambda_i}{\lambda_1}\right|<1(i=2,3,\cdots,n)$ 越小收敛速度越快，我们称 $\frac{\lambda_2}{\lambda_1}$ 为收敛比率．综上所述得以下定理．

定理 5　设 $\boldsymbol{A}=(a_{ij})_{n\times n}$ 有 n 个线性无关的特征向量 $\boldsymbol{X}_1$，$\boldsymbol{X}_2$，…，$\boldsymbol{X}_n$，$\boldsymbol{A}$ 的特征值 λ_1，λ_2，…，λ_n 满足 $|\lambda_1|>|\lambda_2|\geqslant\cdots\geqslant|\lambda_n|$，则对任意初始非零向量 $\boldsymbol{v}_0(\alpha_1\neq 0)$，由矩阵 $\boldsymbol{A}$ 构造的向量序列 $\{\boldsymbol{v}_k\}$ 满足

$$\lim_{k\to\infty}\frac{\boldsymbol{v}_k}{\lambda_1^k}=\alpha_1\boldsymbol{X}_1,\quad \lim_{k\to\infty}\frac{(\boldsymbol{v}_{k+1})_i}{(\boldsymbol{v}_k)_i}=\lambda_1 \tag{4-3}$$

如果矩阵 $\boldsymbol{A}$ 的主特征值为实重根，即 $\lambda_1=\lambda_2=\cdots=\lambda_r$，且 $|\lambda_r|>|\lambda_{r+1}|\geqslant\cdots\geqslant|\lambda_n|$，又 $\boldsymbol{A}=(a_{ij})_{n\times n}$ 有 n 个线性无关的特征向量，并设 $\boldsymbol{X}_1$，$\boldsymbol{X}_2$，…，$\boldsymbol{X}_r$ 为主特征值 λ_1 所对应的 r 个线性无关的特征向量，此时

$$\boldsymbol{v}_k=\boldsymbol{A}^k\boldsymbol{v}_0=\lambda_1^k\left[\sum_{i=1}^{r}\alpha_i\boldsymbol{X}_i+\sum_{i=r+1}^{n}\alpha_i\left(\frac{\lambda_i}{\lambda_1}\right)^k\boldsymbol{X}_i\right]$$

有 $\lim\limits_{k\to\infty}\frac{\boldsymbol{v}_k}{\lambda_1^k}=\sum\limits_{i=1}^{r}\alpha_i\boldsymbol{X}_i$，仍为 λ_1 对应的特征向量．所以矩阵 $\boldsymbol{A}$ 的主特征值为实重根时，定理 5 的结论仍然正确．

由 $\boldsymbol{v}_k\approx\alpha_1\lambda_1^k\boldsymbol{X}_1$ 知，如果 $|\lambda_1|>1$（或 $|\lambda_1|<1$），则迭代向量 $\boldsymbol{v}_k$ 的各个不等于 $\boldsymbol{0}$ 的分量会随 k 的增加而趋于无穷大（或趋于 $\boldsymbol{0}$），这样在计算时可能会出现“溢出”，因而，实际计算时常将迭代向量规范化，具体做法如下．

设 $\boldsymbol{v}$ 为非零向量，用其绝对值最大的分量除 $\boldsymbol{v}$ 的每一分量后所得向量即为规范化后的向量，即

$$\boldsymbol{u}=\frac{\boldsymbol{v}}{\max(\boldsymbol{v})}$$

式中，$\max(\boldsymbol{v})$ 为向量 $\boldsymbol{v}$ 的绝对值最大的分量．比如 $\boldsymbol{v}=(3\quad -4\quad 0\quad 1)^{\mathrm{T}}$，规范化后 $\boldsymbol{u}=\left(\frac{-3}{4}\quad 1\quad 0\quad \frac{-1}{4}\right)^{\mathrm{T}}$．在定理 5 的条件下，幂法可修改成下列方法．

任取初始非零向量 $\boldsymbol{u}_0=\boldsymbol{v}_0(\alpha_1\neq 0)$，构造向量序列

$$\boldsymbol{v}_1=\boldsymbol{A}\boldsymbol{u}_0=\boldsymbol{A}\boldsymbol{v}_0,\quad \boldsymbol{u}_1=\frac{\boldsymbol{v}_1}{\max(\boldsymbol{v}_1)}=\frac{\boldsymbol{A}\boldsymbol{v}_0}{\max(\boldsymbol{A}\boldsymbol{v}_0)}$$

$$\boldsymbol{v}_2=\boldsymbol{A}\boldsymbol{u}_1=\frac{\boldsymbol{A}^2\boldsymbol{v}_0}{\max(\boldsymbol{A}\boldsymbol{v}_0)},\quad \boldsymbol{u}_2=\frac{\boldsymbol{v}_2}{\max(\boldsymbol{v}_2)}=\frac{\boldsymbol{A}^2\boldsymbol{v}_0}{\max(\boldsymbol{A}^2\boldsymbol{v}_0)}$$

$$\cdots$$

$$\boldsymbol{v}_k=\boldsymbol{A}\boldsymbol{u}_{k-1}=\frac{\boldsymbol{A}^k\boldsymbol{v}_0}{\max(\boldsymbol{A}^{k-1}\boldsymbol{v}_0)},\quad \boldsymbol{u}_k=\frac{\boldsymbol{v}_k}{\max(\boldsymbol{v}_k)}=\frac{\boldsymbol{A}^k\boldsymbol{v}_0}{\max(\boldsymbol{A}^k\boldsymbol{v}_0)}$$

$$\cdots$$

此时

$$\boldsymbol{A}^k\boldsymbol{v}_0=\lambda_1^k\left[\alpha_1\boldsymbol{X}_1+\sum_{i=2}^{n}\alpha_i\left(\frac{\lambda_i}{\lambda_1}\right)^k\boldsymbol{X}_i\right]$$

$$u_k=\frac{A^k v_0}{\max(A^k v_0)}=\frac{\lambda_1^k\left[\alpha_1 X_1+\sum_{i=2}^n\alpha_i\left(\frac{\lambda_i}{\lambda_1}\right)^k X_i\right]}{\max\left(\lambda_1^k\left[\alpha_1 X_1+\sum_{i=2}^n\alpha_i\left(\frac{\lambda_i}{\lambda_1}\right)^k X_i\right]\right)}$$

$$=\frac{\alpha_1 X_1+\sum_{i=2}^n\alpha_i\left(\frac{\lambda_i}{\lambda_1}\right)^k X_i}{\max\left(\alpha_1 X_1+\sum_{i=2}^n\alpha_i\left(\frac{\lambda_i}{\lambda_1}\right)^k X_i\right)}\xrightarrow{k\to\infty}\frac{\alpha_1 X_1}{\max(\alpha_1 X_1)}=\frac{X_1}{\max(X_1)}$$

可以看出规范化后的向量序列，随 k 的增加而收敛到主特征值 λ_1 对应的特征向量．同理

$$v_k=\frac{A^k v_0}{\max(A^{k-1} v_0)}=\frac{\lambda_1^k\left[\alpha_1 X_1+\sum_{i=2}^n\alpha_i\left(\frac{\lambda_i}{\lambda_1}\right)^k X_i\right]}{\max\left(\lambda_1^{k-1}\left[\alpha_1 X_1+\sum_{i=2}^n\alpha_i\left(\frac{\lambda_i}{\lambda_1}\right)^{k-1} X_i\right]\right)}$$

$$=\lambda_1\frac{\alpha_1 X_1+\sum_{i=2}^n\alpha_i\left(\frac{\lambda_i}{\lambda_1}\right)^k X_i}{\max\left(\alpha_1 X_1+\sum_{i=2}^n\alpha_i\left(\frac{\lambda_i}{\lambda_1}\right)^{k-1} X_i\right)}\xrightarrow{k\to\infty}\lambda_1\frac{\alpha_1 X_1}{\max(\alpha_1 X_1)}$$

$$=\lambda_1\frac{X_1}{\max(X_1)}$$

所以，$\max(v_k)\xrightarrow{k\to\infty}\lambda_1\dfrac{\max(X_1)}{\max(X_1)}=\lambda_1$. (4-4)

显然，其收敛速度也由 $\dfrac{\lambda_2}{\lambda_1}$ 来确定．

定理 6 **（改进的幂法）** 设 $A=(a_{ij})_{n\times n}$ 有 n 个线性无关的特征向量 X_1，X_2，…，X_n，A 的特征值 λ_1，λ_2，…，λ_n 满足 $|\lambda_1|>|\lambda_2|\geqslant\cdots\geqslant|\lambda_n|$，则对任意初始非零向量 $v_0=u_0(\alpha_1\neq0)$，由矩阵 A 按

$$v_0=u_0\neq\mathbf{0},\ v_k=Au_{k-1},\ u_k=\frac{v_k}{\max(v_k)},\ k=1,2,\cdots \tag{4-5}$$

构造的向量序列有 $\lim\limits_{k\to\infty}u_k=\dfrac{X_1}{\max(X_1)}$，$\lim\limits_{k\to\infty}\max(v_k)=\lambda_1$ 成立．

【例 2】 求矩阵 $A=\begin{pmatrix}2&4&6\\3&9&15\\4&16&36\end{pmatrix}$ 按绝对值最大的特征值与对应的特征向量．

解 用改进的幂法．取 $v_0=u_0=(1\quad1\quad1)^{\mathrm T}$，按以上迭代公式计算，结果见表 4-1.

表 4-1 计算结果（第 4 章例 2）

k	$u_k^{\mathrm T}$（规范化向量）	$\max(v_k)$
0	(1 1 1)	
1	(0.2143 0.4820 1.000)	56.00

续表

k	u_k^{T}（规范化向量）	$\max(v_k)$
2	(0.1875　0.4483　1.000)	44.57
3	(0.1860　0.4463　1.000)	43.92
4	(0.1859　0.4460　1.000)	43.88
5	(0.1859　0.4460　1.000)	43.88

4.2.2 加速方法

（1）Aitken 外推法

在以上矩阵 $\boldsymbol{A}$ 的假设条件下，若 $\left|\frac{\lambda_2}{\lambda_1}\right| < 1$，但接近于 1，则这时收敛速度较慢．由式 (4-4) 知，若令 $m_k = \max(\boldsymbol{v}_k)$，则有当 k 充分大时，$m_k - \lambda_1 \approx c\left(\frac{\lambda_2}{\lambda_1}\right)^{k-1}$，其中，$c$ 是与 k 无关的常数．同样有 $m_{k+1} - \lambda_1 \approx c\left(\frac{\lambda_2}{\lambda_1}\right)^{k}$，两式相除得 $\frac{m_{k+1}-\lambda_1}{m_k-\lambda_1} \approx \frac{\lambda_2}{\lambda_1}$，并由此得到 $\frac{m_{k+1}-\lambda_1}{m_k-\lambda_1} \approx \frac{m_{k+2}-\lambda_1}{m_{k+1}-\lambda_1}$，解之得 $\lambda_1 \approx m_k - \frac{(m_{k+1}-m_k)^2}{m_{k+2}-2m_{k+1}+m_k}$，故取

$$\overline{m}_{k+2} = m_k - \frac{(m_{k+1}-m_k)^2}{m_{k+2}-2m_{k+1}+m_k} \tag{4-6}$$

作为 λ_1 的下一次迭代应该更好．所以得到 Aitken 外推法迭代公式如下：对 $k=1, 2, \cdots$,

$$\boldsymbol{v}_0 = \boldsymbol{u}_0 \neq \boldsymbol{0},\ \boldsymbol{v}_k = \boldsymbol{A}\boldsymbol{u}_{k-1}$$

$$m_k = \max(\boldsymbol{v}_k),\ \overline{m}_k = m_{k-2} - \frac{(m_{k-1}-m_{k-2})^2}{m_k - 2m_{k-1} + m_{k-2}},\ k \geqslant 3$$

$$\boldsymbol{u}_k = \frac{\boldsymbol{v}_k}{\max(\boldsymbol{v}_k)}$$

若 $\frac{|\overline{m}_k - \overline{m}_{k-1}|}{1+|\overline{m}_k|} < \varepsilon$（预先给定的精度），则迭代终止．$\lambda_1 \approx \overline{m}_k$，对应的特征向量近似为 $\overline{\boldsymbol{u}}_k$，对于 $j=1, 2, \cdots, n$，其分量为

$$\begin{cases} (\overline{\boldsymbol{u}}_k)_j = (\boldsymbol{u}_{k-2})_j - \dfrac{[(\boldsymbol{u}_{k-1})_j - (\boldsymbol{u}_{k-2})_j]^2}{(\boldsymbol{u}_k)_j - 2(\boldsymbol{u}_{k-1})_j + (\boldsymbol{u}_{k-2})_j}, & (\boldsymbol{u}_k)_j \neq 1 \\ (\overline{\boldsymbol{u}}_k)_j = \boldsymbol{1},\ (\boldsymbol{u}_k)_j = \boldsymbol{1} \end{cases}$$

这一方法是 Aitken 在 1937 年首次提出的，它的加速效果还是很显著的．

（2）Rayleigh 商加速

若 $\boldsymbol{A} \in \mathbf{R}^{n\times n}$ 为对称矩阵，$\boldsymbol{X}$ 为任意非零向量，我们知道 $\lambda_1 = \max\limits_{\boldsymbol{X}\neq\boldsymbol{0}} \frac{(\boldsymbol{AX}, \boldsymbol{X})}{(\boldsymbol{X}, \boldsymbol{X})}$，$\lambda_n = \min\limits_{\boldsymbol{X}\neq\boldsymbol{0}} \frac{(\boldsymbol{AX}, \boldsymbol{X})}{(\boldsymbol{X}, \boldsymbol{X})}$，将 Rayleigh 商 $R(\boldsymbol{X}) = \frac{(\boldsymbol{AX}, \boldsymbol{X})}{(\boldsymbol{X}, \boldsymbol{X})}$ 应用于幂法，得以下定理．

定理 7　设 $\boldsymbol{A} \in \mathbf{R}^{n\times n}$ 为对称矩阵，其特征值满足 $|\lambda_1| > |\lambda_2| \geqslant \cdots \geqslant |\lambda_n|$，$\boldsymbol{X}_1$，$\boldsymbol{X}_2$，…，$\boldsymbol{X}_n$ 为对应的特征向量，且满足 $(\boldsymbol{X}_i, \boldsymbol{X}_j) = \delta_{ij} = \begin{cases} 1, & i=j \\ 0, & i\neq j \end{cases}$，应用改进的幂法

式(4-5)计算矩阵 $\boldsymbol{A}$ 的主特征值 λ_1，则规范化后的向量 $\boldsymbol{u}_k$ 的 Rayleigh 商给出的较好的近似为

$$\frac{(\boldsymbol{A}\boldsymbol{u}_k,\ \boldsymbol{u}_k)}{(\boldsymbol{u}_k,\ \boldsymbol{u}_k)}=\lambda_1+o\left(\left(\frac{\lambda_2}{\lambda_1}\right)^{2k}\right) \tag{4-7}$$

证明 由式

$$\boldsymbol{u}_k=\frac{\boldsymbol{v}_k}{\max(\boldsymbol{v}_k)}=\frac{\boldsymbol{A}^k\boldsymbol{u}_0}{\max(\boldsymbol{A}^k\boldsymbol{u}_0)},\ \boldsymbol{v}_{k+1}=\frac{\boldsymbol{A}^{k+1}\boldsymbol{u}_0}{\max(\boldsymbol{A}^k\boldsymbol{u}_0)}$$

得

$$\frac{(\boldsymbol{A}\boldsymbol{u}_k,\ \boldsymbol{u}_k)}{(\boldsymbol{u}_k,\ \boldsymbol{u}_k)}=\frac{\left(\dfrac{\boldsymbol{A}^{k+1}\boldsymbol{u}_0}{\max(\boldsymbol{A}^k\boldsymbol{u}_0)},\ \dfrac{\boldsymbol{A}^k\boldsymbol{u}_0}{\max(\boldsymbol{A}^k\boldsymbol{u}_0)}\right)}{\left(\dfrac{\boldsymbol{A}^k\boldsymbol{u}_0}{\max(\boldsymbol{A}^k\boldsymbol{u}_0)},\ \dfrac{\boldsymbol{A}^k\boldsymbol{u}_0}{\max(\boldsymbol{A}^k\boldsymbol{u}_0)}\right)}=\frac{(\boldsymbol{A}^{k+1}\boldsymbol{u}_0,\ \boldsymbol{A}^k\boldsymbol{u}_0)}{(\boldsymbol{A}^k\boldsymbol{u}_0,\ \boldsymbol{A}^k\boldsymbol{u}_0)}$$

$$\boldsymbol{A}^k\boldsymbol{u}_0=\boldsymbol{A}^k\boldsymbol{v}_0=\lambda_1^k[\alpha_1\boldsymbol{X}_1+\sum_{i=2}^{n}\alpha_i\left(\frac{\lambda_i}{\lambda_1}\right)^k\boldsymbol{X}_i]$$

而

$$\begin{aligned}(\boldsymbol{A}^{k+1}\boldsymbol{u}_0,\ \boldsymbol{A}^k\boldsymbol{u}_0)&=\left(\lambda_1^{k+1}[\alpha_1\boldsymbol{X}_1+\sum_{i=2}^{n}\alpha_i\left(\frac{\lambda_i}{\lambda_1}\right)^{k+1}\boldsymbol{X}_i],\ \lambda_1^k[\alpha_1\boldsymbol{X}_1+\sum_{i=2}^{n}\alpha_i\left(\frac{\lambda_i}{\lambda_1}\right)^k\boldsymbol{X}_i]\right)\\&=\lambda_1^{2k+1}[\alpha_1^2+\sum_{i=2}^{n}\alpha_i^2\left(\frac{\lambda_i}{\lambda_1}\right)^{2k+1}]\end{aligned}$$

$$\frac{(\boldsymbol{A}\boldsymbol{u}_k,\ \boldsymbol{u}_k)}{(\boldsymbol{u}_k,\ \boldsymbol{u}_k)}=\frac{(\boldsymbol{A}^{k+1}\boldsymbol{u}_0,\ \boldsymbol{A}^k\boldsymbol{u}_0)}{(\boldsymbol{A}^k\boldsymbol{u}_0,\ \boldsymbol{A}^k\boldsymbol{u}_0)}=\frac{\lambda_1^{2k+1}[\alpha_1^2+\sum_{i=2}^{n}\alpha_i^2\left(\frac{\lambda_i}{\lambda_1}\right)^{2k+1}]}{\lambda_1^{2k}[\alpha_1^2+\sum_{i=2}^{n}\alpha_i^2\left(\frac{\lambda_i}{\lambda_1}\right)^{2k}]}\xrightarrow{k\to\infty}\lambda_1$$

所以，$\dfrac{(\boldsymbol{A}\boldsymbol{u}_k,\ \boldsymbol{u}_k)}{(\boldsymbol{u}_k,\ \boldsymbol{u}_k)}=\lambda_1+o\left(\left(\dfrac{\lambda_2}{\lambda_1}\right)^{2k}\right)$ 成立．

此定理说明，若 $\boldsymbol{A}\in\mathbf{R}^{n\times n}$ 为对称矩阵，可以用规范化后的向量 $\boldsymbol{u}_k$ 的 Rayleigh 商作为 $\boldsymbol{A}$ 主特征值的近似，其误差为 $o\left(\left(\dfrac{\lambda_2}{\lambda_1}\right)^{2k}\right)$．

4.2.3 反幂法

下面讨论计算矩阵 $\boldsymbol{A}$ 的按模最小的特征值及对应特征向量的计算方法．设 $\boldsymbol{A}=(a_{ij})_{n\times n}$ 为非奇异矩阵，且有 n 个线性无关的特征向量，$\boldsymbol{A}$ 的特征值 λ_1，λ_2，…，λ_n 满足 $|\lambda_1|\geqslant|\lambda_2|\geqslant\cdots\geqslant|\lambda_{n-1}|>|\lambda_n|$，$\boldsymbol{X}_1$，$\boldsymbol{X}_2$，…，$\boldsymbol{X}_n$ 为对应的特征向量，于是 $\boldsymbol{A}^{-1}$ 的特征值满足

$$\frac{1}{|\lambda_n|}>\frac{1}{|\lambda_{n-1}|}\geqslant\cdots\geqslant\frac{1}{|\lambda_1|}$$

对应的特征向量为 $\boldsymbol{X}_n$，$\boldsymbol{X}_{n-1}$，…，$\boldsymbol{X}_1$，因此求矩阵 $\boldsymbol{A}$ 的按模最小的特征值 λ_n 的问题转化为求 $\boldsymbol{A}^{-1}$ 的按模最大的特征值问题，对 $\boldsymbol{A}^{-1}$ 用幂法就得到所说的反幂法迭代公式．

任取初始非零向量

$$\boldsymbol{v}_0=\boldsymbol{u}_0(\alpha_n\neq 0),\ \boldsymbol{v}_0=\boldsymbol{u}_0\neq\boldsymbol{0}$$

$$\boldsymbol{v}_k=\boldsymbol{A}^{-1}\boldsymbol{u}_{k-1},\ \boldsymbol{u}_k=\frac{\boldsymbol{v}_k}{\max(\boldsymbol{v}_k)},\ k=1,\ 2,\ \cdots \tag{4-8}$$

因为，$\boldsymbol{v}_k=\boldsymbol{A}^{-1}\boldsymbol{u}_{k-1}$ 等价于 $\boldsymbol{A}\boldsymbol{v}_k=\boldsymbol{u}_{k-1}$，所以可以通过解方程组的方法求 $\boldsymbol{v}_k$. 与定理6相应的结论如下.

定理8 设 $\boldsymbol{A}=(a_{ij})_{n\times n}$ 为非奇异矩阵，且有 n 个线性无关的特征向量，$\boldsymbol{A}$ 的特征值 $\lambda_1, \lambda_2, \cdots, \lambda_n$ 满足 $|\lambda_1|\geqslant|\lambda_2|\geqslant\cdots\geqslant|\lambda_{n-1}|>|\lambda_n|$，$\boldsymbol{X}_1, \boldsymbol{X}_2, \cdots, \boldsymbol{X}_n$ 为对应的特征向量，则对任意非零向量 $\boldsymbol{v}_0=\boldsymbol{u}_0(\alpha_n\neq 0)$，由式(4-8)产生的向量序列有

$$\lim_{k\to\infty}\boldsymbol{u}_k=\frac{\boldsymbol{X}_n}{\max(\boldsymbol{X}_n)},\quad \lim_{k\to\infty}\max(\boldsymbol{v}_k)=\frac{1}{\lambda_n}$$

成立，且收敛速率为 $\left|\dfrac{\lambda_n}{\lambda_{n-1}}\right|$.

4.3 正交变换与矩阵分解

QR 方法是求一般非奇异矩阵全部特征值的一种矩阵迭代法，目前被认为是有效的方法之一. 它是由 Francis 于 1961 年提出的. QR 方法利用矩阵的 QR 分解，把一般矩阵变换为与其相似的上三角矩阵或拟上三角矩阵，那么上三角矩阵或拟上三角矩阵的特征值就是原矩阵的特征值. 由于 QR 分解常用著名的吉文斯（Givens）变换或豪斯霍尔德（Householder）变换来实现，为此，先介绍这两种变换.

4.3.1 豪斯霍尔德变换与吉文斯变换

定义2 设 $w\in\mathbf{R}^n$，且 $\|w\|_2=1$，则 n 阶矩阵 $\boldsymbol{H}=\boldsymbol{I}-2ww^{\mathrm{T}}$ 称为初等反射矩阵或 Householder 矩阵，记为 $\boldsymbol{H}(w)$.

显然有

$$\boldsymbol{H}(w)=\boldsymbol{I}-2\begin{pmatrix}w_1\\w_2\\\vdots\\w_n\end{pmatrix}(w_1\quad w_2\quad\cdots\quad w_n)=\begin{pmatrix}1-2w_1^2 & -2w_1w_2 & \cdots & -2w_1w_n\\ -2w_2w_1 & 1-2w_2^2 & \cdots & -2w_2w_n\\ \vdots & \vdots & & \vdots\\ -2w_nw_1 & -2w_nw_2 & \cdots & 1-2w_n^2\end{pmatrix}\tag{4-9}$$

定理9 初等反射矩阵 $\boldsymbol{H}=\boldsymbol{H}(w)$ 具有以下性质：

① $\boldsymbol{H}^{\mathrm{T}}=\boldsymbol{H}$（$\boldsymbol{H}$ 为对称矩阵）；

② $\boldsymbol{H}^{\mathrm{T}}\boldsymbol{H}=\boldsymbol{I}$（$\boldsymbol{H}$ 为正交矩阵）；

③ $\boldsymbol{H}^2=\boldsymbol{I}$（$\boldsymbol{H}$ 为对合矩阵）；

④ $\boldsymbol{Y}=\boldsymbol{H}\boldsymbol{X}$（称为初等反射变换或镜面反射变换）时，$\|\boldsymbol{Y}\|_2=\|\boldsymbol{X}\|_2$.

证明 显然有 $\boldsymbol{H}^{\mathrm{T}}\boldsymbol{H}=\boldsymbol{H}^2=(\boldsymbol{I}-2ww^{\mathrm{T}})(\boldsymbol{I}-2ww^{\mathrm{T}})=\boldsymbol{I}-4ww^{\mathrm{T}}+4w(w^{\mathrm{T}}w)w^{\mathrm{T}}=\boldsymbol{I}$.

又有 $\|\boldsymbol{Y}\|_2^2=\boldsymbol{Y}^{\mathrm{T}}\boldsymbol{Y}=(\boldsymbol{H}\boldsymbol{X})^{\mathrm{T}}(\boldsymbol{H}\boldsymbol{X})=\boldsymbol{X}^{\mathrm{T}}\boldsymbol{H}^{\mathrm{T}}\boldsymbol{H}\boldsymbol{X}=\boldsymbol{X}^{\mathrm{T}}\boldsymbol{X}=\|\boldsymbol{X}\|_2^2$，构造一个初等反射矩阵是容易的. 对任意 $\boldsymbol{0}\neq\boldsymbol{u}\in\mathbf{R}^n$，$\boldsymbol{H}=\boldsymbol{I}-2\dfrac{\boldsymbol{u}\boldsymbol{u}^{\mathrm{T}}}{\|\boldsymbol{u}\|_2^2}$（相当于 $w=\dfrac{\boldsymbol{u}}{\|\boldsymbol{u}\|_2}$）就是一个初等反射矩阵.

以下是初等反射变换的几何意义．考虑以 $\boldsymbol{w} \in \mathbf{R}^n$ 为法向量且过原点的超平面 S：$\boldsymbol{w}^{\mathrm{T}}\boldsymbol{X}=\boldsymbol{0}$（即 $w_1x_1+w_2x_2+\cdots+w_nx_n=\boldsymbol{0}$），对任意 $\boldsymbol{v} \in \mathbf{R}^n$，知 $\boldsymbol{v}=\boldsymbol{X}+\boldsymbol{Y}$，其中，$\boldsymbol{X} \in S$，$\boldsymbol{Y} \in S^{\perp}$．所以有 $\boldsymbol{HX}=(\boldsymbol{I}-2\boldsymbol{ww}^{\mathrm{T}})\boldsymbol{X}=\boldsymbol{X}-2\boldsymbol{w}(\boldsymbol{w}^{\mathrm{T}}\boldsymbol{X})=\boldsymbol{X}$. 对于 $\boldsymbol{Y} \in S^{\perp}$，则知 $\boldsymbol{Y}$ 与 $\boldsymbol{w}$ 平行．不妨设 $\boldsymbol{Y}=a\boldsymbol{w}$（$a$ 为常数），则 $\boldsymbol{HY}=(\boldsymbol{I}-2\boldsymbol{ww}^{\mathrm{T}})\boldsymbol{Y}=\boldsymbol{Y}-2\boldsymbol{w}(\boldsymbol{w}^{\mathrm{T}}\boldsymbol{Y})=\boldsymbol{Y}-(2\boldsymbol{w}^{\mathrm{T}}\boldsymbol{Y})\boldsymbol{w}=\boldsymbol{Y}-(2\boldsymbol{w}^{\mathrm{T}}a\boldsymbol{w})\boldsymbol{w}=\boldsymbol{Y}-(2a\boldsymbol{w}^{\mathrm{T}}\boldsymbol{w})\boldsymbol{w}=\boldsymbol{Y}-2a\boldsymbol{w}=-\boldsymbol{Y}$.

所以，$\boldsymbol{Hv}=\boldsymbol{H}(\boldsymbol{X}+\boldsymbol{Y})=\boldsymbol{HX}+\boldsymbol{HY}=\boldsymbol{X}-\boldsymbol{Y}=\boldsymbol{v}'$，其中，$\boldsymbol{v}'$ 为 $\boldsymbol{v}$ 关于平面 S：$\boldsymbol{w}^{\mathrm{T}}\boldsymbol{X}=\boldsymbol{0}$ 的镜面反射（见图 3-1）.

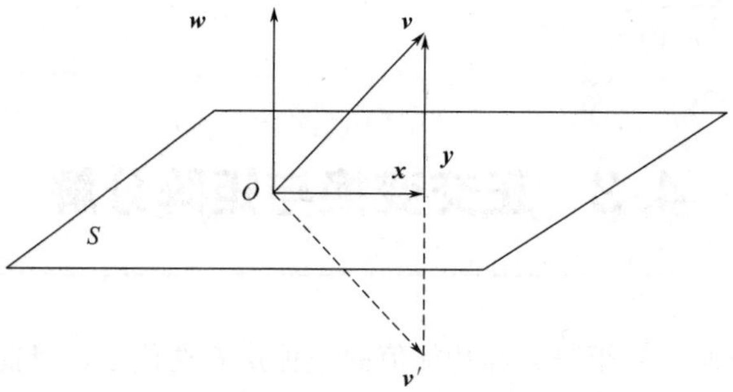

图 4-1　镜面反射

以上初等反射矩阵 $\boldsymbol{H}=\boldsymbol{H}(\boldsymbol{w})$ 中的性质④的逆也是成立的.

定理 10　设 $\boldsymbol{X}, \boldsymbol{Y} \in \mathbf{R}^n$，$\boldsymbol{X} \neq \boldsymbol{Y}$，且 $\|\boldsymbol{X}\|_2=\|\boldsymbol{Y}\|_2$，则由向量 $\boldsymbol{w}=\dfrac{\boldsymbol{X}-\boldsymbol{Y}}{\|\boldsymbol{X}-\boldsymbol{Y}\|_2}$ 确定的镜面反射矩阵 $\boldsymbol{H}=\boldsymbol{H}(\boldsymbol{w})$，使得 $\boldsymbol{HX}=\boldsymbol{Y}$.

证明　由于 $\boldsymbol{X}^{\mathrm{T}}\boldsymbol{X}=\boldsymbol{Y}^{\mathrm{T}}\boldsymbol{Y}$，则

$$\boldsymbol{HX}=\left[\boldsymbol{I}-2\,\frac{(\boldsymbol{X}-\boldsymbol{Y})(\boldsymbol{X}^{\mathrm{T}}-\boldsymbol{Y}^{\mathrm{T}})}{\|\boldsymbol{X}-\boldsymbol{Y}\|_2^2}\right]\boldsymbol{X}=\boldsymbol{X}-2\,\frac{(\boldsymbol{X}-\boldsymbol{Y})(\boldsymbol{X}^{\mathrm{T}}\boldsymbol{X}-\boldsymbol{Y}^{\mathrm{T}}\boldsymbol{X})}{\|\boldsymbol{X}-\boldsymbol{Y}\|_2^2}$$

又

$$\begin{aligned}2(\boldsymbol{X}^{\mathrm{T}}\boldsymbol{X}-\boldsymbol{Y}^{\mathrm{T}}\boldsymbol{X})&=2\boldsymbol{X}^{\mathrm{T}}\boldsymbol{X}-2\boldsymbol{Y}^{\mathrm{T}}\boldsymbol{X}=\boldsymbol{X}^{\mathrm{T}}\boldsymbol{X}-2\boldsymbol{X}^{\mathrm{T}}\boldsymbol{Y}+\boldsymbol{Y}^{\mathrm{T}}\boldsymbol{Y}\\&=(\boldsymbol{X}-\boldsymbol{Y})^{\mathrm{T}}(\boldsymbol{X}-\boldsymbol{Y})=\|\boldsymbol{X}-\boldsymbol{Y}\|_2^2\end{aligned}$$

所以 $\boldsymbol{HX}=\boldsymbol{X}-(\boldsymbol{X}-\boldsymbol{Y})=\boldsymbol{Y}$.

上述定理表明，对任意实向量，总可以经过某一 Householder 变换，化为与其长度一致的另一向量．常用的 Householder 变换就是将向量的后几个分量化为零．特别地，常用于把一个向量 $\boldsymbol{X}=(x_1\quad x_2\quad \cdots\quad x_n)^{\mathrm{T}} \in \mathbf{R}^n$ 变换为 $\boldsymbol{Y}=\boldsymbol{HX}=\sigma\boldsymbol{e}_1$，其中，$\boldsymbol{e}_1=(1\quad 0\quad \cdots\quad 0)^{\mathrm{T}}$ 为一个单位向量，σ 为常数．

推论 1　若 $\boldsymbol{X}=(x_1\quad x_2\quad \cdots\quad x_n)^{\mathrm{T}} \in \mathbf{R}^n$ 的分量不全为零，总存在一个 Householder 矩阵（镜面反射矩阵）$\boldsymbol{H}=\boldsymbol{I}-\dfrac{1}{\alpha}\boldsymbol{uu}^{\mathrm{T}}$，使得 $\boldsymbol{Y}=\boldsymbol{HX}=\sigma\boldsymbol{e}_1=(\sigma\quad 0\quad \cdots\quad 0)^{\mathrm{T}}$，其中，$\sigma=-\mathrm{sign}(x_1)\|\boldsymbol{X}\|_2$，$\alpha=\sigma(\sigma-x_1)$，$\boldsymbol{u}=(x_1-\sigma\quad x_2\quad \cdots\quad x_n)^{\mathrm{T}}$.

证明　对于给定的向量 $\boldsymbol{X}=(x_1\quad x_2\quad \cdots\quad x_n)^{\mathrm{T}} \in \mathbf{R}^n$，令 $\boldsymbol{Y}=\sigma\boldsymbol{e}_1$，取 $\sigma=-\mathrm{sign}(x_1)\|\boldsymbol{X}\|_2$，则知 $\boldsymbol{X} \neq \boldsymbol{Y}$，且 $\|\boldsymbol{X}\|_2=\|\boldsymbol{Y}\|_2$，又 $\|\boldsymbol{X}\|_2^2=\sigma^2$，则知

$$\boldsymbol{w}=\frac{\boldsymbol{X}-\sigma\boldsymbol{e}_1}{\|\boldsymbol{X}-\sigma\boldsymbol{e}_1\|_2}=\frac{1}{\sqrt{2\sigma(\sigma-x_1)}}(x_1-\sigma\quad x_2\quad \cdots\quad x_n)^{\mathrm{T}}$$

为一个单位向量，由定理知

$$H=I-2ww^{\mathrm{T}}=\frac{2(X-\sigma e_1)(X-\sigma e_1)^{\mathrm{T}}}{\|X-\sigma e_1\|_2^2}=\frac{(X-\sigma e_1)(X-\sigma e_1)^{\mathrm{T}}}{\sigma(\sigma-x_1)}$$

为一个镜面反射矩阵，并有 $HX=\sigma e_1=Y$. 令 $\alpha=\sigma(\sigma-x_1)$，$u=(x_1-\sigma \quad x_2 \quad \cdots \quad x_n)^{\mathrm{T}}=X-\sigma e_1$，则有 $H=I-\frac{1}{\alpha}uu^{\mathrm{T}}$ 成立.

【例 3】 对于 $X=(3 \quad 1 \quad -2)^{\mathrm{T}}$，构造镜面反射矩阵 $H=I-\frac{1}{\alpha}uu^{\mathrm{T}}$，使得 $HX=Y=(\sigma \quad 0 \quad 0)^{\mathrm{T}}$，且 $\|X\|_2=\|Y\|_2$.

解　由上述内容知

$$\sigma=-\mathrm{sign}(x_1)\|X\|_2=-\sqrt{14}$$
$$\alpha=\sigma(\sigma-x_1)=-\sqrt{14}(-\sqrt{14}-3)=14+3\sqrt{14}$$
$$u=X-\sigma e_1=(3+\sqrt{14} \quad 1 \quad -2)^{\mathrm{T}}$$

取 $H=I-\frac{1}{14+3\sqrt{14}}\begin{pmatrix}3+\sqrt{14}\\1\\-2\end{pmatrix}(3+\sqrt{14} \quad 1 \quad -2)$，则有 $HX=Y=(-\sqrt{14} \quad 0 \quad 0)^{\mathrm{T}}$.

镜面反射变换的一个直接应用，就是对矩阵进行收缩，通过维数较小的矩阵，求解原矩阵的特征问题.

设已求得矩阵 $A\in \mathbf{R}^{n\times n}$ 的一个实特征值 λ_1 和对应的特征向量 $X_1=(x_1^{(1)} \quad \cdots \quad x_n^{(1)})^{\mathrm{T}}$（不妨用幂法），那么可按以上推论构造对称正交矩阵 H，使得

$$HX_1=\sigma_1 e_1$$

式中，$|\sigma_1|=\|X_1\|_2\neq 0$，由于 $H^{-1}=H^{\mathrm{T}}=H$，所以上式两边左乘 H^{-1}，并除以 σ_1 得 $He_1=\frac{1}{\sigma_1}X_1$. 由 $AX_1=\lambda_1 X_1$，可得

$$HAHe_1=HA\frac{1}{\sigma_1}X_1=\frac{1}{\sigma_1}HAX_1=\frac{1}{\sigma_1}H\lambda_1 X_1=\frac{1}{\sigma_1}\lambda_1 HX_1=\frac{1}{\sigma_1}\lambda_1\sigma_1 e_1=\lambda_1 e_1$$

由于 $e_1=(1 \quad 0 \quad \cdots \quad 0)^{\mathrm{T}}$，上式说明 HAH 的第一列为 $\lambda_1 e_1$，即 $HAH=\begin{pmatrix}\lambda_1 & b^{\mathrm{T}}\\ \mathbf{0} & B\end{pmatrix}$，其中，$B\in \mathbf{R}^{(n-1)\times(n-1)}$，$b\in \mathbf{R}^{n-1}$. 因为 HAH 与 A 相似，所以 B 的特征值 $\lambda_2,\cdots,\lambda_n$ 就是 A 的除 λ_1 之外的全部特征值，然后再求 B 的按绝对值最大的特征值及特征向量.

下面介绍吉文斯变换.

设 x，$y\in\mathbf{R}^2$，则变换 $\begin{pmatrix}y_1\\y_2\end{pmatrix}=\begin{pmatrix}\cos\theta & \sin\theta\\ -\sin\theta & \cos\theta\end{pmatrix}\begin{pmatrix}x_1\\x_2\end{pmatrix}$ 或 $y=Px$ 是平面上向量的一个旋转变换，其中，

$$P(\theta)=\begin{pmatrix}\cos\theta & \sin\theta\\ -\sin\theta & \cos\theta\end{pmatrix}$$

为正交矩阵，$\mathbf{R}^n$ 中变换 $y=Px$，其中，$x=(x_1 \quad x_2 \quad \cdots \quad x_n)^{\mathrm{T}}$，$y=(y_1 \quad y_2 \quad \cdots \quad y_n)^{\mathrm{T}}$，而

$$P \equiv P(i,\ j,\ \theta)=\begin{pmatrix} 1 &&&&&&&&&& \\ & \ddots &&&&&&&&& \\ && 1 &&&&&&&& \\ &&& \cos\theta &&&& \sin\theta &&& \\ &&&& 1 &&&&&& \\ &&&&& \ddots &&&&& \\ &&&&&& 1 &&&& \\ &&& \sin\theta &&&& \cos\theta &&& \\ &&&&&&&& 1 && \\ &&&&&&&&& \ddots & \\ &&&&&&&&&& 1 \end{pmatrix} \tag{4-10}$$

称为 $\mathbf{R}^n$ 中平面 $\{x_i,\ x_j\}$ 的旋转变换，也称吉文斯变换，$P=P(i,\ j,\ \theta)=P(i,\ j)$ 称为平面旋转矩阵.

显然，$P(i,\ j,\ \theta)$ 具有以下性质：

① P 与单位矩阵 I 只是在 $(i,\ i)$，$(i,\ j)$，$(j,\ i)(j,\ j)$ 位置元素不一样，其他相同.

② P 为正交矩阵（$P^{-1}=P^{\mathrm{T}}$）.

③ $P(i,\ j)A$（左乘）只需计算第 i 行与第 j 行元素，即对 $A=(a_{ij})_{m\times n}$ 有

$$\begin{pmatrix} a'_{il} \\ a'_{jl} \end{pmatrix}=\begin{pmatrix} c & s \\ -s & c \end{pmatrix}\begin{pmatrix} a_{il} \\ a_{jl} \end{pmatrix},\ l=1,\ 2,\ \cdots,\ n$$

式中，$c=\cos\theta$；$s=\sin\theta$.

④ $AP(i,\ j)$（右乘）只需计算第 i 列与第 j 列元素，即

$$(a'_{li}\quad a'_{lj})=(a_{li}\quad a_{lj})\begin{pmatrix} c & s \\ -s & c \end{pmatrix},\ l=1,\ 2,\ \cdots,\ m$$

利用平面旋转变换，可使向量 x 中的指定元素变为零.

定理 11 （约化定理） 设 $x=(x_1\ \cdots\ x_i\ \cdots\ x_j\ \cdots\ x_n)^{\mathrm{T}}$，其中，$x_i$，$x_j$ 不全为零，则可选择平面旋转矩阵 $P(i,j,\theta)$，使

$$Px=(x_1\ \cdots\ \underset{i}{x'_i}\ \cdots\ \underset{j}{0}\ \cdots\ x_n)^{\mathrm{T}}$$

式中，$x'_i=\sqrt{x_i^2+x_j^2}$. $\theta=\arctan(x_j/x_i)$.

证明 取 $c=\cos\theta=x_i/x'_i$，$s=\sin\theta=x_j/x'_i$，有

$$P(i,\ j,\ \theta)x=x'=(x'_1\quad x'_2\quad \cdots\quad x'_i\quad \cdots\quad x'_j\quad \cdots\quad x'_n)^{\mathrm{T}}$$

利用矩阵乘法，显然有

$$\begin{cases} x'_i=cx_i+sx_j \\ x'_j=-sx_i+cx_j \\ x'_k=x_k,\ k\neq i,\ j \end{cases}$$

于是，由 c、s 的取法得

$$x'_i=\sqrt{x_i^2+x_j^2},\ x'_j=0$$

4.3.2 QR 分解与舒尔分解

定理 12 设 $A\in\mathbf{R}^{n\times n}$ 非奇异，则存在正交矩阵 P，使 $PA=R$，其中，R 为上三角

矩阵.

证明 我们先用吉文斯变换给出构造 $\boldsymbol{P}$ 的方法.

① 第 1 步约化. 设有 j（$j=1, 2, \cdots, n$）使 $a_{j1}\neq 0$，则可选择吉文斯变换 $\boldsymbol{P}(1, j)$，将 a_{j1} 处的元素化为 0，若 $a_{j1}\neq 0$（$j=2, 3, \cdots, n$），则存在 $\boldsymbol{P}(1, j)$ 使得

$$\boldsymbol{P}(1, n)\cdots\boldsymbol{P}(1, 2)\boldsymbol{A}=\begin{pmatrix} r_{11} & r_{12} & \cdots & r_{1n} \\ & a_{22}^{(2)} & \cdots & a_{2n}^{(2)} \\ & \vdots & & \vdots \\ & a_{n2}^{(2)} & \cdots & a_{nn}^{(2)} \end{pmatrix}\equiv\boldsymbol{A}^{(2)}$$

可简记为 $\boldsymbol{P}_1\boldsymbol{A}=\boldsymbol{A}^{(2)}$，其中，$\boldsymbol{P}_1=\boldsymbol{P}(1, n)\cdots\boldsymbol{P}(1, 2)$.

② 第 k 步约化. 设上述过程已完成第 1 步至第 $k-1$ 步，于是有

$$\boldsymbol{P}_{k-1}\cdots\boldsymbol{P}_2\boldsymbol{P}_1\boldsymbol{A}=\begin{pmatrix} r_{11} & r_{12} & \cdots & r_{1k} & \cdots & r_{1n} \\ & r_{22} & \cdots & r_{2k} & \cdots & r_{2n} \\ & & \ddots & & & \\ & & & \vdots & & \vdots \\ & & & a_{kk}^{(k)} & \cdots & a_{kn}^{(k)} \\ & & & \vdots & & \vdots \\ & & & a_{nk}^{(k)} & \cdots & a_{nn}^{(k)} \end{pmatrix}\equiv\boldsymbol{A}^{(k)}$$

有 $j(n\geqslant j\geqslant k)$ 使 $a_{jk}^{(k)}\neq 0$，若 $a_{jk}^{(k)}\neq 0(j=k+1, \cdots, n)$，则可选择吉文斯变换 $\boldsymbol{P}(k, j)(j=k+1, \cdots, n)$ 使

$$\boldsymbol{P}_k\boldsymbol{A}^{(k)}=\boldsymbol{P}(k, n)\cdots\boldsymbol{P}(k, k+1)\boldsymbol{A}^{(k)}=\boldsymbol{P}_k\boldsymbol{P}_{k-1}\cdots\boldsymbol{P}_1\boldsymbol{A}=\boldsymbol{A}^{(k+1)}$$

式中，$\boldsymbol{P}_k\equiv\boldsymbol{P}(k, n)\cdots\boldsymbol{P}(k, k+1)$.

③ 继续上述约化过程，最后则有

$$\boldsymbol{P}_{n-1}\cdots\boldsymbol{P}_2\boldsymbol{P}_1\boldsymbol{A}=\boldsymbol{R}\ (\text{上三角矩阵})$$

令 $\boldsymbol{P}=\boldsymbol{P}_{n-1}\cdots\boldsymbol{P}_1$，它是一个正交矩阵，有 $\boldsymbol{PA}=\boldsymbol{R}$.

也可以用豪斯霍尔德变换构造正交矩阵 $\boldsymbol{P}$，记 $\boldsymbol{A}^{(0)}=\boldsymbol{A}$，它的第一列记为 $\boldsymbol{a}_1^{(0)}$，不妨设 $\boldsymbol{a}_1^{(0)}\neq\boldsymbol{0}$，可按公式找到矩阵 $\boldsymbol{H}_1\in\mathbf{R}^{n\times n}$，$\boldsymbol{H}_1=\boldsymbol{I}-\beta_1^{-1}\boldsymbol{u}_1\boldsymbol{u}_1^{\mathrm{T}}$，使

$$\boldsymbol{H}_1\boldsymbol{a}_1^{(0)}=-\sigma_1\boldsymbol{e}_1,\ \boldsymbol{e}_1=(1\quad 0\quad\cdots\quad 0)^{\mathrm{T}}\in\mathbf{R}^n$$

于是

$$\boldsymbol{A}^{(1)}=\boldsymbol{H}_1\boldsymbol{A}^{(0)}=(\boldsymbol{H}_1\boldsymbol{a}_1^{(0)}\quad\boldsymbol{H}_1\boldsymbol{a}_2^{(0)}\quad\cdots\quad\boldsymbol{H}_1\boldsymbol{a}_n^{(1)})=\begin{pmatrix}-\sigma_1 & \boldsymbol{b}^{(1)} \\ \boldsymbol{0} & \overline{\boldsymbol{A}}^{(1)}\end{pmatrix}$$

式中，$\overline{\boldsymbol{A}}^{(1)}=(\boldsymbol{a}_1^{(1)}\quad\boldsymbol{a}_2^{(1)}\quad\cdots\quad\boldsymbol{a}_{n-1}^{(1)})\in\mathbf{R}^{(n-1)\times(n-1)}$.

一般地，设

$$\boldsymbol{A}^{(j-1)}=\begin{pmatrix}\boldsymbol{D}^{(j-1)} & \boldsymbol{B}^{(j-1)} \\ \boldsymbol{0} & \overline{\boldsymbol{A}}^{(j-1)}\end{pmatrix}$$

式中，$\boldsymbol{D}^{(j-1)}$ 为 $j-1$ 阶方阵，其对角线以下元素均为 0，$\overline{\boldsymbol{A}}^{(j-1)}$ 为 $n-j+1$ 阶方阵，设其第一列为 $\boldsymbol{a}_1^{(j-1)}$，可选择 $n-j+1$ 阶的豪斯霍尔德矩阵变换 $\overline{\boldsymbol{H}}_j\in\mathbf{R}^{(n-j)\times(n-j)}$，使

$$\overline{\boldsymbol{H}}_j\boldsymbol{a}_1^{(j-1)}=-\sigma_j\boldsymbol{e}_1,\ \boldsymbol{e}_1=(1\quad 0\quad\cdots\quad 0)\in\mathbf{R}^{n-j+1}$$

根据 $\overline{\boldsymbol{H}}_j$ 构造 $n\times n$ 阶的变换矩阵 $\boldsymbol{H}_j$ 为

$$\boldsymbol{H}_j=\begin{pmatrix}\boldsymbol{I}_{j-1} & \boldsymbol{0}\\ \boldsymbol{0} & \boldsymbol{H}_j\end{pmatrix}$$

于是有

$$\boldsymbol{A}^{(j)}=\boldsymbol{H}_j\boldsymbol{A}^{(j-1)}=\begin{pmatrix}\boldsymbol{D}^{(j)} & \boldsymbol{B}^{(j)}\\ \boldsymbol{0} & \overline{\boldsymbol{A}}^{j}\end{pmatrix}$$

它和 $\boldsymbol{A}^{(j-1)}$ 有类似的形式，只是 $\boldsymbol{D}^{(j)}$ 为 j 阶方阵，其对角线以下元素是 0，这样经过 $n-1$ 步运算可得到

$$\boldsymbol{H}_{n-1}\cdots\boldsymbol{H}_1\boldsymbol{A}=\boldsymbol{A}^{(n-1)}=\boldsymbol{R}$$

式中，$\boldsymbol{R}=\boldsymbol{A}^{(n-1)}$ 为上三角矩阵；$\boldsymbol{P}=\boldsymbol{H}_{n-1}\cdots\boldsymbol{H}_1$ 为正交矩阵，从而有 $\boldsymbol{PA}=\boldsymbol{R}$.

定理 13 （QR 分解定理） 设 $\boldsymbol{A}\in\mathbf{R}^{n\times n}$ 为非奇异矩阵，则存在正交矩阵 $\boldsymbol{Q}$ 与上三角矩阵 $\boldsymbol{R}$，使 $\boldsymbol{A}$ 有分解

$$\boldsymbol{A}=\boldsymbol{QR}$$

且当 $\boldsymbol{R}$ 的对角元素为正时，分解是唯一的 .

证明 只要令 $\boldsymbol{Q}=\boldsymbol{P}^{\mathrm{T}}$ 就有 $\boldsymbol{A}=\boldsymbol{QR}$，下面证明分解的唯一性 . 设有两种分解

$$\boldsymbol{A}=\boldsymbol{Q}_1\boldsymbol{R}_1=\boldsymbol{Q}_2\boldsymbol{R}_2$$

式中，$\boldsymbol{Q}_1$，$\boldsymbol{Q}_2$ 为正交矩阵；$\boldsymbol{R}_1$、$\boldsymbol{R}_2$ 为对角元素均为正的上三角矩阵 . 则

$$\boldsymbol{A}^{\mathrm{T}}\boldsymbol{A}=\boldsymbol{R}_1^{\mathrm{T}}\boldsymbol{Q}_1^{\mathrm{T}}\boldsymbol{Q}_1\boldsymbol{R}_1=\boldsymbol{R}_1^{\mathrm{T}}\boldsymbol{R}_1$$

$$\boldsymbol{A}^{\mathrm{T}}\boldsymbol{A}=\boldsymbol{R}_2^{\mathrm{T}}\boldsymbol{Q}_2^{\mathrm{T}}\boldsymbol{Q}_2\boldsymbol{R}_2=\boldsymbol{R}_2^{\mathrm{T}}\boldsymbol{R}_2$$

由假设及对称正定矩阵 $\boldsymbol{A}^{\mathrm{T}}\boldsymbol{A}$ 的楚列斯基分解的唯一性得 $\boldsymbol{R}_1=\boldsymbol{R}_2$，从而可得 $\boldsymbol{Q}_1=\boldsymbol{Q}_2$. 证毕 .

定理 14 当 $\boldsymbol{A}$ 可分解为 $\boldsymbol{A}=\boldsymbol{QR}$ 时，若 $\boldsymbol{A}$ 非奇异，则 $\boldsymbol{R}$ 也非奇异，如果不规定 $\boldsymbol{R}$ 的对角元素为正，则分解不是唯一的，一般按吉文斯变换或豪斯霍尔德变换方法得出的分解 $\boldsymbol{A}=\boldsymbol{QR}$ 中 $\boldsymbol{R}$ 的对角元素不一定是正的 . 设上三角矩阵 $\boldsymbol{R}=(r_{ij})$，只要令

$$\boldsymbol{D}=\mathrm{diag}\left(\frac{r_{11}}{|r_{11}|},\ \cdots,\ \frac{r_{nn}}{|r_{nn}|}\right)$$

则 $\overline{\boldsymbol{Q}}=\boldsymbol{QD}$ 为正交矩阵，$\overline{\boldsymbol{R}}=\boldsymbol{D}^{-1}\boldsymbol{R}$ 为对角元素是 $|r_{ii}|$ 的上三角矩阵，这样 $\boldsymbol{A}=\overline{\boldsymbol{Q}}\,\overline{\boldsymbol{R}}$ 便是符合定理 13 的唯一 QR 分解 .

【例 4】 用豪斯霍尔德变换做矩阵 $\boldsymbol{A}$ 的 QR 分解，矩阵 $\boldsymbol{A}$ 为

$$\boldsymbol{A}=\begin{pmatrix}2 & -2 & 3\\ 1 & 1 & 1\\ 1 & 3 & -1\end{pmatrix}$$

解 用豪斯霍尔变换找豪斯霍尔德矩阵 $\boldsymbol{H}_1\in\mathbf{R}^{3\times3}$，使

$$\boldsymbol{H}_1\begin{pmatrix}2\\1\\1\end{pmatrix}=\begin{pmatrix}-\sqrt{6}\\0\\0\end{pmatrix}$$

则有

$$\boldsymbol{H}_1=\begin{pmatrix}-0.816497 & -0.408248 & -0.408248\\ -0.408248 & -0.908248 & -0.0917517\\ -0.408248 & -0.0917517 & 0.908248\end{pmatrix}$$

$$\boldsymbol{H}_1\boldsymbol{A}=\begin{pmatrix}-2.44949 & 0 & -2.44949\\ 0 & 1.44949 & -0.224745\\ 0 & 3.44949 & -2.22474\end{pmatrix}$$

再找 $\overline{H}_2 \in \mathbf{R}^{2\times 2}$，使 $\overline{H}_2(1.44949\quad 3.44949)^{\mathrm{T}}=(-\sqrt{1.44949^2+3.44949^2},\ 0)^{\mathrm{T}}$，得

$$\boldsymbol{H}_2=\begin{pmatrix}1 & \boldsymbol{0}\\ \boldsymbol{0} & \overline{\boldsymbol{H}}_2\end{pmatrix}=\begin{pmatrix}1 & 0 & 0\\ 0 & -0.387392 & -0.921915\\ 0 & -0.921915 & 0.387392\end{pmatrix}$$

$$\boldsymbol{H}_2(\boldsymbol{H}_1\boldsymbol{A})=\begin{pmatrix}-2.44949 & 0 & -2.44949\\ 0 & -3.74166 & 2.13809\\ 0 & 0 & -0.654654\end{pmatrix}$$

这是一个上三角矩阵，但对角元素皆为负数，只要令 $\boldsymbol{D}=-\boldsymbol{I}$，则有 $\boldsymbol{R}=-\boldsymbol{H}_2\boldsymbol{H}_1\boldsymbol{A}$ 是对角元素为正的上三角矩阵，取

$$\boldsymbol{Q}=-(\boldsymbol{H}_2\boldsymbol{H}_1)^{\mathrm{T}}=\begin{pmatrix}0.816497 & -0.534522 & -0.218218\\ 0.408248 & 0.267261 & 0.872872\\ 0.408248 & 0.801783 & -0.436436\end{pmatrix}$$

则得 $\boldsymbol{A}=\boldsymbol{QR}$.

【例 5】 求矩阵 $\boldsymbol{A}=\begin{pmatrix}4 & 4 & 0\\ 3 & 3 & -1\\ 0 & 1 & 1\end{pmatrix}$ 的 QR 分解．取 $\boldsymbol{R}$ 的对角元素为正数．

解 第一步，$\boldsymbol{A}^{(1)}=\boldsymbol{A}$ 的第一列为 $\boldsymbol{\alpha}_1=(4\quad 3\quad 0)^{\mathrm{T}}$，$\|\boldsymbol{\alpha}_1\|_2=5$. 为使 $\boldsymbol{R}$ 的对角元素为正数，取 $\sigma_1=\|\boldsymbol{\alpha}_1\|_2=5$，$a_1=\sigma_1(\sigma_1-4)=5$，$\boldsymbol{u}_1=(4-5\quad 3\quad 0)^{\mathrm{T}}=(-1\quad 3\quad 0)^{\mathrm{T}}$，所以

$$\boldsymbol{H}_1=\boldsymbol{I}-\frac{1}{a_1}\boldsymbol{u}_1\boldsymbol{u}_1^{\mathrm{T}}=\begin{pmatrix}1 & 0 & 0\\ 0 & 1 & 0\\ 0 & 0 & 1\end{pmatrix}-\frac{1}{5}\begin{pmatrix}-1\\ 3\\ 0\end{pmatrix}(-1\quad 3\quad 0)$$

$$=\begin{pmatrix}4/5 & 3/5 & 0\\ 3/5 & -4/5 & 0\\ 0 & 0 & 1\end{pmatrix}$$

$$\boldsymbol{A}^{(2)}=\boldsymbol{H}_1\boldsymbol{A}^{(1)}=\begin{pmatrix}5 & 5 & -3/5\\ 0 & 0 & 4/5\\ 0 & 1 & 1\end{pmatrix}$$

第二步，$\boldsymbol{C}_2=\begin{pmatrix}0\\ 1\end{pmatrix}$ 为非零向量，$\|\boldsymbol{C}_2\|_2=1$，为使 $\boldsymbol{R}$ 的对角元素为正数，取

$$\sigma_2=-\|\boldsymbol{C}_2\|_2=-1,\ a_2=\sigma_2(\sigma_2-0)=1$$

$$\boldsymbol{u}_2=(-1-0\quad 1)^{\mathrm{T}}=(-1\quad 1)^{\mathrm{T}}$$

所以

$$\widetilde{\boldsymbol{H}}_2=\boldsymbol{I}-\frac{1}{a_2}\boldsymbol{u}_2\boldsymbol{u}_2^{\mathrm{T}}=\begin{pmatrix}1 & 0\\ 0 & 1\end{pmatrix}-\begin{pmatrix}-1\\ 1\end{pmatrix}(-1\quad 1)=\begin{pmatrix}0 & 1\\ 1 & 0\end{pmatrix}$$

$$\boldsymbol{H}_2=\begin{pmatrix}1 & \boldsymbol{0}\\ \boldsymbol{0} & \widetilde{\boldsymbol{H}}_2\end{pmatrix}=\begin{pmatrix}1 & 0 & 0\\ 0 & 0 & 1\\ 0 & 1 & 0\end{pmatrix}$$

$$\boldsymbol{A}^{(3)}=\boldsymbol{H}_2\boldsymbol{A}^{(2)}=\begin{pmatrix}1 & 0 & 0\\ 0 & 0 & 1\\ 0 & 1 & 0\end{pmatrix}\begin{pmatrix}5 & 5 & -3/5\\ 0 & 0 & 4/5\\ 0 & 1 & 1\end{pmatrix}=\begin{pmatrix}5 & 5 & -3/5\\ 0 & 1 & 1\\ 0 & 0 & 4/5\end{pmatrix}=\boldsymbol{R}$$

所以

$$Q=H_1H_2=\begin{pmatrix}4/5 & 0 & 3/5\\ 3/5 & 0 & -4/5\\ 0 & 1 & 0\end{pmatrix}$$

除了 QR 分解，矩阵舒尔（Schur）分解也是重要的工具，它解决矩阵 $\boldsymbol{A}\in\mathbf{R}^{n\times n}$ 可约化到什么程度的问题，对复矩阵 $\boldsymbol{A}\in\mathbf{C}^{n\times n}$，则存在酉矩阵 $\boldsymbol{U}$，使 $\boldsymbol{U}^{\mathrm{H}}\boldsymbol{AU}$ 为一个上三角矩阵 $\boldsymbol{R}$，其对角元素就是 $\boldsymbol{A}$ 的特征值，$\boldsymbol{A}=\boldsymbol{URU}^{\mathrm{H}}$ 为 $\boldsymbol{A}$ 的舒尔分解，对于实矩阵 $\boldsymbol{A}$，其特征值可能有复数，$\boldsymbol{A}$ 不能用正交相似变换约化为上三角矩阵，但它可约化为以下形式 .

定理 15 **（实舒尔分解）** 设 $\boldsymbol{A}\in\mathbf{R}^{n\times n}$，则存在正交矩阵 $\boldsymbol{Q}$ 使

$$\boldsymbol{Q}^{\mathrm{T}}\boldsymbol{AQ}=\begin{pmatrix}R_{11} & R_{12} & \cdots & R_{1m}\\ & R_{22} & \cdots & R_{2m}\\ & & \ddots & \vdots\\ & & & R_{mm}\end{pmatrix} \tag{4-11}$$

式中，对角块 $R_{ii}(i=1, 2, \cdots, m)$ 为一阶或二阶方阵，且每个一阶 R_{ii} 是 $\boldsymbol{A}$ 的实特征值，每个二阶对角块 R_{ii} 的两个特征值是 $\boldsymbol{A}$ 的两个共轭复特征值 .

记式（4-11）右端的矩阵为 $\boldsymbol{R}$，它是特殊形式的块上三角矩阵，由式（4-11）得 $\boldsymbol{A}=\boldsymbol{QRQ}^{\mathrm{T}}$，称为 $\boldsymbol{A}$ 的实舒尔分解，有了定理，可以考虑实运算的舒尔型快速计算，通过逐次正交变换使 $\boldsymbol{A}$ 趋于实舒尔型矩阵，以求 $\boldsymbol{A}$ 的特征值 .

4.3.3 基本 QR 算法及其收敛性

QR 算法无论在理论上还是在应用上都是较复杂的，在此我们仅对基本 QR 算法做介绍 .

设 $\boldsymbol{A}\in\mathbf{R}^{n\times n}$，记 $\boldsymbol{A}_1=\boldsymbol{A}$，分解 $\boldsymbol{A}_1=\boldsymbol{Q}_1\boldsymbol{R}_1$，然后交换得 $\boldsymbol{A}_2=\boldsymbol{R}_1\boldsymbol{Q}_1$，再对 $\boldsymbol{A}_2$ 进行分解，……一般地有

$$\begin{cases}\boldsymbol{A}_1=\boldsymbol{A}\\ \boldsymbol{A}_k=\boldsymbol{Q}_k\boldsymbol{R}_k\\ \boldsymbol{A}_{k+1}=\boldsymbol{R}_k\boldsymbol{Q}_k=\boldsymbol{Q}_{k+1}\boldsymbol{R}_{k+1}\end{cases}, \quad k=1, 2, \cdots \tag{4-12}$$

式中，$\boldsymbol{Q}_k$ 为正交矩阵；$\boldsymbol{R}_k$ 为上三角矩阵 . 这样得到的矩阵序列 $\{\boldsymbol{A}_k\}$ 称为 QR 序列 . 以上就是 QR 算法 .

定理 16 **（基本 QR 方法）** 由以上方法产生的矩阵序列 $\{\boldsymbol{A}_k\}$ 有以下结论：

① $\boldsymbol{A}_{k+1}$ 与 $\boldsymbol{A}_k$ 相似；

② $\boldsymbol{A}_{k+1}=\overline{\boldsymbol{Q}}_k^{\mathrm{T}}\boldsymbol{A}_1\overline{\boldsymbol{Q}}_k$，其中 $\overline{\boldsymbol{Q}}_k=\boldsymbol{Q}_1\boldsymbol{Q}_2\cdots\boldsymbol{Q}_k$；

③ $\boldsymbol{A}^k=\overline{\boldsymbol{Q}}_k\overline{\boldsymbol{R}}_k$，其中 $\overline{\boldsymbol{R}}_k=\boldsymbol{R}_k\boldsymbol{R}_{k-1}\cdots\boldsymbol{R}_1$.

证明 ① 因为 $\boldsymbol{A}_k=\boldsymbol{Q}_k\boldsymbol{R}_k$，所以 $\boldsymbol{R}_k=\boldsymbol{Q}_k^{\mathrm{T}}\boldsymbol{A}_k$. 又由 $\boldsymbol{A}_{k+1}=\boldsymbol{R}_k\boldsymbol{Q}_k$，得 $\boldsymbol{A}_{k+1}=\boldsymbol{R}_k\boldsymbol{Q}_k=\boldsymbol{Q}_k^{\mathrm{T}}\boldsymbol{A}_k\boldsymbol{Q}_k$. 所以结论成立 .

②
$$\begin{aligned}\boldsymbol{A}_{k+1}&=\boldsymbol{R}_k\boldsymbol{Q}_k=\boldsymbol{Q}_k^{\mathrm{T}}\boldsymbol{A}_k\boldsymbol{Q}_k\\ &=\boldsymbol{Q}_k^{\mathrm{T}}\boldsymbol{Q}_{k-1}^{\mathrm{T}}\boldsymbol{A}_{k-1}\boldsymbol{Q}_{k-1}\boldsymbol{Q}_k=\cdots=\boldsymbol{Q}_k^{\mathrm{T}}\cdots\boldsymbol{Q}_1^{\mathrm{T}}\boldsymbol{A}_1\boldsymbol{Q}_1\cdots\boldsymbol{Q}_k\\ &=(\boldsymbol{Q}_1\cdots\boldsymbol{Q}_k)^{\mathrm{T}}\boldsymbol{A}_1(\boldsymbol{Q}_1\cdots\boldsymbol{Q}_k)=\overline{\boldsymbol{Q}}_k^{\mathrm{T}}\boldsymbol{A}_1\overline{\boldsymbol{Q}}_k\end{aligned}$$

③ $\overline{Q}_k\overline{R}_k=Q_1\cdots Q_kR_k\cdots R_1=Q_1\cdots Q_{k-1}(Q_kR_k)R_{k-1}\cdots R_1$
$=Q_1\cdots Q_{k-1}A_kR_{k-1}\cdots R_1=\overline{Q}_{k-1}A_k\overline{R}_{k-1}$

由 $A_{k+1}=\overline{Q}_k^{\mathrm{T}}A_1\overline{Q}_k$ 知

$$\overline{Q}_k\overline{R}_k=\overline{Q}_{k-1}\overline{Q}_{k-1}^{\mathrm{T}}A_1\overline{Q}_{k-1}\overline{R}_{k-1}\qquad(\overline{Q}_{k-1}\text{ 为正交矩阵})$$

所以

$$\overline{Q}_k\overline{R}_k=A_1\overline{Q}_{k-1}\overline{R}_{k-1}=A_1^2\overline{Q}_{k-2}\overline{R}_{k-2}=\cdots=A_1^{k-1}\overline{Q}_1\overline{R}_1=A^{k-1}Q_1R_1=A^k$$

以上定理说明 A 的特征值就是 A_k 的特征值，且算法实际上是对 A^k 进行 QR 分解．由此可见 QR 算法与幂法有内在联系，在一定条件下可以把 QR 算法看成是幂法的推广．用以上的方法产生的矩阵序列 $\{A_k\}$ 到底收敛于一个什么样的矩阵呢？一般地，若 A 为一个对称矩阵，则 $\{A_k\}$ 收敛于一个对角矩阵；否则，$\{A_k\}$ 可以收敛于一种简单形式的矩阵，比如，三对角矩阵或分块三角形矩阵，只要 $\{A_k\}$ 能收敛到一种简单形式的矩阵，且对角元素有确定的极限，这时不论非对角元素是否有极限，我们都说 QR 方法是收敛的．因为这并不影响求全部特征值，所以称为基本收敛．

4.4　雅可比方法

4.4.1　引言

Jacobi（雅可比）方法是用来计算实对称矩阵的全部特征值和特征向量的一种方法．它的基本思想是：因为任何一个实对称矩阵都与一个对角矩阵相似，所以可通过正交相似变换把实对称矩阵化为对角矩阵，对角矩阵的对角线上的元素即为所求特征值．

由线性代数的知识得，若 $A\in\mathbf{R}^{n\times n}$ 为对称矩阵，则存在一个正交矩阵 P，使得

$$PAP^{-1}=\mathrm{diag}(\lambda_1,\lambda_2,\cdots,\lambda_n)=D$$

$\lambda_1,\lambda_2,\cdots,\lambda_n$ 即为矩阵 A 的特征值，P^{T} 的 n 个列向量 $v_1,v_2,\cdots,v_n$ 即为特征值 $\lambda_1,\lambda_2,\cdots,\lambda_n$ 所对应的特征向量．下面研究如何寻求正交矩阵 P.

先考虑 $n=2$ 的情况，设 $A=\begin{pmatrix}a_{11}&a_{12}\\a_{21}&a_{22}\end{pmatrix}$ 为对称矩阵，今取 $P=\begin{pmatrix}\cos\theta&\sin\theta\\-\sin\theta&\cos\theta\end{pmatrix}$，显然 P 为正交矩阵．

令 $PAP^{\mathrm{T}}=C=\begin{pmatrix}c_{11}&c_{12}\\c_{21}&c_{22}\end{pmatrix}$，由矩阵乘法得

$$c_{11}=a_{11}\cos^2\theta+a_{21}\sin(2\theta)+a_{22}\sin^2\theta$$
$$c_{22}=-a_{12}\sin(2\theta)+a_{11}\sin^2\theta+a_{22}\cos^2\theta$$
$$c_{21}=c_{12}=\frac{1}{2}(a_{22}-a_{11})\sin(2\theta)+a_{21}\cos(2\theta)$$

为使得 $PAP^{\mathrm{T}}=C$ 成为对角矩阵，应选择 θ 使 $c_{21}=c_{12}=0$，即 $\frac{1}{2}(a_{22}-a_{11})\sin(2\theta)+a_{21}\cos(2\theta)=0$，得 $\tan(2\theta)=\dfrac{2a_{21}}{a_{11}-a_{22}}$，由此可得 θ 的值．若 $a_{11}=a_{22}$，取 $|\theta|=\frac{\pi}{4}$. 且当

$a_{11}>0$ 时，$\theta=\frac{\pi}{4}$，$a_{11}<0$ 时，$\theta=-\frac{\pi}{4}$. 结果就使得 $\boldsymbol{PAP}^{\mathrm{T}}=\mathrm{diag}(\lambda_1, \lambda_2)$.

4.4.2 Jacobi 方法介绍

Jacobi 方法就是将以上思想推广到一般情况中去. 设 $\boldsymbol{A}\in\mathbf{R}^{n\times n}$ 为对称矩阵，引进 $\mathbf{R}^n$ 中的平面旋转变换 $\boldsymbol{Y}=\boldsymbol{PX}$，即

$$\begin{cases} y_i=x_i\cos\theta+x_j\sin\theta \\ y_j=-x_i\sin\theta+x_j\cos\theta, \quad k\neq i, j \\ y_k=x_k \end{cases}$$

即

$$\boldsymbol{P}=\begin{pmatrix} 1 & & & & & & & & \\ & \ddots & & & & & & & \\ & & \cos\theta & & & & \sin\theta & & \\ & & & 1 & & & & & \\ & & & & \ddots & & & & \\ & & & & & 1 & & & \\ & & -\sin\theta & & & & \cos\theta & & \\ & & & & & & & 1 & \\ & & & & & & & & \ddots \\ & & & & & & & & & 1 \end{pmatrix}\equiv\boldsymbol{P}(i, j) \qquad (4\text{-}13)$$

称 $\boldsymbol{P}$ 为平面旋转矩阵，且 $\boldsymbol{P}$ 有以下性质：

① $\boldsymbol{P}$ 为正交矩阵.

② $\boldsymbol{P}$ 与单位矩阵只在 (i, i)，(i, j)，(j, i)，(j, j) 四个位置上的元素不同.

③ $\boldsymbol{PA}$ 只改变 $\boldsymbol{A}$ 的第 i 行与第 j 行的元素；$\boldsymbol{AP}^{\mathrm{T}}$ 只改变 $\boldsymbol{A}$ 的第 i 列与第 j 列的元素；$\boldsymbol{PAP}^{\mathrm{T}}$ 只改变 $\boldsymbol{A}$ 的第 i 行、第 j 行、第 i 列与第 j 列的元素.

并且有

$$\begin{aligned} (\boldsymbol{P}(i,j)\boldsymbol{A})_{i行}&=\cos\theta(\boldsymbol{A})_{i行}+\sin\theta(\boldsymbol{A})_{j行} \\ (\boldsymbol{P}(i,j)\boldsymbol{A})_{j行}&=-\sin\theta(\boldsymbol{A})_{i行}+\cos\theta(\boldsymbol{A})_{j行} \\ (\boldsymbol{AP}^{\mathrm{T}}(i,j))_{i列}&=\cos\theta(\boldsymbol{A})_{i列}+\sin\theta(\boldsymbol{A})_{j列} \\ (\boldsymbol{AP}^{\mathrm{T}}(i,j))_{j列}&=-\sin\theta(\boldsymbol{A})_{i列}+\cos\theta(\boldsymbol{A})_{j列} \end{aligned}$$

由矩阵的 F-范数定义可得到以下结论.

定理 17 $\boldsymbol{A}\in\mathbf{R}^{n\times n}$ 为对称矩阵，且 $\boldsymbol{C}=\boldsymbol{PAP}^{\mathrm{T}}$，则 $\|\boldsymbol{C}\|_{\mathrm{F}}^2=\|\boldsymbol{A}\|_{\mathrm{F}}^2$，其中，矩阵 $\boldsymbol{P}$ 由式 (4-13) 定义.

证明 $$\|\boldsymbol{A}\|_{\mathrm{F}}^2=\sum_{i=1}^{n}\sum_{j=1}^{n}a_{ij}^2=\mathrm{tr}(\boldsymbol{A}^{\mathrm{T}}\boldsymbol{A})=\mathrm{tr}(\boldsymbol{A}^2)=\sum_{i=1}^{n}\lambda_i^2\boldsymbol{A}$$

$$\|\boldsymbol{C}\|_{\mathrm{F}}^2=\mathrm{tr}(\boldsymbol{C}^{\mathrm{T}}\boldsymbol{C})=\mathrm{tr}(\boldsymbol{C}^2)=\sum_{i=1}^{n}\lambda_i^2\boldsymbol{C}$$

又因为相似变换不改变矩阵的特征值，即 $\lambda_i\boldsymbol{A}=\lambda_i\boldsymbol{C}$. 证毕.

根据初等正交矩阵的性质，可以得 $\boldsymbol{C}=\boldsymbol{PAP}^{\mathrm{T}}$ 的元素 c_{ij} 的计算公式如下.

定理 18 $\boldsymbol{A}\in\mathbf{R}^{n\times n}$ 为对称矩阵，则 $\boldsymbol{C}=\boldsymbol{PAP}^{\mathrm{T}}$ 的元素 c_{ij} 的计算公式为:

① $c_{ii}=a_{ii}\cos^2\theta+a_{ij}\sin(2\theta)+a_{jj}\sin^2\theta$；$c_{jj}=-a_{ij}\sin(2\theta)+a_{ii}\sin^2\theta+a_{jj}\cos^2\theta$.

② $c_{ij}=c_{ji}=\dfrac{1}{2}(a_{jj}-a_{ii})\sin(2\theta)+a_{ij}\cos(2\theta)$.

③ 第 i 行元素：$c_{ik}=c_{ki}=a_{ik}\cos\theta+a_{jk}\sin\theta\ (k\neq i,\ j)$.

④ 第 j 行元素：$c_{jk}=c_{kj}=a_{jk}\cos\theta-a_{ik}\sin\theta\ (k\neq i,\ j)$.

⑤ 第 i 列元素：$c_{ki}=a_{ki}\cos\theta+a_{kj}\sin\theta\ (k\neq i,\ j)$.

⑥ 第 j 列元素：$c_{kj}=a_{kj}\cos\theta-a_{ki}\sin\theta\ (k\neq i,\ j)$.

⑦ 其他元素不变，$c_{lk}=a_{lk}(l,\ k\neq i,\ j)$.

由此可见，若矩阵 $\boldsymbol{A}$ 的非对角元素 $a_{ij}\neq 0$，我们就可以选择一个正交矩阵 $\boldsymbol{P}(i,\ j)$ 使得 $\boldsymbol{C}=\boldsymbol{PAP}^{\mathrm{T}}$ 的元素 $c_{ij}=c_{ji}=0$，即选择 θ 满足

$$\tan(2\theta)=\frac{2a_{ij}}{a_{ii}-a_{jj}},\ |\theta|\leqslant\frac{\pi}{4}\tag{4-14}$$

由此得以下定理.

定理 19　$\boldsymbol{A}\in\mathbf{R}^{n\times n}$ 为对称矩阵，且 $\boldsymbol{A}$ 的非对角元素 $a_{ij}\neq 0$，则可以选择一个正交矩阵 $\boldsymbol{P}(i,\ j)$ 使得 $\boldsymbol{C}=\boldsymbol{PAP}^{\mathrm{T}}$ 的元素 $c_{ij}=c_{ji}=0$，且有 $\boldsymbol{C}=\boldsymbol{PAP}^{\mathrm{T}}$ 与 $\boldsymbol{A}$ 的元素满足以下关系：

① $c_{ik}^2+c_{jk}^2=a_{ik}^2+a_{jk}^2(k\neq i,j)$.

② $c_{ii}^2+c_{jj}^2=a_{ii}^2+a_{jj}^2+2a_{ij}^2$.

③ $c_{lk}^2=a_{lk}^2(l,\ k\neq i,\ j)$.

证明　直接利用以上两定理即可得证.

引进记号

$$D(\boldsymbol{A})=\sum a_{kk}^2\qquad(\boldsymbol{A}\text{ 的对角元素之和})$$

$$S(\boldsymbol{A})=\sum_{l\neq k}a_{lk}^2\qquad(\boldsymbol{A}\text{ 的非对角元素之和})$$

由 F-范数不变可知

$$D(\boldsymbol{C})=D(\boldsymbol{A})+2a_{ij}^2\ \text{及}\ S(\boldsymbol{C})=S(\boldsymbol{A})-2a_{ij}^2\tag{4-15}$$

式（4-15）说明，经过平面旋转变换后，矩阵 $\boldsymbol{C}$ 的对角元素平方和比矩阵 $\boldsymbol{A}$ 的对角元素平方和增加了 $2a_{ij}^2$，而矩阵 $\boldsymbol{C}$ 的非对角元素平方和比矩阵 $\boldsymbol{A}$ 的非对角元素平方和减少了 $2a_{ij}^2$. 可以想象经过多次变换后，新矩阵 $\boldsymbol{C}$ 的对角元素平方和越来越大，非对角元素平方和越来越小，从而使得矩阵 $\boldsymbol{C}$ 近似为一个对角矩阵. 这就是 Jacobi 方法的基本思想.

下面介绍 Jacobi 方法.

① 在 $\boldsymbol{A}$ 的非对角元素中选取一个绝对值最大的元素（称为主元素），设 $|a_{i_1j_1}|=\max\limits_{l\neq k}|a_{lk}|$，可设 $a_{i_1j_1}\neq 0$，否则，$\boldsymbol{A}$ 已对角化. 取一个平面旋转矩阵 $\boldsymbol{P}_1(i_1,\ j_1)$，使得 $\boldsymbol{A}_1=\boldsymbol{P}_1\boldsymbol{AP}_1^{\mathrm{T}}$ 的非对角元素 $a_{i_1j_1}^{(1)}=a_{j_1i_1}^{(1)}=0$.

② 再取 $\boldsymbol{A}_1=(a_{lk}^{(1)})_{n\times n}$ 的非对角元素中绝对值最大的元素 $|a_{i_2j_2}^{(1)}|=\max\limits_{l\neq k}|a_{lk}^{(1)}|\neq 0$，取一个平面旋转矩阵 $\boldsymbol{P}_2(i_2,\ j_2)$，使得 $\boldsymbol{A}_2=\boldsymbol{P}_2\boldsymbol{AP}_2^{\mathrm{T}}$ 的非对角元素 $a_{i_2j_2}^{(2)}=a_{j_2i_2}^{(2)}=0$（注意：此时可能原来化为 0 的元素不再是 0）.

③ 继续以上过程，通过对 $\boldsymbol{A}$ 实行一系列平面旋转变换消除非对角元素中绝对值最大的元素，直到使得 $\boldsymbol{A}$ 的非对角元素全化为 0 或绝对值充分小为止，即可求得全部近似特征值.

在以上的过程中，$\boldsymbol{A}_k=\boldsymbol{P}_k\boldsymbol{A}_{k-1}\boldsymbol{P}_k^{\mathrm{T}}(k=1,2,\cdots)$，且每一个 $\boldsymbol{A}_k$ 都与 $\boldsymbol{A}$ 相似. 下面的定理给出了 Jacobi 方法的收敛性.

定理 20 （**Jacobi 方法的收敛性**） 设 $\boldsymbol{A} \in \mathbf{R}^{n\times n}$ 为对称矩阵，对 $\boldsymbol{A}$ 实行一系列平面旋转变换 $\boldsymbol{A}_k = \boldsymbol{P}_k \boldsymbol{A}_{k-1} \boldsymbol{P}_k^{\mathrm{T}} (k=1,2,\cdots)$后，有 $\lim\limits_{k\to\infty} \boldsymbol{A}_k = \boldsymbol{D}$（对角矩阵）.

证明 记 $\boldsymbol{A}_k = (a_{lm}^{(k)})_{n\times n}$， $S_k = S(\boldsymbol{A}_k) = \sum\limits_{l\neq m} (a_{lm}^{(k)})^2$（$\boldsymbol{A}_k$ 的非对角元素之和）. 由式（4-15）知，$S_{k+1} = S_k - 2(a_{ij}^{(k)})^2$， 其中，$a_{ij}^{(k)}$ 为 $\boldsymbol{A}_k$ 的非对角元素中绝对值最大的元素. 又 $S_k = \sum\limits_{l\neq m} (a_{lm}^{(k)})^2 \leqslant \sum\limits_{l\neq m} (a_{ij}^{(k)})^2 = (n^2 - n)(a_{ij}^{(k)})^2$， 即有 $\dfrac{S_k}{n(n-1)} \leqslant (a_{ij}^{(k)})^2$， 由此得到

$$S_{k+1} = S_k - 2(a_{ij}^{(k)})^2 \leqslant S_k - 2\frac{S_k}{n(n-1)} = S_k\left[1 - \frac{2}{n(n-1)}\right]$$

所以有

$$S_{k+1} \leqslant S_k\left[1 - \frac{2}{n(n-1)}\right] \leqslant S_{k-1}\left[1 - \frac{2}{n(n-1)}\right]^2 \leqslant \cdots \leqslant S_0 \left[1 - \frac{2}{n(n-1)}\right]^{k+1}$$

得知 $\lim\limits_{k\to\infty} S_k = 0.$

以上定理说明 k 充分大时，$\boldsymbol{A}_k$ 的对角元素即为所求矩阵的特征值. 下面研究特征向量的求法.

由上述内容知，k 充分大时，$\boldsymbol{P}_k \cdots \boldsymbol{P}_2 \boldsymbol{P}_1 \boldsymbol{A} \boldsymbol{P}_1^{\mathrm{T}} \boldsymbol{P}_2^{\mathrm{T}} \cdots \boldsymbol{P}_k^{\mathrm{T}} \approx \boldsymbol{D}$（对角矩阵）. 若令 $\boldsymbol{P}_k \cdots \boldsymbol{P}_2 \boldsymbol{P}_1 = \boldsymbol{R}_k$， 则 $\boldsymbol{R}_k \boldsymbol{A} \boldsymbol{R}_k^{\mathrm{T}} \approx \boldsymbol{D}$， 因此 $\boldsymbol{D}$ 的对角元素为 $\boldsymbol{A}$ 的近似特征值，$\boldsymbol{R}_k^{\mathrm{T}}$ 的列向量为 $\boldsymbol{A}$ 的近似特征向量. 求 $\boldsymbol{R}_k^{\mathrm{T}}$ 时用累积的方法， 即开始时， 置 $\boldsymbol{R} = \boldsymbol{I}$（单位矩阵）， 以后每做一次平面旋转变换就执行一次 $\boldsymbol{R} = \boldsymbol{R}\boldsymbol{P}_k^{\mathrm{T}}$， 且 $\boldsymbol{R}\boldsymbol{P}_k^{\mathrm{T}}$ 只改变了 $\boldsymbol{R}$ 的两列元素， 设 $\boldsymbol{P}_k = \boldsymbol{P}_k(i, j)$， 则有 $\boldsymbol{R}\boldsymbol{P}_k^{\mathrm{T}}$ 的第 i 列、第 j 列元素为

$$\begin{matrix} (\boldsymbol{R})_{li} \leftarrow (\boldsymbol{R})_{li}\cos\theta + (\boldsymbol{R})_{lj}\sin\theta \\ (\boldsymbol{R})_{lj} \leftarrow -(\boldsymbol{R})_{li}\sin\theta + (\boldsymbol{R})_{lj}\cos\theta \end{matrix}, \quad l = 1, 2, \cdots, n$$

关于 $\sin\theta$， $\cos\theta$ 的计算可按以下方法进行.

当 $a_{ij} \neq 0$ 时，应确定 $\boldsymbol{P}(i, j)$， 即求 $\sin\theta$， $\cos\theta$. 若 $a_{ii} \neq a_{jj}$， 由式（4-14）知 $\tan(2\theta) = \dfrac{2a_{ij}}{a_{ii} - a_{jj}}$， 令 $y = |a_{ii} - a_{jj}|$， $x = 2\mathrm{sign}(a_{ii} - a_{jj}) a_{ij}$ ， 可得 $\tan(2\theta) = \dfrac{x}{y}$.

根据三角公式，$\cos(2\theta) = \dfrac{1}{\sqrt{1 + \tan^2(2\theta)}}$， 而 $\sin(2\theta) = \tan(2\theta)\cos(2\theta)$， 得

$$\cos(2\theta) = \frac{y}{\sqrt{x^2 + y^2}}, \quad \sin(2\theta) = \frac{x}{\sqrt{x^2 + y^2}}$$

由半角公式得

$$\cos\theta = \sqrt{\frac{1 + \cos(2\theta)}{2}}, \quad \sin\theta = \frac{\sin(2\theta)}{2\cos\theta} \tag{4-16}$$

若 $y = 0$， 则有

$$\begin{cases} \sin\theta = \cos\theta = \dfrac{\sqrt{2}}{2}, \ a_{ii} > 0 \\ \left.\begin{matrix} \sin\theta = \dfrac{-\sqrt{2}}{2} \\ \cos\theta = \dfrac{\sqrt{2}}{2} \end{matrix}\right\}, \ a_{ii} < 0 \end{cases} \tag{4-17}$$

实际计算时，只需两组工作单元用来存储矩阵 $\boldsymbol{A}$ 和 $\boldsymbol{R}$. 迭代时用 $S_k=\sum_{l\neq m}(a_{lm}^{(k)})^2<\varepsilon$ 控制迭代终止.

【例 6】 用 Jacobi 方法求 $\boldsymbol{A}=\begin{pmatrix}2 & -1 & 0\\ -1 & 2 & -1\\ 0 & -1 & 2\end{pmatrix}$ 的近似特征值和特征向量.

解 选 $a_{12}=-1$，由于 $y=0$，所以

$$\boldsymbol{P}_1=\begin{bmatrix}\frac{1}{\sqrt{2}} & \frac{1}{\sqrt{2}} & 0\\ \frac{-1}{\sqrt{2}} & \frac{1}{\sqrt{2}} & 0\\ 0 & 0 & 1\end{bmatrix},\ \boldsymbol{A}_1=\boldsymbol{P}_1\boldsymbol{A}\boldsymbol{P}_1^{\mathrm{T}}=\begin{bmatrix}1 & 0 & \frac{-1}{\sqrt{2}}\\ 0 & 3 & \frac{-1}{\sqrt{2}}\\ \frac{-1}{\sqrt{2}} & \frac{-1}{\sqrt{2}} & 2\end{bmatrix}$$

选

$$a_{13}=\frac{-1}{\sqrt{2}},\quad y=|a_{11}-a_{33}|=1,\quad x=-2a_{13}=1.4142136$$

$$\cos(2\theta)=\frac{y}{\sqrt{x^2+y^2}}=0.5773503,\quad \sin(2\theta)=\frac{x}{\sqrt{x^2+y^2}}=0.8164966$$

$$\cos\theta=\sqrt{\frac{1+\cos(2\theta)}{2}}=0.8880738,\quad \sin\theta=\frac{\sin(2\theta)}{2\cos\theta}=0.4597009$$

得 $\boldsymbol{P}_2=\begin{pmatrix}0.8880738 & 0 & 0.4597009\\ 0 & 1 & 0\\ -0.4597009 & 0 & 0.8880738\end{pmatrix}$，所以

$$\boldsymbol{A}_2=\boldsymbol{P}_2\boldsymbol{A}_1\boldsymbol{P}_2^{\mathrm{T}}=\begin{pmatrix}0.63398 & -0.32505 & 0\\ -0.32505 & 3 & -0.62797\\ 0 & -0.62797 & 2.36603\end{pmatrix}$$

$$\cdots$$

4.4.3 Jacobi 过关法

这是为避免选主元素（按绝对值最大的元素）浪费时间而提出来的一种方法，具体做法是选取一串递减的正数依次作为限值，也叫作“关”，通常用以下方法.

首先，计算对称矩阵 $\boldsymbol{A}$ 的非对角元素之和 $S(\boldsymbol{A})$.

$$V_0=\Big(\sum_{l\neq k}a_{lk}^2\Big)^{\frac{1}{2}}=\Big[2\sum_{l=2}^{n}\sum_{k=1}^{l-1}a_{lk}^2\Big]^{\frac{1}{2}}=[S(\boldsymbol{A})]^{\frac{1}{2}}$$

① 设关口. 取 $V_1=\dfrac{V_0}{n}$，在矩阵 $\boldsymbol{A}$ 的非对角元素中按行（或列）进行扫描，即按

$$\begin{matrix}a_{12} & a_{13} & \cdots & a_{1n}\\ & a_{23} & \cdots & a_{2n}\\ & & \ddots & \vdots\\ & & & a_{n-1,n}\end{matrix}$$

检查，若存在 $|a_{ij}|\geqslant V_1$，则选择平面旋转矩阵 $\boldsymbol{P}(i,j)$ 把 a_{ij} 化为 0，否则，不进行平面旋转变换而继续扫描. 由于上次变为 0 的元素可能在以后的变换中又增大了，所以每次扫描

都要从头开始．重复上述过程直到 $\boldsymbol{A}_k=(a_{lm}^{(k)})_{n\times n}$ 的所有非对角元素均满足 $|a_{ij}^{(k)}|<V_1$ 为止．

② 缩小关口．取 $V_2=\dfrac{V_1}{n}$，对 $\boldsymbol{A}_k=(a_{lm}^{(k)})_{n\times n}$ 再重复以上步骤，经过多次扫描，直到 $\boldsymbol{A}_r=(a_{lm}^{(r)})_{n\times n}$ 的所有非对角元素均满足 $|a_{ij}^{(r)}|<V_2$ 为止．

③ 再设关口．$V_3=\dfrac{V_2}{n}$，重复以上步骤．这样经过一系列关口 V_1，V_2，…，V_t，直到 $V_t\leqslant\left(\dfrac{\varepsilon}{n}\right)V_0$ 为止（ε 为给定的精度）．

这样矩阵 $\boldsymbol{A}$ 经过一系列关口 V_1，V_2，…，V_t 及相应的正交相似变换化为 $\boldsymbol{A}_t=(a_{lm}^{(t)})_{n\times n}$，且 $|a_{ij}^{(t)}|<V_t\leqslant\left(\dfrac{\varepsilon}{n}\right)V_0$（$i\neq j$）．

由于 $S(\boldsymbol{A}_t)=\sum\limits_{l\neq k}(a_{lk}^{(t)})^2\leqslant\sum\limits_{l\neq k}V_t^2=n(n-1)V_t^2<n^2V_t^2\leqslant\varepsilon^2V_0^2=\varepsilon^2S(\boldsymbol{A})$，所以 $\dfrac{S(\boldsymbol{A}_t)}{S(\boldsymbol{A})}<\varepsilon^2$．因此 ε 充分小时，保证了 $S(\boldsymbol{A}_t)$ 充分小，此时 $\boldsymbol{A}_t\approx\boldsymbol{D}$（对角矩阵）．

4.5 奇异值分解

一个 m 维方阵表示一个从 m 维空间到 m 维空间的线性变换，其特征值和特征向量刻画了这个变换的伸缩比例和旋转效果。而当原空间与目标空间维度不一致时，我们用奇异值来刻画伸缩比例和旋转效果。注意到，单位球在 $\mathbf{R}^m$ 中在 $m\times n$ 矩阵下的像是一个椭球，这个有趣的事实构成了奇异值分解的基础，它在一般的矩阵分析中有很多应用，特别是在压缩方面．

图 4-2 表示 $\mathbf{R}^2$ 中的单位圆通过矩阵 $\boldsymbol{A}=\begin{pmatrix}3 & 0\\0 & 1/2\end{pmatrix}$ 映射成具有轴（3，0）和（0，1/2）的椭圆．

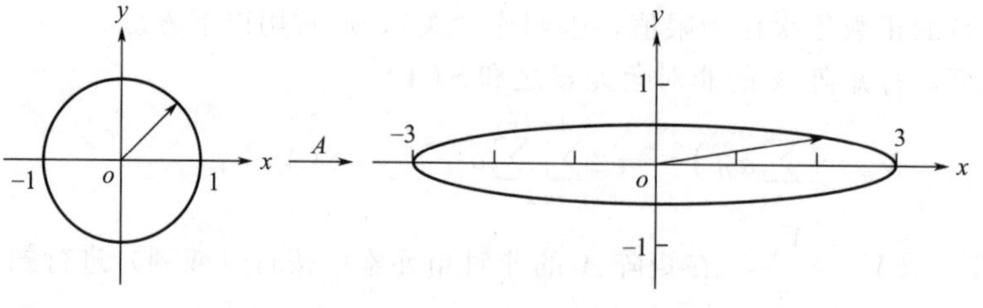

图 4-2　单位圆在 2×2 矩阵下的图像

图 4-2 中，考虑取单位圆上每个点对应的向量 $\boldsymbol{v}$，乘以 $\boldsymbol{A}$，然后绘制结果向量 $\boldsymbol{Av}$ 的端点．为了描述这个椭圆，使用一组标准正交的向量来定义一个坐标系的基是有帮助的，我们将在定理 21 中看到，对于每一个 $m\times n$ 矩阵 $\boldsymbol{A}$，都存在标准正交集 $\{\boldsymbol{u}_1，\cdots，\boldsymbol{u}_m\}$ 和 $\{\boldsymbol{v}_1，\cdots，\boldsymbol{v}_n\}$ 以及非负数 $s_1^2\geqslant\cdots\geqslant s_n^2\geqslant0$，满足

$$
\begin{aligned}
Av_1 &= s_1 u_1 \\
Av_2 &= s_2 u_2 \\
&\vdots \\
Av_n &= s_n u_n
\end{aligned} \tag{4-18}
$$

向量如图 4-3 所示，$\boldsymbol{v}_i$ 被称为矩阵 $\boldsymbol{A}$ 的右奇异向量，$\boldsymbol{u}_i$ 被称为矩阵 $\boldsymbol{A}$ 的左奇异向量，s_i 被称为矩阵 $\boldsymbol{A}$ 的奇异值．

这个案例解释了为什么 2×2 矩阵会将单位圆映射成椭圆．我们可以把 $\boldsymbol{v}_i$ 看作一个直角坐标系的基，在这个坐标系上的作用产生了一个新坐标系的基向量 $\boldsymbol{u}_i$，其中有一些拉伸被标量 s_i 量化，拉伸后的基向量 $s_i\boldsymbol{u}_i$ 是椭圆的轴，如图 4-3 所示．

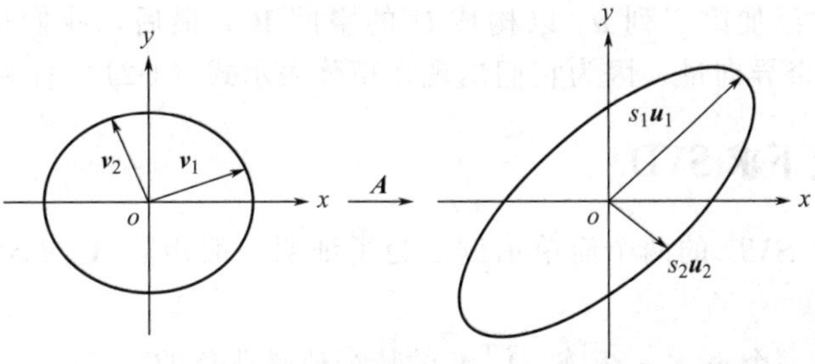

图 4-3　与矩阵相关联的椭圆

注意：每个 2×2 矩阵 $\boldsymbol{A}$ 的作用如下．有 $\{\boldsymbol{v}_1, \boldsymbol{v}_2\}$，$\boldsymbol{A}$ 使 $\boldsymbol{v}_1 \to s_1\boldsymbol{u}_1$ 和 $\boldsymbol{v}_2 \to s_2\boldsymbol{u}_2$，其中，$\{\boldsymbol{u}_1, \boldsymbol{u}_2\}$ 在另一个坐标系，s_1，s_2 是非负数．对于 $m\times m$ 矩阵的作用，这张图扩展到 $\mathbf{R}^m$．

【例 7】 找出图 4-2 中，矩阵 $\boldsymbol{A}=\begin{pmatrix}3 & 0\\ 0 & 1/2\end{pmatrix}$ 的奇异值和奇异向量．

解　显然，矩阵将单位圆在 x 方向上拉伸了 3 倍，在 y 方向上拉伸了 1/2 倍．$\boldsymbol{A}$ 的奇异向量和奇异值是

$$
\boldsymbol{A}\begin{pmatrix}1\\0\end{pmatrix}=3\begin{pmatrix}1\\0\end{pmatrix},\ \boldsymbol{A}\begin{pmatrix}0\\1\end{pmatrix}=\frac{1}{2}\begin{pmatrix}0\\1\end{pmatrix} \tag{4-19}
$$

向量 $3\ (1\quad 0)^{\mathrm{T}}$ 和 $\frac{1}{2}(0\quad 1)^{\mathrm{T}}$ 构成椭圆的轴，右奇异向量是 $(1\quad 0)^{\mathrm{T}}$、$(0\quad 1)^{\mathrm{T}}$，左奇异向量是 $(1\quad 0)^{\mathrm{T}}$、$(0\quad 1)^{\mathrm{T}}$，奇异值分别为 3 和 $\frac{1}{2}$.

【例 8】 求 $\boldsymbol{A}=\begin{pmatrix}0 & -1/2\\ 3 & 0\\ 0 & 0\end{pmatrix}$ 的奇异值和奇异向量．

解　这是例 7 的一个小变化．矩阵交换了 x 轴和 y 轴，改变了一些比例，并添加了 z 轴，沿着 z 轴什么都没有发生．$\boldsymbol{A}$ 的奇异向量和奇异值为

$$
\boldsymbol{A}\boldsymbol{v}_1=\boldsymbol{A}\begin{pmatrix}1\\0\end{pmatrix}=3\begin{pmatrix}0\\1\\0\end{pmatrix}=s_1\boldsymbol{u}_1,\ \boldsymbol{A}\boldsymbol{v}_2=\boldsymbol{A}\begin{pmatrix}0\\1\end{pmatrix}=\frac{1}{2}\begin{pmatrix}-1\\0\\0\end{pmatrix}=s_2\boldsymbol{u}_2 \tag{4-20}
$$

右奇异向量为 $(1\quad 0)^{\mathrm{T}}$、$(0,\ 1)^{\mathrm{T}}$，左奇异向量为 $(0\quad 1\quad 0)^{\mathrm{T}}$，$(-1\quad 0\quad 0)^{\mathrm{T}}$，奇异值为 3、$\frac{1}{2}$.

注意：我们总是要求 s_i 是非负数，任何必要的负号都吸收在 $\boldsymbol{u}_i$ 和 $\boldsymbol{v}_i$ 中．

在 $m \times n$ 矩阵 $\boldsymbol{A}$ 的矩阵分解中，有一种跟踪此信息的标准方法，形成一个 $m \times m$ 矩阵 $\boldsymbol{U}$，其列为左奇异向量 $\boldsymbol{u}_i$，一个 $n \times n$ 矩阵 $\boldsymbol{V}$，它的列是右奇异向量 $\boldsymbol{v}_i$，一个 $m \times n$ 矩阵 $\boldsymbol{S}$，它的对角线项是奇异值 s_i．则 $m \times n$ 矩阵 $\boldsymbol{A}$ 的奇异值分解（SVD）为

$$\boldsymbol{A} = \boldsymbol{U}\boldsymbol{S}\boldsymbol{V}^{\mathrm{T}} \tag{4-21}$$

例 8 的 SVD 表示为

$$\begin{pmatrix} 0 & -1/2 \\ 3 & 0 \\ 0 & 0 \end{pmatrix} = \begin{pmatrix} 0 & -1 & 0 \\ 1 & 0 & 0 \\ 0 & 0 & 1 \end{pmatrix} \begin{pmatrix} 3 & 0 \\ 0 & 1/2 \\ 0 & 0 \end{pmatrix} \begin{pmatrix} 1 & 0 \\ 0 & 1 \end{pmatrix} \tag{4-22}$$

由于 $\boldsymbol{U}$ 和 $\boldsymbol{V}$ 是带有标准正交列的方阵，所以它们是正交矩阵．

注意：我们必须添加第三列 $\boldsymbol{u}_3$ 以构成 $\boldsymbol{U}$ 的空间 $\mathbf{R}^3$．最后，我们可以解释这些术语．$\boldsymbol{u}_i(\boldsymbol{v}_i)$ 是左（右）奇异向量，因为它们出现在矩阵表示式（4-21）右端的左右两侧．

4.5.1 一般情况下求 SVD

我们已经展示了 SVD 的两个简单示例，为了证明一般矩阵 $\boldsymbol{A}$ 的 SVD 存在，我们需要以下引理．

引理 1 $\boldsymbol{A}$ 是一个 $m \times n$ 矩阵，$\boldsymbol{A}^{\mathrm{T}}\boldsymbol{A}$ 的特征值是非负的．

证明 设 $\boldsymbol{v}$ 是 $\boldsymbol{A}^{\mathrm{T}}\boldsymbol{A}$ 的单位特征向量，$\boldsymbol{A}^{\mathrm{T}}\boldsymbol{A}\boldsymbol{v} = \lambda\boldsymbol{v}$，则

$$0 \leqslant \| \boldsymbol{A}\boldsymbol{v} \|^2 = \boldsymbol{v}^{\mathrm{T}}\boldsymbol{A}^{\mathrm{T}}\boldsymbol{A}\boldsymbol{v} = \lambda\boldsymbol{v}^{\mathrm{T}}\boldsymbol{v} = \lambda$$

对于一个 $m \times n$ 矩阵 $\boldsymbol{A}$，$n \times n$ 矩阵 $\boldsymbol{A}^{\mathrm{T}}\boldsymbol{A}$ 是对称的，所以它的特征向量是正交的，它的特征值是实数．

引理 1 表明特征值是非负实数，因此应表示为 $s_1^2 \geqslant \cdots \geqslant s_n^2$，其对应的特征向量的标准正交集为 $\{\boldsymbol{v}_1, \cdots, \boldsymbol{v}_n\}$．用下面的方法来求 $1 \leqslant i \leqslant m$ 时的 $\boldsymbol{u}_i$．

如果 $s_i \neq 0$，则用等式 $s_i\boldsymbol{u}_i = \boldsymbol{A}\boldsymbol{v}_i$ 定义 $\boldsymbol{u}_i$．

如果 $s_i = 0$，选择 $\boldsymbol{u}_i$ 作为与 $\boldsymbol{u}_1, \cdots, \boldsymbol{u}_{i-1}$ 正交的任意单位向量．

定理 21 设 $\boldsymbol{A}$ 是一个 $m \times n$ 矩阵，则存在两个标准正交基 $\{\boldsymbol{v}_1, \cdots, \boldsymbol{v}_n\} \in \mathbf{R}^n$，$\{\boldsymbol{u}_1, \cdots, \boldsymbol{u}_m\} \in \mathbf{R}^m$，以及实数 $s_1^2 \geqslant \cdots \geqslant s_n^2 \geqslant 0$，使得 $1 \leqslant i \leqslant \min\{m, n\}$ 时 $\boldsymbol{A}\boldsymbol{v}_i = s_i\boldsymbol{u}_i$，$\boldsymbol{V} = (\boldsymbol{v}_1 \ \cdots \ \boldsymbol{v}_n)$，为右奇异向量，是 $\boldsymbol{A}^{\mathrm{T}}\boldsymbol{A}$ 的标准正交特征向量集合，$\boldsymbol{U} = (\boldsymbol{u}_1 \ \cdots \ \boldsymbol{u}_m)$，是左奇异向量，是 $\boldsymbol{A}\boldsymbol{A}^{\mathrm{T}}$ 的标准正交特征向量的集合．

在定义方程中，对于给定矩阵 $\boldsymbol{A}$，SVD 不是唯一的，例如，替换 $\boldsymbol{v}_1$ 为 $-\boldsymbol{v}_1$ 和替换 $\boldsymbol{u}_1$ 为 $-\boldsymbol{u}_1$ 不改变等式，但改变了矩阵 $\boldsymbol{U}$ 和 $\boldsymbol{V}$．

我们从这个定理得出，单位矢量球的像是一个以原点为中心的矢量椭球，其轴为 $s_i\boldsymbol{u}_i$．图 4-3 显示了单位球的向量圆映射成的像的轴为 $s_1\boldsymbol{u}_1$、$s_2\boldsymbol{u}_2$．为了找出向量 $\boldsymbol{x}$ 对应的 $\boldsymbol{A}\boldsymbol{x}$ 的位置，我们可以写成 $\boldsymbol{x} = a_1\boldsymbol{v}_1 + a_2\boldsymbol{v}_2$ [其中 $a_1\boldsymbol{v}_1(a_2\boldsymbol{v}_2)$ 是 $\boldsymbol{x}$ 在方向 $\boldsymbol{v}_1(\boldsymbol{v}_2)$ 上的投影]，则 $\boldsymbol{A}\boldsymbol{x} = a_1s_1\boldsymbol{u}_1 + a_2s_2\boldsymbol{u}_2$．

矩阵表示式（4-21）直接来自定理 21．定义 $\boldsymbol{S}$ 为一个 $m \times n$ 对角矩阵，其元素为 $s_1 \geqslant \cdots \geqslant s_{\min\{m, n\}} \geqslant 0$．定义 $\boldsymbol{U}$ 为列向量矩阵 $(\boldsymbol{u}_1 \ \cdots \ \boldsymbol{u}_m)$，$\boldsymbol{V}$ 是列向量矩阵 $(\boldsymbol{v}_1 \ \cdots \ \boldsymbol{v}_n)$．

注意：对于 $i=1, \cdots, m$，$\boldsymbol{U}\boldsymbol{S}\boldsymbol{V}^{\mathrm{T}}\boldsymbol{v}_i = s_i\boldsymbol{u}_i$．因为矩阵 $\boldsymbol{A}$ 和 $\boldsymbol{U}\boldsymbol{S}\boldsymbol{V}^{\mathrm{T}}$ 在基 $\boldsymbol{v}_1, \cdots, \boldsymbol{v}_n$ 下，它们是相同的 $m \times n$ 矩阵．

【例 9】 求 2×2 矩阵 $\boldsymbol{A} = \begin{pmatrix} 0 & 1 \\ 0 & -1 \end{pmatrix}$ 的奇异值和奇异向量．

解　$A^{T}A=\begin{pmatrix}0&0\\0&2\end{pmatrix}$ 的特征值按递减顺序排列，为 $v_1=(0\quad 1)^T$，$s_1^2=2$，以及 $v_2=(1\quad 0)^T$，$s_2^2=0$. 奇异值为 $\sqrt{2}$ 和 0. 根据前面的方法，u_1 定义为

$$\sqrt{2}u_1=Av_1=\begin{pmatrix}1\\-1\end{pmatrix}, u_1=\begin{pmatrix}1/\sqrt{2}\\-1/\sqrt{2}\end{pmatrix}$$

$u_2=(1/\sqrt{2}, 1/\sqrt{2})$ 与 u_1 正交. SVD 为

$$\begin{pmatrix}0&1\\0&-1\end{pmatrix}=\begin{pmatrix}\sqrt{2}/2&\sqrt{2}/2\\-\sqrt{2}/2&\sqrt{2}/2\end{pmatrix}\begin{pmatrix}\sqrt{2}&0\\0&0\end{pmatrix}\begin{pmatrix}0&1\\1&0\end{pmatrix}\tag{4-23}$$

根据定理 21 的非唯一性解释，这个矩阵的另一个完美的 SVD 是

$$\begin{pmatrix}0&1\\0&-1\end{pmatrix}=\begin{pmatrix}-\sqrt{2}/2&\sqrt{2}/2\\\sqrt{2}/2&\sqrt{2}/2\end{pmatrix}\begin{pmatrix}\sqrt{2}&0\\0&0\end{pmatrix}\begin{pmatrix}0&-1\\1&0\end{pmatrix}\tag{4-24}$$

单位圆在 A 下的像是线段 $y(1, -1)$，其中 y 的取值范围是 −1 到 1. 所以 A 的作用是将单位圆压平为轴为 $\sqrt{2}(\sqrt{2}/2, -\sqrt{2}/2)$ 和 0 的一维椭圆.

4.5.2　特殊情况：对称矩阵

求对称 $m\times m$ 矩阵的 SVD 就是求特征值和特征向量，一定存在一个标准正交的特征向量集. 特征向量映射到自身（带有缩放 λ，即特征值），满足方程（4-18）很简单：只要对特征值按递减幅度排序

$$|\lambda_1|\geqslant|\lambda_2|\geqslant|\lambda_3|\geqslant\cdots\geqslant|\lambda_m|\tag{4-25}$$

并将它们用于奇异值 $s_1\geqslant s_2\geqslant\cdots$，对于 v_i，按式(4-25) 中特征值对应的顺序使用单位特征向量，且使用

$$u_i=\begin{cases}+v_i, & \lambda_i\geqslant 0\\ -v_i, & \lambda_i<0\end{cases}\tag{4-26}$$

式(4-26) 中的符号变化弥补了式(4-25) 中取绝对值所损失的任何负号.

【例 10】　求 $A=\begin{pmatrix}0&1\\1&\frac{3}{2}\end{pmatrix}$ 的奇异值和奇异向量.

解　特征值和特征向量对为 2、$(1\quad 2)^T$ 和 −1/2、$(-2\quad 1)^T$. 我们从单位特征向量中定义 v_i，从式(4-26) 中定义 u_i.

$$Av_1=A\begin{pmatrix}\frac{1}{\sqrt{5}}\\\frac{2}{\sqrt{5}}\end{pmatrix}=2\begin{pmatrix}\frac{1}{\sqrt{5}}\\\frac{2}{\sqrt{5}}\end{pmatrix}=s_1u_1,\quad Av_2=A\begin{pmatrix}\frac{2}{\sqrt{5}}\\-\frac{1}{\sqrt{5}}\end{pmatrix}=\frac{1}{2}\begin{pmatrix}-\frac{2}{\sqrt{5}}\\\frac{1}{\sqrt{5}}\end{pmatrix}=s_2u_2\tag{4-27}$$

SVD 为

$$\begin{pmatrix}0&1\\1&\frac{3}{2}\end{pmatrix}=\begin{pmatrix}\frac{1}{\sqrt{5}}&-\frac{2}{\sqrt{5}}\\\frac{2}{\sqrt{5}}&\frac{1}{\sqrt{5}}\end{pmatrix}\begin{pmatrix}2&0\\0&\frac{1}{2}\end{pmatrix}\begin{pmatrix}\frac{1}{\sqrt{5}}&\frac{2}{\sqrt{5}}\\\frac{2}{\sqrt{5}}&-\frac{1}{\sqrt{5}}\end{pmatrix}\tag{4-28}$$

注意：我们必须改变符号来定义 $\boldsymbol{u}_2$，如式(4-26) 中规定的．

4.5.3 SVD 的性质

下面假设 $\boldsymbol{A}=\boldsymbol{USV}^{\mathrm{T}}$ 为奇异值分解，$m\times n$ 矩阵 $\boldsymbol{A}$ 的秩是线性无关的行（或等价的列）的个数．

性质 1 矩阵 $\boldsymbol{A}=\boldsymbol{USV}^{\mathrm{T}}$ 的秩是 $\boldsymbol{S}$ 中非零项的个数．

证明 $\boldsymbol{U}$ 和 $\boldsymbol{V}^{\mathrm{T}}$ 是可逆矩阵，$R(\boldsymbol{A})=R(\boldsymbol{S})$，后者是非零对角项的个数．

性质 2 如果 $\boldsymbol{A}$ 是一个 $n\times n$ 矩阵，则 $|\det(\boldsymbol{A})|=s_1\cdots s_n$．

证明 由于 $\boldsymbol{U}^{\mathrm{T}}\boldsymbol{U}=\boldsymbol{I}$ 和 $\boldsymbol{V}^{\mathrm{T}}\boldsymbol{V}=\boldsymbol{I}$，$\boldsymbol{U}$ 和 $\boldsymbol{V}^{\mathrm{T}}$ 的行列式为 1 或 -1，这是由于乘积的行列式等于行列式的乘积．性质 2 由分解 $\boldsymbol{A}=\boldsymbol{USV}^{\mathrm{T}}$ 得出．

性质 3 如果 $\boldsymbol{A}$ 是可逆的 $m\times m$ 矩阵，则 $\boldsymbol{A}^{-1}=\boldsymbol{VS}^{-1}\boldsymbol{U}^{\mathrm{T}}$．

证明 根据性质 1，$\boldsymbol{S}$ 是可逆的，即所有 $s_i>0$. 性质 3 是由这样一个事实得出的，如果 $\boldsymbol{A}_1$、$\boldsymbol{A}_2$ 和 $\boldsymbol{A}_3$ 是可逆矩阵，则 $(\boldsymbol{A}_1\boldsymbol{A}_2\boldsymbol{A}_3)^{-1}=\boldsymbol{A}_3^{-1}\boldsymbol{A}_2^{-1}\boldsymbol{A}_1^{-1}$.

性质 4 $m\times n$ 矩阵 $\boldsymbol{A}$ 可以写成秩 1 矩阵的和

$$\boldsymbol{A}=\sum_{i=1}^{r}s_i\boldsymbol{u}_i\boldsymbol{v}_i^{\mathrm{T}} \tag{4-29}$$

式中，r 是 $\boldsymbol{A}$ 的秩；$\boldsymbol{u}_i$ 和 $\boldsymbol{v}_i$ 分别是 $\boldsymbol{U}$ 和 $\boldsymbol{V}$ 的第 i 列．

证明

$$\boldsymbol{A}=\boldsymbol{USV}^{\mathrm{T}}=\boldsymbol{U}\begin{pmatrix}s_1 & & \\ & \ddots & \\ & & s_r\end{pmatrix}\boldsymbol{V}^{\mathrm{T}}=\boldsymbol{U}\left(\begin{pmatrix}s_1 & & \\ & \ddots & \\ & & 0\end{pmatrix}+\begin{pmatrix}0 & & & \\ & \ddots & & \\ & & s_2 & \\ & & & \ddots \\ & & & & 0\end{pmatrix}+\cdots+\begin{pmatrix}0 & & \\ & \ddots & \\ & & s_r\end{pmatrix}\right)\boldsymbol{V}^{\mathrm{T}}$$

$$=s_1\boldsymbol{u}_1\boldsymbol{v}_1^{\mathrm{T}}+s_2\boldsymbol{u}_2\boldsymbol{v}_2^{\mathrm{T}}+\cdots+s_r\boldsymbol{u}_r\boldsymbol{v}_r^{\mathrm{T}}$$

性质 4 是 SVD 的低秩近似性质．秩 $p\leqslant r$ 的 $\boldsymbol{A}$ 的最佳最小二乘近似是通过保留式(4-29) 的前 p 项来实现的．

【例 11】 找到矩阵的最佳秩 1 近似矩阵．

$$\begin{pmatrix}0 & 1\\ 1 & \frac{3}{2}\end{pmatrix}.$$

解 由式(4-29) 得

$$\begin{pmatrix}0 & 1\\ 1 & \frac{3}{2}\end{pmatrix}=\begin{bmatrix}\frac{1}{\sqrt5} & -\frac{2}{\sqrt5}\\ \frac{2}{\sqrt5} & \frac{1}{\sqrt5}\end{bmatrix}\begin{pmatrix}2 & 0\\ 0 & \frac{1}{2}\end{pmatrix}\begin{bmatrix}\frac{1}{\sqrt5} & \frac{2}{\sqrt5}\\ \frac{2}{\sqrt5} & -\frac{1}{\sqrt5}\end{bmatrix}$$

$$=\begin{bmatrix}\frac{1}{\sqrt5} & -\frac{2}{\sqrt5}\\ \frac{2}{\sqrt5} & \frac{1}{\sqrt5}\end{bmatrix}\left(\begin{pmatrix}2 & 0\\ 0 & 0\end{pmatrix}+\begin{pmatrix}0 & 0\\ 0 & \frac{1}{2}\end{pmatrix}\right)\begin{bmatrix}\frac{1}{\sqrt5} & \frac{2}{\sqrt5}\\ \frac{2}{\sqrt5} & -\frac{1}{\sqrt5}\end{bmatrix}$$

$$=2\begin{pmatrix}\frac{1}{\sqrt{5}}\\ \frac{2}{\sqrt{5}}\end{pmatrix}\begin{pmatrix}\frac{1}{\sqrt{5}} & \frac{2}{\sqrt{5}}\end{pmatrix}+\frac{1}{2}\begin{pmatrix}-\frac{2}{\sqrt{5}}\\ \frac{1}{\sqrt{5}}\end{pmatrix}\begin{pmatrix}\frac{2}{\sqrt{5}} & -\frac{1}{\sqrt{5}}\end{pmatrix}=\begin{pmatrix}\frac{2}{5} & \frac{4}{5}\\ \frac{4}{5} & \frac{8}{5}\end{pmatrix}+\begin{pmatrix}-\frac{2}{5} & \frac{1}{5}\\ \frac{1}{5} & -\frac{1}{10}\end{pmatrix} \tag{4-30}$$

奇异值分解在实际应用中有着广泛的用途，例如主成分分析、图像压缩、数字水印、文章分类、信号分解、信号重构、信号降噪、数据融合、目标识别、目标跟踪、故障检测等。注意，由于奇异值的大小不同，原始矩阵被分成较大贡献矩阵和较小贡献矩阵．如上例中矩阵的最佳秩 1 近似矩阵由第一个秩 1 矩阵 $\begin{pmatrix}2/5 & 4/5\\ 4/5 & 8/5\end{pmatrix}$ 给出，而第二个矩阵提供了小的修正，这是 SVD 的降维和压缩应用背后的主要思想．

4.6　基于 MATLAB：矩阵分解及特征值、特征向量的计算

本节将给出求解矩阵特征值、特征向量的函数与源程序，并提供相应的案例作为参考。

（1）QR 分解

在 MATLAB 中，提供了 qr 函数实现矩阵的 QR 分解．其调用格式如下．

[Q，R] =qr（A）：返回正交矩阵 Q 和上三角矩阵 R，Q 和 R 满足 A=QR. 若 A 为 $m\times n$ 矩阵，则 Q 为 $m\times m$ 矩阵，R 为 $m\times n$ 矩阵．

[Q，R] =qr（A，0）：产生矩阵 A 的经济型分解，即若 A 为 $m\times n$ 矩阵，且 $m>n$，则返回 Q 的前 n 列，R 为 $n\times n$ 矩阵，否则该命令等价于 [Q，R] =qr（A）.

[Q，R，E] =qr（A）：求得正交矩阵 Q 和上三角矩阵 R，E 为置换矩阵，使得 R 的对角元素按绝对值大小降序排列，满足 AE=QR.

[Q，R，E] =qr（A，0）或 [Q，R，E] =qr（A,'matrix'）：产生矩阵 A 的经济型分解，E 为置换矩阵，使得 R 的对角元素按绝对值大小降序排列，且 A（:，E）=Q＊R.

R=qr（A）：对稀疏矩阵 A 进行分解，产生一个上三角矩阵 R，R 为 A'A 的 Cholesky 分解因子，即满足 R'R=A'A.

R=qr（A，0）：对稀疏矩阵 A 的经济型分解．

[Q，R] =qr（A，0）：此命令用来计算方程组的最小二乘解．

【例 12】 利用 qr 函数对矩阵进行 QR 分解．

解　程序如下．

```
>> clear all;
>> A = [12 2 5;3 4 6;23 4 6];  [Q1,R1] = qr(A)
Q1 = - 0.4595       0.0729    - 0.8852
     - 0.1149     - 0.9931    - 0.0221
     - 0.8807       0.0915      0.4647
R1 = - 26.1151    - 4.9014    - 8.2711
            0     - 3.4607    - 5.0453
            0            0    - 1.7704
>> Q1*R1
```

```
ans = 12.0000    2.0000    5.0000
       3.0000    4.0000    6.0000
      23.0000    4.0000    6.0000
>> [Q2,R2] = qr(A,0)
Q2 = -0.4595    0.0729   -0.8852
     -0.1149   -0.9931   -0.0221
     -0.8807    0.0915    0.4647
R2 = -26.1151   -4.9014   -8.2711
            0   -3.4607   -5.0453
            0         0   -1.7704
>> [Q3,R3,e] = qr(A)
Q3 = -0.4595   -0.2243   -0.8594
     -0.1149   -0.9444    0.3079
     -0.8807    0.2402    0.4082
R3 = -26.1151   -8.2711   -4.9014
            0   -5.3469   -3.2655
            0         0    1.1458
e = 1    0    0
    0    0    1
    0    1    0
>> Q3*R3
ans =  12.0000    5.0000    2.0000
        3.0000    6.0000    4.0000
       23.0000    6.0000    4.0000
```

在 MATLAB 中，还可以对 QR 分解得到的矩阵的行和列进行删除和添加操作，其中，qrdelete 函数可删除行或列，而 qrinsert 函数可插值某些行或列．这两个函数格式的形式几乎相同，此处以 qrdelete 函数为例进行说明．qrdelete 函数的调用格式如下．

［Q1，R1］=qrdelete（Q，R，j）：返回矩阵 A1 的分解结果，其中，A1 是矩阵 A 删除第 j 列得到的结果，而矩阵 A=QR.

［Q1，R1］=qrdelete（Q，R，j，'col'）：计算结果和［Q1，R1］=qrdelete（Q，R，j）相同．

［Q1，R1］=qrdelete（Q，R，j，'row'）：返回矩阵 A1 的 QR 分解结果，其中，A1 是矩阵 A 删除第 j 行的数据得到的结果，而矩阵 A=QR.

【例 13】 对 QR 分解矩阵进行删除、插入操作．

解 程序如下．

```
>> clear all;
>> A = magic(6);[Q,R] = qr(A);j = 4;[Q1,R1] = qrdelete(Q,R,j,'row')
Q1  = 0.6275   -0.1453    0.2254    0.5770   -0.4488
      0.0538    0.6577    0.3450    0.3924    0.5399
      0.5558    0.0417    0.4519   -0.6885    0.1054
      0.5379   -0.0376   -0.7210    0.0252    0.4345
      0.0717    0.7370   -0.3258   -0.1962   -0.5542
R1= 55.7763   12.6218   25.6202   37.0587   36.9870   36.9153
          0   47.6203   23.9105   20.0808   26.2316   21.2947
          0         0  -29.2898   10.1603    8.4612    7.9531
```

```
          0          0          0     5.8466   -1.7805     8.1322
          0          0          0          0    2.8465     5.6930
>> A2 = A;A2(j,:) = [];[Q2,R2] = qr(A2)
Q2 = -0.6275     0.1453   -0.2254     0.5770     0.4488
     -0.0538   -0.6577   -0.3450     0.3924   -0.5399
     -0.5558   -0.0417   -0.4519   -0.6885   -0.1054
     -0.5379     0.0376     0.7210     0.0252   -0.4345
     -0.0717   -0.7370     0.3258   -0.1962     0.5542
R2 = -55.7763  -12.6218  -25.6202  -37.0587  -36.9870  -36.9153
           0  -47.6203  -23.9105  -20.0808  -26.2316  -21.2947
           0         0   29.2898  -10.1603   -8.4612   -7.9531
           0         0         0    5.8466   -1.7805    8.1322
           0         0         0         0   -2.8465   -5.6930
>> x = 1:6;[Q3,R3] = qrinsert(Q,R,j,x,'row')
Q3 =  0.6211   -0.1705   -0.2070    0.4673   -0.2619   -0.0735   -0.5000
      0.0532    0.5737   -0.4504    0.1965    0.2961    0.5822   -0.0000
      0.5501   -0.0014   -0.4460   -0.4200    0.0289   -0.2670    0.5000
      0.0177    0.0315    0.0420    0.3599    0.7754   -0.5159   -0.0000
      0.1420    0.4730    0.3752    0.4576   -0.3613   -0.1595    0.5000
      0.5323   -0.0698    0.6279   -0.2076    0.3259    0.4102    0.0000
      0.0710    0.6420    0.1363   -0.4297   -0.0705   -0.3530   -0.5000
R3 = 56.3560    16.5022    30.0944    39.1617    38.1148    38.7714
           0    54.2464    34.9401    23.2595    25.3845    23.4520
           0          0    32.5195    -8.8020   -11.1312    -7.7251
           0          0          0     8.1779    -2.2073     8.7025
           0          0          0          0     6.1733     5.3680
           0          0          0          0          0     4.6433
           0          0          0          0          0          0
```

（2）舒尔分解

在 MATLAB 中，提供了 schur 函数实现矩阵的舒尔分解，其调用格式如下．

T=schur（A）：返回 Schur 矩阵 T，若 A 有复特征值，则相应的对角元素以 2×2 的块矩阵形式给出．

T=schur（A，flag）：若 A 有复特征值，则 flag=complex，否则 flag=real.

［U，T］=schur（A，…）：返回酉矩阵 U 和 Schur 矩阵 T.

【例 14】 对给定的矩阵进行舒尔分解．

解　程序如下．

```
>> clear all;
>> H = [124 -20 -21;56 -14 168;45 120 160];[U,T] = schur(H)
U =  -0.2833     0.9540     0.0976
      0.5132     0.2368    -0.8249
      0.8101     0.1836     0.5567
T = 220.2830    92.0722    47.4685
           0   142.3352    41.2971
           0          0   -92.6181
>> U*T*U' - H
```

```
ans = 1.0e-12 *
          0.0711      0.0746      0.1243
          0.1137      0.0053           0
          0.1279     -0.0426     -0.1421
```

此外，rsf2csf 函数可以把实数形式的舒尔矩阵转换成复数形式的舒尔矩阵．

```
>> [u,t] = rsf2csf(U,T)
```

(3) 奇异值分解

在 MATLAB 中，提供了 svd 函数实现奇异值分解，其调用格式如下．

s=svd (X)：返回矩阵 X 的奇异值向量 s.

[U，S，V] =svd (X)：得到一个与 X 的维数相同的正交矩阵 S、两个正定矩阵 U 与 V.

[U，S，V] =svd (X，0)：返回 $m\times n$ 矩阵 X 的经济型奇异值分解．若 $m>n$，则只计算出矩阵 U 的前 n 列，矩阵 S 为 $n\times n$ 矩阵，否则同 [U，S，V] =svd (A).

[U，S，V] =svd (X，'econ')：也产生一个经济型奇异值分解．如果 X 为 $m\times n$ 矩阵，且 $m>n$，则等价于 [U，S，V] =svd (X，0)；如果 $m<n$，则只计算矩阵 V 的前 m 列，S 为 $m\times m$ 矩阵．

矩阵的奇异值大小通常决定矩阵的形态，如果矩阵的奇异值变化特别大，则矩阵中某个元素的一个很小的变化会严重影响到原矩阵的参数，又称其为“病态”矩阵．

【例 15】 对给定的矩阵实现奇异值分解．

解 程序如下．

```
>> clear all;
>> H = [2,3,6,1;5,6,3,7;6,5,2,1;5,4,3,6];[u,s,v] = svd(H)
u =  -0.3297     0.8399     0.4298    -0.0346
     -0.6384    -0.3778     0.1969    -0.6410
     -0.4345     0.2696    -0.8593     0.0098
     -0.5430    -0.2814     0.1950     0.7667
s =  16.7662          0          0          0
           0     4.8563          0          0
           0          0     3.8973          0
           0          0          0     1.0589
v = -0.5472     0.0002    -0.5995     0.5842
    -0.5466     0.0978    -0.2682    -0.7872
    -0.3812     0.7414     0.5225     0.1788
    -0.5065    -0.6639     0.5438     0.0839
```

奇异值分解也是矩阵求解运算的基础，对矩阵 H 进行奇异值分解 s=svd (H)，得到向量 s 的非零元素的个数就是矩阵 A 的秩，如

```
>> s = svd(H);s'
ans =  16.7662     4.8563     3.8973     1.0589
>> rank(H)
ans =  4
```

可见矩阵的秩为 4，用求秩程序 rank (H) 可验证这一结果．

(4) 矩阵特征值问题

在 MATLAB 中，提供了 qz 函数实现矩阵特征值问题分解，其调用格式如下．

[AA，BB，Q，Z] =qz (A，B)：其中，A、B 为方阵，返回结果 AA 与 BB 为上三角

矩阵，Q、Z 为正交矩阵或其列变换形式，且满足 QAZ＝AA 与 QBZ＝BB.

［AA，BB，Q，Z，V，W］＝qz（A，B）：返回广义特征向量 V 与 W.

qz（A，B，flag）：分解结果由 flag 决定，当 flag＝complex 时表示复数分解（默认值），当 flag＝real 时表示实数分解.

【例 16】 对给定的矩阵实现特征值问题分解.

解 程序如下.

```
>> clear all;
>> A=[12 4 1;6 4 5;80 3 0];
>>B=magic(3);
>> [AA,BB,Q,Z,V,W]=qz(A,B)
AA = 44.4383   -63.7118    23.4924
           0    -4.0524    -2.4885
           0          0     6.2083
BB = 6.4330     0.2830     9.3721
          0     6.9572    -6.5266
          0          0     8.0437
Q = -0.1819    -0.0571    -0.9817
     0.9789     0.0840    -0.1863
     0.0931    -0.9948     0.0406
Z = -0.5227     0.8125    -0.2583
    -0.6032    -0.5665    -0.5614
     0.6024     0.1376    -0.7862
V = -0.8664     0.0904    -0.0712
    -1.0000    -1.0000    -0.9963
     0.9986     0.6843    -1.0000
W = -0.9109     1.0000     0.0936
     1.0000    -0.4749    -1.0000
    -0.4714    -0.1577     0.0408
```

在 MATLAB 中，提供了相关函数实现特征值与特征向量的操作，其调用格式分别如下.

eig（A）：求包含矩阵 A 的特征值的向量.

［X，D］＝eig（A）：产生一个矩阵 A 的特征值在对角线上的对角矩阵 D 和矩阵 X，X 的列是相应的特征向量，满足 AX＝XD. 为了得到有更好条件特征值的矩阵，要进行相似变换.

［T，B］＝balance（A）：找到一个相似变换矩阵 T 和矩阵 B，使得它们满足 B＝T－AT，B 是用 balance 函数求得的平衡矩阵.

eig（A，'nobalance'）：不经过平衡处理求得矩阵 A 的特征值和特征向量，也就是不进行平衡相似变换.

eigs（A）：返回一个由矩阵 A 的部分特征值组成的向量，和 eig 函数一样，但是不返回全部的特征值. 如果不带有参量，则计算出最大的特征值，当计算所有特征值时，如果矩阵 A 的秩不小于 6，则计算出 6 个特征值.

eigs（f，n）：求出矩阵 A 的部分特征值. 在使用一个矩阵的列的线性运算符时，字符串 f 中包含的是 m 文件的文件名，n 指定问题的阶次. 用这种方法来求特征值比开始就用运算符来求要快.

eigs(A，B，k，sigma)：求矩阵 A 的部分特征值，矩阵 B 的大小和 A 相同．如果没有给出 B=eye(size(A))，那么 k 就是要计算的特征值的个数．如果没有给出 k，就用小于 6 的数或 A 的秩．变量 sigma 是一个实数或复数的移位参数或字符串，取值如表 4-2 所示．

eigs(A，k，sigma)：根据 sigma 的取值来求 A 的部分特征值，其中，sigma 的取值及说明如表 4-2 所示．

表 4-2　sigma 取值及说明

sigma 取值	说明
'lm'	求按模最大的 k[①] 个特征值
'sm'	求按模最小的 k 个特征值
'la'	求实对称问题 k 个最大特征值
'sa'	求实对称问题 k 个最小特征值
'be'	同时返回实对称问题 k 个最大及最小特征值
'lr'	非实对称和复数问题求 k 个最大实部特征值
'sr'	非实对称和复数问题求 k 个最小实部特征值
'li'	非实对称和复数问题求 k 个最大虚部特征值
'si'	非实对称和复数问题求 k 个最小虚部特征值

① 将特征值按照模从大到小排序，取前 k 个．

condeig (A)：返回一个由矩阵 A 的特征值条件数组成的向量．

[V，D，s] =condeig(A)：等效于 [V，D] =eig(A) 和 s=condeig(A).

【例 17】 计算矩阵的特征值与特征向量．

解　程序如下．

```
>> clear all;
>>A = [2.0  - 3.0  - 0.8 3*eps; - 2.0 4.0 3.0  - eps; - eps/4 eps/3  - 1.0 0; - 0.3  - 0.5 0.1 1.0];
[VB,DB] = eig(A)
VB =  0.6348    - 0.6914    - 0.0000     0.3834
     - 0.7715   - 0.3793    - 0.0000     0.5674
     - 0.0000   - 0.0000    - 0.0000   - 0.6901
       0.0420   - 0.6149    - 1.0000     0.2339
DB =  5.6458          0           0           0
          0      0.3542           0           0
          0           0      1.0000           0
          0           0           0    - 1.0000
>> A*VB - VB*DB
ans = 1.0e - 14 *
      0.0444     0.1388     0.0364    - 0.1610
      0.0888   - 0.0555   - 0.0367      0.2554
    - 0.0067     0.0109     0.0224           0
      0.0250     0.0139          0      0.0139
>> [VN,DN] = eig(A,'nobalance')
VN =  0.6348    - 0.6914    - 0.0000     0.3834
    - 0.7715    - 0.3793    - 0.0000     0.5674
```

```
      0.0000    -0.0000    -0.0000    -0.6901
      0.0420    -0.6149    -1.0000     0.2339
DN =5.6458          0          0          0
           0     0.3542          0          0
           0          0     1.0000          0
           0          0          0    -1.0000
>> A*VN - VN*DN
ans = 1.0e-14 *
       0.3109     0.0167     0.0065    -0.0278
      -0.1776     0.0167     0.0273     0.1554
      -0.0182     0.0192     0.0443          0
      -0.0056     0.0167     0.0222     0.0139
>> dmin = eigs(A,1,'sm')
dmin  = 0.3542
>> [V1,D1] = eigs(A,1,'sm');V1',D1
ans =  -0.6914,-0.3793,-0.0000,-0.6149;D1  =  0.3542
```

习题 4

1. 使用 Gerschgorin's 定理确定矩阵 $\boldsymbol{A}=\begin{pmatrix}4 & 1 & 0\\ 1 & 0 & -1\\ 1 & 1 & -4\end{pmatrix}$ 特征值的限.

2. 求下列矩阵的主特征值与对应的特征向量.

① $\boldsymbol{A}=\begin{pmatrix}2 & -1 & -2\\ 8 & 8 & 4\\ 3 & 1 & 1\end{pmatrix}$

② $\boldsymbol{A}=\begin{pmatrix}4 & -1 & 1\\ -1 & 3 & -2\\ 1 & -2 & 3\end{pmatrix}$

3. 用 Jacobi 方法求矩阵 $\boldsymbol{A}=\begin{pmatrix}1 & \sqrt{2} & 2\\ \sqrt{2} & 3 & \sqrt{2}\\ 2 & \sqrt{2} & 1\end{pmatrix}$ 的全部特征值与对应的特征向量.

4. 用 Jacobi 方法求矩阵 $\boldsymbol{A}=\begin{pmatrix}1 & 1 & 0.5\\ 1 & 1 & 0.25\\ 0.5 & 0.25 & 2\end{pmatrix}$ 的全部特征值与对应的特征向量.

5. 设 $\boldsymbol{A}=(a_{ij})_{n\times n}$ 的特征值 $\lambda_1, \lambda_2, \cdots, \lambda_n$ 满足：$|\lambda_1|>|\lambda_2|>|\lambda_3|\geqslant\cdots\geqslant|\lambda_n|$，$n$ 个线性无关的特征向量为 $\boldsymbol{X}_1, \boldsymbol{X}_2, \cdots, \boldsymbol{X}_n$. 证明若初始向量 $\boldsymbol{v}_0=\alpha_2\boldsymbol{X}_2+\cdots+\alpha_n\boldsymbol{X}_n$，则由幂法产生的向量序列 $\{\boldsymbol{v}_k\}$ 满足 $\lim\limits_{k\to\infty}\dfrac{(\boldsymbol{v}_{k+1})_i}{(\boldsymbol{v}_k)_i}=\lambda_2$.

6. 对于 $\boldsymbol{X}=(1\quad 1\quad 1\quad 1)^{\mathrm{T}}$，构造镜面反射矩阵 $\boldsymbol{H}=\boldsymbol{I}-\dfrac{1}{\alpha}\boldsymbol{u}\boldsymbol{u}^{\mathrm{T}}$，使得 $\boldsymbol{HX}=\boldsymbol{Y}=(\sigma\quad 0\quad 0\quad 0)^{\mathrm{T}}$，且 $\|\boldsymbol{X}\|_2=\|\boldsymbol{Y}\|_2$.

7. 已知 $\boldsymbol{A}=\begin{pmatrix}2 & 10 & 2\\ 10 & 5 & -8\\ 2 & -8 & 11\end{pmatrix}$ 的一个特征值 $\lambda=9$ 和相应的特征向量 $\boldsymbol{X}=\left(\dfrac{2}{3}\quad\dfrac{1}{3}\quad\dfrac{2}{3}\right)^{\mathrm{T}}$，构造镜

面反射矩阵 $\boldsymbol{H}$，使得 $\boldsymbol{HX}=(1\quad 0\quad 0)^{\mathrm{T}}$，并计算 $\boldsymbol{HAH}^{\mathrm{T}}$.

8. 求矩阵 $\boldsymbol{A}=\begin{pmatrix}1 & 1 & 1\\ 2 & -1 & -1\\ 2 & -4 & 5\end{pmatrix}$ 的 QR 分解.

9. 通过手工计算求出以下对称矩阵的 SVD，并用几何方式描述矩阵对单位圆的作用.

① $\begin{pmatrix}-3 & 0\\ 0 & 2\end{pmatrix}$

② $\begin{pmatrix}0 & 0\\ 0 & 3\end{pmatrix}$

③ $\begin{pmatrix}\frac{3}{2} & -\frac{1}{2}\\ -\frac{1}{2} & \frac{3}{2}\end{pmatrix}$

④ $\begin{pmatrix}-\frac{3}{2} & \frac{1}{2}\\ \frac{1}{2} & -\frac{3}{2}\end{pmatrix}$

⑤ $\begin{pmatrix}0.75 & 1.25\\ 1.25 & 0.75\end{pmatrix}$

10. SVD 不是唯一的. $\boldsymbol{A}=\begin{pmatrix}3 & 0\\ 0 & \frac{1}{2}\end{pmatrix}$ 中存在多少个不同的 SVD？列表答题.

参考答案

第5章
函数插值与逼近

5.1 引言

插值法是广泛应用于理论研究和工程实际中的重要数值方法．众所周知，反映自然规律数量关系的函数通常有三种表示法：解析法、图像法和表格法．大量实际问题中的函数关系是用表格形式给出的，如测量或通过实验而得到的函数数据表格．从提供的部分离散的函数值去进行理论分析和设计都是极不方便甚至是不可能的，因此需要设法寻找与已知函数值相符而且形式简单的函数．另外一种情况是，函数表达式虽已给定，但计算复杂，因此也需要根据一些函数值找出既反映原函数特征，又便于计算的简单函数去近似原函数．求这个简单函数的方法即为插值法，一般的提法是：设函数 $y=f(x)$ 在区间 $[a,b]$ 上有定义，且已知在点 $a\leqslant x_0<x_1<\cdots<x_n\leqslant b$ 上的函数值为 y_0，y_1，…，y_n，若存在一个简单的函数 $P(x)$ 使

$$P(x_i)=y_i,\ i=0,1,2,\cdots,n \tag{5-1}$$

成立，就称 $P(x)$ 为 $f(x)$ 的插值函数，点 x_0，x_1，…，x_n 称为插值节点，$[a,b]$ 称为插值区间，式(5-1) 称为插值条件，求 $P(x)$ 的方法称为插值法．若 $P(x)$ 是次数不超过 n 的多项式，即

$$P(x)=a_0+a_1x+a_2x^2+\cdots+a_nx^n \tag{5-2}$$

式中，$a_i(i=0,1,2,\cdots,n)$ 为实数．就称 $P(x)$ 为插值多项式，求 $P(x)$ 的方法称为多项式插值法．本章就是讨论多项式插值法．由以上内容可知，我们需要解决以下几个问题：

① $P(x)$ 的存在性如何？

② $P(x)$ 的唯一性如何？

③ 如何求 $P(x)$？

④ $P(x)$ 与 $f(x)$ 的误差如何？

5.2 拉格朗日插值法

5.2.1 拉格朗日插值多项式

定理 1 满足插值条件 $P(x_i)=y_i\ (i=0, 1, 2, \cdots, n)$ 的插值多项式 $P(x)=a_0+a_1x+a_2x^2+\cdots a_nx^n$ 是存在且唯一的．

证明 由条件知，$P(x)$ 的系数 a_i 满足以下方程组．

$$\begin{cases} a_0+a_1x_0+\cdots+a_nx_0^n=y_0 \\ a_0+a_1x_1+\cdots+a_nx_1^n=y_1 \\ \cdots \\ a_0+a_1x_n+\cdots+a_nx_n^n=y_n \end{cases}$$

这是一个关于 a_0，a_1，…，a_n 的 $n+1$ 元线性方程组，并注意到其系数行列式为范德蒙德行列式，又由于 $i\neq j$ 时 $x_i\neq x_j$，所以其系数行列式不等于零，于是由克拉默（Cramer）法则知方程组有唯一解．

以上定理的证明过程为我们提供了一个求多项式 $P(x)$ 的方法，就是要解一个线性方程组．但当 n 较大时，这是很困难的．为便于得到一个求插值多项式 $P(x)$ 的简单方法，我们先从特殊情况开始研究．

假设 $n=1$，即已知区间 $[x_0, x_1]$ 的端点处的函数值 $y_0=f(x_0)$ 及 $y_1=f(x_1)$，欲求一个一次插值多项式(线性函数) $L_1(x)$ 满足

$$L_1(x_1)=f(x_1)=y_1 \qquad (5\text{-}3)$$
$$L_1(x_0)=f(x_0)=y_0$$

显然，$y=L_1(x)$ 的几何意义就是过两点 (x_0, y_0) 和 (x_1, y_1) 的一条直线．由直线方程的两点式及点斜式容易得到

$$L_1(x)=\frac{x_1-x}{x_1-x_0}y_0+\frac{x-x_0}{x_1-x_0}y_1 \qquad (5\text{-}4)$$

$$L_1(x)=y_0+\frac{y_1-y_0}{x_1-x_0}(x-x_0) \qquad (5\text{-}5)$$

为便于推广到一般情况，我们改写式(5-4) 和式(5-5) 为

$$L_1(x)=\frac{x-x_1}{x_0-x_1}y_0+\frac{x-x_0}{x_1-x_0}y_1 \qquad (5\text{-}6)$$

由式(5-6) 知，所求一次多项式 $L_1(x)$ 是两个线性函数

$$l_0(x)=\frac{x-x_1}{x_0-x_1}, \qquad l_1(x)=\frac{x-x_0}{x_1-x_0} \qquad (5\text{-}7)$$

的线性组合，其系数为 y_0，y_1，即

$$L_1(x)=l_0(x)y_0+l_1(x)y_1 \qquad (5\text{-}8)$$

显然 $l_0(x)$，$l_1(x)$ 满足

$$\begin{cases} l_0(x_0)=1 & l_0(x_1)=0 \\ l_1(x_0)=0 & l_1(x_1)=1 \end{cases} \tag{5-9}$$

将式(5-9) 写成一个式子为

$$l_i(x_j)=\begin{cases}1, & i=j \\ 0, & i \neq j\end{cases}, \quad i, j=0, 1 \tag{5-10}$$

我们称 $l_0(x)$，$l_1(x)$ 为一次插值基函数（见图 5-1)，并称以上这种用插值基函数表示插值多项式的方法为基函数法．

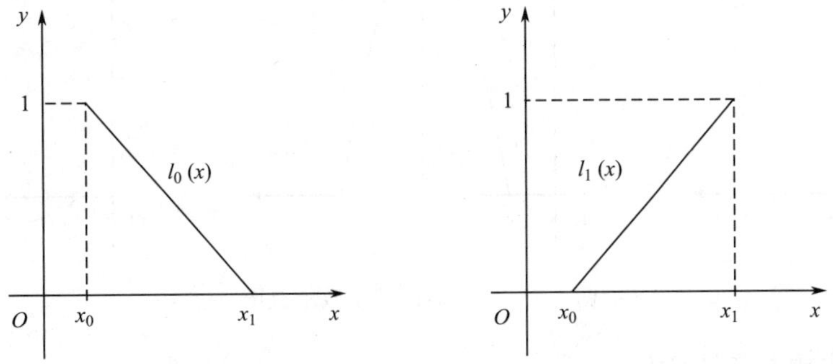

图 5-1　一次插值基函数示意图

当 $n=2$ 时，由于二次函数的图形是一条抛物线，所以此时称为抛物插值．设节点为 x_0、x_1、x_2，且已知函数在节点上的函数值为 y_0、y_1、y_2，求一个二次插值多项式 $L_2(x)$ 满足

$$L_2(x_j)=y_j, \quad j=0, 1, 2$$

其几何意义为过三点 (x_0, y_0)、(x_1, y_1) 和 (x_2, y_2) 的抛物线，我们仍采用以上基函数方法，为此可设所求二次插值多项式 $L_2(x)$ 为

$$L_2(x)=l_0(x)y_0+l_1(x)y_1+l_2(x)y_2 \tag{5-11}$$

这里的基函数 $l_0(x)$，$l_1(x)$，$l_2(x)$ 为二次函数．注意：这里 $l_0(x)$，$l_1(x)$ 的记号与一次插值多项式时形式相同，但意义是不同的．它们满足形如式(5-9) 或式(5-10) 的条件，即满足

$$l_i(x_j)=\begin{cases}1, & i=j \\ 0, & i \neq j\end{cases}, \quad i, j=0, 1, 2 \tag{5-12}$$

显然，求出 $l_0(x)$，$l_1(x)$，$l_2(x)$ 后，二次插值多项式 $L_2(x)$ 即可得到．下面我们来求这三个插值基函数．考虑其中一个，比如 $l_1(x)$，由式(5-12) 知，$l_1(x)$ 满足 $l_1(x_0)=0$，$l_1(x_2)=0$，$l_1(x_1)=1$，即 x_0，x_2 为其两个零点，又知 $l_1(x)$ 为二次函数，所以可设

$$l_1(x)=A(x-x_0)(x-x_2)$$

式中，A 为待定常数．再由 $l_1(x_1)=1$ 知，$1=A(x_1-x_0)(x_1-x_2)$，所以得

$$A=\frac{1}{(x_1-x_0)(x_1-x_2)} \tag{5-13}$$

从而得

$$l_1(x)=\frac{(x-x_0)(x-x_2)}{(x_1-x_0)(x_1-x_2)} \tag{5-14}$$

同理

$$l_0(x)=\frac{(x-x_1)(x-x_2)}{(x_0-x_1)(x_0-x_2)} \tag{5-15}$$

$$l_2(x)=\frac{(x-x_0)(x-x_1)}{(x_2-x_0)(x_2-x_1)} \tag{5-16}$$

这三个二次插值基函数的图形如图 5-2 所示.

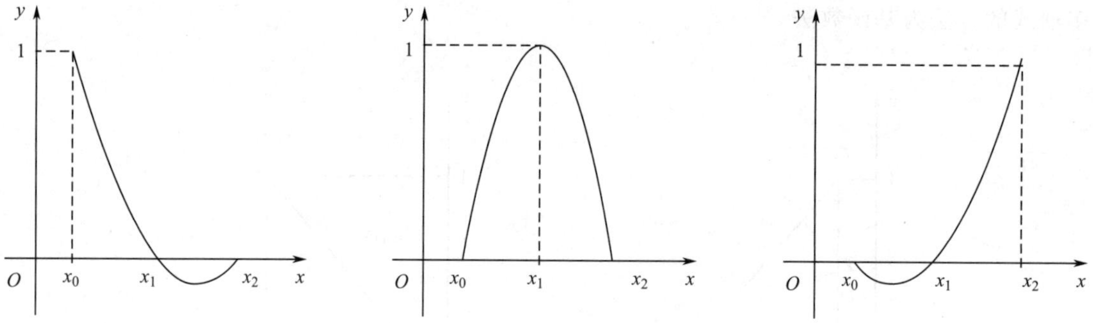

图 5-2　二次插值基函数示意图

于是得二次插值多项式为

$$L_2(x)=l_0(x)y_0+l_1(x)y_1+l_2(x)y_2=\sum_{k=0}^{2}l_k(x)y_k \tag{5-17}$$

式中，$l_k(x)$ $(k=0, 1, 2)$ 由式(5-14) ～式(5-16) 确定.

以上我们就 $n=1$，$n=2$ 时的特殊情况进行了讨论，得到了一次及二次插值多项式 $L_1(x)$ 和 $L_2(x)$，现将这种用插值基函数表示插值多项式的方法推广到具有 $n+1$ 个节点的情况中去.

假设给定 $n+1$ 个插值节点 $a\leqslant x_0<x_1<\cdots<x_n\leqslant b$，以及节点上的函数值 y_0，y_1，…，y_n，求一个 n 次多项式 $L_n(x)$ 满足

$$L_n(x_j)=y_j\ , j=0, 1, 2, \cdots, n \tag{5-18}$$

为构造 $L_n(x)$，首先给出 n 次插值基函数的定义.

定义 1　若 n 次多项式 $l_j(x)$ $(j=0, 1, 2, \cdots, n)$ 在 $n+1$ 个节点 $a\leqslant x_0<x_1<\cdots<x_n\leqslant b$ 上满足

$$l_i(x_j)=\begin{cases}1, & i=j\\ 0, & i\neq j\end{cases}, \quad i, j=0, 1, 2, \cdots, n \tag{5-19}$$

则称这 $n+1$ 个 n 次多项式 $l_0(x)$，$l_1(x)$，…，$l_n(x)$ 为节点 x_0，x_1，…，x_n 上的 n 次插值基函数.

仿照 $n=1$，$n=2$ 的情况，可得到 n 次插值基函数

$$l_k(x)=\frac{(x-x_0)\cdots(x-x_{k-1})(x-x_{k+1})\cdots(x-x_n)}{(x_k-x_0)\cdots(x_k-x_{k-1})(x_k-x_{k+1})\cdots(x_k-x_n)}, k=0\ 1, 2, \cdots, n \tag{5-20}$$

显然满足式(5-19)，于是得到满足插值条件式(5-18) 的插值多项式 $L_n(x)$ 为

$$L_n(x)=\sum_{k=0}^{n}l_k(x)y_k \tag{5-21}$$

称为 n 次 Lagrange（拉格朗日）插值多项式.

为便于应用，改写式(5-20) 及式(5-21) 分别为

$$l_k(x)=\prod_{\substack{j=0\\j\neq k}}^{n}\frac{x-x_j}{x_k-x_j},\ L_n(x)=\sum_{k=0}^{n}\left\{\prod_{\substack{j=0\\j\neq k}}^{n}\frac{x-x_j}{x_k-x_j}\right\}y_k \tag{5-22}$$

用式(5-22) 编制程序就方便多了，有时还可写成

$$L_n(x)=\sum_{k=0}^{n}\frac{\omega_{n+1}(x)}{(x-x_k)\omega'_{n+1}(x_k)}y_k \tag{5-23}$$

式中，$\omega_{n+1}(x)=(x-x_0)(x-x_1)\cdots(x-x_n)$.

【例 1】 已知函数 $f(x)$ 的三个点 (0, 1)、(−1, 5) 和 (2, −1)，写出 Lagrange 插值基函数，并求出二次插值多项式 $L_2(x)$.

解　这里 $n=2$，且 $x_0=-1$，$x_1=0$，$x_2=2$，$y_0=5$，$y_1=1$，$y_2=-1$，所以 $l_0(x)=\dfrac{(x-0)(x-2)}{(-1-0)(-1-2)}=\dfrac{1}{3}x(x-2)$，同理，$l_1(x)=\dfrac{(x+1)(x-2)}{(0+1)(0-2)}=-\dfrac{1}{2}(x+1)(x-2)$，$l_2(x)=\dfrac{1}{6}x(x+1)$，代入式(5-21) 得 $L_2(x)=x^2-3x+1$.

5.2.2 插值余项与误差估计

本节的最后一个问题是讨论用 $L_n(x)$ 逼近 $f(x)$ 时的误差多大．这由下列定理给出．

定理 2　设 $f^{(n)}(x)$ 在 $[a,b]$ 上连续，$f^{(n+1)}(x)$ 在 (a,b) 内存在，插值节点为 $a\leqslant x_0<x_1<\cdots<x_n\leqslant b$，$L_n(x)$ 为满足插值条件 $L_n(x_j)=y_j\ (j=0,1,2,\cdots,n)$ 的插值多项式，则对任意 $x\in[a,b]$，插值余项为

$$R_n(x)=f(x)-L_n(x)=\frac{f^{(n+1)}(\xi)}{(n+1)!}\omega_{n+1}(x) \tag{5-24}$$

式中，$\xi\in(a,b)$，且与 x 有关；$\omega_{n+1}(x)=(x-x_0)(x-x_1)\cdots(x-x_n)$.

证明　由于 $L_n(x_j)=y_j=f(x_j)$，所以 $R_n(x_j)=0(j=0,1,2,\cdots,n)$，$R_n(x)$ 具有下列形式．

$$R_n(x)=k(x)(x-x_0)(x-x_1)\cdots(x-x_n)$$

式中，$k(x)$ 是与 x 有关的待定函数．我们暂时将 x 看成一个固定点，做辅助函数：

$$\varphi(t)=f(t)-L_n(t)-k(x)(t-x_0)(t-x_1)\cdots(t-x_n)$$

则 $\varphi(t)$ 满足 $\varphi(x_j)=0(j=0,1,2,\cdots,n)$，并且有

$$\varphi(x)=f(x)-L_n(x)-k(x)(x-x_0)(x-x_1)\cdots(x-x_n)=0$$

这就是说 $\varphi(t)$ 在 $[a,b]$ 区间内有 $n+2$ 个零点 $x,x_0,x_1,\cdots,x_n$，根据 Rolle 定理知，$\varphi'(t)$ 在 $\varphi(t)$ 的两个零点之间至少有一个零点，所以 $\varphi'(t)$ 在 (a,b) 内至少有 $n+1$ 个零点，对 $\varphi'(t)$ 再用一次 Rolle 定理知，$\varphi''(t)$ 在 (a,b) 内至少有 n 个零点……依此类推知，$\varphi^{(n+1)}(t)$ 在 (a,b) 内至少有 1 个零点，设为 ξ，即 $\varphi^{(n+1)}(\xi)=0$. 由 $\varphi(t)$ 得

$$\varphi^{(n+1)}(\xi)=f^{(n+1)}(\xi)-(n+1)!\,k(x)=0$$

所以 $k(x)=\dfrac{f^{(n+1)}(\xi)}{(n+1)!}$，$\xi\in(a,b)$ 与 x 有关．

注意：

① 只有当 $f(x)$ 的高阶导数 $f^{(n+1)}(x)$ 存在时才能应用此定理．

② 若 $f(x)$ 是小于等于 n 的多项式，$f^{(n+1)}(x)=0$，此时有 $R_n(x)=0$，即 $f(x)=L_n(x)$.

③ 若 $f(x)=1$，则 $y(x_k)=1$（$k=0, 1, 2, \cdots, n$），且 $R_n(x)=0$，$f(x)=L_n(x)=1$，从而得 $\sum_{k=1}^{n} l_k(x)=1$，说明 $n+1$ 个 n 次插值基函数的和等于 1.

④ $\xi \in (a, b)$ 一般不可能具体求出，不过这并不影响我们对 $|R_n(x)|$ 的估计，因为可设 $M_{n+1}=\max\limits_{a \leqslant x \leqslant b} |f^{(n+1)}(x)|$，得 $|R_n(x)| \leqslant \dfrac{M_{n+1}}{(n+1)!} |\omega_{n+1}(x)|$.

⑤ 由上述内容知，$|R_n(x)|$ 的大小除与 M_{n+1} 以及节点有关外，还与点 x 有关．x 越靠近节点，$|\omega_{n+1}(x)|$ 越小，进而误差越小．因此，取节点时应使要计算的点尽可能含在所取节点之间．

【例 2】 已知函数表（见表 5-1），若要用 5 次插值多项式 $L_5(x)$ 计算 $f(0.24)$ 的近似值，问如何选择节点才能使误差最小？

表 5-1　第 5 章例 2

0.0	0.1	0.2	0.3	0.4	0.5	0.6	0.7	0.8
1.000	1.005	1.019	1.043	1.076	1.117	1.164	1.216	1.270

解　显然取 6 个节点即可．由于无法估计 $f^{(6)}(x)$ 的值，故应选择节点使 $|\omega_{n+1}(x)|$ 最小，由于 0.24 在 0.2 与 0.3 之间，故 0.24 前面取三个点及后面取三个点即可，所取点为 0.0，0.1，0.2，0.3，0.4，0.5 为最好．

注意：若所考虑的点前面或后面点的个数不够应取的点个数时，可以从另一侧来补．

【例 3】 设 $f(x)=e^x$，在 $[0, 1]$ 上给出 $f(x)$ 的 $n+1$ 个等距节点 x_i 处的函数表，这时 $0=x_0<x_1<\cdots<x_n=1$，$x_i-x_{i-1}=\dfrac{1}{n}$（$i=1, 2, \cdots, n$）.

① 若想依据所给函数表的函数值用线性插值求 e^x（$0 \leqslant x \leqslant 1$）的近似值，使误差不超过 $\dfrac{1}{2} \times 10^{-6}$，问 n 应取多大？

② 每个数值 $f(x_i)$ 应取几位有效数字？

解　① 对任意 $x \in [0, 1]$，必存在一个 i，使得 $x \in [x_{i-1}, x_i]$，假设 $L_1(x)$ 为 $f(x)$ 在 $[x_{i-1}, x_i]$ 上满足插值条件 $L_1(x_{i-1})=f(x_{i-1})$，$L_1(x_i)=f(x_i)$ 的线性插值多项式，且用 $L_1(x)$ 的值作为 $f(x)$ 的近似值，则知其误差满足 $|R_1(x)| \leqslant \dfrac{1}{2!} \max\limits_{0 \leqslant x \leqslant 1} |f''(x)| |(x-x_{i-1})(x-x_i)|$，又有 $\max\limits_{0 \leqslant x \leqslant 1} |f''(x)|=\max\limits_{0 \leqslant x \leqslant 1} e^x \leqslant e$，而

$$
\begin{aligned}
|(x-x_{i-1})(x-x_i)| &\leqslant \max_{x_{i-1} \leqslant x \leqslant x_i} |(x-x_{i-1})(x-x_i)| \\
&= \frac{1}{4}(x_i-x_{i-1})^2=\frac{1}{4n^2}
\end{aligned}
$$

因此，$|R_1(x)| \leqslant \dfrac{1}{2} \times e \times \dfrac{1}{4n^2}=\dfrac{e}{8n^2} \leqslant \dfrac{1}{2} \times 10^{-6}$，解得 $n \geqslant 825$. 所以可取区间间隔 $h=\dfrac{1}{1000}=0.001$.

② 对任意 $x \in [0, 1]$，有 $1 \leqslant e^x \leqslant e$，要误差不超过 $\dfrac{1}{2} \times 10^{-6}$，应取 7 位有效数字．

5.3　牛顿插值法

5.3.1　均差

本节仍然讨论给定 $n+1$ 个插值节点 $a \leqslant x_0 < x_1 < \cdots < x_n \leqslant b$ 及节点上的函数值 $f(x_j)$（或记为 f_j）$(j=0, 1, \cdots, n)$，求一个 n 次插值多项式 $P_n(x)$ [这里将 $L_n(x)$ 记为 $P_n(x)$，以后还将记为 $N_n(x)$]，满足插值条件

$$P_n(x_j)=f(x_j),\ j=0,1,2,\cdots,n \tag{5-25}$$

这里设

$$P_n(x)=a_0+a_1(x-x_0)+a_2(x-x_0)(x-x_1)+\cdots+a_n(x-x_0)(x-x_1)\cdots(x-x_{n-1})$$

式中，a_0，a_1，…，a_n 为待定参数，可由插值条件式(5-25) 来确定．

$x=x_0$ 时，

$$P_n(x_0)=a_0=f_0$$

$x=x_1$ 时，

$$P_n(x_1)=a_0+a_1(x_1-x_0)=f_1$$

得

$$a_1=\frac{f_1-f_0}{x_1-x_0}$$

$x=x_2$ 时，

$$P_n(x_2)=a_0+a_1(x_2-x_0)+a_2(x_2-x_0)(x_2-x_1)=f_2$$

得

$$a_2=\frac{\dfrac{f_2-f_0}{x_2-x_0}-\dfrac{f_1-f_0}{x_1-x_0}}{x_2-x_1}$$

依此类推，可得 a_3，…，a_n．为了写出系数 a_k 的一般表达式，我们引进均差的定义．

定义 2　称 $f[x_0, x_k]=\dfrac{f(x_k)-f(x_0)}{x_k-x_0}$ 为函数 $f(x)$ 关于点 x_0、x_k 的一阶均差，$f[x_0, x_1, x_k]=\dfrac{f[x_0, x_k]-f[x_0, x_1]}{x_k-x_1}$ 称为函数 $f(x)$ 关于点 x_0、x_1、x_k 的二阶均差．一般地，称 $f[x_0, x_1, \cdots, x_k]=\dfrac{f[x_0, \cdots, x_{k-2}, x_k]-f[x_0, x_1, \cdots, x_{k-1}]}{x_k-x_{k-1}}$ 为函数 $f(x)$ 关于点 x_0，x_1，…，x_k 的 k 阶均差（或称为 k 阶差商）．

根据以上定义知

$$a_0=f(x_0),\ a_1=f[x_0, x_1]$$

一般地

$$a_k=f[x_0, x_1, \cdots, x_k],\ k=1,2,\cdots,n \tag{5-26}$$

均差有以下基本性质．

① k 阶均差可表示为函数值 $f(x_0)$，…，$f(x_k)$ 的线性组合，即

$$f[x_0, x_1, \cdots, x_k]$$
$$=\sum_{j=0}^{k}\frac{f(x_j)}{(x_j-x_0)\cdots(x_j-x_{j-1})(x_j-x_{j+1})\cdots(x_j-x_k)} \tag{5-27}$$

此性质说明均差与节点的排列次序无关．

② 由性质①知，k 阶均差也可由下式给出．

$$f[x_0, x_1, \cdots, x_k]=\frac{f[x_1, \cdots, x_k]-f[x_0, x_1, \cdots, x_{k-1}]}{x_k-x_0} \tag{5-28}$$

此性质说明，计算 $f(x)$ 关于点 x_0，x_1，…，x_k 的k 阶均差时，只需将分子的被减数和减数两个 $k-1$ 阶均差中少写的两个点在分母中分别作为减数和被减数即可．

③ 若 $f(x)$ 在 $[a, b]$ 上存在 n 阶导数，且节点 x_0，x_1，…，$x_n \in [a, b]$，则 n 阶均差与 n 阶导数的关系为

$$f[x_0, x_1, \cdots, x_n]=\frac{f^{(n)}(\xi)}{n!} \tag{5-29}$$

此性质的证明过程见 Newton 插值多项式的余项证明．

计算均差可按表 5-2 进行．

表 5-2 计算均差参考表

x_k	$f(x_k)$	一阶均差	二阶均差	三阶均差	四阶均差
x_0	$f(x_0)$				
x_1	$f(x_1)$	$f[x_0,x_1]$			
x_2	$f(x_2)$	$f[x_1,x_2]$	$f[x_0,x_1,x_2]$		
x_3	$f(x_3)$	$f[x_2,x_3]$	$f[x_1,x_2,x_3]$	$f[x_0,x_1,x_2,x_3]$	
x_4	$f(x_4)$	$f[x_3,x_4]$	$f[x_2,x_3,x_4]$	$f[x_1,x_2,x_3,x_4]$	$f[x_0,x_1,x_2,x_3,x_4]$
⋮	⋮	⋮	⋮	⋮	⋮

5.3.2 牛顿插值多项式及其余项

根据均差定义，显然以上多项式 $P_n(x)$ 的系数为

$$a_k=f[x_0, x_1, \cdots, x_k],\ k=1, 2, \cdots, n$$

代入 $P_n(x)$，并记为 $N_n(x)$，得到

$$\begin{aligned}N_n(x)=&f(x_0)+f[x_0, x_1](x-x_0)+f[x_0, x_1, x_2]\\&(x-x_0)(x-x_1)+\cdots+f[x_0, x_1, \cdots, x_n]\\&(x-x_0)(x-x_1)\cdots(x-x_{n-1})\end{aligned} \tag{5-30}$$

称为 Newton（牛顿）插值公式．

Newton 插值公式的余项推导如下．

因为

$$f(x)=f(x_0)+f[x, x_0](x-x_0)$$
$$f[x, x_0]=f[x_0, x_1]+f[x, x_0, x_1](x-x_1)$$
$$f[x, x_0, x_1]=f[x_0, x_1, x_2]+f[x, x_0, x_1, x_2](x-x_2)$$
$$\cdots$$

$$f[x, x_0, \cdots, x_{n-1}] = f[x_0, x_1, \cdots, x_n] + f[x, x_0, \cdots, x_n](x - x_n)$$

从最后一式开始依次代入前一式，根据式(5-30)，则得

$$\begin{aligned} f(x) &= f(x_0) + f[x_0, x_1](x-x_0) + f[x_0, x_1, x_2](x-x_0)(x-x_1) \\ &\quad + \cdots + f[x_0, x_1, \cdots, x_n](x-x_0)(x-x_1)\cdots(x-x_{n-1}) + \\ &\quad f[x, x_0, x_1, \cdots, x_n](x-x_0)(x-x_1)\cdots(x-x_n) \\ &= N_n(x) + R_n(x) \end{aligned}$$

所以

$$\begin{aligned} R_n(x) &= f(x) - N_n(x) = f[x, x_0, x_1, \cdots, x_n](x-x_0)(x-x_1)\cdots(x-x_n) \\ &= f[x, x_0, \cdots, x_n]\omega_{n+1}(x) \end{aligned} \tag{5-31}$$

式(5-31) 即为 Newton 插值公式的余项.

注意：由于满足插值条件的插值多项式是唯一的，所以必有 $L_n(x) = N_n(x)$，从而

$$\frac{f^{(n+1)}(\xi)}{(n+1)!}\omega_{n+1}(x) = f[x, x_0, \cdots, x_n]\omega_{n+1}(x)$$

得到

$$\frac{f^{(n+1)}(\xi)}{(n+1)!} = f[x, x_0, \cdots, x_n] \tag{5-32}$$

这就证明了均差的性质.

【例 4】 用 Newton 插值公式求 $f(x)$ 过三个点 (0, 1)、(−1, 5) 和 (2, −1) 的二次插值多项式 $N_2(x)$.

解　根据表 5-3 得

$$N_2(x) = 5 - 4(x+1) + 1 \times (x+1)(x-0) = x^2 - 3x + 1$$

表 5-3　第 5 章例 4

x_i	$f(x_i)$	一阶均差	二阶均差	三阶均差
−1	5			
0	1	−4		
2	−1	−1	1	

5.4　差分与等距节点插值公式

以上讨论的插值公式，所指的插值节点并非要求节点是等距的. 当插值节点是等距时，插值多项式更为简单些. 这一节就讨论此情况下的插值多项式. 先介绍差分的概念.

5.4.1　差分及其性质

设函数 $y = f(x)$ 在节点 $x_k = x_0 + kh(k = 0, 1, \cdots, n)$ 上的函数值 $f_k = f(x_k)$ 为已

知．其中，h 为常数，称为步长．

定义 3 称函数 $f(x)$ 在 $[x_k, x_{k+1}]$ 上的变化 $f_{k+1}-f_k$ 为 $f(x)$ 在 x_k 上以 h 为步长的一阶向前差分．记作 $\Delta f_k=f_{k+1}-f_k$．

同理，称 $\nabla f_k=f_k-f_{k-1}$ 为 $f(x)$ 在 x_k 上以 h 为步长的一阶向后差分．称 $\delta f_k=f_{k+\frac{1}{2}}-f_{k-\frac{1}{2}}$ 为 $f(x)$ 在 x_k 上以 h 为步长的一阶中心差分．

利用一阶差分可以定义二阶及二阶以上的高阶差分．

$$\Delta^2 f_k=\Delta f_{k+1}-\Delta f_k,\ \Delta^m f_k=\Delta^{m-1} f_{k+1}-\Delta^{m-1} f_k$$

$$\nabla^2 f_k=\nabla f_k-\nabla f_{k-1},\ \nabla^m f_k=\nabla^{m-1} f_k-\nabla^{m-1} f_{k-1}$$

$$\delta^2 f_k=\delta f_{k+\frac{1}{2}}-\delta f_{k-\frac{1}{2}},\ \delta^m f_k=\delta^{m-1} f_{k+\frac{1}{2}}-\delta^{m-1} f_{k-\frac{1}{2}}$$

除去以上这些差分算子，为方便应用我们再引入另外两个算子，分别称为不变算子和移位算子．即

$$\mathrm{I}f_k=f_k$$

式中，I 称为不变算子．

$$\mathrm{E}f_k=f_{k+1}$$

式中，E 称为移位算子．

这样一来，就有

$$\Delta f_k=f_{k+1}-f_k=\mathrm{E}f_k-\mathrm{I}f_k=(\mathrm{E}-\mathrm{I})f_k$$

得 $\Delta=\mathrm{E}-\mathrm{I}$

$$\nabla f_k=f_k-f_{k-1}=\mathrm{I}f_k-\mathrm{E}^{-1}f_k=(\mathrm{I}-\mathrm{E}^{-1})f_k$$

得 $\nabla=\mathrm{I}-\mathrm{E}^{-1}$

同理，由

$$\delta f_k=f_{k+\frac{1}{2}}-f_{k-\frac{1}{2}}$$

得 $\delta=\mathrm{E}^{\frac{1}{2}}-\mathrm{E}^{\frac{-1}{2}}$

差分的基本性质如下．

性质 1 各阶差分均可用函数值来表示．例如：

$$\Delta^n f_k=\sum_{j=0}^{n}(-1)^j\binom{n}{j}f_{n+k-j},\ \nabla^n f_k=\sum_{j=0}^{n}(-1)^{n-j}\binom{n}{j}f_{k+j-n}$$

式中，$\binom{n}{j}=\dfrac{n(n-1)\cdots(n-j+1)}{j!}$．

性质 2 函数值可用各阶差分来表示．例如：

$$f_{n+k}=\mathrm{E}^n f_k=(\mathrm{I}+\Delta)^n f_k=\sum_{j=0}^{n}\binom{n}{j}\mathrm{I}^{n-j}\Delta^j f_k=\sum_{j=0}^{n}\binom{n}{j}\Delta^j f_k$$

性质 3 均差与差分的关系：

$$f[x_k, x_{k+1}, \cdots, x_{k+m}]=\frac{1}{m!}\frac{1}{h^m}\Delta^m f_k,\ k=1, 2, \cdots, n$$

$$f[x_k, x_{k-1}, \cdots, x_{k-m}]=\frac{1}{m!}\frac{1}{h^m}\nabla^m f_k,\ k=1, 2, \cdots, n$$

性质 4 差分与导数的关系：

$$\Delta^n f_k=h^n f^{(n)}(\xi),\ \xi\in(x_k, x_{k+1})$$

这一关系由均差与导数的关系及差分与均差的关系可得．

可以通过列差分表的方法计算差分．表 5-4 是向前差分表．

表 5-4　向前差分表

$f(x_k)$	Δ	Δ^2	Δ^3	Δ^4
f_0	Δf_0	$\Delta^2 f_0$	$\Delta^3 f_0$	$\Delta^4 f_0$
f_1	Δf_1	$\Delta^2 f_1$	$\Delta^3 f_1$	$\vdots$
f_2	Δf_2	$\Delta^2 f_2$	$\vdots$	
f_3	Δf_3	$\vdots$		
f_4	$\vdots$			
$\vdots$				

5.4.2　等距节点插值公式

今考虑 Newton 插值公式

$$N_n(x)=f(x_0)+f[x_0,\ x_1](x-x_0)+f[x_0,\ x_1,\ x_2](x-x_0)(x-x_1)$$
$$+\cdots+f[x_0,\ x_1,\ \cdots,\ x_n](x-x_0)(x-x_1)\cdots(x-x_{n-1})$$

由于节点 $x_k=x_0+kh(k=0,\ 1,\ \cdots,\ n)$ 为等距节点，假设要计算 x_0 点附近某点的值，令 $x=x_0+th$，显然有 $0<t<1$，则得

$$\omega_{k+1}(x)=(x-x_0)(x-x_1)\cdots(x-x_k)=t(t-1)\cdots(t-k)h^{k+1}$$

由均差与差分的关系，立得所求等距节点插值公式

$$N_n(x_0+th)=f_0+t\Delta f_0+\frac{t(t-1)}{2!}\Delta^2 f_0+\cdots+\frac{t(t-1)\cdots(t-n+1)}{n!}\Delta^n f_0$$

此式称为 Newton 前插公式．

由 Lagrange 插值余项得 Newton 前插公式的余项为

$$R_n(x)=\frac{f^{(n+1)}(\xi)}{(n+1)!}t(t-1)\cdots(t-n)h^{n+1},\ \xi\in(x_0,\ x_n)$$

反之，若要求 x_n 附近某点的值，先将 Newton 插值多项式按 x_n，x_{n-1}，$\cdots$，x_1，x_0 次序改写为

$$N_n(x)=f(x_n)+f[x_n,\ x_{n-1}](x-x_n)+f[x_n,\ x_{n-1},\ x_{n-2}](x-x_n)(x-x_{n-1})$$
$$+\cdots+f[x_n,\ x_{n-1},\ \cdots,\ x_0](x-x_n)(x-x_{n-1})\cdots(x-x_1)$$

令 $x=x_n+th$，显然有 $-1<t<0$，由均差与差分的关系，得

$$N_n(x_n+th)=f_n+t\nabla f_n+\frac{t(t+1)}{2!}\nabla^2 f_n+\cdots+\frac{t(t+1)\cdots(t+n-1)}{n!}\nabla^n f_n$$

称为 Newton 后插公式．同样可得 Newton 后插公式的余项为

$$R_n(x)=\frac{f^{(n+1)}(\xi)}{(n+1)!}t(t+1)\cdots(t+n)h^{n+1},\ \xi\in(x_0,\ x_n)$$

若所求的点 x 既不在 x_0 附近又不在 x_n 附近，而是在某一点 x_k 附近，那么只需根据具体的点，取 x_k 或是 x_0 或是 x_n，再选择 Newton 前插或后插公式即可计算．

【例 5】 已知 $f(x)=\sin x$ 的数值表如表 5-5 所示，试用等距节点插值公式求 sin0.5791 的近似值，并估计误差．

表 5-5 数值表

x	0.4	0.5	0.6	0.7
$f(x)$	0.38942	0.47943	0.56464	0.64422

解 作差分表，如表 5-6 所示。

表 5-6 差分表 1

x_k	$f(x_k)$	Δ	Δ^2	Δ^3
0.4	0.38942	0.09001	0.00480	−0.00083
0.5	0.47943	0.08521	−0.00563	
0.6	0.56464	0.07958		
0.7	0.64422			

由于 $x=0.5791$ 在 $[0.5,\ 0.6]$ 之间，故取 $x_0=0.5$，$x_1=0.6$，$x_2=0.7$.
又 $h=0.1$，$x=0.57891=0.5+0.7891\times0.1$，所以 $t=0.7891$，由 Newton 前插公式得

$$N_2(0.57981)=f_0+t\Delta f_0+\frac{t(t-1)}{2}\Delta^2 f_0$$
$$=0.47943+0.7891\times0.08521+\frac{0.7891(0.7891-1)}{2}\times(-0.00563)$$
$$=0.54714$$

得 $\sin 0.57891\approx0.54714$. 误差

$$R_2(x)=\frac{-\cos\xi}{3!}0.7891(0.7891-1)(0.7891-2)(0.1)^3(0.5<\xi<0.7)$$

所以 $|R_2(x)|\leqslant3.36\times10^{-5}|\cos0.5|=2.95\times10^{-5}$.
如果用 Newton 后插公式，可取 $x_2=0.6$，$x_1=0.5$，$x_0=0.4$.

作差分表，如表 5-7 所示 .

表 5-7 差分表 2

x_k	$f(x_k)$	∇	∇^2	∇^3
0.4	0.38942			
0.5	0.47943	0.09001		
0.6	0.56464	0.08521	0.00480	
0.7	0.64422	0.07958	−0.00563	−0.00083

$$x=0.57891=0.6+(-0.2109)\times0.1,\ t=-0.2109$$

$$N_2(0.57981)=f_2+t\Delta f_2+\frac{t(t-1)}{2}\Delta^2 f_2$$
$$=0.56464+(-0.2109)\times0.08521+\frac{-0.2109(-0.2109+1)}{2}\times0.00480$$
$$=0.54707$$

得 $\sin 0.57891\approx0.54707$. 误差 $R_2(x)=\frac{-\cos\xi}{3!}(-0.2109)(-0.2109+1)(-0.2109+2)(0.1)^3(0.4<\xi<0.6)$.

所以 $|R_2(x)|\leqslant4.57\times10^{-5}$.

5.5 Hermite 插值

前几节所求插值多项式 $P_n(x)$ 都是满足插值条件 $P_n(x_j)=f(x_j)(j=0,1,\cdots,n)$．然而有些实际问题不仅限于满足这个条件，还要求 $P_n(x)$ 在节点上的导数值也等于 $f(x)$ 在该点的导数值，有时甚至还要求高阶导数值也相等．这里我们只讨论一阶导数值相等的情形．问题的一般提法如下．

设在节点 $a\leqslant x_0<x_1<\cdots<x_n\leqslant b$ 上，已知 $y_j=f(x_j)$，$m_j=f'(x_j)(j=0,1,\cdots,n)$，要求一个插值多项式 $H(x)$ 满足插值条件：

$$H(x_j)=y_j,\ H'(x_j)=m_j,\ j=0,1,\cdots,n$$

此即称为 Hermite 插值问题．可见共有 $2n+2$ 个条件，所以可以确定 $2n+2$ 个待定参数，从而可以确定一个不超过 $2n+1$ 次的多项式 $H_{2n+1}(x)$．其几何意义是：求一条曲线 $y=H_{2n+1}(x)$ 使其与曲线 $y=f(x)$ 不但在节点处重合（函数值相等），而且在节点处有公切线（斜率相等）．

关于 $H_{2n+1}(x)$ 的确定我们仍想采用插值基函数的方法，设 $\alpha_j(x)$ 与 $\beta_j(x)(j=0,1,\cdots,n)$ 为插值基函数，共有 $2n+2$ 个，且每一个基函数都是 $2n+1$ 次多项式，那么 $\alpha_j(x)$ 与 $\beta_j(x)$ 应满足什么条件呢？由插值条件知 $\alpha_j(x)$ 与 $\beta_j(x)$ 应满足

$$\begin{cases}\alpha_j(x_k)=\begin{cases}0, & j\neq k\\ 1, & j=k\end{cases}\\ \beta_j(x_k)=0\end{cases}\qquad \begin{cases}\alpha'_j(x_k)=0\\ \beta'_j(x_k)=\begin{cases}0, & j\neq k\\ 1, & j=k\end{cases}\end{cases}$$

关于满足插值条件的插值多项式的存在性和 $\alpha_j(x)$ 与 $\beta_j(x)$ 的表达式，以及 $H_{2n+1}(x)$ 的表达式均由以下定理给出．

定理 3　Hermite 插值问题的解是存在且唯一的，并有

$$H_{2n+1}(x)=\sum_{j=0}^{n}[y_j\alpha_j(x)+m_j\beta_j(x)]$$

式中，

$$\alpha_j(x)=\left[1-2(x-x_j)\sum_{\substack{k=0\\k\neq j}}^{n}\frac{1}{x_j-x_k}\right]l_j^2(x),\ j=0,1,\cdots,n$$

$$\beta_j(x)=(x-x_j)l_j^2(x),\ j=0,1,\cdots,n$$

这里 $l_j(x)=\prod\limits_{\substack{k=0\\k\neq j}}^{n}\dfrac{x-x_k}{x_j-x_k}$ 为 Lagrange 插值基函数．上式称为 Hermite 插值多项式．

证明　定理的证明过程实际上就是求 $H_{2n+1}(x)$ 的过程．

首先，由 Hermite 插值条件知

$$H_{2n+1}(x_k)=\sum_{j=0}^{n}[y_j\alpha_j(x_k)+m_j\beta_j(x_k)]=y_k$$

$$H'_{2n+1}(x_k)=\sum_{j=0}^{n}[y_j\alpha'_j(x_k)+m_j\beta'_j(x_k)]=m_k,\ k=0,1,\cdots,n$$

所以 Hermite 插值多项式确实是满足 Hermite 插值条件的 $\alpha_j(x)$ 与 $\beta_j(x)$ 的线性组合．

其次，证明 $\alpha_j(x)$ 与 $\beta_j(x)$ 的表达式．由于 $\alpha_j(x)$ 为 $2n+1$ 次多项式，又由 Hermite

插值条件，结合 Lagrange 插值基函数的定义知，可设

$$\alpha_j(x)=(ax+b)l_j^2(x)$$

再由

$$1=\alpha_j(x_j)=(ax_j+b)l_j^2(x_j)=ax_j+b$$

$$0=\alpha_j'(x_j)=al_j^2(x_j)+2(ax_j+b)l_j(x_j)l_j'(x_j)=a+2(ax_j+b)l_j'(x_j)$$

所以有

$$\begin{cases}ax_j+b=1\\ a+2l_j'(x_j)=0\end{cases}$$

解之得

$$\begin{cases}a=-2l_j'(x_j)\\ b=1+2x_jl_j'(x_j)\end{cases}$$

下求 $l_j'(x_j)$. 由 $l_j(x)=\prod\limits_{\substack{k=0\\k\neq j}}^{n}\dfrac{x-x_k}{x_j-x_k}$ 两边取对数得

$$\ln l_j(x)=\sum_{\substack{k=0\\k\neq j}}^{n}\ln\frac{x-x_k}{x_j-x_k}=\sum_{\substack{k=0\\k\neq j}}^{n}\ln(x-x_k)-\sum_{\substack{k=0\\k\neq j}}^{n}\ln(x_j-x_k)$$

求导数得 $\dfrac{l_j'(x)}{l_j(x)}=\sum\limits_{\substack{k=0\\k\neq j}}^{n}\dfrac{1}{x-x_k}$，令 $x=x_j$，得

$$l_j'(x_j)=\sum_{\substack{k=0\\k\neq j}}^{n}\frac{1}{x_j-x_k}$$

回代并整理得 $\alpha_j(x)=\left[1-2(x-x_j)\sum\limits_{\substack{k=0\\k\neq j}}^{n}\dfrac{1}{x_j-x_k}\right]l_j^2(x)$

同理，令

$$\beta_j(x)=A(x-x_j)l_j^2(x)$$

由 $\beta_j'(x_j)=1$ 得 $A=1$，所以得

$$\beta_j(x)=(x-x_j)l_j^2(x)$$

最后，证明 $H_{2n+1}(x)$ 的唯一性.

假设存在另一个 $\overline{H}_{2n+1}(x)$ 也满足插值条件，为此令

$$\varphi(x)=H_{2n+1}(x)-\overline{H}_{2n+1}(x)$$

则知 x_0，x_1，…，x_n 均为 $\varphi(x)$ 的二重零点，即 $\varphi(x)$ 共有 $2n+2$ 个零点. 但由于 $H_{2n+1}(x)$ 和 $\overline{H}_{2n+1}(x)$ 均为 $2n+1$ 次多项式，所以 $\varphi(x)$ 也必定是不超过 $2n+1$ 次的多项式，从而得 $\varphi(x)\equiv 0$.

定理 4 若 $f(x)$ 满足 $f^{(2n+1)}(x)$ 在 $[a,b]$ 上连续，$f^{(2n+2)}(x)$ 在 (a,b) 上存在，又 x_0，x_1，…，x_n 是 $n+1$ 个互异节点，则满足插值条件的 Hermite 插值多项式的插值余项为

$$R(x)=f(x)-H_{2n+1}(x)=\frac{f^{(2n+2)}(\xi)}{(2n+2)!}\omega_{n+1}^2(x)$$

式中，$\xi\in(a,b)$ 与 x 有关；$\omega_{n+1}(x)$ 的意义同前.

特别当 $n=1$ 时，Hermite 插值问题变为求 $H_3(x)$，满足

$$\begin{cases}H_3(x_0)=y_0,\ H_3(x_1)=y_1\\ H_3'(x_0)=m_0,\ H_3'(x_1)=m_1\end{cases}$$

$\alpha_j(x)$ 与 $\beta_j(x)$ 满足

$$\alpha_0(x_0)=1,\alpha_0(x_1)=0,\alpha_1(x_0)=0,\alpha_1(x_1)=1$$
$$\alpha'_0(x_0)=0,\alpha'_0(x_1)=0,\alpha'_1(x_0)=0,\alpha'_1(x_1)=0$$
$$\beta_0(x_0)=0,\beta_0(x_1)=0,\beta_1(x_0)=0,\beta_1(x_1)=0$$
$$\beta'_0(x_0)=1,\beta'_0(x_1)=0,\beta'_1(x_0)=0,\beta'_1(x_1)=1$$
$$H_3(x)=y_0\alpha_0(x)+m_0\beta_0(x)+y_1\alpha_1(x)+m_1\beta_1(x)$$

式中，$\alpha_0(x)=\left[1-2(x-x_0)\dfrac{1}{x_0-x_1}\right]\left(\dfrac{x-x_1}{x_0-x_1}\right)^2$

$$\alpha_1(x)=\left[1-2(x-x_1)\frac{1}{x_1-x_0}\right]\left(\frac{x-x_0}{x_1-x_0}\right)^2$$
$$\beta_0(x)=(x-x_0)\left(\frac{x-x_1}{x_0-x_1}\right)^2$$
$$\beta_1(x)=(x-x_1)\left(\frac{x-x_0}{x_1-x_0}\right)^2$$

其余项为

$$R_3(x)=\frac{f^{(4)}(\xi)}{4!}(x-x_0)^2(x-x_1)^2,\ \xi\in(x_0,x_1)$$

以上给出了 Hermite 插值问题的一般公式，但对具体问题往往不需完全按上述步骤求解，只要充分利用问题的特点，则可使求解过程简化．

【例 6】 求满足 $P(x_j)=f(x_j)\ (j=0,1,2)$ 及 $P'(x_1)=f'(x_1)$ 的插值多项式及其余项．

解 此问题并非完全等同插值问题，它只要求在一个节点上导数值相等．由条件知，可以确定一个 3 次多项式．

设

$$P(x)=f(x_0)+f[x_0,x_1](x-x_0)+f[x_0,x_1,x_2](x-x_0)(x-x_1)+$$
$$+A(x-x_0)(x-x_1)(x-x_2)$$

式中，A 为待定参数（前三项是 $n=2$ 时的 Newton 插值多项式）．由 $P'(x_1)=f'(x_1)$ 求导数并代入 x_1，即得 $A=\dfrac{f'(x_1)-f[x_0,x_1]-(x_1-x_0)f[x_0,x_1,x_2]}{(x_1-x_0)(x_1-x_2)}$.

以下求余项 $R(x)=f(x)-P(x)$，由于 x_0，x_1，x_2 都是 $R(x)$ 的零点，并且 x_1 是它的一个二重零点，所以设

$$R(x)=k(x)(x-x_0)(x-x_1)^2(x-x_2)$$

式中，$k(x)$ 为待定函数．同证明 Lagrange 的插值余项一样，将 x 看成固定的点，引入辅助函数

$$\varphi(t)=f(t)-p(t)-k(x)(t-x_0)(t-x_1)^2(t-x_2)$$

由于 x，x_0，x_1，x_2 都是 $\varphi(t)$ 的零点，并且 x_1 是它的一个二重零点，所以 $\varphi(t)$ 共有 5 个零点．由 Rolle 定理知，$\varphi'(t)$ 有 4 个零点，反复用 Rolle 定理知 $\varphi^{(4)}(t)$ 在 (x_0,x_2) 内至少有一个零点，记为 ξ. 故有 $\varphi^{(4)}(\xi)=f^{(4)}(\xi)-k(x)4!=0$，得 $k(x)=\dfrac{f^{(4)}(\xi)}{4!}$. 所以得

$$R(x)=\frac{f^{(4)}(\xi)}{4!}(x-x_0)(x-x_1)^2(x-x_2)$$

5.6 分段低次插值

前面我们介绍了给定 $n+1$ 个插值节点和相应的函数值后，来构造 n 次插值多项式的方法，并给出了插值余项

$$R_n(x)=\frac{f^{(n+1)}(\xi)}{(n+1)!}\omega_{n+1}(x)$$

一般认为，插值多项式与被插函数的误差（逼近的精度）与节点的个数（插值多项式的次数）有关，节点越多近似程度越好，但事实并非完全如此．甚至有这样的情况，节点个数（插值多项式的次数）越多，反而在个别点上的误差越大．这一现象称为 Runge 现象．基于这一现象，所以通常不用高次插值，而是用低次插值．不过要将插值区间分成几个小区间，在每个小区间上做低次插值，这就是所谓的分段低次插值问题．

5.6.1 分段线性插值

设已知节点为 $a=x_0<x_1<\cdots<x_n=b$，相应的函数值为 f_0，f_1，…，f_n，记 $h_k=x_{k+1}-x_k$，$h=\max\limits_k\{h_k\}$，求一个函数 $I_h(x)$ 满足：

① $I_h(x)\in C[a,b]$；

② $I_h(x_k)=f_k(k=0,1,\cdots,n)$；

③ $I_h(x)$ 在每个小区间 $[x_k,x_{k+1}]$ 上是一个线性函数．

则称 $I_h(x)$ 为分段线性插值函数．

由条件③知，$I_h(x)$ 在区间 $[x_k,x_{k+1}]$ 上可以表示为

$$I_h(x)=\frac{x-x_{k+1}}{x_k-x_{k+1}}f_k+\frac{x-x_k}{x_{k+1}-x_k}f_{k+1},\ x\in[x_k,x_{k+1}]$$

在每个插值区间上构造出一次插值基函数 $l_k(x)$，然后再作它们的线性组合就得到 $x\in[a,b]$ 时 $I_h(x)$ 的表达式

$$I_h(x)=\sum_{j=0}^{n}l_j(x)f_j$$

插值基函数 $l_k(x)$ 同样满足 $l_j(x_k)=\begin{cases}1, & j=k\\0, & j\neq k\end{cases}$ 和 $\sum\limits_{j=0}^{n}l_j(x)=1$ 两个性质．关于此时的误差有以下结论．

定理 5　假设 $f(x)$ 在 $[a,b]$ 上二阶导数连续，$I_h(x)$ 为分段线性插值函数，则其余项为

$$|R(x)|=|I_h(x)-f(x)|\leqslant\frac{M_2}{8}h^2$$

式中，$M_2=\max\limits_{a\leqslant x\leqslant b}|f''(x)|$；$h=\max\limits_k\{h_k\}$.

证明　由于 $x\in[x_k,x_{k+1}]$ 时，$I_h(x)$ 为线性插值多项式，由线性插值的余项知

$$|R_k(x)|\leqslant\frac{M}{8}h_k^{\ 2},\ M=\max_{x_k\leqslant x\leqslant x_{k+1}}|f''(x)|$$

所以 $x\in[a,b]$ 时，$|R(x)|=|I_h(x)-f(x)|\leqslant\max|R_k(x)|\leqslant\frac{M_2}{8}h^2$.

5.6.2　分段三次 Hermite 插值

从几何上看，上面的分段线性插值是用一族折线逼近函数 $f(x)$，所以在节点上的导数往往是不存在的. 如果除要求在节点上的函数值相等外还要求其导数值也相等，这样就可以构造出一个导数连续的分段函数 $I_h(x)$. 它要求满足：

① $I_h(x) \in C^1[a, b]$；

② $I_h(x_k)=f_k$，$I'_h(x_k)=f'_k(k=0, 1, \cdots, n)$；

③ $I_h(x)$ 在每个小区间 $[x_k, x_{k+1}]$ 上是一个三次多项式.

则称 $I_h(x)$ 为分段三次 Hermite 插值多项式.

由 Hermite 插值多项式知，当 $n=1$ 时，$I_h(x)$ 在 $[x_k, x_{k+1}]$ 上的表达式为

$$I_h(x)=\left(\frac{x-x_{k+1}}{x_k-x_{k+1}}\right)^2\left(1+2\frac{x-x_k}{x_{k+1}-x_k}\right)f_k+\left(\frac{x-x_k}{x_{k+1}-x_k}\right)^2\left(1+2\frac{x-x_{k+1}}{x_k-x_{k+1}}\right)f_{k+1}$$
$$+\left(\frac{x-x_{k+1}}{x_k-x_{k+1}}\right)^2(x-x_k)f'_k+\left(\frac{x-x_k}{x_{k+1}-x_k}\right)^2(x-x_{k+1})f'_{k+1}$$

同样，在每个插值区间上构造出插值基函数 $\alpha_j(x)$ 和 $\beta_j(x)$（Hermite 插值中 $n=1$ 时的情况)，然后再作它们的线性组合就得到 $x \in [a, b]$ 时 $I_h(x)$ 的表达式

$$I_h(x)=\sum_{j=0}^{n}[\alpha_j(x)f_j+\beta_j(x)f'_j]$$

关于 $I_h(x)$ 的收敛性有以下定理.

定理 6　设 $I_h(x)$ 是 $a=x_0<x_1<\cdots<x_n=b$ 上的分段三次 Hermite 插值函数，$f(x) \in C^3[a, b]$，$f^{(4)}(x)$ 在 (a, b) 上存在，则对任意 $x \in [a, b]$，有

$$|R(x)|=|f(x)-I_h(x)| \leqslant \frac{M_4}{384}h^4$$

式中，$h=\max\limits_k\{h_k\}$；$M_4=\max\limits_{a \leqslant x \leqslant b}|f^{(4)}(x)|$.

证明　由于在每个小区间上，$I_h(x)$ 是一个三次 Hermite 插值多项式，所以 $x \in [x_k, x_{k+1}]$ 时，其误差余项为

$$R(x)=\frac{f^{(4)}(\xi_k)}{4!}(x-x_k)^2(x-x_{k+1})^2，\ \xi_k \in (x_k, x_{k+1})$$

由于 $\max\limits_{x_k \leqslant x \leqslant x_{k+1}}(x-x_k)^2(x-x_{k+1})^2=\dfrac{h_k^4}{16}$，从而有 $\max\limits_{x_k \leqslant x \leqslant x_{k+1}}|R(x)| \leqslant \dfrac{h_k^4}{384}\max\limits_{x_k \leqslant x \leqslant x_{k+1}}|f^{(4)}(x)|$，

所以当 $x \in [a, b]$ 时，有 $|R(x)|=|f(x)-I_h(x)| \leqslant \dfrac{M_4}{384}h^4$.

【例 7】　设 $f(x)=\dfrac{1}{1+x^2}$，在 $[-5, 5]$ 上取 $n=10$.

① 按等距节点求分段线性插值函数 $I_h(x)$.

② 求 $f(0.5)$ 的近似值.

解　① 由于 $n=10$，所以步长 $h=1$，$x_k=-5+k(k=0, 1, \cdots, 10)$.

当 $x \in [x_k, x_{k+1}]$ 时，

$$I_h(x)=\frac{x-x_{k+1}}{x_k-x_{k+1}}f_k+\frac{x-x_k}{x_{k+1}-x_k}f_{k+1}，\ k=0, 1, \cdots, 9$$

当 $x \in [-5+k, -4+k]$ 时，

$$I_h(x)=\frac{k-x-4}{1+(k-5)^2}+\frac{x+5-k}{1+(k-4)^2},\ k=0,1,\cdots,9$$

② $x=0.5\in[0,1]$，即 $k=5$，所以 $f(0.5)\approx I_h(0.5)=0.5+\frac{0.5}{2}=0.75$.

5.7 三次样条插值

以上讨论的分段低次插值多项式只满足在节点上的导数值相等，所以光滑性较差，往往不适用于解决一些实际问题．例如，在飞机设计工作中，绘制飞机外形的理论模型不仅要求曲线连续，而且要求曲线的曲率也连续，这就要求分段插值函数具有连续的二阶导数．这一节我们所得插值多项式一方面要求分段插值函数具有连续的二阶导数，另一方面要求在节点上的导数值还是未知的情况．这就是三次样条插值问题．

5.7.1 三次样条插值问题的提法及常见边界条件

定义 4 设给定节点 $a=x_0<x_1<\cdots<x_n=b$ 及相应的函数值 $y_0, y_1, \cdots, y_n$，构造一个函数 $S(x)$ 满足：

① $S(x)\in C^2[a,b]$；

② $S(x)$ 在每个小区间 $[x_k, x_{k+1}]$ 上是一个三次多项式；

③ $S(x_k)=f_k(k=0,1,\cdots,n)$. (5-33)

则称满足条件①与②的函数为节点 $x_0, x_1, \cdots, x_n$ 上的三次样条函数，若三次样条函数又满足条件③，则称 $S(x)$ 为三次样条插值函数．

由②知，要确定 n 个小区间上的样条函数，则需要确定 $4n$ 个待定参数，这就需要 $4n$ 个条件．由①知，$S(x)$ 在每个节点 x_j 上应满足

$$\begin{aligned}S(x_j-0)&=S(x_j+0),\ j=1,\cdots,n-1\\ S'(x_j-0)&=S'(x_j+0),\ j=1,\cdots,n-1\\ S''(x_j-0)&=S''(x_j+0),\ j=1,\cdots,n-1\end{aligned}\tag{5-34}$$

共有 $3n-3$ 个条件，再由条件③可得 $n+1$ 个条件，这样共有 $4n-2$ 个条件，因此要确定 $S(x)$ 还需要两个条件．这两个条件通常是在区间的端点 $x_0=a$ 及 $x_n=b$ 上各加上一个条件所得，这就是所说的边界条件．边界条件往往由实际问题来确定．

常见的边界条件有以下三种．

① 第一种边界条件，已知两端点的一阶导数值

$$S'(x_0)=f'_0,\ S'(x_n)=f'_n$$

② 第二种边界条件，已知两端点的二阶导数值

$$S''(x_0)=f''_0,\ S''(x_n)=f''_n$$

特别地，$S''(x_0)=S''(x_n)=0$ 时称为自然边界条件．

③ 第三种边界条件，当 $f(x)$ 是以 $b-a$ 为周期的周期函数时，则要求 $S(x)$ 也是周期函数．这时边界条件应满足

$$S(x_0+0)=S(x_n-0),\ S'(x_0+0)=S'(x_n-0)$$
$$S''(x_0+0)=S''(x_n-0)$$

这种边界条件称为周期性边界条件，相应的样条函数称为周期样条函数．

5.7.2 三次样条插值函数的求法

原则上讲，可以利用 $S(x)$ 以及其一阶、二阶导数在节点上的连续性和插值条件③与边界条件，列出含有 $4n$ 个未知数的线性方程组，然后解这个方程组即可．但是，这种做法工作量太大，以至于实际计算中很少用，下面介绍两种行之有效的方法．

(1) 利用节点处的一阶导数值来表示三次样条函数

若能求出 $S'(x)$ 在节点 x_j ($j=0, 1, \cdots, n$) 处的值 $S'(x_j)=m_j$，再由 $S(x_j)=y_j$ 和分段三次 Hermite 插值多项式，即可得到 $S(x)=\sum_{j=0}^{n}[y_j\alpha_j(x)+m_j\beta_j(x)]$. 所以我们的主要问题是解决求 m_j ($j=0, 1, \cdots, n$) 的问题．为求 m_j，要用到 $S''(x_j-0)=S''(x_j+0)$ ($j=1, \cdots, n-1$).

先考虑 $x\in[x_j, x_{j+1}]$ ($j=0, 1, \cdots, n-1$) 时，假设 m_j 已求出，由 Hermite 插值多项式得

$$\begin{aligned}S(x)=&\left(\frac{x-x_{j+1}}{x_j-x_{j+1}}\right)^2\left(1+2\frac{x-x_j}{x_{j+1}-x_j}\right)y_j+\\&\left(\frac{x-x_j}{x_{j+1}-x_j}\right)^2\left(1+2\frac{x-x_{j+1}}{x_j-x_{j+1}}\right)y_{j+1}+\\&\left(\frac{x-x_{j+1}}{x_j-x_{j+1}}\right)^2(x-x_j)m_j+\left(\frac{x-x_j}{x_{j+1}-x_j}\right)^2(x-x_{j+1})m_{j+1}\end{aligned} \tag{5-35}$$

令 $h_j=x_{j+1}-x_j$，对式(5-35) 进行整理，然后求两次导数得

$$\begin{aligned}S''(x)=&\frac{6x-2x_j-4x_{j+1}}{h_j^2}m_j+\frac{6x-4x_j-2x_{j+1}}{h_j^2}m_{j+1}+\\&\frac{6(x_j+x_{j+1}-2x)}{h_j^3}(y_{j+1}-y_j)\end{aligned}$$

令 $x\to x_j+0$ 得

$$S''(x_j+0)=\frac{-4}{h_j}m_j+\frac{-2}{h_j}m_{j+1}+\frac{6}{h_j^2}(y_{j+1}-y_j) \tag{5-36}$$

在式(5-35) 中以 $j-1$ 代 j，则得 $x\in[x_{j-1}, x_j]$ ($j=1, \cdots, n$) 时 $S(x)$ 的表达式，同样求导两次得 $S''(x)$，再令 $x\to x_j-0$ 得

$$S''(x_j-0)=\frac{2}{h_{j-1}}m_{j-1}+\frac{4}{h_{j-1}}m_j-\frac{6}{h_{j-1}^2}(y_j-y_{j-1}) \tag{5-37}$$

由 $S''(x_j-0)=S''(x_j+0)$ ($j=1, \cdots, n-1$) 得

$$\frac{1}{h_{j-1}}m_{j-1}+2\left(\frac{1}{h_{j-1}}+\frac{1}{h_j}\right)m_j+\frac{1}{h_j}m_{j+1}=3\left(\frac{y_{j+1}-y_j}{h_j^2}+\frac{y_j-y_{j-1}}{h_{j-1}^2}\right) \tag{5-38}$$

由于 $\frac{y_{j+1}-y_j}{h_j}=f[x_j, x_{j+1}]$，代入上式，用式(5-38) 两边除以 $\frac{1}{h_{j-1}}+\frac{1}{h_j}$，并令

$$\lambda_j=\frac{h_j}{h_{j-1}+h_j},\quad \mu_j=\frac{h_{j-1}}{h_{j-1}+h_j}$$

$$g_j=3(\lambda_j f[x_{j-1}, x_j]+\mu_j f[x_j, x_{j+1}]), j=1, \cdots, n-1$$

式(5-38) 变为

$$\lambda_j m_{j-1}+2m_j+\mu_j m_{j+1}=g_j, j=1, \cdots, n-1 \tag{5-39}$$

这是一个关于 m_0，m_1，…，m_n 的 $n+1$ 个未知数、$n-1$ 个方程的线性方程组，要解此方程还需要两个方程，这由边界条件给出．

① 第一种边界条件．$m_0=f'_0$，$m_n=f'_n$ 已知，式(5-39) 成为只含 $n-1$ 个未知数、$n-1$ 个方程的方程组，其形式为

$$\begin{pmatrix} 2 & \mu_1 & 0 & \cdots & 0 & 0 & 0 \\ \lambda_2 & 2 & \mu_2 & \cdots & 0 & 0 & 0 \\ 0 & \lambda_3 & 2 & \cdots & 0 & 0 & 0 \\ \vdots & \vdots & \vdots & & \vdots & \vdots & \vdots \\ 0 & 0 & 0 & \cdots & \lambda_{n-2} & 2 & \mu_{n-2} \\ 0 & 0 & 0 & \cdots & 0 & \lambda_{n-1} & 2 \end{pmatrix}\begin{pmatrix} m_1 \\ m_2 \\ m_3 \\ \vdots \\ m_{n-2} \\ m_{n-1} \end{pmatrix}=\begin{pmatrix} g_1-\lambda_1 f'_0 \\ g_2 \\ g_3 \\ \vdots \\ g_{n-2} \\ g_{n-1}-\mu_{n-1}f'_n \end{pmatrix}$$

② 第二种边界条件．$S''(x_0)=f''_0$，$S''(x_n)=f''_n$．在式(5-36) 中，取 $j=0$ 得

$$S''(x_0)=\frac{-4}{h_0}m_0+\frac{-2}{h_0}m_1+\frac{6}{h_0^2}(y_1-y_0)=f''_0$$

整理得

$$2m_0+m_1=3f[x_0, x_1]-\frac{h_0}{2}f''_0=g_0 \tag{5-40}$$

同理，可得 $S''(x_n)$ 的表达式，得另一方程

$$m_{n-1}+2m_n=3f[x_{n-1}, x_n]+\frac{h_{n-1}}{2}f''_n=g_n \tag{5-41}$$

由式(5-39) ～式(5-41) 得方程组

$$\begin{pmatrix} 2 & 1 & 0 & \cdots & 0 & 0 & 0 \\ \lambda_1 & 2 & \mu_1 & \cdots & 0 & 0 & 0 \\ 0 & \lambda_2 & 2 & \cdots & 0 & 0 & 0 \\ \vdots & \vdots & \vdots & & \vdots & \vdots & \vdots \\ 0 & 0 & 0 & \cdots & \lambda_{n-1} & 2 & \mu_{n-1} \\ 0 & 0 & 0 & \cdots & 0 & 1 & 2 \end{pmatrix}\begin{pmatrix} m_0 \\ m_1 \\ m_2 \\ \vdots \\ m_{n-1} \\ m_n \end{pmatrix}=\begin{pmatrix} g_0 \\ g_1 \\ g_2 \\ \vdots \\ g_{n-1} \\ g_n \end{pmatrix} \tag{5-42}$$

③ 第三种边界条件．由 $S'(x_0+0)=S'(x_n-0)$，$S''(x_0+0)=S''(x_n-0)$ 知，$m_0=m_n$，再由 $S''(x_0)$ 与 $S''(x_n)$ 的表达式得另一个方程

$$\frac{1}{h_0}m_1+\frac{1}{h_{n-1}}m_{n-1}+2\left(\frac{1}{h_0}+\frac{1}{h_{n-1}}\right)m_n=\frac{3}{h_0}f[x_0, x_1]+\frac{3}{h_{n-1}}f[x_{n-1}, x_n]$$

令

$$\mu_n=\frac{h_{n-1}}{h_0+h_{n-1}}, \quad \lambda_n=\frac{h_0}{h_0+h_{n-1}}$$

$$g_n=3(\mu_n f[x_0, x_1]+\lambda_n f[x_{n-1}, x_n])$$

上式变为 $\mu_n m_1+\lambda_n m_{n-1}+2m_n=g_n$，结合式(5-39) 得方程组

$$\begin{pmatrix} 2 & \mu_1 & 0 & \cdots & 0 & 0 & \lambda_1 \\ \lambda_2 & 2 & \mu_2 & \cdots & 0 & 0 & 0 \\ 0 & \lambda_3 & 2 & \cdots & 0 & 0 & 0 \\ \vdots & \vdots & \vdots & & \vdots & \vdots & \vdots \\ 0 & 0 & 0 & \cdots & \lambda_{n-1} & 2 & \mu_{n-1} \\ \mu_n & 0 & 0 & \cdots & 0 & \lambda_n & 2 \end{pmatrix} \begin{pmatrix} m_1 \\ m_2 \\ m_3 \\ \vdots \\ m_{n-1} \\ m_n \end{pmatrix} = \begin{pmatrix} g_1 \\ g_2 \\ g_3 \\ \vdots \\ g_{n-1} \\ g_n \end{pmatrix}$$

由上述内容知，在三种边界条件下，都可以求出节点上的导数值 m_0，m_1，…，m_n，从而得到三次样条插值函数 $S(x)$.

（2）利用节点处的二阶导数值来表示三次样条函数

以上是利用二阶导数 $S''(x)$ 在节点 x_j（$j=0$，1，…，n）上的连续性以及边界条件列出的求一阶导数 m_0，m_1，…，m_n 的线性方程组，由一阶导数值来确定样条函数 $S(x)$. 然而有时用 $S(x)$ 的二阶导数值 $M_j=S''(x_j)$（$j=0$，1，…，n）来表示 $S(x)$ 可能更方便些. 接下来介绍这种方法.

假设 $S(x)$ 的二阶导数值 $M_j=S''(x_j)$（$j=0$，1，…，n）已知，由于 $S''(x)$ 在 $[x_j, x_{j+1}]$ 上为一个线性函数，又知

$$M_j=S''(x_j),\quad M_{j+1}=S''(x_{j+1})$$

可由线性插值得到 $x\in[x_j, x_{j+1}]$ 时，

$$S''(x)=\frac{x_{j+1}-x}{h_j}M_j+\frac{x-x_j}{h_j}M_{j+1} \tag{5-43}$$

对式(5-43) 连续积分两次，则得含有两个积分常数的样条函数 $S(x)$，再由插值条件 $S(x_j)=y_j$，$S(x_{j+1})=y_{j+1}$ 即可确定这两个积分常数，从而得到区间 $[x_j, x_{j+1}]$ 上的用二阶导数值 M_j 表示的函数 $S(x)$.

$$\begin{aligned} S(x)=&\frac{(x_{j+1}-x)^3}{6h_j}M_j+\frac{(x-x_j)^3}{6h_j}M_{j+1}+\left(y_j-\frac{M_jh_j^2}{6}\right)\frac{x_{j+1}-x}{h_j} \\ &+\left(y_{j+1}-\frac{M_{j+1}h_j^2}{6}\right)\frac{x-x_j}{h_j},\ j=0,1,\cdots,n-1 \end{aligned} \tag{5-44}$$

由此可见只需得到 $S(x)$ 的二阶导数值 $M_j=S''(x_j)$，即可由式(5-44) 求得 $S(x)$. 接下来研究求 M_j 的问题.

假设式(5-44) 已知，对其求导数得

$$\begin{aligned} S'(x)=&-M_j\frac{(x_{j+1}-x)^2}{2h_j}+M_{j+1}\frac{(x-x_j)^2}{2h_j}+\frac{y_{j+1}-y_j}{h_j} \\ &-\frac{M_{j+1}-M_j}{6}h_j \end{aligned} \tag{5-45}$$

令 $x\to x_j+0$，得

$$S'(x_j+0)=-M_j\frac{h_j}{3}-M_{j+1}\frac{h_j}{6}+\frac{y_{j+1}-y_j}{h_j} \tag{5-46}$$

同理，在式(5-44) 中，以 $j-1$ 代 j 可求得区间 $[x_{j-1}, x_j]$ 上的 $S(x)$，求导数并令 $x\to x_j-0$ 得到

$$S'(x_j-0)=M_{j-1}\frac{h_{j-1}}{6}+M_j\frac{h_{j-1}}{3}+\frac{y_j-y_{j-1}}{h_{j-1}} \tag{5-47}$$

由 $S'(x_j+0)=S'(x_j-0)$ 得

$$\mu_j M_{j-1}+2M_j+\lambda_j M_{j+1}=d_j,\ j=1,\ \cdots,\ n-1 \tag{5-48}$$

式中的 λ_j，μ_j 同前文，而

$$d_j=6\frac{f[x_j,\ x_{j+1}]-f[x_{j-1},\ x_j]}{h_{j-1}+h_j}=6f[x_{j-1},\ x_j,\ x_{j+1}]$$

这同样是一个含有 M_0，…，M_n 共有 $n+1$ 个未知数、$n-1$ 个方程的方程组，要解之还需要边界条件．

① 第一种边界条件．已知两端的一阶导数值

$$S'(x_0)=f'_0,\ S'(x_n)=f'_n$$

在式(5-46) 中令 $j=0$，得

$$-M_0\frac{h_0}{3}-M_1\frac{h_0}{6}+\frac{y_1-y_0}{h_0}=f'_0 \tag{5-49}$$

在式(5-47) 中令 $j=n$，得

$$M_{n-1}\frac{h_{n-1}}{6}+M_n\frac{h_{n-1}}{3}+\frac{y_n-y_{n-1}}{h_{n-1}}=f'_n \tag{5-50}$$

由式(5-49) 与式(5-50) 又得两个方程，从而得到以下方程组

$$\begin{pmatrix} 2 & 1 & 0 & \cdots & 0 & 0 & 0 \\ \mu_1 & 2 & \lambda_1 & \cdots & 0 & 0 & 0 \\ 0 & \mu_2 & 2 & \cdots & 0 & 0 & 0 \\ \vdots & \vdots & \vdots & & & & \vdots \\ 0 & 0 & 0 & \cdots & \mu_{n-1} & 2 & \lambda_{n-1} \\ 0 & 0 & 0 & \cdots & 0 & 1 & 2 \end{pmatrix}\begin{pmatrix} M_0 \\ M_1 \\ M_2 \\ \vdots \\ M_{n-1} \\ M_n \end{pmatrix}=\begin{pmatrix} d_0 \\ d_1 \\ d_2 \\ \vdots \\ d_{n-1} \\ d_n \end{pmatrix}$$

这里，$d_0=\frac{6}{h_0}(f[x_0,\ x_1]-f'_0)$，$d_n=\frac{6}{h_{n-1}}(f'_n-f[x_{n-1},\ x_n])$．

② 第二种边界条件．已知两端的二阶导数值

$$S''(x_0)=f''_0=M_0,\ S''(x_n)=f''_n=M_n$$

代入式(5-48)，解 $n-1$ 阶方程组即可．

③ 第三种边界条件．

$$S'(x_0+0)=S'(x_n-0),\ S''(x_0+0)=S''(x_n-0)$$

由式(5-49) 和式(5-50) 可得一个方程

$$\lambda_n M_1+\mu_{n-1}M_{n-1}+2M_n=d_n \tag{5-51}$$

$$\lambda_n=\frac{h_0}{h_0+h_{n-1}},\ \mu_n=\frac{h_{n-1}}{h_0+h_{n-1}}$$

$$d_n=\frac{6}{h_0+h_{n-1}}(f[x_0,\ x_1]-f[x_{n-1},\ x_n])$$

由 $S''(x_0+0)=S''(x_n-0)$ 得 $M_0=M_n$．　(5-52)

联合式(5-48) 可得含有 M_1，…，M_n 的 n 个方程，解之即可．

【例 8】 求满足表 5-8 的三次样条插值函数，并求 $f(3)$ 和 $f(4.5)$ 的近似值，其中边界条件为自然边界条件．

表 5-8　第 5 章例 7

x	1	2	4	5
$f(x)$	1	3	4	2

解　因为边界条件为 $S''(x_0)=S''(x_n)=0$，故用节点上的二阶导数来表示样条函数要方便些．

由 $h_j=x_{j+1}-x_j$ 得

$$h_0=2-1=1,\ h_1=4-2=2,\ h_2=5-4=1$$

由 $\lambda_j=\dfrac{h_j}{h_{j-1}+h_j}$ 得

$$\lambda_1=\frac{2}{1+2}=\frac{2}{3},\quad \lambda_2=\frac{1}{3}$$

又由 $\mu_j=\dfrac{h_{j-1}}{h_{j-1}+h_j}$ 知

$$\mu_1=\frac{1}{3},\quad \mu_2=\frac{2}{3}$$

再由 $d_j=6\dfrac{f[x_j,\ x_{j+1}]-f[x_{j-1},\ x_j]}{h_{j-1}+h_j}$ 得 $d_1=\dfrac{6}{3}\left(\dfrac{4-3}{4-2}-\dfrac{3-1}{2-1}\right)=-3$，同理，$d_2=-5$．

由式(5-48)

$$\mu_j M_{j-1}+2M_j+\lambda_j M_{j+1}=d_j,\ j=1,\ \cdots,\ n-1$$

得方程组

$$\begin{cases}\dfrac{1}{3}M_0+2M_1+\dfrac{2}{3}M_2=-3\\ \dfrac{2}{3}M_1+2M_2+\dfrac{1}{3}M_3=-5\end{cases}$$

因为边界条件为 $S''(x_0)=S''(x_n)=0$，即 $M_0=M_3=0$，解之得 $M_1=\dfrac{-3}{4}$，$M_2=\dfrac{-9}{4}$．再由式(5-44) 得 $S(x)$ 的表达式为

$$S(x)=\begin{cases}\dfrac{-3}{8}x^3+\dfrac{9}{8}x^2+x-\dfrac{3}{4},\ x\in[1,\ 2]\\ \dfrac{-1}{8}x^3+\dfrac{3}{8}x^2+\dfrac{7}{4}x-1,\ x\in[2,\ 4]\\ \dfrac{3}{8}x^3-\dfrac{45}{8}x^2+\dfrac{103}{4}x-33,\ x\in[4,\ 5]\end{cases}$$

$f(3)\approx S(3)=4.25$；$f(4.5)=3.140625$．

【例 9】 求满足表 5-9 的三次样条插值函数．

表 5-9　第 5 章例 8

x	0	1	2	3
$f(x)$	0	2	3	6
$f'(x)$	1			0

解　由边界条件知，$m_0=1$，$m_3=0$．所以用节点上的一阶导数值表示样条函数方便些．

由式(5-39) 易得方程组

$$\begin{cases}\dfrac{1}{2}+2m_1+\dfrac{1}{2}m_2=\dfrac{9}{2}\\ \dfrac{1}{2}m_1+2m_2+\dfrac{1}{2}\times 0=21\end{cases}$$

解之得，$m_1=\dfrac{-2}{3}$，$m_2=\dfrac{32}{3}$.

由式(5-35) 得

$$S(x)=\begin{cases}\dfrac{-11}{3}x^3+\dfrac{14}{3}x^2+x &, x\in[0, 1]\\ \dfrac{24}{3}x^3-\dfrac{91}{3}x^2+\dfrac{108}{3}x-\dfrac{35}{3} &, x\in[1, 2]\\ \dfrac{-46}{3}x^3+\dfrac{329}{3}x^2-\dfrac{732}{3}x+\dfrac{525}{3} &, x\in[2, 3]\end{cases}$$

注意：一般地，根据边界条件选择相应的方法要方便些.

5.8 三角插值与快速傅里叶变换

在之前的插值方法中，我们将 $l_i(x)$ 或 $\omega_n(x)$ 作为插值基函数，这些插值基函数在表示周期性时并不是十分方便。实际问题当中通常会遇到具有周期性的目标函数，因此我们考虑将同样具有周期性的三角函数作为插值基函数来逼近周期函数。

5.8.1 周期函数的三角插值

现在讨论周期函数的三角插值问题，它相当于离散情形的频谱分析.

设 $f(x)\in C(-\infty, \infty)$，并且是以 2π 为周期的实值函数，在区间 $[0, 2\pi]$ 上给定 N 个等距节点

$$x_l=\frac{2\pi l}{N}, \ l=0, 1, \cdots, N-1$$

并已知节点处的函数值 $f(x_l)\ (l=0, 1, \cdots, N-1)$，取三角函数族

$$\mathcal{L}=\{1, \cos x, \sin x, \cdots, \cos(nx), \sin(nx)\}$$

作为插值基函数，其中，$2n+1=N$. 在三角多项式集合

$$\mathcal{L}_n=\text{span}\{\mathcal{L}\}$$

中寻求三角多项式

$$s_n(x)=\frac{a_0}{2}+\sum_{j=1}^{n}[a_j\cos(jx)+b_j\sin(jx)] \tag{5-53}$$

使其满足插值条件

$$s_n(x_l)=f(x_l), \ l=0, 1, \cdots, N-1 \tag{5-54}$$

此问题称为周期函数的三角插值问题，满足条件式(5-54) 的三角多项式 $s_n(x)$ 称为函数 $f(x)$ 的三角插值多项式或三角插值函数.

易知，三角函数族 $\mathcal{L}$ 在点集 $\left\{x_l=\dfrac{2\pi l}{N}\right\}$ $(l=0, 1, \cdots, N-1)$ 上正交，即向量组

$$\boldsymbol{\varphi}_1=(1 \quad 1 \quad \cdots \quad 1)^{\mathrm{T}}$$
$$\boldsymbol{\varphi}_{2k}=(\cos(kx_0) \quad \cos(kx_1) \quad \cdots \quad \cos(kx_{N-1}))^{\mathrm{T}}$$
$$\boldsymbol{\varphi}_{2k+1}=(\sin(kx_0) \quad \sin(kx_1) \quad \cdots \quad \sin(kx_{N-1}))^{\mathrm{T}}, \quad k=1, 2, \cdots, n$$

是正交向量组的原因是下列等式成立．

$$\begin{cases}\displaystyle\sum_{l=0}^{N-1}\cos\left(k\,\frac{2\pi l}{N}\right)=0, \ \sum_{l=0}^{N-1}\sin\left(k\,\frac{2\pi l}{N}\right)=0, \quad k=1, 2, \cdots, n \\ \displaystyle\sum_{l=0}^{N-1}\cos\left(k\,\frac{2\pi l}{N}\right)\cos\left(j\,\frac{2\pi l}{N}\right)=\begin{cases}0, & k\neq j\\ \dfrac{N}{2}, & k=j\end{cases}, \quad k, j=1, 2, \cdots, n \\ \displaystyle\sum_{l=0}^{N-1}\cos\left(k\,\frac{2\pi l}{N}\right)\sin\left(j\,\frac{2\pi l}{N}\right)=0, \quad k, j=1, 2, \cdots, n \\ \displaystyle\sum_{l=0}^{N-1}\sin\left(k\,\frac{2\pi l}{N}\right)\sin\left(j\,\frac{2\pi l}{N}\right)=\begin{cases}0, & k\neq j\\ \dfrac{N}{2}, & k=j\end{cases}, \quad k, j=1, 2, \cdots, n\end{cases} \tag{5-55}$$

由此可知，函数 $f(x)$ 的三角插值多项式 $s_n(x)$ 存在且唯一．

由条件式(5-54) 得到关于系数 a_0，a_1，b_1，…，a_n，b_n 的线性方程组

$$\frac{a_0}{2}+\sum_{j=1}^{n}\left[a_j\cos\left(j\,\frac{2\pi l}{N}\right)+b_j\sin\left(j\,\frac{2\pi l}{N}\right)\right]=f\left(\frac{2\pi l}{N}\right), \ l=0, 1, \cdots, N-1 \tag{5-56}$$

利用式(5-55) 中的等式即可从方程组 (5-56) 中解出系数 a_i 和 b_i，结果如下．

$$\begin{cases}a_i=\dfrac{2}{N}\displaystyle\sum_{j=0}^{N-1}f\left(\frac{2\pi l}{N}\right)\cos\left(j\,\frac{2\pi l}{N}\right), \ j=0, 1, \cdots, n \\ b_i=\dfrac{2}{N}\displaystyle\sum_{j=0}^{N-1}f\left(\frac{2\pi l}{N}\right)\sin\left(j\,\frac{2\pi l}{N}\right), \ j=1, 2, \cdots, n\end{cases} \tag{5-57}$$

于是，$f(x)$ 的三角插值多项式式(5-53) 被确定．

一般情形下，$f(x)$ 是以 2π 为周期的复值函数，它在 N 个节点 $x_l=\dfrac{2\pi l}{N}$ $(l=0, 1, \cdots, N-1)$ 处的函数值 $f_l=f\left(\dfrac{2\pi l}{N}\right)$ $(l=0, 1, \cdots, N-1)$ 为已知，取复值函数族

$$\varphi_k(x)=\mathrm{e}^{\mathrm{i}kx}=\cos(kx)+\mathrm{i}\sin(kx), \ k=0, 1, \cdots, N-1$$

作为插值基函数，其中，$\mathrm{i}=\sqrt{1}$. 此时，复值函数 $f(x)$ 的三角插值多项式 $s_n(x)$ 的形式为

$$s_n(x)=\sum_{k=0}^{N-1}c_k\mathrm{e}^{\mathrm{i}kx} \tag{5-58}$$

由于复值向量组

$$\boldsymbol{\varphi}_k=(\varphi_k(x_0) \quad \varphi_k(x_1) \quad \cdots \quad \varphi_k(x_{N-1}))^{\mathrm{T}}, \ k=0, 1, \cdots, N-1$$

满足

$$(\boldsymbol{\varphi}_k, \boldsymbol{\varphi}_j)=\sum_{l=0}^{N-1}\varphi_k(x_i)\overline{\varphi}_j(x_l)=\sum_{l=0}^{N-1}\mathrm{e}^{\mathrm{i}(k-j)\frac{2\pi l}{N}}$$

$$= \begin{cases} 0, & k \neq j \\ N, & k = j \end{cases} \quad (k, j = 0, 1, \cdots, N-1) \tag{5-59}$$

所以，复值函数族 $\{\varphi_k(x) = e^{ikx}\}$ $(k = 0, 1, \cdots, N-1)$ 在点集 $\left\{x_l = \dfrac{2\pi l}{N}\right\}$ $(l = 0, 1, \cdots, N-1)$ 上正交.

由此可知，满足插值条件

$$s_n(x_l) = f_l, \ l = 0, 1, \cdots, N-1 \tag{5-60}$$

的三角插值多项式 $s_n(x)$ 存在且唯一.

由条件式(5-60) 和 $s_n(x)$ 的表达式(5-58) 得到关于系数 c_0, c_1, $\cdots$, c_{N-1} 的线性方程组

$$\sum_{k=0}^{N-1} c_k e^{ik\frac{2\pi l}{N}} = f_l, \ l = 0, 1, \cdots, N-1 \tag{5-61}$$

为求 c_j，用 $e^{-ij\frac{2\pi l}{N}}$ 乘方程组 (5-61) 第 $l(l = 0, 1, \cdots, N-1)$ 个方程的两端，再把 N 个方程相加，得

$$\sum_{l=0}^{N-1}\sum_{k=0}^{N-1} c_k e^{i(k-j)\frac{2\pi l}{N}} = \sum_{l=0}^{N-1} f_l e^{-ij\frac{2\pi l}{N}} \tag{5-62}$$

由式(5-62) 和式(5-59) 即可得到

$$c_j = \frac{1}{N}\sum_{l=0}^{N-1} f_l e^{-ij\frac{2\pi l}{N}}, \ j = 0, 1, \cdots, N-1 \tag{5-63}$$

至此，以 2π 为周期的复值函数 $f(x)$ 的三角插值多项式(5-54) 已被确定.

把式(5-63) 和式(5-61) 重新表达为

$$c_k = \frac{1}{N}\sum_{i=0}^{N-1} f_l e^{-ikl\frac{2\pi}{N}}, \ k = 0, 1, \cdots, N-1 \tag{5-64}$$

$$f_l = \sum_{k=0}^{N-1} c_k e^{ikl\frac{2\pi}{N}}, \ l = 0, 1, \cdots, N-1 \tag{5-65}$$

由 $\{f_l\}$ $(l = 0, 1, \cdots, N-1)$ 通过式(5-64) 求 $\{c_k\}$ $(k = 0, 1, \cdots, N-1)$，称为对 $f(x)$ 的离散 Fourier（傅里叶）变换，简称 DFT；反过来，由 $\{c_k\}$ $(k = 0, 1, \cdots, N-1)$ 通过式(5-65) 求 $\{f_l\}$ $(l = 0, 1, \cdots, N-1)$，称为离散 Fourier 逆变换，称 $\{c_k\}$ 是 $\{f_l\}$ 的离散频谱.

5.8.2 快速傅里叶变换

如果直接用式(5-64) 计算 c_k，那么计算全部 $\{c_k\}$ 共需 N^2 次复数乘法运算和 $N(N-1)$ 次复数加法运算. 当实际频谱分析中 N 较大时，这个计算量太大了，因此，在相当长的时间内，各种领域的频谱分析问题中，数值方法没有得到广泛应用. 直到 20 世纪 60 年代中期提出的快速 Fourier 变换（fast fourier transform，FFT 算法）才使问题得到解决，这种算法的思想是利用函数 $e^{i\frac{2\pi}{N}}$ 自身的周期性.

取 $N = 2^m$，m 是正整数，记 $W = e^{-i\frac{2\pi}{N}}$，对任何整数 r 均有 $W^{rN} = 1$，式(5-64) 可写成

$$c_k = \sum_{l=0}^{N-1} \frac{1}{N} f_l W^{kl}, \ k = 0, 1, \cdots, N-1 \tag{5-66}$$

接下来以 $N = 8(m = 3)$ 为例说明 FFT 算法的思想.

用二进制数表示 k 和 l，即

$$k=2^2k_2+2^1k_1+2^0k_0=(k_2,\ k_1,\ k_0)$$
$$l=2^2l_2+2^1l_1+2^0l_0=(l_2,\ l_1,\ l_0)$$

式中，k_2、k_1、k_0，l_2、l_1、l_0 只取 0 和 1 两个值．又记

$$c(k_2,\ k_1,\ k_0)=c_k,\ a_0(l_2,\ l_1,\ l_0)=\frac{1}{N}f_l$$

例如，$c_2=c(0,\ 1,\ 0)$，$\frac{1}{N}f_4=a_0(1,\ 0,\ 0)$，于是，式(5-66) 可表示为

$$c(k_2,\ k_1,\ k_0)=\sum_{l=0}^{N-1}\frac{1}{N}f_lW^{kl}=$$
$$\sum_{l_0=0}^{1}\sum_{l_1=0}^{1}\sum_{l_2=0}^{1}a_0(l_2,\ l_1,\ l_0)W^{(k_2,\ k_1,\ k_0)(l_2,\ l_1,\ l_0)},\ k_0,\ k_1,\ k_2=0,\ 1 \tag{5-67}$$

由于

$$(k_2,\ k_1,\ k_0)(l_2,\ l_1,\ l_0)$$
$$=2^4k_2l_2+2^3(k_2l_1+k_1l_2)+2^2(k_2l_0+k_1l_1+k_0l_2)+2^1(k_1l_0+k_0l_1)+2^0k_0l_0$$

并注意到 $W^0=W^8=W^{16}=1$，所以

$$W^{(k_2,\ k_1,\ k_0)(l_2,\ l_1,\ l_0)}=W^{k_0(l_2,\ l_1,\ l_0)}W^{k_1(l_1,\ l_0,\ 0)}W^{k_2(l_0,\ 0,\ 0)} \tag{5-68}$$

把式(5-68) 代入式(5-67)，得

$$c(k_2,\ k_1,\ k_0)$$
$$=\sum_{l_0=0}^{1}\left\{\sum_{l_1=0}^{1}\left[\sum_{l_2=0}^{1}a_0(l_2,\ l_1,\ l_0)W^{k_0(l_2,\ l_1,\ l_0)}\right]W^{k_1(l_1,\ l_0,\ 0)}\right\}W^{k_2(l_0,\ 0,\ 0)},\ k_0,\ k_1,\ k_2=0,\ 1 \tag{5-69}$$

把式(5-69) 分解成下列的递推形式．

$$\begin{cases}a_0(l_2,\ l_1,\ l_0)=\frac{1}{N}f_l\\ a_1(l_1,\ l_0,\ k_0)=\sum_{l_2=0}^{1}a_0(l_2,\ l_1,\ l_0)W^{k_0(l_2,\ l_1,\ l_0)}\\ a_2(l_0,\ k_1,\ k_0)=\sum_{l_1=0}^{1}a_1(l_1,\ l_0,\ k_0)W^{k_1(l_1,\ l_0,\ 0)}\\ a_3(k_2,\ k_1,\ k_0)=\sum_{l_0=0}^{1}a_2(l_0,\ k_1,\ k_0)W^{k_2(l_0,\ 0,\ 0)}\\ c_k=c(k_2,\ k_1,\ k_0)=a_3(k_2,\ k_1,\ k_0)\end{cases} \tag{5-70}$$

式中，$l_p=0,\ 1$；$k_p=0,\ 1$；$p=0,\ 1,\ 2$.

递推公式(5-70) 就是 $N=8$ 时的 FFT 算法．从算法中看出，数集 $\{a_1(l_1,\ l_0,\ k_0)\}$ 共有 2^3 个数，求出这 2^3 个数要做 2^3 次复数乘法运算和 2^3 次复数加法运算．其余两个数集 $\{a_2(l_0,\ k_1,\ k_0)\}$ 和 $\{a_3(k_2,\ k_1,\ k_0)\}$ 也是如此．于是，为求出数集 $\{c_k\}(k=0,\ 1,\ \cdots,\ 7)$，共需做复数乘法和加法运算的次数都是 $3\times2^3=3N$．

$N=2^m$ 时的 FFT 算法为

$$
\begin{cases}
a_0(l_{m-1}, \cdots, l_1, l_0) = \dfrac{1}{N} f_l \\
a_j(l_{m-j-1}, \cdots, l_1, l_0, k_{j-1}, \cdots, k_1, k_0) = \\
\sum\limits_{l_{m-j}=0}^{1} a_{j-1}(l_{m-j}, \cdots, l_1, l_0, k_{j-2}, \cdots, k_1, k_0) W^{k_{j-1}(l_{m-j}, \cdots, l_1, l_0, 0, \cdots, 0)} (j = \\
1, 2, \cdots, m) \\
c_k = c(k_{m-1}, \cdots, k_1, k_0) = a_m(k_{m-1}, \cdots, k_1, k_0)
\end{cases}
\tag{5-71}
$$

式中，$l_p = 0, 1$；$k_p = 0, 1$；$p = 0, 1, \cdots, m-1$.

算法式(5-71) 称为以 2 为底的 FFT 算法，这个算法从数集 $\left\{\dfrac{1}{N} f_l\right\} (l = 0, 1, \cdots, N-1)$ 算出数集 $\{c_k\} (k = 0, 1, \cdots, N-1)$ 共需做 mN 次复数乘法运算和复数加法运算，这个计算量比直接使用式(5-64) 计算所需的 N^2 次运算次数有很大节省 . N 越大，FFT 算法式(5-71) 的相对效益越高 . 此外，还可以对算法式(5-71) 做些改进，进一步减少计算量，对此，本书就不再讨论了 .

5.9 函数逼近及最小二乘法

5.9.1 内积空间及函数的范数

定义 5 设 $\rho(x)$ 是定义在 (a, b) 上的非负函数，且满足：

① $\int_a^b |x|^n \rho(x) \mathrm{d}x \ (n = 0, 1, 2, \cdots)$ 存在；

② 对非负的连续函数 $g(x)$，若 $\int_a^b g(x)\rho(x)\mathrm{d}x = 0$，则在 (a, b) 上有 $g(x) = 0$，则称 $\rho(x)$ 为 (a, b) 上的权函数 .

定义 6 设 $f(x)$，$g(x)$ 为 $[a, b]$ 上的连续函数，$\rho(x)$ 为 (a, b) 上的权函数，称

$$(f, g) = \int_a^b f(x) g(x) \rho(x) \mathrm{d}x$$

为函数 $f(x)$ 与 $g(x)$ 在 $[a, b]$ 上的内积，当 $\rho(x) = 1$ 时，上式变为

$$(f, g) = \int_a^b f(x) g(x) \mathrm{d}x$$

设 $C[a, b]$ 表示在区间 $[a, b]$ 上连续函数的全体，那么定义了内积之后，$C[a, b]$ 就变成了一个内积空间，显然有

$$(f, f) = \int_a^b f^2(x) \rho(x) \mathrm{d}x$$

为一个非负值，因此有以下定义 .

定义 7 对 $f(x) \in C[a, b]$，称 $\| f(x) \|_2 = \sqrt{(f, f)}$ 为 $f(x)$ 的欧氏范数（又称 2-范数）. 其实，还经常用到函数的其他范数，比如

$$\| f(x) \|_\infty = \max_{a \leqslant x \leqslant b} |f(x)|, \quad \| f(x) \|_1 = \int_a^b |f(x)| \rho(x) \mathrm{d}x$$

分别称为∞-范数和 1-范数．

n 维向量空间中两个向量正交的定义也可以推广到连续函数内积空间 $C[a, b]$ 中．

定义 8　若 $f(x)$，$g(x) \in C[a, b]$，满足 $(f, g) = \int_a^b f(x) g(x) \rho(x) \mathrm{d}x = 0$，则称函数 $f(x)$ 与 $g(x)$ 在 $[a, b]$ 上带权 $\rho(x)$ 正交．

若函数族 $\varphi_0(x)$，$\varphi_1(x)$，…，$\varphi_n(x)$，… 满足

$$(\varphi_j, \varphi_k) = \int_a^b \rho(x) \varphi_j(x) \varphi_k(x) \mathrm{d}x = \begin{cases} 0 & , j \neq k \\ A_k > 0 & , j = k \end{cases}$$

则称函数族 $\{\varphi_k(x)\}$ 是 $[a, b]$ 上带权 $\rho(x)$ 的正交函数族．特别地，若 $A_k = 1$，就称为标准正交函数族．

由高等数学的知识知道，傅里叶级数展开中，函数族 1，$\cos x$，$\sin x$，$\cos(2x)$，$\sin(2x)$，…即为 $[-\pi, \pi]$ 上带权 $\rho(x) = 1$ 的正交函数族．

如同线性代数中的向量组线性无关概念一样，在此也有函数族的线性无关概念．

定义 9　设 $\varphi_0(x)$，$\varphi_1(x)$，…，$\varphi_{n-1}(x)$ 为 $[a, b]$ 上的连续函数族，若

$$a_0 \varphi_0(x) + a_1 \varphi_1(x) + \cdots + a_{n-1} \varphi_{n-1}(x) = 0$$

当且仅当 $a_0 = a_1 = \cdots = a_{n-1} = 0$ 时成立，则称函数族 $\varphi_0(x)$，$\varphi_1(x)$，…，$\varphi_{n-1}(x)$ 在 $[a, b]$ 上是线性无关的函数族，否则称为线性相关函数族．

若函数族 $\varphi_0(x)$，$\varphi_1(x)$，…，$\varphi_n(x)$，… 满足任何有限个 $\varphi_k(x)$ 组成的函数族都是线性无关的，则称此函数族为线性无关函数族．

例如：1，x，x^2，…，x^n，… 为任意区间 $[a, b]$ 上的线性无关函数族，若 $\varphi_0(x)$，$\varphi_1(x)$，…，$\varphi_{n-1}(x)$ 在 $[a, b]$ 上是线性无关的函数族，且 a_0，a_1，…，a_{n-1} 是一组任意实数，则

$$s(x) = a_0 \varphi_0(x) + a_1 \varphi_1(x) + \cdots + a_{n-1} \varphi_{n-1}(x)$$

的全体是 $C[a, b]$ 中的一个子集，记作 $\varphi = \mathrm{span}\{\varphi_0(x), \varphi_1(x), \cdots, \varphi_{n-1}(x)\}$，称为由 $\varphi_0(x)$，$\varphi_1(x)$，…，$\varphi_{n-1}(x)$ 生成的连续函数空间．

判断 $\varphi_0(x)$，$\varphi_1(x)$，…，$\varphi_{n-1}(x)$ 线性无关的条件由以下定理给出．

定理 7　$\varphi_0(x)$，$\varphi_1(x)$，…，$\varphi_{n-1}(x)$ 在 $[a, b]$ 上线性无关的充要条件为

$$\begin{vmatrix} (\varphi_0, \varphi_0) & (\varphi_0, \varphi_1) & \cdots & (\varphi_0, \varphi_{n-1}) \\ (\varphi_1, \varphi_0) & (\varphi_1, \varphi_1) & \cdots & (\varphi_1, \varphi_{n-1}) \\ \vdots & \vdots & & \vdots \\ (\varphi_{n-1}, \varphi_0) & (\varphi_{n-1}, \varphi_1) & \cdots & (\varphi_{n-1}, \varphi_{n-1}) \end{vmatrix} \neq 0$$

5.9.2　正交多项式

一般地，给定区间 $[a, b]$ 及权函数 $\rho(x)$ 后，由 1，x，x^2，…，x^n 可以用 Schmidt 正交化方法构造出 n 次正交多项式，其公式为

$$\varphi_0(x) = 1, \ \varphi_k(x) = x^k - \sum_{j=0}^{k-1} \frac{(x^k, \varphi_j(x))}{(\varphi_j(x), \varphi_j(x))} \varphi_j(x), \ k = 1, 2, \cdots, n \tag{5-72}$$

这样构造的正交多项式有以下性质：

① $\varphi_k(x)$ 是最高项系数为 1 的 k 次多项式；

② 任何 k 次多项式均可表示为前 $k+1$ 个多项式 $\varphi_0(x)$，$\varphi_1(x)$，…，$\varphi_k(x)$ 的线性组合；

③ 对于 $k\neq l$，有 $(\varphi_k, \varphi_l)=0$，并且 φ_k 与任一次数小于 k 的多项式正交.

【例 10】 给定区间 $[0, 1]$ 及权函数 $\rho(x)=\ln\frac{1}{x}=-\ln x$，由 $1, x, x^2, \cdots, x^n$ 用 Schmidt 正交化方法式(5-72) 构造出前 3 个正交多项式 $\varphi_0(x)$，$\varphi_1(x)$，$\varphi_2(x)$[解题时可将"(x)"省略].

解 由式(5-72) 知

$$\varphi_0(x)=1,\quad \varphi_1(x)=x-\frac{(x, \varphi_0)}{(\varphi_0, \varphi_0)}\varphi_0(x)$$

$$\varphi_2(x)=x^2-\frac{(x^2, \varphi_0)}{(\varphi_0, \varphi_0)}\varphi_0(x)-\frac{(x^2, \varphi_1)}{(\varphi_1, \varphi_1)}\varphi_1(x)$$

式中，$(\varphi_0, \varphi_0)=\int_0^1\ln\frac{1}{x}\mathrm{d}x=1$；$(x, \varphi_0)=\int_0^1 x\ln\frac{1}{x}\mathrm{d}x=\frac{1}{4}$；$(x^2, \varphi_0)=\int_0^1 x^2\ln\frac{1}{x}\mathrm{d}x=\frac{1}{9}$. 由此得 $\varphi_1(x)=x-\frac{1}{4}$，又由

$$(x^2, \varphi_1)=\int_0^1 x^2\left(x-\frac{1}{4}\right)\ln\frac{1}{x}\mathrm{d}x=\frac{5}{144}$$

$$(\varphi_1, \varphi_1)=\int_0^1\left(x-\frac{1}{4}\right)^2\ln\frac{1}{x}\mathrm{d}x=\frac{7}{144}$$

得 $\varphi_2(x)=x^2-\frac{1}{9}-\frac{5}{7}\left(x-\frac{1}{4}\right)=x^2-\frac{5}{7}x+\frac{17}{252}$.

(1) 勒让德 (Legendre) 正交多项式

勒让德正交多项式为区间 $[-1, 1]$ 及权函数 $\rho(x)=1$ 时，由 $1, x, x^2, \cdots, x^n$ 用 Schmidt 正交化方法构造出的 n 次正交多项式，它是由 Legendre 于 1785 年首次引入的，1814 年 Rordrigul 给出了更简单的表示式，即

$$p_0(x)=1,\quad p_n(x)=\frac{1}{2^n n!}\frac{\mathrm{d}^n}{\mathrm{d}x^n}\{(x^2-1)^n\},\ n=1, 2, \cdots \tag{5-73}$$

易见，$p_n(x)$ 的最高次项的系数与 $\frac{1}{2^n n!}\frac{\mathrm{d}^n}{\mathrm{d}x^n}x^{2n}$ 的系数是相同的，所以 $p_n(x)$ 的最高次项 x^n 的系数为 $\frac{(2n)!}{2^n(n!)^2}$，从而得到最高次项 x^n 系数为 1 的勒让德正交多项式为

$$\tilde{p}_n(x)=\frac{n!}{(2n)!}\frac{\mathrm{d}^n}{\mathrm{d}x^n}\{(x^2-1)^n\} \tag{5-74}$$

以下是勒让德正交多项式的几个重要性质.

性质 1 正交性.

$$\int_{-1}^1 p_n(x)p_m(x)\mathrm{d}x=\begin{cases}0, & m\neq n\\ \dfrac{2}{2n+1}, & m=n\end{cases} \tag{5-75}$$

证明 令 $\varphi(x)=(x^2-1)^n$，显然 $\varphi^{(k)}(\pm 1)=0(0\leqslant k\leqslant n-1)$. 设 $Q(x)$ 是 $[-1, 1]$ 上 n 阶连续可导函数，由分部积分可得

$$\int_{-1}^1 p_n(x)Q(x)\mathrm{d}x=\frac{1}{2^n n!}\int_{-1}^1 Q(x)\varphi^{(n)}(x)\mathrm{d}x$$

$$= -\frac{1}{2^n n!}\int_{-1}^{1} Q'(x)\varphi^{(n-1)}(x)\mathrm{d}x = \cdots = \frac{(-1)^n}{2^n n!}\int_{-1}^{1} Q^{(n)}(x)\varphi(x)\mathrm{d}x$$

可见 $Q(x)$ 是次数小于 n 的多项式时，$Q^{(n)}(x)=0$，故得当 $m \neq n$ 时，$\int_{-1}^{1} p_n(x)p_m(x)\mathrm{d}x = 0$.

若
$$Q(x) = p_n(x) = \frac{1}{2^n n!}\varphi^{(n)}(x) = \frac{(2n)!}{2^n (n!)^2}x^n + \cdots$$

则
$$Q^{(n)}(x) = p_n^{(n)}(x) = \frac{(2n)!}{2^n n!}$$

$$\int_{-1}^{1} p_n^2(x)\mathrm{d}x = \frac{(-1)^n(2n)!}{2^{2n}(n!)^2}\int_{-1}^{1}(x^2-1)^n \mathrm{d}x$$
$$= \frac{(2n)!}{2^{2n}(n!)^2}\int_{-1}^{1}(1-x^2)^n \mathrm{d}x = \frac{2(2n)!}{2^{2n}(n!)^2}\int_{0}^{1}(1-x^2)^n \mathrm{d}x$$

又 $\int_0^1 (1-x^2)^n \mathrm{d}x = \frac{2\times 4\times\cdots\times(2n)}{1\times 3\times\cdots\times(2n+1)}$，代入上式得 $\int_{-1}^{1} p_n^2(x)\mathrm{d}x = \frac{2}{2n+1}$.

性质 2　奇偶性．

$$p_n(-x) = (-1)^n p_n(x)$$

证明　由于 $(x^2-1)^n$ 为偶函数，n 为偶数时，相当于偶函数求偶数次导数，结果仍为偶函数．n 为奇数时，相当于偶函数求奇数次导数，结果为奇函数．

性质 3　递推关系．

$$p_0(x) = 1$$
$$p_1(x) = x$$
$$(n+1)p_{n+1}(x) = (2n+1)xp_n(x) - np_{n-1}(x),\ n > 1$$

证明　由于 $xp_n(x)$ 为一个 $n+1$ 次多项式，所以它可以表示成

$$xp_n(x) = a_0 p_0(x) + a_1 p_1(x) + \cdots + a_{n+1}p_{n+1}(x) \tag{5-76}$$

两边乘以 $p_k(x)$，并在 $[-1,\ 1]$ 上积分，再由正交性知

$$\int_{-1}^{1} xp_n(x)p_k(x)\mathrm{d}x = a_k\int_{-1}^{1} p_k^2(x)\mathrm{d}x \tag{5-77}$$

当 $k \leqslant n-2$ 时，$xp_k(x)$ 为一个次数小于等于 $n-1$ 的多项式，$xp_k(x)$ 为 $p_0(x)$，$p_1(x)$，…，$p_{n-1}(x)$ 的线性组合，$p_n(x)$ 与它们正交，所以式(5-77) 左端等于 0，得 $a_k = 0(k=0,\ 1,\ 2,\ \cdots,\ n-2)$.

当 $k=n$ 时，式(5-77) 中 $xp_n(x)p_k(x) = xp_n^2(x)$ 为奇函数，式(5-77) 左端等于 0，所以 $a_n = 0$. 由以上讨论知式(5-76) 变为

$$xp_n(x) = a_{n-1}p_{n-1}(x) + a_{n+1}p_{n+1}(x) \tag{5-78}$$

比较式(5-78) 两端 x^{n+1} 的系数，得 $a_{n+1} = \frac{n+1}{2n+1}$，在式(5-78) 中取 $x=1$，并注意到勒让德正交多项式 $p_n(x)$ 满足 $p_n(1)=1(n=0,\ 1,\ 2,\ \cdots)$，得到 $1 = a_{n-1} + a_{n+1}$，因此，$a_{n-1} = \frac{n}{2n+1}$.

性质 4　$p_n(x)$ 在 $[-1,\ 1]$ 内有 n 个不同的零点．

性质 5　在 $[-1,\ 1]$ 区间上，所有最高项系数为 1 的 n 次多项式中，勒让德正交

多项式 $\widetilde{p}_n(x)=\dfrac{n!}{(2n)!}\dfrac{\mathrm{d}^n}{\mathrm{d}x^n}\{(x^2-1)^n\}$ 的欧氏范数（2-范数）最小，即 $\|\widetilde{p}_n(x)\|_2=\min\limits_{q(x)\in J}\|q(x)\|_2$，其中，$J=\{$最高项系数为1的 n 次多项式$\}$.

（2）切比雪夫（Chebyshev）正交多项式

切比雪夫正交多项式为区间 $[-1, 1]$ 及权函数 $\rho(x)=\dfrac{1}{\sqrt{1-x^2}}$ 时，由 1，x，x^2，…，x^n 用 Schmidt 正交化方法构造出的 n 次正交多项式．其表达式为

$$T_n(x)=\cos(n\arccos x),\quad |x|\leqslant 1 \tag{5-79}$$

若令 $x=\cos\theta$，则有 $T_n(x)=\cos(n\theta)(\theta\in[0, \pi])$.

切比雪夫正交多项式有如下性质．

性质 1　$T_n(x)$ 有以下递推关系．

$$T_0(x)=1,\quad T_1(x)=x,\quad T_{n+1}(x)=2xT_n(x)-T_{n-1}(x) \tag{5-80}$$

证明　$\cos[(n+1)\theta]=\cos(n\theta)\cos\theta-\sin(n\theta)\sin\theta$

$\cos[(n-1)\theta]=\cos(n\theta)\cos\theta+\sin(n\theta)\sin\theta$

两式相加，得 $\cos[(n+1)\theta]=2\cos(n\theta)\cos\theta-\cos[(n-1)\theta]$，并由 $x=\cos\theta$ 及 $T_n(x)=\cos(n\theta)$ 得证．

性质 2　$T_n(x)$ 的最高项系数为 2^{n-1}.

证明　由式(5-80) 比较最高次项系数知，$a_{n+1}=2a_n$，又有 $a_1=1$，得知结论正确．

性质 3　正交性．

$$\int_{-1}^{1}\frac{T_n(x)T_m(x)}{\sqrt{1-x^2}}\mathrm{d}x=\begin{cases}0 & ,m\neq n\\ \dfrac{\pi}{2} & ,m=n\neq 0\\ \pi & ,m=n=0\end{cases}$$

证明　做变换 $x=\cos\theta$ 得

$$\int_{-1}^{1}\frac{T_n(x)T_m(x)}{\sqrt{1-x^2}}\mathrm{d}x=\int_0^{\pi}\cos(m\theta)\cos(n\theta)\mathrm{d}\theta=\begin{cases}0 & ,m\neq n\\ \dfrac{\pi}{2} & ,m=n\neq 0\\ \pi & ,m=n=0\end{cases} \tag{5-81}$$

性质 4　奇偶性．

$$T_n(-x)=(-1)^nT_n(x)$$

证明　由递推公式直接得证．

性质 5　$T_n(x)$ 在 $[-1, 1]$ 上有 n 个实零点 $x_k=\cos\left(\dfrac{2k-1}{2n}\pi\right)(k=1, 2, \cdots, n)$，并有 $n+1$ 个点 $x_k^*=\cos\left(\dfrac{k}{n}\pi\right)(k=0, 1, 2, \cdots, n)$ 轮流取最大值 1 和最小值 -1.

性质 6　在 $[-1, 1]$ 上所有最高项系数为 1 的一切 n 次多项式中，$\dfrac{1}{2^{n-1}}T_n(x)$ 的 ∞-范数最小，且有

$$\left\|\frac{1}{2^{n-1}}T_n(x)\right\|_{\infty}=\frac{1}{2^{n-1}} \tag{5-82}$$

证明　由性质 5 知式(5-82) 成立．接下来证明 $\dfrac{1}{2^{n-1}}T_n(x)$ 的 ∞-范数最小．用反证法，

假设存在某一最高项系数为 1 的 n 次多项式 $Q_n(x) \neq \frac{1}{2^{n-1}}T_n(x)$，满足

$$\| Q_n(x) \|_\infty = \max_{-1 \leqslant x \leqslant 1} |Q_n(x)| < \frac{1}{2^{n-1}}$$

令 $\varphi(x) = \frac{1}{2^{n-1}}T_n(x) - Q_n(x)$，则知 $\varphi(x)$ 为次数不超过 $n-1$ 次的多项式，因为 $x_k^* = \cos\left(\frac{k}{n}\pi\right)$（$k=0, 1, 2, \cdots, n$）使 $T_n(x)$ 轮流取最大值 1 和最小值 -1，所以有

$$\varphi(x_k^*) = \frac{(-1)^k}{2^{n-1}} - Q_n(x_k^*), k=0, 1, 2, \cdots, n$$

由假设知 $|Q_n(x_k^*)| < \frac{1}{2^{n-1}}$，从而知 $\varphi(x)$ 在 $n+1$ 个点上轮流取正负值，由罗尔（Rolle）定理知，$\varphi(x)$ 至少有 n 个零点，所以 $\varphi(x)=0$，与假设矛盾．

这一性质的等价性叙述为：对于 $[-1, 1]$ 上的函数 $f(x)=x^n$，在所有次数不超过 $n-1$ 次的多项式中，$y(x)=x^n - \frac{1}{2^{n-1}}T_n(x)$ 是使得 $\max\limits_{-1 \leqslant x \leqslant 1} |f(x)-y(x)|$ 达到最小的解．

5.9.3 函数逼近

函数逼近问题的一般提法：对函数类 A 中给定的函数 $f(x)$，要求在另一类较简单的便于计算的函数类 B 中，求函数 $p(x)$，使 $p(x)$ 与 $f(x)$ 在某种度量意义下最接近，常用的两种度量意义是：

① $\| f(x) - p(x) \|_\infty = \max\limits_{a \leqslant x \leqslant b} |f(x) - p(x)|$.

在这种度量意义下的逼近称为一致（均匀）逼近．

② $\| f(x) - p(x) \|_2 = \sqrt{\int_a^b [f(x) - p(x)]^2 \mathrm{d}x}$.

在这种度量意义下的逼近称为均方（平方）逼近．

（1）利用勒让德正交多项式求最佳平方逼近多项式

设 $f(x) \in C[a, b]$，用正交多项式 $\varphi_0(x), \varphi_1(x), \cdots, \varphi_n(x), \cdots$ 作为基，将 $f(x)$ 展开成无穷级数

$$f(x) \sim \sum_{k=0}^{\infty} a_k \varphi_k(x) \tag{5-83}$$

上式称为广义傅里叶（Fourier）级数，系数 a_k 称为广义傅里叶系数．当 $f(x)$ 满足一定条件时，级数式(5-83)可以一致收敛到函数 $f(x)$，因此取级数的前有限项 $S_n(x) = \sum\limits_{k=0}^{n} a_k \varphi_k(x)$ 即可作为函数 $f(x)$ 的 n 次最佳平方逼近多项式，其中，

$$a_k = \frac{(f, \varphi_k)}{(\varphi_k, \varphi_k)}, k=0, 1, 2, \cdots, n$$

特别地，$f(x) \in C[-1, 1]$ 时，按勒让德正交多项式 $p_0(x), p_1(x), \cdots, p_n(x)$ 展开可以求得函数 $f(x)$ 的 n 次最佳平方逼近多项式

$$S_n(x) = \sum_{k=0}^{n} a_k p_k(x)$$

式中，

$$a_k=\frac{(f,\ p_k)}{(p_k,\ p_k)}=\frac{2k+1}{2}\int_{-1}^{1}f(x)p_k(x)\mathrm{d}x,\ k=0,\ 1,\ 2,\ \cdots,\ n \tag{5-84}$$

此时的平方误差为

$$\|f(x)-S_n(x)\|_2^2=\int_{-1}^{1}f^2(x)\mathrm{d}x-\sum_{k=0}^{n}\frac{2}{2k+1}a_k^{\ 2} \tag{5-85}$$

当 $f(x)\in C[a,\ b]$ 时，只需做变换 $x=\frac{b-a}{2}t+\frac{b+a}{2}$ $(-1\leqslant t\leqslant 1)$，对 $F(t)=f\left(\frac{b-a}{2}t+\frac{b+a}{2}\right)$ 求最佳平方逼近多项式．

【例 11】 用勒让德正交多项式，求 $f(x)=\sqrt{x}$ 在 $[0,\ 1]$ 上的一次最佳平方逼近多项式．

解 做变量代换 $x=\frac{1}{2}(1+t)$，得

$$F(t)=\sqrt{\frac{1+t}{2}},\ -1\leqslant t\leqslant 1$$

求 $F(t)$ 在 $[0,\ 1]$ 上的一次最佳平方逼近多项式 $Q(t)$，由式(5-84) 知

$$a_0=\frac{(F(t),\ p_0)}{(p_0,\ p_0)}=\frac{1}{2}\int_{-1}^{1}\sqrt{\frac{1+t}{2}}\mathrm{d}t=\frac{2}{3},\quad a_1=\frac{(F(t),\ p_1)}{(p_1,\ p_1)}=\frac{3}{2}\int_{-1}^{1}t\sqrt{\frac{1+t}{2}}\mathrm{d}t=\frac{6}{15}$$

得 $Q(t)=\frac{2}{3}p_0(t)+\frac{6}{15}p_1(t)=\frac{2}{3}+\frac{2}{5}t$，将 $t=2x-1$ 代入 $Q(t)$ 则得 $f(x)=\sqrt{x}$ 在 $[0,\ 1]$ 上的一次最佳平方逼近多项式为 $S_1^*(x)=\frac{4}{15}+\frac{4}{5}x$.

(2) 利用切比雪夫正交多项式求近似最佳一致（均匀）逼近多项式

一般情况下，求 $f(x)\in C[a,\ b]$ 的最佳一致逼近多项式是很困难的，但是利用切比雪夫正交多项式可以很好地求近似最佳一致逼近多项式．这里只介绍一种方法，就是将 $f(x)\in C[-1,\ 1]$ 时，按切比雪夫正交多项式 $T_0(x)$，$T_1(x)$，$\cdots$，$T_n(x)$，$\cdots$ 展开成广义傅里叶级数

$$f(x)\sim\frac{c_0}{2}+\sum_{k=1}^{\infty}c_kT_k(x) \tag{5-86}$$

式(5-86) 称为 $f(x)$ 在 $[-1,\ 1]$ 上的切比雪夫级数，其中，

$$c_k=\frac{2}{\pi}\int_{-1}^{1}\frac{f(x)T_k(x)}{\sqrt{1-x^2}}\mathrm{d}x,\ k=0,\ 1,\ 2,\ \cdots \tag{5-87}$$

若令 $x=\cos\theta$，则上式为

$$c_k=\frac{2}{\pi}\int_{0}^{\pi}f(\cos\theta)\cos(k\theta)\mathrm{d}\theta,\ k=0,\ 1,\ 2,\ \cdots$$

根据傅里叶级数的理论，只要 $f''(x)$ 在 $[-1,\ 1]$ 上分段连续，则 $f(x)$ 的切比雪夫级数式(5-86) 就一致收敛于 $f(x)$. 于是取式(5-86) 的部分和

$$S_n(x)=\frac{c_0}{2}+\sum_{k=1}^{n}c_kT_k(x) \tag{5-88}$$

即可作为 $f(x)$ 在 $[-1,\ 1]$ 上的 n 次近似最佳一致逼近多项式，实际计算表明它与理论上的最佳一致逼近多项式非常接近．

5.9.4　曲线拟合的最小二乘法

（1）最小二乘法

设给定如下数据（见表 5-10），其中，w_i 称为权系数，它可以表示此点的重要程度，也可以表示节点的重复次数．

表 5-10　最小二乘法使用的数据

x_i	x_0	x_1	x_2	…	x_m
y_i	y_0	y_1	y_2	…	y_m
w_i	w_0	w_1	w_2	…	w_m

今要求建立 x，y 之间的函数关系，这当然可以用插值法来实现，但由于这些数据往往是由实验得到的，会带有一定的误差，而插值法要求在插值节点上的值与函数值相等，这就会将误差带入函数关系中．另外，这样的数据往往较多，会使所求的插值多项式的次数较高，给实际应用带来不便，甚至会影响逼近效果．因此，要求所求函数关系 $y=F(x)$ 不经过点 (x_i, y_i)，只要求在给定点 x_i 上的误差 $\delta_i=F(x_i)-y_i$ 按某种度量标准最小即可．在几何上就是求函数图形的一条近似曲线，不要求这条近似曲线通过函数图形的所有点 (x_i, y_i)，只要求这条近似曲线能反映出数据的基本变化趋势．

记 $\boldsymbol{\delta}=(\delta_0 \quad \delta_1 \quad \cdots \quad \delta_m)^{\mathrm{T}}$，常用 $\|\boldsymbol{\delta}\|_2=\sqrt{\sum\limits_{i=0}^{m}\delta_i^2}$（称为 2-范数）来度量误差的大小，故通常称为最小二乘逼近．

问题的一般提法是：对给定的一组数据 (x_i, y_i) 及权系数 w_i $(i=0, 1, 2, \cdots, m)$，在函数类 $\varphi=\{\varphi_0, \varphi_1, \cdots, \varphi_n\}$ 中找一个函数 $S^*(x)=a_0^*\varphi_0+a_1^*\varphi_1+\cdots+a_n^*\varphi_n$，使误差平方

$$\|\boldsymbol{\delta}\|_2^2=\sum_{i=0}^{m}\delta_i^2=\sum_{i=0}^{m}w_i[S^*(x_i)-y_i]^2=\min_{S(x)\in\varphi}\sum_{i=0}^{m}w_i[S(x_i)-y_i]^2 \tag{5-89}$$

问题等价于求 a_0，a_1，…，a_n 使

$$\|\boldsymbol{\delta}\|_2^2=\sum_{i=0}^{m}\delta_i^2=\min_{S(x)\in\varphi}\sum_{i=0}^{m}w_i\left[\sum_{j=0}^{n}a_j\varphi_j(x_i)-y_i\right]^2$$

令

$$I(a_0, a_1, \cdots, a_n)=\sum_{i=0}^{m}w_i\left[\sum_{j=0}^{n}a_j\varphi_j(x_i)-y_i\right]^2 \tag{5-90}$$

即相当于求多元函数 $I(a_0, a_1, \cdots, a_n)$ 的极小值问题．由多元函数求极小值的必要条件知

$$\frac{\partial I}{\partial a_k}=2\sum_{i=0}^{m}w_i\left[\sum_{j=0}^{n}a_j\varphi_j(x_i)-f(x_i)\right]\varphi_k(x_i)=0, k=0,1,\cdots,n \tag{5-91}$$

式中，$f(x_i)=y_i$ $(i=0, 1, \cdots, m)$．改写式(5-91) 得

$$\sum_{i=0}^{m}w_i\sum_{j=0}^{n}[a_j\varphi_j(x_i)\varphi_k(x_i)-f(x_i)\varphi_k(x_i)]=0$$

即

$$\sum_{i=0}^{m}\sum_{j=0}^{n}[w_i a_j \varphi_j(x_i)\varphi_k(x_i)-w_i f(x_i)\varphi_k(x_i)]=0$$

$$\sum_{j=0}^{n}\left[\sum_{i=0}^{m}w_i\varphi_j(x_i)\varphi_k(x_i)\right]a_j-\sum_{i=0}^{m}w_i f(x_i)\varphi_k(x_i)=0 \tag{5-92}$$

令

$$(\varphi_j, \varphi_k)=\sum_{i=0}^{m}w_i\varphi_j(x_i)\varphi_k(x_i)$$

$$(f, \varphi_k)=\sum_{i=0}^{m}w_i f(x_i)\varphi_k(x_i)$$

则式(5-92) 变为

$$\sum_{j=0}^{n}(\varphi_j, \varphi_k)a_j=(f, \varphi_k),\ k=0, 1, \cdots, n \tag{5-93}$$

式(5-93) 称为法方程．

由于 $\varphi_0(x), \varphi_1(x), \cdots, \varphi_n(x)$ 线性无关，所以式（5-93）的系数行列式
$\begin{vmatrix}(\varphi_0, \varphi_0) & (\varphi_0, \varphi_1) & \cdots & (\varphi_0, \varphi_n)\\(\varphi_1, \varphi_0) & (\varphi_1, \varphi_1) & \cdots & (\varphi_1, \varphi_n)\\ \vdots & \vdots & & \vdots\\(\varphi_n, \varphi_0) & (\varphi_n, \varphi_1) & \cdots & (\varphi_n, \varphi_n)\end{vmatrix}\neq 0$，保证了方程组有唯一解 a_i^*（$i=0, 1, \cdots, n$）．

得到 $S^*(x)=a_0^*\varphi_0+a_1^*\varphi_1+\cdots+a_n^*\varphi_n$．

应注意的是，若取 $\varphi_k(x)=x^k$（$k=0, 1, \cdots, n$），即用多项式做最小二乘逼近时，次数 n 不宜太大，否则方程组往往是"病态"的．

【例 12】 观测物体的直线运动，得到以下数据（见表 5-11)，试求最小二乘曲线拟合．

表 5-11　第 5 章例 11

时间 t/s	0	0.9	1.9	3.0	3.9	5.0
距离 S/m	0	10	30	50	80	110
w_i	1	1	1	1	1	1

解　画一草图可知，$S(t)$ 近似一个线性函数，为此选线性函数做曲线拟合．

设 $S(t)=a_0+a_1t$，这里 $m=5$，$n=1$，$\varphi_0(t)=1$，$\varphi_1(t)=t$，故

$$(\varphi_0, \varphi_0)=\sum_{i=0}^{5}w_i\varphi_0(t_i)\varphi_0(t_i)=6$$

$$(\varphi_0, \varphi_1)=(\varphi_1, \varphi_0)=\sum_{i=0}^{5}w_i\varphi_0(t_i)\varphi_1(t_i)=\sum_{i=0}^{5}w_it_i=14.7$$

同理

$$(\varphi_1, \varphi_1)=\sum_{i=0}^{5}t_i^2=53.63$$

$$(\varphi_0, f)=\sum_{i=0}^{5}w_iy_i=280$$

$$(\varphi_1, f)=\sum_{i=0}^{5}w_it_iy_i=1078$$

得线性方程组 $\begin{pmatrix}6 & 14.7\\14.7 & 53.63\end{pmatrix}\begin{pmatrix}a_0\\a_1\end{pmatrix}=\begin{pmatrix}280\\1078\end{pmatrix}$．

解之，$a_0^* = -7.8550478$，$a_1^* = 22.25376$，所以 $S(t) = 22.25376t - 7.8550478$.

【例 13】 设有一组实验数据，如表 5-12 的第 2、3 列所示，试从这组数据出发，建立变量 x 与 y 之间的经验公式．

表 5-12　第 5 章例 12

w_i	x_i	y_i	$Y_i = \lg y_i$	x_i^2	x_iY_i
1	1	15.3	1.1847	1	1.1847
1	2	20.5	1.3118	4	2.6236
1	3	27.4	1.4378	9	4.3134
1	4	36.6	1.5635	16	6.2540
1	5	49.1	1.6911	25	8.4555
1	6	65.6	1.8169	36	10.9014
1	7	87.8	1.9435	49	13.6045
1	8	117.6	2.0704	64	16.5632
$\sum_{i=0}^{7}$	36	419.9	13.0197	204	63.9003

解　画一草图可知，曲线接近指数曲线，故取指数函数 $y = ae^{bx}$（a，b 为待定常数）作为拟合函数．然而，这并非一个线性函数，因此需要先将 $y = ae^{bx}$ 线性化，对 $y = ae^{bx}$ 两边取以 10 为底的对数得 $\lg y = \lg a + bx\lg e$，令 $Y = \lg y$，$A_0 = \lg a$，$A_1 = b\lg e$，则问题变为线性函数问题 $Y = A_0 + A_1 x$，相应的 $Y_i = \lg y_i$（$i = 0, 1, \cdots, 7$）.

这里 $m = 7$，$n = 1$，$\varphi_0(x) = 1$，$\varphi_1(x) = x$，由表 5-8 的第 4、5、6 列数据得

$$(\varphi_0, \varphi_0) = \sum_{i=0}^{7} w_i \varphi_0(x_i)\varphi_0(x_i) = 8$$

$$(\varphi_0, \varphi_1) = (\varphi_1, \varphi_0) = \sum_{i=0}^{7} w_i \varphi_0(x_i)\varphi_1(x_i) = \sum_{i=0}^{7} w_i x_i = 36$$

$$(\varphi_1, \varphi_1) = \sum_{i=0}^{7} w_i x_i^2 = 204$$

$$(\varphi_0, f) = \sum_{i=0}^{7} w_i Y_i = 13.0197$$

$$(\varphi_1, f) = \sum_{i=0}^{7} w_i x_i Y_i = 63.9003$$

得线性方程组 $\begin{pmatrix} 8 & 36 \\ 36 & 204 \end{pmatrix}\begin{pmatrix} A_0 \\ A_1 \end{pmatrix} = \begin{pmatrix} 13.0197 \\ 63.9003 \end{pmatrix}$，解之得

$$A_0 = 1.0583 = \lg a, \quad A_1 = 0.1265 = b\lg e$$

所以得 $a = 11.4378$，$b = 0.2912$，最后得所求经验公式 $y = 11.4378e^{0.2912x}$.

（2）常见的可以线性化函数

由例 10 可见，对于非线性函数，可以先通过变换将其化为线性函数后再做曲线拟合，一般有以下几种常用曲线图形．

① 指数曲线．$y = ae^{bx}$（见图 5-3），曲线有渐近线 $y = 0$.

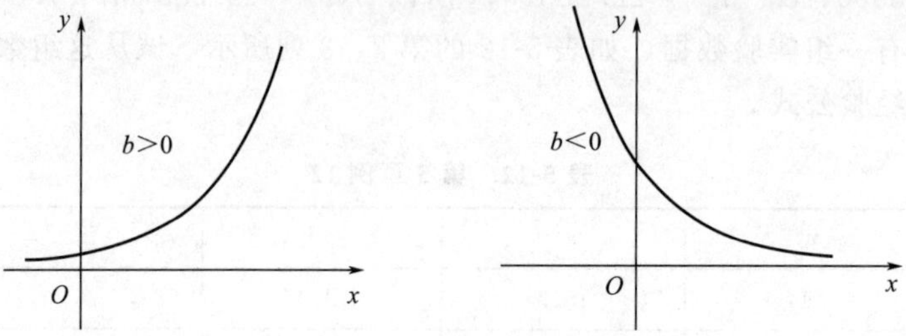

图 5-3　指数曲线 1

② 双曲线．$\frac{1}{y}=a+\frac{b}{x}\ (a>0)$（见图 5-4），曲线有渐近线 $y=\frac{1}{a}$，$x=\frac{-b}{a}$.

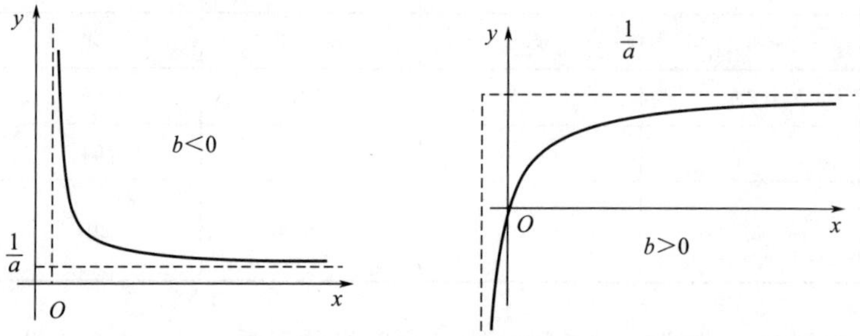

图 5-4　双曲线

③ 指数曲线．$y=a\mathrm{e}^{\frac{b}{x}}\ (x>0)$（见图 5-5），当 $b>0$ 时，曲线的渐近线为 $y=a$，$x=0$；当 $b<0$ 时，曲线的渐近线为 $y=a$.

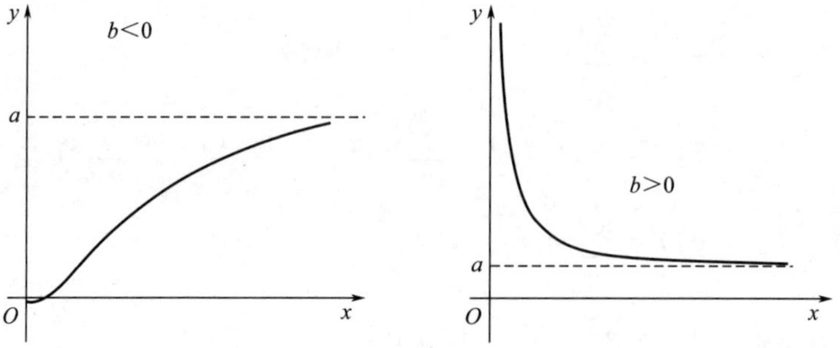

图 5-5　指数曲线 2

④ 对数曲线．$y=a+b\ln x$（见图 5-6），曲线的渐近线为 $x=0$.

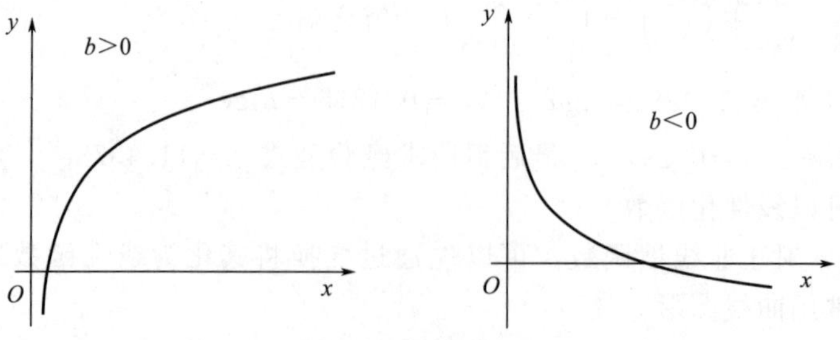

图 5-6　对数曲线

⑤ 幂函数 . $y=ax^b$（见图 5-7），当 $b<0$ 时，曲线的渐近线为 $x=0$，$y=0$.

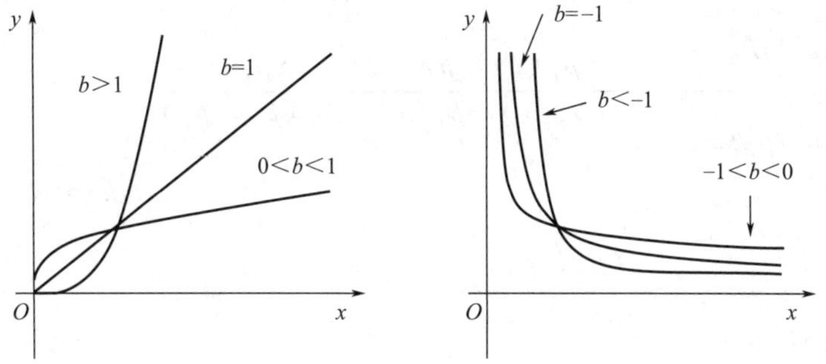

图 5-7　幂函数

⑥ S 形曲线 . $y=\dfrac{1}{a+be^{-x}}$（见图 5-8），曲线的渐近线为 $y=0$，$y=\dfrac{1}{a}$.

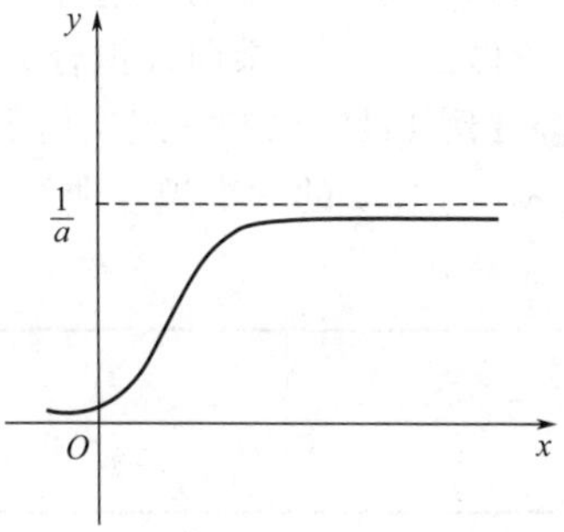

图 5-8　S 形曲线

对于 x 的 n 次幂 $y=a+bx^n$ 的函数也可以化为线性函数来做 .

另外，有时符合数据的模型函数可以不止一个，此时可以将两个或多个模型函数求出，然后分别计算出模型函数在各点的误差，从中挑选出误差较小的模型 .

（3）用正交函数做最小二乘拟合

上面已提到当用高次（一般大于等于 7 时）多项式做最小二乘拟合时，往往会使得法方程是“病态”方程组，这会使得方程组的解有较大的误差 . 但当 $\varphi_0(x)$，$\varphi_1(x)$，…，$\varphi_n(x)$ 是关于点 x_i，带权 $w_i=w(x_i)$（$i=0$，1，2，…，m）正交时，即

$$(\varphi_j, \varphi_k)=\sum_{i=0}^{m} w_i\varphi_j(x_i)\varphi_k(x_i)=\begin{cases} 0, & j\neq k \\ A_k>0, & j=k \end{cases}$$

时，立刻得到法方程式(5-93) 的解为 $a_k^*=\dfrac{(f, \varphi_k)}{(\varphi_k, \varphi_k)}$（$k=0$，1，2，…，$n$）.

所求解

$$S^*(x)=\sum_{k=0}^{n}\frac{(f, \varphi_k)}{(\varphi_k, \varphi_k)}\varphi_k(x) \tag{5-94}$$

即为所求 . 此时的平方误差为 $\|\boldsymbol{\delta}\|_2^2=\sum_{i=0}^{m}\delta_i^2=\|f\|_2^2-\sum_{k=0}^{n}A_k(a_k^*)^2$. 这就解决了求解“病态”方程组的问题 .

现在我们根据给定节点 x_0，x_1，…，x_m 及权函数 $w(x)>0$，构造出带权正交的多项式 $\{p_n(x)\}$，这里 $n\leqslant m$，用递推公式表示 $p_k(x)$，即

$$\begin{cases} p_0(x)=1 \\ p_1(x)=(x-a_1)p_0(x) \\ p_{k+1}(x)=(x-a_{k+1})p_k(x)-b_kp_{k-1}(x) \end{cases}, k=1, 2, \cdots, n-1 \tag{5-95}$$

这里 $p_k(x)$ 是首项系数为 1 的 k 次多项式．由 $p_k(x)$ 的正交性，得系数 a_k，b_k 为

$$\begin{cases} a_{k+1}=\dfrac{\sum\limits_{i=0}^{m} w(x_i)x_ip_k^2(x_i)}{\sum\limits_{i=0}^{m} w(x_i)p_k^2(x_i)}=\dfrac{(xp_k(x),\ p_k(x))}{(p_k(x),\ p_k(x))}=\dfrac{(xp_k,\ p_k)}{(p_k,\ p_k)} \\ b_k=\dfrac{\sum\limits_{i=0}^{m} w(x_i)p_k^2(x_i)}{\sum\limits_{i=0}^{m} w(x_i)p_{k-1}^2(x_i)}=\dfrac{(p_k,\ p_k)}{(p_{k-1},\ p_{k-1})} \end{cases},\ k=0,\ 1,\ 2,\ \cdots,\ n-1 \tag{5-96}$$

利用归纳法可以证明，这样构造的 $\{p_k(x)\}$ 是正交的．由式(5-94) 即可得到用正交多项式所做的最小二乘曲线拟合．

【例 14】 已知一组实验数据（见表 5-13），并设权函数 $w(x)\equiv 1$，用正交多项式求函数 $y=f(x)$ 的 3 次拟合曲线．

表 5-13 第 5 章例 13

x_i	-2	-1	0	1	2
y_i	-1	-1	0	1	1

解 由权函数 $w(x)\equiv 1$，$p_0(x)=1$ 和式(5-95)、式(5-96) 得 $a_1=\dfrac{\sum\limits_{i=0}^{4} x_ip_0^2(x_i)}{\sum\limits_{i=0}^{4} p_0^2(x_i)}=0$，

所以

$$p_1(x)=x,\quad a_2=\frac{\sum\limits_{i=0}^{4} x_ip_1^2(x_i)}{\sum\limits_{i=0}^{4} p_1^2(x_i)}=0,\quad b_1=\frac{\sum\limits_{i=0}^{4} p_1^2(x_i)}{\sum\limits_{i=0}^{4} p_0^2(x_i)}=\frac{10}{5}=2$$

得

$$p_2(x)=(x-a_2)p_1(x)-b_1p_0(x)=x^2-2,\quad a_3=\frac{\sum\limits_{i=0}^{4} x_ip_2^2(x_i)}{\sum\limits_{i=0}^{4} p_2^2(x_i)}=0,\quad b_2=\frac{\sum\limits_{i=0}^{4} p_2^2(x_i)}{\sum\limits_{i=0}^{4} p_1^2(x_i)}=\frac{7}{5}$$

所以

$$p_3(x)=(x-a_3)p_2(x)-b_2p_1(x)=x^3-\frac{17}{5}x$$

由 $a_k^*=\dfrac{(f,\ \varphi_k)}{(\varphi_k,\ \varphi_k)}$（$k=0,\ 1,\ 2,\ \cdots,\ n$）得

$$a_0^* = \frac{(f, \varphi_0)}{(\varphi_0, \varphi_0)} = \frac{\sum_{i=0}^{4} y_i}{\sum_{i=0}^{4} 1^2} = 0$$

$$a_1^* = \frac{(f, \varphi_1)}{(\varphi_1, \varphi_1)} = \frac{\sum_{i=0}^{4} y_i x_i}{\sum_{i=0}^{4} x_i^2} = \frac{3}{5}$$

$$a_2^* = \frac{(f, \varphi_2)}{(\varphi_2, \varphi_2)} = \frac{\sum_{i=0}^{4} y_i (x_i^2 - 2)}{\sum_{i=0}^{4} (x_i^2 - 2)^2} = 0$$

同理得 $a_3^* = -\frac{1}{6}$，故得所求 3 次拟合曲线为 $S^*(x) = \frac{1}{6}(7x - x^3)$.

5.10　基于 MATLAB：函数插值与逼近

在研究与解决工程实际问题中，往往会遇到各种各样的数学计算，这些计算常常难以用手工精确而快捷地进行，必须借助计算机、编制相应的程序做近似计算．MATLAB 为解决此类问题提供了一个很好的计算平台，同时提供了相当丰富的数学函数，用于解决各种实际数学计算问题．

1）插值

在数值计算、工程计算和实验研究中，经常有这样一种情况，用户已经掌握了一些数据，但还需要一些与之相关的函数，而这些数据不得不依靠数学手段来解决，就是对已经掌握的数据加以利用，用数学手段来获取与自己需要的数据相接近的数据．一个重要手段就是进行数据的插值和拟合，从而得到连续曲线中间的点数据．

(1) 一维插值

在 MATLAB 中，提供了 interp1 函数用于实现一维多项式插值，其调用格式如下．

yi=interp1(x，Y，xi)：对一组节点（x，Y）进行插值，计算插值点 xi 的函数值，x 为节点向量值，Y 为对应的节点函数值．如果 Y 为矩阵，则插值对 Y 的每一列进行．如果 Y 的维数超过 x 或 xi 的维数，返回 NaN.

yi=interp1(Y，xi)：默认 x=1：n，n 为 Y 的元素个数值．

yi=interp1(x，Y，xi，method)：method 为指定的插值使用算法，默认为线性算法．其值可以取以下几种类型．

nearest：线性最邻近插值．linear：线性插值（默认项）．spline：三次样条插值．pchip：分段三次埃尔米特（Hermite）插值．cubic：双三次插值．

这几种方法在速度、平滑性、内存使用方面有所区别，在使用时可以根据实际需要进行选择，包括：

(a) 最邻近插值是最快的方法，但是利用它得到的结果平滑性最差．

（b）线性插值要比最邻近插值占用更多的内存，运行时间略长．与最邻近法不同，它生成的结果是连续的，但在顶点处会有坡度变化．

（c）三次插值需要更多内存，而且运行时间比最邻近法和线性插值要长．但是，使用此方法时，插值数据及其导数都是连续的．

（d）三次样条插值的运行时间相对来说最长，内存消耗比三次插值略少，它生成的结果平滑性最好．但是，如果输入数据不均匀，可能会得到意想不到的结果．

所有的插值方法要求 x 的元素是单调的，可不等距．当 x 的元素是单调、等距时，使用 linear、nearest、cubic 或 spline 选项可快速得到插值结果．如果 Y 是矩阵，那么 Y 的各列将以 x 为公共的横坐标，计算多个［等于 Y 的列数，size(Y，2)］插值函数，输出值 yi 将是 xi 维数×size(Y，2) 矩阵，超出范围［Xmin，Xmax］的 xi 值，yi 将返回 NaN.

yi＝interp1(Y，xi)：这里 x 和 method 均为默认设置，即 x＝1：N，其中，N＝size(Y)；method＝linear.

对于 nearest 与 linear 方法，如果 xi 超出 x 的范围，返回 NaN；而对于其他几种方法，系统将对超出范围的值进行外推计算．

yi＝interp1(x，Y，xi，method，'extrap')：利用指定的方法对超出范围的值进行外推计算．

yi＝interp1(x，Y，xi，method，extrapval)：extrapval 为外插策略．

pp＝interp1(x，Y，method，'pp')：利用指定的方法产生分段多项式．下面介绍几种较为常用的一维插值法．

① 分段线性插值．

【例 15】 利用 interp1 函数对 $y=\sin(x+1)$ 进行线性及样条插值．

解 程序如下．

```
>> clear all;
>> syms x;sin(x + 1);x = 0:pi/4:2*pi;v = sin(x + 1);xq = 0:pi/16:2*pi;figure
>> vq1 = interp1(x,v,xq);plot(x,v,'o',xq,vq1,':');xlim([0 2*pi]);title('默认线性插值');
>> figure,vq2 = interp1(x,v,xq,'spline');plot(x,v,'o',xq,vq2,':.');xlim([0 2*pi]);
>> title('样条插值');
```

运行程序，效果如图 5-9 所示．

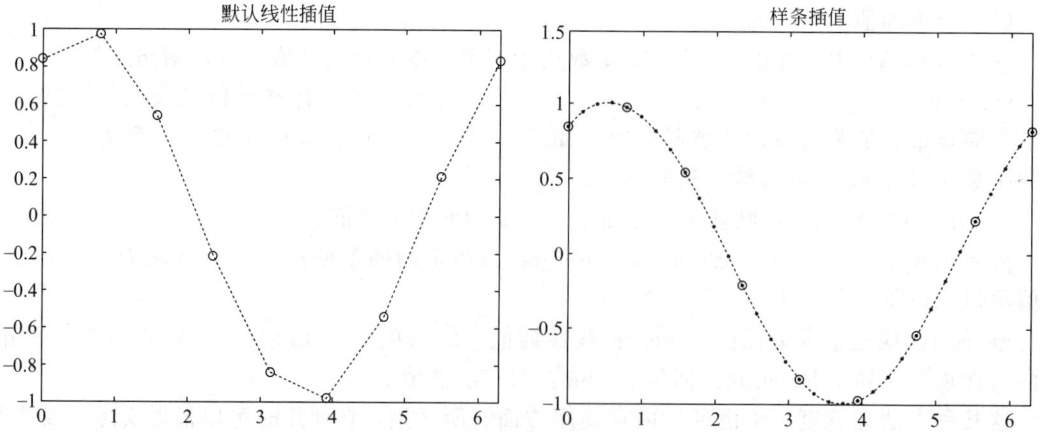

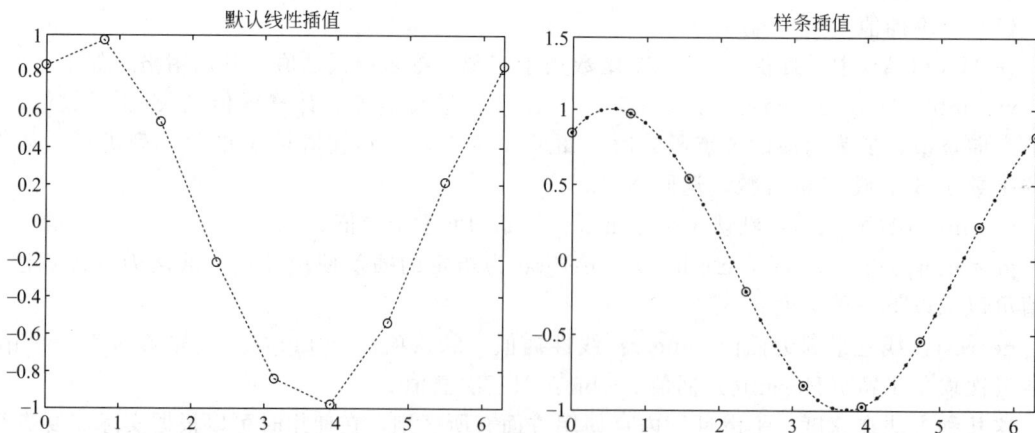

图 5-9 线性插值与样条插值效果

② 一维快速傅里叶插值．一维快速傅里叶插值通过 interpft 函数实现．该函数用傅里叶变换把输入数据变换到频域，然后用更多点的傅里叶逆变换变回到时域，其结果是对数据进行增采样．interpft 函数的调用格式如下．

y=interpft(x，n)：对 x 进行傅里叶变换，然后采用 n 点傅里叶逆变换变回到时域．如 x 为一个向量，数据 x 的长度为 m，采样间隔为 dx，则数据 y 的采样间隔为 dx×m/n，n 必须大于 m. 如果 x 为矩阵，该函数对矩阵 x 的列进行操作，其返回的结果 y 与 x 具有相同的列，行数为 n.

y=interpft(x，n，dim)：在 dim 指定的维度上进行操作．

【例 16】 利用一维快速傅里叶插值实现数据增采样．

解 程序如下．

```
>> clear all;
>> y=[0 0.5 1 1.5 2 1.5 1.5 0 -0.5 -1 -1.5 -2 -1.5 -1 -0.5 0];N=length(y);
>> L=5;M=N*L;x=0 :N-1;xi=linspace(0,N-1,M);yi=interpft(y,M);
>> plot(x,y,'o',xi,yi,'*');legend('原始数据','插值数据');
```

运行程序，效果如图 5-10 所示．

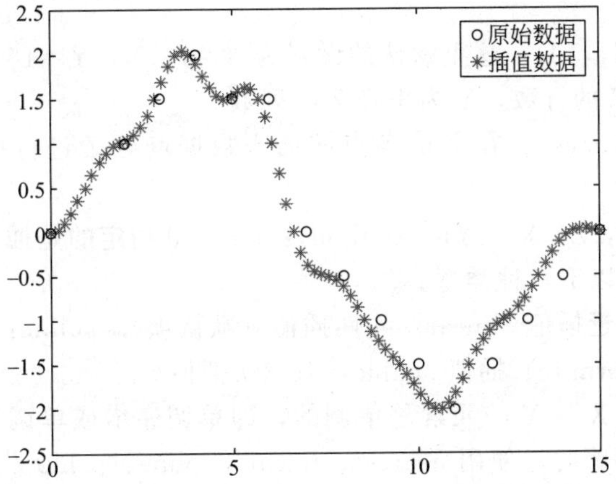

图 5-10 一维快速傅里叶插值效果

③ 快速傅里叶算法．当数据点呈现周期分布时，用上面的几种插值算法效果都不是很好，这时可以使用 interpft 函数进行插值，此函数使用快速傅里叶算法做一维插值．其调用格式如下．

y=interpft(x，n)：它返回周期函数在重采样的 n 个等距点的插值，n 必须大于 x 的长度．

【例 17】 采用 interpft 函数对 $\sin(x+1)$ 函数插值．

解 程序如下．

```
>> x=0:2*pi;y=sin(x+1);z=interpft(y,16);xy=linspace(0,2*pi,16);plot(x,y,'-o',xy,z,'-. o');
```

运行程序，效果如图 5-11 所示．

(2) 二维插值

二维插值是高维插值的一种，主要应用于图像处理和数据的可视化，在 MATLAB 中，提供了 interp2 函数用于实现二维数值插值，其调用格式如下．

ZI=interp2(X，Y，Z，XI，YI)：矩阵 X 与 Y 指定二维区域数据点，在这些数据点处

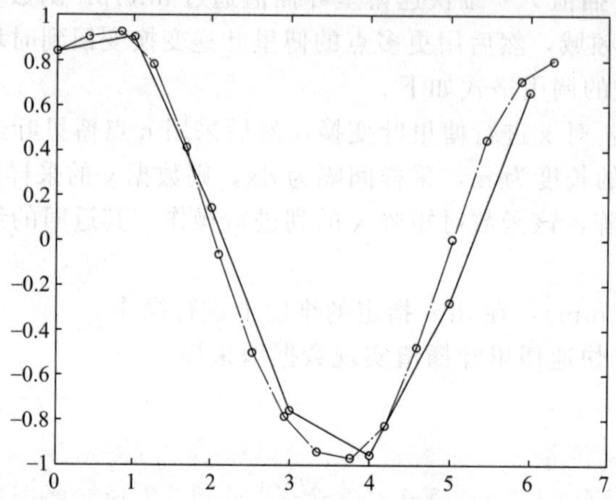

图 5-11　快速傅里叶插值效果

数值矩阵 Z 已知，依此构造插值函数 Z=F(X，Y)，返回在相应数据点 XI、YI 处的函数值 ZI=F(XI，YI)，对超出范围［xmin，xmax，ymin，ymax］的 XI 与 YI 值将返回 ZI=NAN.

ZI=interp2(Z，XI，YI)：这里默认的设置为 X=1：N，Y=1：M，其中，［M，N］=size(Z)，即 N 为矩阵 Z 的行数，Y 为矩阵 Z 的列数．

ZI=interp2(Z，ntimes)：在 Z 的各点间插入数据点对 Z 进行扩展，一次执行 ntimes 次，默认为 1 次．

ZI=interp2(X，Y，Z，XI，YI，method)：method 指定的是插值使用的算法，默认为线性算法，其值可以是以下几种类型．

nearest：线性最邻近插值．linear：线性插值（默认项）．spline：三次样条插值．pchip：分段三次埃尔米特（Hermite）插值．cubic：双三次插值．

所有插值方法要求 X 与 Y 的元素是单调的，即单调递增或单调递减，可不等距．当 X 与 Y 的元素为单调、等距时，使用 nearest、linear、spline、pchip 及 cubic 选项可快速得到插值结果．对一元向量 XI 与 YI，应先使用语句［XI，YI］=meshgrid(xi，yi）生成数据点矩阵 XI 与 YI.

ZI=interp2(…，method，extrapval)：extrapval 为外插策略．

【例 18】 对给定的数据实现二维数值插值．

解　程序如下．

```
>> [x,y,z] = peaks(3)
x = -3      0      3
    -3      0      3
    -3      0      3
y = -3     -3     -3
     0      0      0
     3      3      3
z = 0.0001      -0.2450      -0.0000
   -0.0365       0.9810       0.0331
    0.0000       0.2999       0.0000
>>[xi,yi] = meshgrid(-3:1:3,-3:1:3)
```

```
xi = -3    -2    -1    0    1    2    3
     -3    -2    -1    0    1    2    3
     -3    -2    -1    0    1    2    3
     -3    -2    -1    0    1    2    3
     -3    -2    -1    0    1    2    3
     -3    -2    -1    0    1    2    3
     -3    -2    -1    0    1    2    3
yi = -3    -3    -3    -3   -3   -3   -3
     -2    -2    -2    -2   -2   -2   -2
     -1    -1    -1    -1   -1   -1   -1
      0     0     0     0    0    0    0
      1     1     1     1    1    1    1
      2     2     2     2    2    2    2
      3     3     3     3    3    3    3
>> zi = interp2(x,y,z,xi,yi,'nearest')
zi = 0.0001    0.0001   -0.2450   -0.2450   -0.2450   -0.0000   -0.0000
     0.0001    0.0001   -0.2450   -0.2450   -0.2450   -0.0000   -0.0000
    -0.0365   -0.0365    0.9810    0.9810    0.9810    0.0331    0.0331
    -0.0365   -0.0365    0.9810    0.9810    0.9810    0.0331    0.0331
    -0.0365   -0.0365    0.9810    0.9810    0.9810    0.0331    0.0331
     0.0000    0.0000    0.2999    0.2999    0.2999    0.0000    0.0000
     0.0000    0.0000    0.2999    0.2999    0.2999    0.0000    0.0000
>> subplot(2,2,1);mesh(xi,yi,zi);zi = interp2(x,y,z,xi,yi,'linear')
zi = 0.0001   -0.0816   -0.1633   -0.2450   -0.1633   -0.0817   -0.0000
    -0.0121    0.0465    0.1051    0.1637    0.1128    0.0619    0.0110
    -0.0243    0.1746    0.3735    0.5724    0.3889    0.2055    0.0221
    -0.0365    0.3027    0.6418    0.9810    0.6650    0.3491    0.0331
    -0.0243    0.2351    0.4945    0.7540    0.5100    0.2661    0.0221
    -0.0121    0.1675    0.3472    0.5269    0.3550    0.1830    0.0111
     0.0000    0.1000    0.1999    0.2999    0.1999    0.1000    0.0000
>> subplot(2,2,2);mesh(xi,yi,zi);zi = interp2(x,y,z,xi,yi,'spline')
zi = 0.0001   -0.1360   -0.2177   -0.2450   -0.2177   -0.1361   -0.0000
    -0.0202    0.1954    0.3273    0.3756    0.3402    0.2211    0.0184
    -0.0324    0.4144    0.6866    0.7843    0.7073    0.4557    0.0294
    -0.0365    0.5210    0.8602    0.9810    0.8834    0.5675    0.0331
    -0.0325    0.5153    0.8481    0.9659    0.8687    0.5566    0.0295
    -0.0203    0.3971    0.6502    0.7388    0.6631    0.4229    0.0184
     0.0000    0.1666    0.2666    0.2999    0.2666    0.1666    0.0000
>> subplot(2,2,3);mesh(xi,yi,zi);
>> zi = interp2(x,y,z,xi,yi,'cublic')
zi = 0.0001   -0.1360   -0.2177   -0.2450   -0.2177   -0.1361   -0.0000
    -0.0202    0.1954    0.3273    0.3756    0.3402    0.2211    0.0184
    -0.0324    0.4144    0.6866    0.7843    0.7073    0.4557    0.0294
    -0.0365    0.5210    0.8602    0.9810    0.8834    0.5675    0.0331
    -0.0325    0.5153    0.8481    0.9659    0.8687    0.5566    0.0295
    -0.0203    0.3971    0.6502    0.7388    0.6631    0.4229    0.0184
     0.0000    0.1666    0.2666    0.2999    0.2666    0.1666    0.0000
>> subplot(2,2,4);mesh(xi,yi,zi)
```

效果如图 5-12 所示.

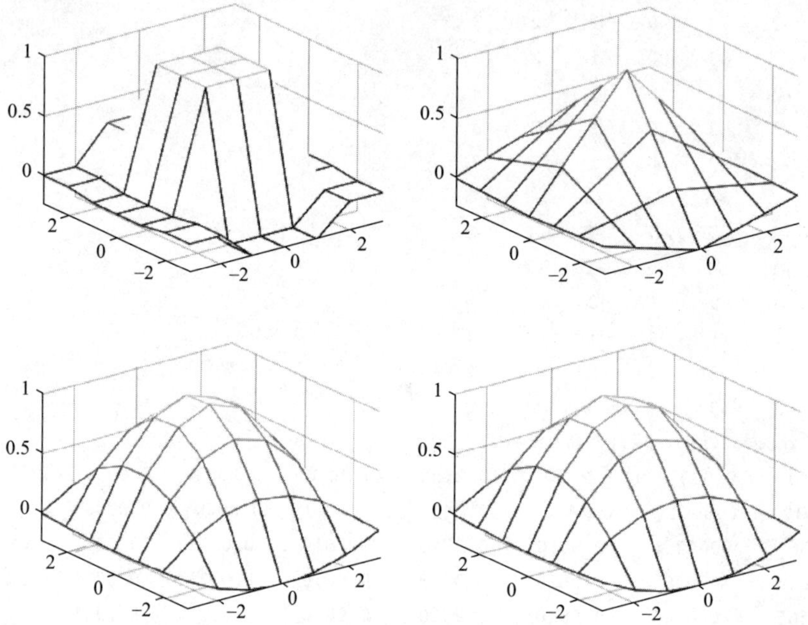

图 5-12　二维插值效果

(3) 三维插值

MATLAB 支持三维及三维以上的高维插值，分别由函数 interp3 和函数 interpn 实现. 高维插值与三维插值类似，这里仅介绍三维插值，至于高维插值，读者可参考 MATLAB 的联机帮助文档.

三维插值函数 interp3 的调用格式如下.

VI=interp3(X, Y, Z, V, XI, YI, ZI)：求出由参量 X、Y、Z 决定的三元函数 V=V(X, Y, Z) 在点 (XI, YI, ZI) 的值. 参量 XI、YI、ZI 是同型阵列或向量. 若向量参量 XI、YI、ZI 是不同长度、不同方向（行或列）的向量，这时输出参量 VI 与 Y1、Y2、Y3 为同型矩阵，Y1、Y2、Y3 为函数 meshgrid(XI, YI, ZI) 生成的同型阵列. 若插值点 (XI, YI, ZI) 中有位于点 (X, Y, Z) 之外的点，则相应地返回特殊变量值 NaN.

VI=interp3(V, XI, YI, ZI)：默认 X=1：N，Y=1：M，Z=1：P，其中 [M, N, P]=size(V)，再按上面的情形计算.

VI=interp3(V, n)：做 n 次递归计算，在 V 的每两个元素之间插入它们的三维插值，这样，V 的阶数将不断增加. interp3(V) 等价于 interp3(V, 1).

VI=interp3(…, method)：用指定的算法 method 做插值计算. linear 为线性插值（默认算法），cubic 为三次插值，spline 为三次样条插值，nearest 为最近邻插值.

VI=interp3(…, method, extrapval)：进行外插值.

【例 19】 根据 $R(x, y, z) = z\mathrm{e}^{-2x^2-3y^2-4z^3}$ $(-3\leqslant x\leqslant 3,\ -2\leqslant y\leqslant 2,\ -1\leqslant z\leqslant 1)$ 的采样数据点 [X, Y, Z, R]（采样间隔为 0.1），由三维插值函数求插值网格 [XI, YI, ZI, RI]（采样间隔为 0.2）上的函数值.

解　程序如下.

```
>>x = -3:0.1:3;y = -2:0.1:2;z = -1:0.1:1;[X,Y,Z] = ndgrid(x,y,z);
>> R = Z.*exp(-2*X.^2-3*Y.^2-4*Z.^3);slice(Y,X,Z,R,[-1,0,1],[-0.5,0.5],-1);
```

运行程序，效果如图 5-13 所示．

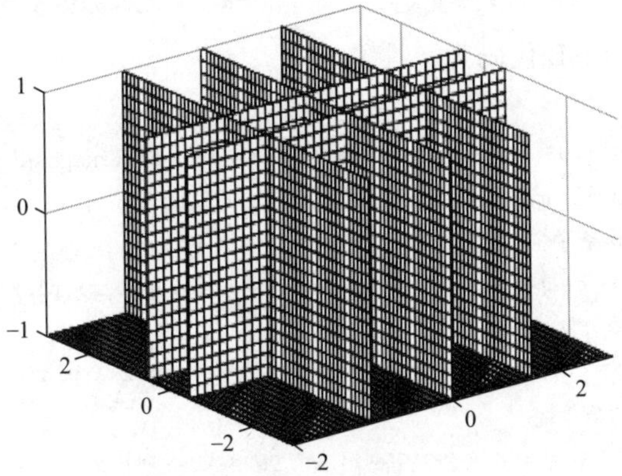

图 5-13　三维插值数据切片图

（4）样条插值

样条插值可以得到更光滑的插值曲线或曲面，在数值逼近、常微分方程和偏微分方程的数值解法及科学与工程计算中可以发挥重要作用．样条插值在 MATLAB 中的函数调用格式如下．

yy=spline(x，Y，xx)：根据样点数据（x，Y）进行三次样条插值运算．

pp=spline(x，Y)：根据样点数据（x，Y）进行逐段多项式插值运算．

v=ppval(pp，xx)：以 pp 为插值函数计算 xx 上的函数插值结果．

yi=pchip(x，y，xi)：相当于 yi=interp1(x，y，xi，'cubic')．

pp=pchip(x，y)：返回分段三次 Hermite 多项式插值函数．

【例 20】 利用样条插值模拟函数 $y=\exp(-|x|+1)$．

解　程序如下．

```
>> clear all;
>> x = -5 :1 :5;y = exp(-abs(x) + 1);N = length(x);X = linspace(-5,5,11*N);Y = spline(x,y,x);
>> plot(x,y,'+');hold on;plot(x,Y,'r-.');X1 = X;Y1 = exp(-abs(X1));plot(X1,Y1);
>> legend('插值点','样条插值','解析解');
```

运行程序，效果如图 5-14 所示．

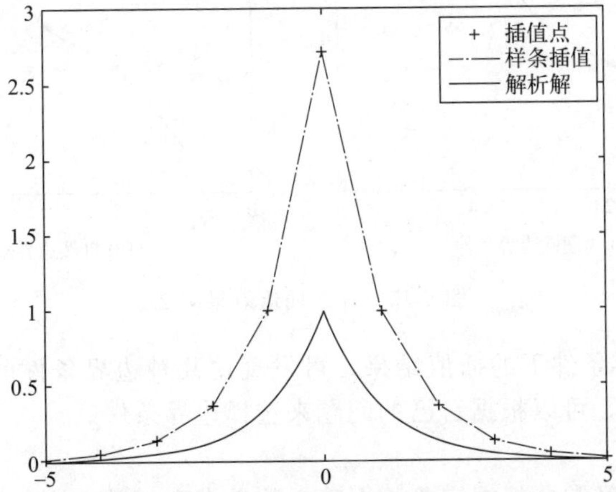

图 5-14　样条插值效果图 1

【例 21】 利用 csape 函数对下面的数据进行样本插值计算.

```
x:1 2 3 4 5 6. y:-0.53  1.95  3.27  6.08  7.21  7.68.
```

解 其实现的 MATLAB 代码为：

```
>>clear all;
>> x=1:6;y=[-0.53  1.95  3.27  6.08  7.21  7.68];xx=linspace(min(x),max(x),200);
>> subplot(2,2,1);pp=csape(x,y,'comlete');yy=ppval(pp,xx);plot(x,y,'ko',xx,yy,'k');
xlabel('(a)拉格朗日边界条件');
>> subplot(2,2,2);pp=csape(x,y,'not-a-knot');yy=ppval(pp,xx);plot(x,y,'ko',xx,yy,'k');
xlabel('(b)非扭结边界条件');
>> subplot(2,2,3);pp=csape(x,y,'periodic');yy=ppval(pp,xx);plot(x,y,'ko',xx,yy,'k');
xlabel('(c)周期性边界条件');
>> subplot(2,2,4);pp=csape(x,y,'second');yy=ppval(pp,xx);plot(x,y,'ko',xx,yy,'k');
xlabel('(d)自然边界条件');
>> set(gcf,'Color','w');
```

运行程序，效果如图 5-15 所示.

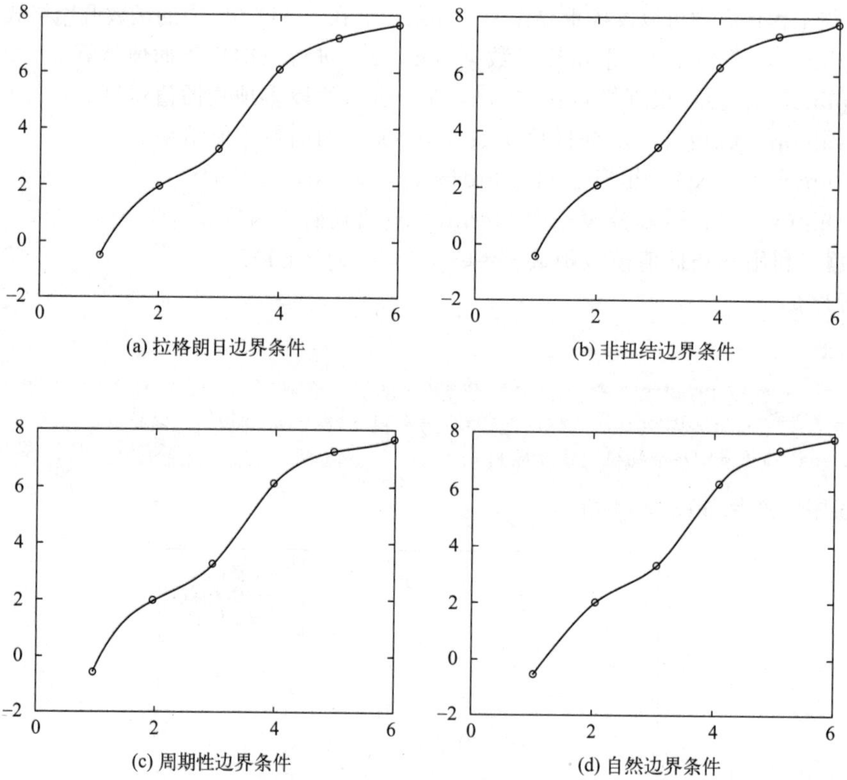

图 5-15 样条插值效果图 2

图 5-15 为不同边界条件下的插值结果，可发现这几种边界条件的结果整体相似，但是细微的差别还是存在的，可以根据自己的问题来选择边界条件.

2）拟合

在很多科学研究中经常要根据实验数据建立数学模型，对于给定的数据需要用比较简单和满足相关物理意义的函数模型来逼近（或者称为拟合）实验数据，这种逼近的特点为：

① 需要适当的精度控制；

② 实验数据中由于一些人为和非人为因素而存在着小的误差；

③ 对一些问题，存在某些特殊信息能够帮助我们从实验数据中建立数学模型．

(1) 多项式拟合

在 MATLAB 中，提供了 polyfit 函数用于实现曲线拟合．

【例 22】 已知的数据点来自函数 $f(x)=2/(2+25x^2)$，$-1\leqslant x\leqslant 1$，根据生成的数据点进行不同阶次的多项式拟合，观察拟合效果．

解　程序如下．

```
>> clear all;
>> x0 = -1 + 2*[0:10]/10;y0 = 2./(2 + 25*x0.^2);x1 = -1:0.01:1;
>> p0 = polyfit(x0,y0,3);f0 = polyval(p0,x1);p1 = polyfit(x0,y0,5);f1 = polyval(p1,x1);
>> p2 = polyfit(x0,y0,7);f2 = polyval(p2,x1);p3 = polyfit(x0,y0,9);f3 = polyval(p3,x1);
>> p4 = polyfit(x0,y0,12);f4 = polyval(p4,x1);
>> plot(x1,f0,'r',x1,f0,':',x1,f1,x1,f2,'-.',x1,f3,'*',x1,f4,'+');
>> legend( '原函数','3次拟合','5次拟合','7次拟合','9次拟合','12次拟合');
```

运行程序，效果如图 5-16 所示．

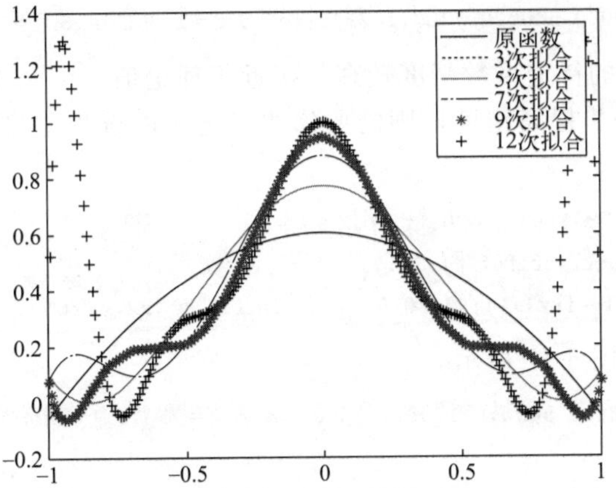

图 5-16　多项式拟合效果

(2) 最小二乘曲线拟合

在 MATLAB 中，提供了 lsqcurvefit 函数及 lsqnonlin 函数实现非线性最小二乘拟合．lsqcurvefit 函数的调用格式如下．

x=lsqcurvefit(fun，x0，xdata，ydata)：fun 为拟合函数；(xdata，ydata) 为一组观测数据，满足 ydata=fun(xdata，x)；以 x0 为初始点求解该数据拟合问题．

x=lsqcurvefit(fun，x0，xdata，ydata，lb，ub)：以 x0 为初始点求解该数据拟合问题，ub、lb 为向量，分别是变量 x 的上界与下界．

x=lsqcurvefit(fun，x0，xdata，ydata，lb，ub，options)：options 为指定优化参数．

[x，resnorm]=lsqcurvefit(…)：在上面命令功能的基础上，输出变量 resnorm= $\|r(x)\|_2^2$.

[x，resnorm，residual]=lsqcurvefit(…)：输出变量 residual=r(x).

[x，resnorm，residual，exitflag]=lsqcurvefit(…)：exitflag 为终止迭代的条件信息．

[x，resnorm，residual，exitflag，output]=lsqcurvefit(…)：output 为输出的关于变

量的信息．

[x，resnorm，residual，exitflag，output，lambda]=lsqcurvefit(…)：lambda 为输出的 Lagrange 乘子．

[x，resnorm，residual，exitflag，output，lambda，jacobian]=lsqcurvefit(…)：jacobian 为输出的在解 x 处的 Jacobi 矩阵．

【例 23】 已知数据（x_i，y_i），满足 $y_i=0.12e^{-0.213x_i}+0.54e^{-0.17x_i}\sin(1.23x_i)$，其中，$x_i=10(i-1)/100(i=1,2,\ldots,101)$，并已知该数据满足函数模型 $y(x)=a_1e^{-a_2x}+a_3e^{-a_4x}\sin(a_5x)$，其中，$a_i$ 为待定系数．

采用非线性最小二乘曲线拟合获得这些待定系数，使得目标函数的值最小．

解 其实现的 MATLAB 代码如下：

```
>> clear all;
>> f = inline('a(1)*exp(-a(2)*x) + a(3)*exp(-a(4)*x).*sin(a(5)*x)','a','x');x = 0:0.1:10;
>> y = 0.12*exp(-0.213*x) + 0.54*exp(-0.17*x).*sin(1.23*x);
>> [x,resnorm] = lsqcurvefit(f,[1,1,1,1,1],x,y)
```

运行程序，结果如下．

```
x = 0.1200,0.2130,0.5400,0.1700,1.2300;resnorm = 1.7927e-16
```

可看出，这样得出的待定系数精度较高，接近于理论值 a=[0.12 0.213 0.54 0.17 1.23]'．如果想进一步提高精度，则需要修改最优化的选项，这时函数的调用格式也将发生变化．

```
>> ff = optimset;ff.TolFun = 1e-20;ff.TolX = 1e-15;
>> [x,resnorm] = lsqcurvefit(f,[1,1,1,1,1],x,y,[ ],[ ],ff)
>> x1 = 0:0.01:10;y1 = f(x,x1);x2 = 0:0.1:10;plot(x1,y1,x2,y,'rp');legend('拟合曲线','样本点');
```

运行程序，效果如图 5-17 所示．

```
x = 0.1200,0.2130,0.5400,0.1700,1.2300;resnorm = 7.378719099433597e-33
```

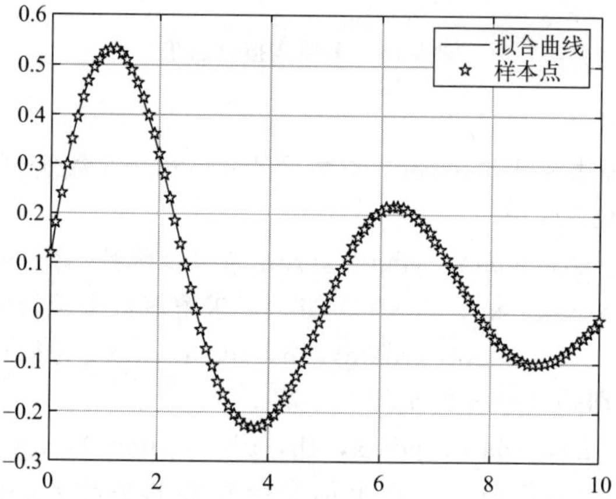

图 5-17 非线性曲线拟合效果

lsqnonlin 函数的调用格式如下．

x=lsqnonlin(fun，x0)：fun 为拟合函数，x0 为初始点．

x=lsqnonlin(fun，x0，lb，ub)：lb 与 ub 为变量 x 的下界及上界．

x=lsqnonlin(fun，x0，Ib，ub，options)：options 为指定的优化参数．

[x，resnorm]=lsqnonlin(…)：输出参量 resnorm=sum(fun(x).^2)．

[x，resnorm，residual]=lsqnonlin(…)：输出参量 residual=fun(x)．

[x，resnorm，residual，exitflag]=lsqnonlin(…)：exitflag 为输出的终止迭代的条件信息．

[x，resnorm，residual，exitflag，output]=lsqnonlin(…)：output 为输出的关于算法的信息变量．

[x，resnorm，residual，exitflag，output，lambda]=lsqnonlin(…)：lambda 为输出 Lagrange 乘子．

[x，resnorm，residual，exitflag，output，lambda，jacobian]=lsqnonlin(…)：jacobian 为在解 x 处的 Jacobi 矩阵．

【例 24】 用函数 $y=f(x)=c_1+c_2e^{-0.34c_3x}$（其中，$c_1$、$c_2$、$c_3$ 为待定系数）来拟合表 5-14 所列的数据．

表 5-14　拟合数据（例 21）

x	1	2	3	4	5	6	7	8	9	10
y	3.5	3.0	2.6	2.3	2.1	1.9	1.7	1.6	1.5	1.4

解　首先，建立目标函数的 m 文件，代码为：

```
function y = fit_mod(x)
xd = 1:10;yd = [3.5 3.0 2.6 2.3 2.1 1.9 1.7 1.6 1.5 1.4];
y = yd-[x(1) + x(2)*exp(-0.34*x(3)*xd)];
```

其实现的 MATLAB 代码为：

```
>> clear all;
>> xd = 1:10;yd = [3.5 3.0 2.6 2.3 2.1 1.9 1.7 1.6 1.5 1.4];c0 = [0 1 1];
>> c = lsqnonlin(@fit_mod,c0);plot(xd,yd,'rp');hold on;
>> fit_equation = @(x)c(1) + c(2)* exp(-0.34 * c(3)* x);
>> ezplot(fit_equation,[min(xd),max(xd)]);grid on;
```

运行程序，效果如图 5-18 所示．

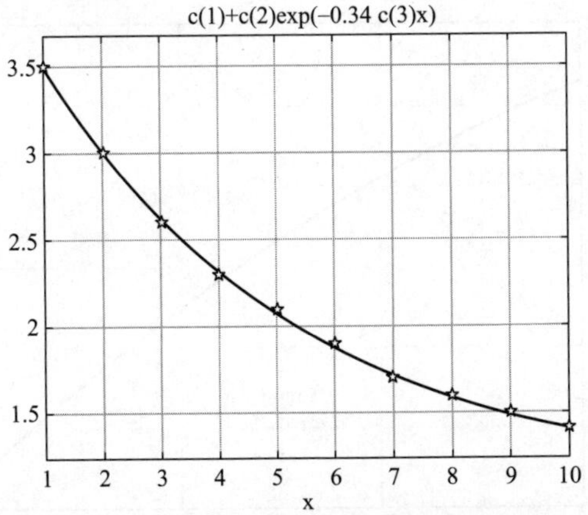

图 5-18　散点图及拟合效果

（3）最小二乘曲线拟合计算法

关于最小二乘法的数学原理可以给出很多解释，比如可以直接使用多元函数极值的观点，也可以使用高等代数中向量到子空间距离的观点．对于拟合问题，如果建立在泛函数的基础上把基函数看成是对代数空间的一种拓展，可以给出最小二乘的一种比较简洁的解释，但在此还是选择第一种方法．

【例 25】 求表 5-15 中数据的最小二乘拟合，拟合函数为

$$f(x)=a_0+a_1x+a_2x^2$$

表 5-15　拟合数据（例 22）

x	−3	−2	−1	0	1	2	3
y	5	2	4	0	−1	−3	−5

解　根据需要，编写拟合的基函数，命名为 zx _ s _ f. m.

```
function f = zx_s_f(x)
f(1) = 1;f(2) = x;f(3) = x^2;
```

其实现的 MATLAB 代码为：

```
>> clear all;
>> format long;
>> x = [-3 -2 -1 0 1 2 3]';y = [5 2 4 0 -1 -3 -5]';
>> a = [zx_s_f(x(1)); zx_s_f(x(2));zx_s_f(x(3));zx_s_f(x(4));zx_s_f(x(5));zx_s_f(x(6));zx_s_f(x(7))];
>> b = y;A = a'*a;B = a'*b;c = A\B,x_n = -3:0.02:3;y_n = c(1)*1 + c(2)*x_n + c(3)*x_n.^2;
>> plot(x,y,'r+',x_n,y_n);grid on;
```

运行程序，输出如下，效果如图 5-19 所示．

```
c = 0.714285714285714
  -1.607142857142857
  -0.107142857142857
```

从输出结果可看出，最后拟合的函数为

$f(x)=0.714285714285714-1.607142857142857x-0.107142857142857x^2$

图 5-19 所示为原离散数据与拟合函数的图像，数据拟合与插值的区别是拟合不需要函

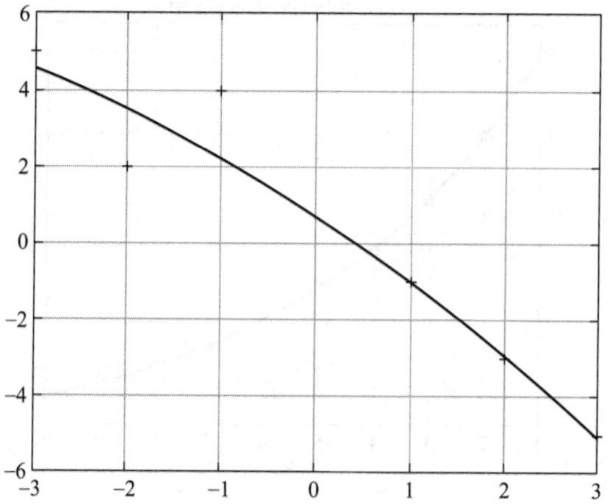

图 5-19　最小二乘数据拟合效果

数经过原来数据的每一点，而是要求偏差平方和最小．从图形可看出，在二次多项式拟合的情况下这个表达式在有限的精度内是最优的．

关于基函数的选择，一般是根据所给数据的曲线图像来判断基函数的特征，有时候则是根据实际经验判断要选择什么样的函数．

习题 5

1. 给定 $(x, f(x))$ 的一系列离散点 $(1, 0)$，$(2, -5)$，$(3, -6)$，$(4, 3)$，试求 Lagrange 插值多项式．

2. 若 $f(x)=2x^6-3x^5+x^3+1$，求 $f[3^0, 3^1, \cdots, 3^6]$，$f[3^0, 3^1, \cdots, 3^7]$.

3. 给定函数表（见表 5-16），

① 试用 Lagrange 插值法求一个三次插值多项式 $L_3(x)$，并由此求 $f(0.5)$ 的近似值．

② 试用 Newton 插值公式求一个三次插值多项式 $N_3(x)$，并由此求 $f(0.5)$ 的近似值．

表 5-16 习题 5 第 3 题

x_i	0	1	2	3	4	5
$f(x_i)$	−7	−4	5	26	65	128

4. 设 x_j 为互异节点（$j=0, 1, 2, \cdots, n$）求证 $\sum\limits_{j=0}^{n} x_j^k l_j(x) \equiv x^k$ $(k=0, 1, 2, \cdots, n)$，其中，$l_j(x)$ 为 n 次插值基函数．

5. 设 $f(x)\in C^2[a, b]$ 且 $f(a)=f(b)=0$，求证 $\max\limits_{a\leqslant x\leqslant b}|f(x)|\leqslant \dfrac{1}{8}(b-a)^2\max\limits_{a\leqslant x\leqslant b}|f''(x)|$.

6. 若 $f(x)=a_nx^n+a_{n-1}x^{n-1}+\cdots+a_1x+a_0$ 有 n 个不同实零点 $x_1, x_2, \cdots, x_n$，证明

$$\sum_{j=1}^{n}\frac{x_j^k}{f'(x_j)}=\begin{cases}0, & 0\leqslant k\leqslant n-2\\ a_n^{-1}, & k=n-1\end{cases}$$

7. 给定函数表（见表 5-17），已知数据取自一个多项式，试确定这个多项式的次数，并求出这个多项式．

表 5-17 习题 5 第 7 题

x_i	−2	−1	0	1	2	3
$f(x_i)$	−5	1	1	1	7	25

8. 对函数 $f(x)$，$g(x)$ 及任意常数 a，b，证明

$$[af(x)+bg(x)][x_0, x_1, \cdots, x_n]=af(x_0, x_1, \cdots, x_n)+bg(x_0, x_1, \cdots, x_n)$$

9. 求证：

① $\Delta f_k g_k = f_k \Delta g_k + \Delta f_k g_{k+1}$；

② $\sum\limits_{j=0}^{n-1}\Delta^2 y_j = \Delta y_n - \Delta y_0$.

10. 给定函数表（见表 5-18），试分别用 Newton 前插公式和 Newton 后插公式计算 $f(0.05)$ 的近似值．

表 5-18 习题 5 第 10 题

x_i	0.0	0.2	0.4	0.6	0.8
$f(x_i)$	1.00000	1.22140	1.49182	1.82212	2.22554

11. 若要给出 $f(x)=\cos x\left(x\in\left[0,\ \frac{\pi}{2}\right]\right)$ 的一张按等距步长 h 分布的函数表，并按线性插值计算任何 $x\in\left[0,\ \frac{\pi}{2}\right]$ 的 $\cos x$ 值．问当 h 取多大时才能保证其截断误差的绝对值不超过 $\frac{1}{2}\times 10^{-4}$？

12. 设 $f(x)\in C^{2n+2}[a,\ b]$，采用 Lagrange 插值余项的证明方法，证明埃尔米特插值余项

$$R(x)=f(x)-H_{2n+1}(x)=\frac{f^{(2n+2)}(\xi)}{(2n+2)!}w_{n+1}^{2}(x)$$

13. 求不超过 3 次的多项式 $H(x)$，使其满足 $H(-1)=9$，$H'(-1)=15$，$H(1)=1$，$H'(1)=-1$.

14. 求不超过 4 次的多项式 $P(x)$，使其满足 $P(0)=P'(0)=0$，$P(1)=P'(1)=1$，$P(2)=1$.

15. 给定函数表（见表 5-19），

① 在边界条件 $f'(0)=0.2$，$f'(3)=-1$ 下求三次样条插值函数 $S(x)$；

② 在边界条件 $f''(0)=-0.3$，$f''(3)=3.3$ 下求三次样条插值函数 $S(x)$.

表 5-19　习题 5 第 15 题

x_i	0	1	2	3
$f(x_i)$	0	0.5	2	1.5

16. 设 $f(x)\in C^{2}[a,\ b]$，$S(x)$ 是三次样条插值函数，证明：

① $\int_a^b[f''(x)]^2\mathrm{d}x-\int_a^b[S''(x)]^2\mathrm{d}x=\int_a^b[f''(x)-S''(x)]^2\mathrm{d}x+2\int_a^b S''(x)[f''(x)-S''(x)]\mathrm{d}x$；

② 若 $f(x_i)=S(x_i)\ (i=0,\ 1,\ 2,\ \cdots,\ n)$，且 $a=x_0<x_1<\cdots<x_n=b$，则

$$\int_a^b S''(x)[f''(x)-S''(x)]\mathrm{d}x=S''(b)[f'(b)-S'(b)]-S''(a)[f'(a)-S'(a)]$$

17. 设 $\varphi_0(x)$，$\varphi_1(x)$，$\cdots$，$\varphi_{n-1}(x)$，$\cdots$ 是区间 $[0,\ 1]$ 上带权 $\rho(x)=x$ 的最高项系数为 1 的正交多项式序列，其中，$\varphi_0(x)=1$，求 $\int_0^1 x\varphi_k(x)\mathrm{d}x$ 及 $\varphi_1(x)$ 和 $\varphi_2(x)$.

18. 判断函数 $\varphi_0(x)=1$，$\varphi_1(x)=x$，$\varphi_2(x)=x^2-\frac{1}{3}$ 在 $[-1,\ 1]$ 上带权 $\rho(x)=1$ 正交，并求 $\varphi_3(x)$ 使其在 $[-1,\ 1]$ 上带权 $\rho(x)=1$ 与 $\varphi_0(x)$，$\varphi_1(x)$，$\varphi_2(x)$ 正交．

19. 证明：若函数族 $\varphi_0(x)$，$\varphi_1(x)$，$\cdots$，$\varphi_{n-1}(x)$ 是在 $[a,\ b]$ 上带权 $\rho(x)$ 正交的函数族，则 $\varphi_0(x)$，$\varphi_1(x)$，$\cdots$，$\varphi_{n-1}(x)$ 必然是线性无关的函数族．

20. 已知点列 $x_0=-2$，$x_1=-1$，$x_2=0$，$x_3=1$，$x_4=2$ 及权函数 $w(x_0)=0.5$，$w(x_1)=w(x_2)=w(x_3)=1$，$w(x_4)=1.5$，利用式(5-95) 和式(5-96) 构造对应的正交多项式 $P_0(x)$，$P_1(x)$，$P_2(x)$.

21. 已知数据表（见表 5-20），求拟合这些数据的直线方程．

表 5-20　习题 5 第 21 题

x_i	0	1	2	3	4
y_i	1.00	3.85	6.50	9.35	12.05

22. 已知数据表（见表 5-21），求拟合这些数据的直线方程．

表 5-21　习题 5 第 22 题

x_i	1	2	3	4	5	6	7	8
y_i	3	3	4	5	5	6	6	7

23. 某发射源的发射强度公式为 $I=I_0\mathrm{e}^{-\alpha t}$，现测得 I 与 t 的一组数据如表 5-22 所示，试用最小二乘法

根据以上数据确定参数 I_0 和 α 的值．

表 5-22　习题 5 第 23 题

t_i	0.2	0.3	0.4	0.5	0.6	0.7	0.8
I_i	3.16	2.38	1.75	1.34	1.00	0.74	0.56

24. 试用最小二乘法，根据数据表（见表 5-23），求 $y=ae^{bx}$ 的最小二乘拟合曲线．

表 5-23　习题 5 第 24 题

x_i	1.00	1.25	1.50	1.75	2.00
y_i	5.10	5.79	6.53	7.45	8.46

25. 用最小二乘法求形如 $y=a+bx^2$ 的经验公式，使它拟合以下数据（见表 5-24）．

表 5-24　习题 5 第 25 题

x_i	19	25	31	38	44
y_i	19.0	32.3	49.0	73.3	97.8

26. 使用 FFT 算法，求函数 $f(x)=|x|$ 在 $[-\pi, \pi]$ 上的 4 次三角插值多项式 $S_4(x)$．

参考答案

第6章 数值积分与数值微分

6.1 引言

积分是实际问题中经常遇到的问题，由牛顿-莱布尼茨（Newton-Leibniz）公式 $\int_a^b f(x)\mathrm{d}x = F(b) - F(a)$ 知，若 $f(x)$ 的原函数 $F(x)$ 能求出，那么积分是容易求出的．然而有相当一些函数的原函数是不能用初等函数来表示的，如 $\sqrt{1+x^3}$、$\dfrac{\sin x}{x}$、e^{-x^2} 等就属于这一类．有时甚至 $F(x)$ 能求出，但计算 $F(a)$ 和 $F(b)$ 时也可能得不到精确值．另外，当被积函数 $f(x)$ 用数表形式给出时，那么牛顿-莱布尼茨（Newton-Leibniz）公式是不能应用的．因此，数值积分就自然成为我们研究的课题．

6.1.1 机械求积公式

由积分中值定理知，对于积分 $\int_a^b f(x)\mathrm{d}x$，总存在一点 $\xi \in [a, b]$ 使得

$$\int_a^b f(x)\mathrm{d}x = f(\xi)(b-a) \tag{6-1}$$

成立．式(6-1) 的几何意义是很明显的，但是式(6-1) 中的 ξ 是不容易求出的，为此只能取近似值．

若取 $\xi \approx a$，则得左（下）矩形公式 $\int_a^b f(x)\mathrm{d}x \approx f(a)(b-a)$.

若取 $\xi \approx b$，则得右（上）矩形公式 $\int_a^b f(x)\mathrm{d}x \approx f(b)(b-a)$.

若取 $\xi \approx \dfrac{b+a}{2}$，则得中矩形公式 $\int_a^b f(x)\mathrm{d}x \approx f\left(\dfrac{a+b}{2}\right)(b-a)$.

以上都是对 ξ 取的近似值，如果取 $f(\xi)$ 的近似值，当然也可以得到一些近似公式．比如，取 $f(\xi) \approx \dfrac{f(b)+f(a)}{2}$，则得到

$$\int_a^b f(x)\mathrm{d}x \approx \frac{b-a}{2}[f(a)+f(b)] \tag{6-2}$$

式(6-2) 称为梯形公式．其几何意义是：若 $f(x)\geqslant 0$，用梯形的面积近似地代替曲边梯形的面积，以后将证明．梯形公式比以上的矩形公式要“好”．矩形公式都是用了一个点上的函数值代替 $f(\xi)$，而梯形公式是用了 a、b 两个点上的函数值的算术平均值代替 $f(\xi)$．可以想象，多利用几个点上的函数值的算术（加权）平均值来代替 $f(\xi)$ 可能会得到更好的求积公式．

一般地，在积分区间 $[a,b]$ 上取节点 $a\leqslant x_0<x_1<\cdots<x_n\leqslant b$，然后用 $f(x_k)$ $(k=0,1,\cdots,n)$ 的加权平均作为 $f(\xi)$ 的近似值，则可以构造出

$$I=\int_a^b f(x)\mathrm{d}x\approx\sum_{k=0}^{n}A_k f(x_k) \tag{6-3}$$

以上公式称为机械求积公式．其中，x_k（$k=0,1,\cdots,n$）为求积节点，A_k 为求积系数（也称伴随节点的权），这样就避开了求原函数的问题．

6.1.2 代数精度

上面提到的求积公式都是近似的，那么它的近似程度如何？下面给出衡量近似程度“好坏”的一个概念．

定义 1　若某个求积公式对于次数小于等于 m 的多项式均能准确成立，而对于 $m+1$ 次多项式不一定能准确成立，则称该求积公式具有 m 次代数精度．

显然，上面的梯形公式与中矩形公式对于一次多项式(即线性函数) 能准确成立，而对于二次多项式不能准确成立，因此它们都具有一次代数精度．

一般地，要使机械求积公式式(6-3) 有 m 次代数精度，只要它对于 $f(x)=1,x,x^2,\cdots,x^m$ 都能准确成立，而对于 $f(x)=x^{m+1}$ 不一定能准确成立即可．

下面我们讨论插值型求积公式．由插值法知道，对于给定的函数 $f(x)$，我们可以取插值节点 $a\leqslant x_0<x_1<\cdots<x_n\leqslant b$ 做 $f(x)$ 的插值多项式，得 $L_n(x)=\sum_{k=0}^{n}l_k(x)f(x_k)$，用 $L_n(x)$ 作为 $f(x)$ 的近似，把对 $L_n(x)$ 的积分作为对 $f(x)$ 积分的一种近似，即

$$I=\int_a^b f(x)\mathrm{d}x\approx\int_a^b L_n(x)\mathrm{d}x=\int_a^b\sum_{k=0}^{n}l_k(x)f(x_k)\mathrm{d}x=\sum_{k=0}^{n}\left[\int_a^b l_k(x)\mathrm{d}x\right]f(x_k)$$

令

$$I_n=\sum_{k=0}^{n}A_k f(x_k) \tag{6-4}$$

式中，

$$A_k=\int_a^b l_k(x)\mathrm{d}x,\ k=0,1,\cdots,n \tag{6-5}$$

由式(6-5) 确定求积系数的求积公式式(6-4) 称为插值型求积公式．由 Lagrange 插值余项公式知，它的误差显然为

$$R(f)=I-I_n=\int_a^b[f(x)-L_n(x)]\mathrm{d}x=\int_a^b\frac{f^{(n+1)}(\xi)}{(n+1)!}w_{n+1}(x)\mathrm{d}x \tag{6-6}$$

式中，ξ 与 x 有关．可见，当 $f(x)$ 是次数小于等于 n 的多项式时，$R(f)=I-I_n=0$．这就说明插值型求积公式至少具有 n 次代数精度．

反之，若已知某一求积公式 $I_n=\sum_{k=0}^{n}A_kf(x_k)$ 至少具有 n 次代数精度，则它对 n 次 Lagrange 插值基函数 $l_k(x)$ 应准确成立，从而有 $\int_a^b l_k(x)\mathrm{d}x=\sum_{j=0}^{n}A_jl_k(x_j)=A_k$，由上述内容知，此求积公式是插值型求积公式．由此得以下定理．

定理 1　求积公式 $I_n=\sum_{k=0}^{n}A_kf(x_k)$ 至少具有 n 次代数精度的充分必要条件是此公式是插值型的．

6.2 牛顿-科茨求积法

6.2.1 牛顿-科茨求积公式

下面我们研究求积节点 x_k $(k=0，1，\cdots，n)$ 在等距条件下，求积系数 A_k $(k=0，1，\cdots，n)$ 的求法．

将区间 $[a，b]$ 分成 n 等份，此时节点 $x_k=a+kh$ $(k=0，1，\cdots，n)$，其中，$h=\frac{b-a}{n}$ 称为步长，那么有

$$A_k=\int_a^b l_k(x)\mathrm{d}x=\int_a^b\frac{(x-x_0)\cdots(x-x_{k-1})(x-x_{k+1})\cdots(x-x_n)}{(x_k-x_0)\cdots(x_k-x_{k-1})(x_k-x_{k+1})\cdots(x_k-x_n)}\mathrm{d}x$$

令 $x=a+th$，则

$$A_k=h\int_0^n\frac{t(t-1)\cdots(t-k+1)(t-k-1)\cdots(t-n)}{k!\,(-1)^{n-k}(n-k)!}\mathrm{d}t=(b-a)\frac{(-1)^{n-k}}{nk!\,(n-k)!}\int_0^n\prod_{\substack{j=0\\j\neq k}}^{n}(t-j)\mathrm{d}t$$

记

$$C_k^{(n)}=\frac{(-1)^{n-k}}{nk!\,(n-k)!}\int_0^n\prod_{\substack{j=0\\j\neq k}}^{n}(t-j)\mathrm{d}t,\quad k=0，1，\cdots，n \tag{6-7}$$

称为科茨（Cotes）系数．

$$A_k=(b-a)C_k^{(n)}，\quad k=0，1，\cdots，n \tag{6-8}$$

此时插值型求积公式变为

$$I_n=\sum_{k=0}^{n}A_kf(x_k)=(b-a)\sum_{k=0}^{n}C_k^{(n)}f(x_k) \tag{6-9}$$

称为 Newton-Cotes（牛顿-科茨）求积公式．

特别地，当 $n=1$ 时，两个求积系数分别为

$$C_0^{(1)}=\frac{1}{2}，\quad C_1^{(1)}=\frac{1}{2}$$

得求积公式为

$$\int_a^b f(x)\mathrm{d}x \approx \frac{b-a}{2}[f(a)+f(b)]$$

此为梯形公式(图 6-1).

$n=2$ 时，三个求积系数分别为

$$C_0^{(2)}=\frac{1}{6},\ C_1^{(2)}=\frac{4}{6},\ C_2^{(2)}=\frac{1}{6}$$

得求积公式为

$$\int_a^b f(x)\mathrm{d}x \approx \frac{b-a}{6}\left[f(a)+4f\left(\frac{a+b}{2}\right)+f(b)\right] \tag{6-10}$$

此公式称为辛普森（Simpson）公式(图 6-2).

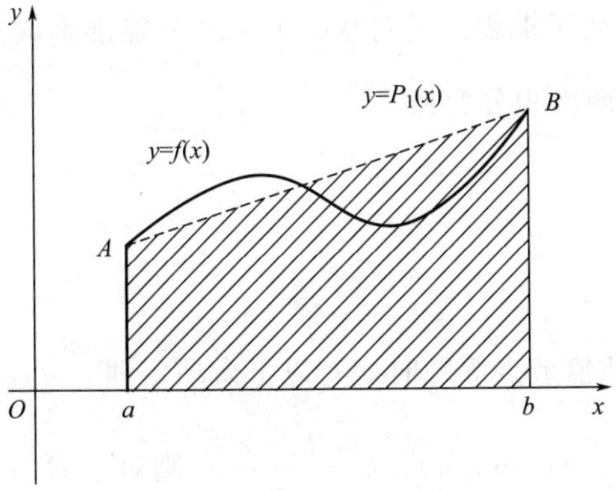

图 6-1　梯形公式示意图

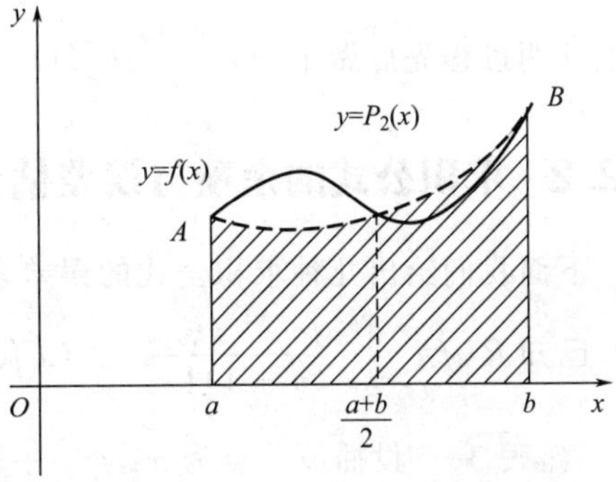

图 6-2　辛普森公式示意图

$n=4$ 时称为科茨求积公式.

真正建立求积公式时，不需要计算科茨系数，查表 6-1 即可.

表 6-1　科茨系数参考表

n	$C_k^{(n)}$				
1	$\frac{1}{2}$	$\frac{1}{2}$			
2	$\frac{1}{6}$	$\frac{2}{3}$	$\frac{1}{6}$		
3	$\frac{1}{8}$	$\frac{3}{8}$	$\frac{3}{8}$	$\frac{1}{8}$	
4	$\frac{7}{90}$	$\frac{16}{45}$	$\frac{2}{15}$	$\frac{16}{45}$	$\frac{7}{90}$

由表 6-1 知：

① 对每一个 n 总有 $n+1$ 个科茨系数之和等于 1，即 $\sum_{k=0}^{n} C_k^{(n)}=1$，那么这一结论是否真的成立？事实上，这一结论的确是成立的．因为 Newton-Cotes 求积公式是插值型的，它至少有 n 次代数精度．当 $f(x)=1$ 时，求积公式应准确成立，将 $f(x)=1$ 代入公式即可证明这一结论.

② 当 $n \geqslant 8$ 时，Cotes 系数有正有负，这会使得计算过程不稳定，一般我们不用高阶 Newton-Cotes 求积公式.

由于 Newton-Cotes 求积公式是插值型求积公式，那么它至少有 n 次代数精度，然而，当 n 是偶数时有以下结论.

定理 2 当 n 为偶数时，Newton-Cotes 求积公式至少有 $n+1$ 次代数精度.

证明 根据定义，只需证明当 n 是偶数时，求积公式对 $f(x)=x^{n+1}$ 能准确成立即可，由于 $f^{(n+1)}(x)=(n+1)!$，同时有变换 $x=a+th$，所以有

$$R(f)=\int_a^b \frac{f^{(n+1)}(\xi)}{(n+1)!}w_{n+1}(x)\mathrm{d}x=\int_a^b \prod_{j=0}^{n}(x-x_j)\mathrm{d}x=h^{n+2}\int_0^n \prod_{j=0}^{n}(t-j)\mathrm{d}t$$

$$=h^{n+2}\int_{-\frac{n}{2}}^{\frac{n}{2}} \prod_{j=0}^{n}\left(u+\frac{n}{2}-j\right)\mathrm{d}u=h^{n+2}\int_{-\frac{n}{2}}^{\frac{n}{2}} \prod_{j=-\frac{n}{2}}^{\frac{n}{2}}(u-j)\mathrm{d}u$$

由于被积函数是奇函数，所以 $R(f)=0$. 这就证明了求积公式对 $f(x)=x^{n+1}$ 能准确成立.

以上证明过程先后做了 $x=a+th$ 和 $t=u+\frac{n}{2}$ 两次积分变换.

6.2.2 求积公式的余项与误差估计

下面我们给出几种求积公式的误差余项.

已知 $R(f)=\int_a^b \frac{f^{(n+1)}(\xi)}{(n+1)!}w_{n+1}(x)\mathrm{d}x$，当插值节点等距时，有以下余项定理.

定理 3 设插值节点为 $x_k=a+kh(k=0,1,\cdots,n)$，$h=\frac{b-a}{n}$，则对于 $R(f)=I-I_n=\int_a^b[f(x)-L_n(x)]\mathrm{d}x$ 有以下结论.

① 若 n 为偶数，$f\in C^{n+2}[a,b]$，则存在 $\xi\in(a,b)$，有

$$R(f)=\frac{h^{n+3}f^{(n+2)}(\xi)}{(n+2)!}\int_0^n t^2(t-1)\cdots(t-n)\mathrm{d}t \tag{6-11}$$

② 若 n 为奇数，$f\in C^{n+1}[a,b]$，则存在 $\xi\in(a,b)$，有

$$R(f)=\frac{h^{n+2}f^{(n+1)}(\xi)}{(n+1)!}\int_0^n t(t-1)\cdots(t-n)\mathrm{d}t \tag{6-12}$$

对于①，定理的证明需要用到 Hermite 插值多项式，对于②，要用积分广义（第二）中值定理，在此略.

由式(6-12) 知 $n=1$ 时，

$$R_{\mathrm{T}}(f)=\frac{(b-a)^3f''(\xi)}{2}\int_0^1 t(t-1)\mathrm{d}t=\frac{-f''(\xi)}{12}(b-a)^3 \tag{6-13}$$

此为梯形公式的误差余项.

由式(6-11) 知 $n=2$ 时，

$$h=\frac{b-a}{2}$$

$$R_{\mathrm{S}}(f)=\frac{(b-a)^5f^{(4)}(\xi)}{2^5\times 4!}\int_0^2 t^2(t-1)(t-2)\mathrm{d}t=\frac{-(b-a)}{180}\left(\frac{b-a}{2}\right)^4f^{(4)}(\xi) \tag{6-14}$$

同理可求得 $n=4$ 时（科茨求积公式）的误差余项为

$$R_{\mathrm{C}}(f)=\frac{-2(b-a)}{945}\left(\frac{b-a}{4}\right)^6f^{(6)}(\xi) \tag{6-15}$$

6.3 复化求积法

由于科茨系数在 $n \geqslant 8$ 时有正有负，这会使得计算过程不稳定，因此，一般我们不用高阶 Newton-Cotes 求积公式．但当 n 很小时，精度又往往较差．不过根据定理，误差余项与步长 $h=\frac{b-a}{n}$ 有关，如果 n 固定，则与积分区间有关，为此，我们将 $[a, b]$ 上的积分划分为有限个小区间 $[x_k, x_{k+1}]$ 上的积分之和，在每个小区间 $[x_k, x_{k+1}]$ 上利用低阶求积公式来积分，这就得到所说的复化求积法．接下来就讨论这种方法．

6.3.1 复化求积公式

设将 $[a, b]$ 划分为 n 等份，步长 $h=\frac{b-a}{n}$，节点为 $x_k=a+kh(k=0, 1, \cdots, n)$，在每个小区间 $[x_k, x_{k+1}]$（$k=0, 1, \cdots, n-1$）上用不同的求积公式，则会得到不同的复化求积公式．

在小区间 $[x_k, x_{k+1}]$ 上的积分用梯形公式，可得复化梯形公式．

$$
\begin{aligned}
I &= \int_a^b f(x)\mathrm{d}x = \sum_{k=0}^{n-1}\int_{x_k}^{x_{k+1}} f(x)\mathrm{d}x \approx \sum_{k=0}^{n-1}\frac{h}{2}[f(x_k)+f(x_{k+1})] \\
&= \frac{h}{2}\left[f(a)+2\sum_{k=1}^{n-1}f(x_k)+f(b)\right]
\end{aligned}
$$

记为

$$
T_n=\frac{h}{2}\left[f(a)+2\sum_{k=1}^{n-1}f(x_k)+f(b)\right] \tag{6-16}
$$

式(6-16) 称为复化梯形公式，其误差余项为

$$
I-T_n=\sum_{k=0}^{n-1}\left[\frac{-h^3}{12}f''(\xi_k)\right]=-\frac{b-a}{12}h^2 f''(\eta),\ \eta\in(a, b) \tag{6-17}
$$

上式的成立只需 $f''(x)$ 在 $[a, b]$ 上连续．

类似地，若在小区间 $[x_k, x_{k+1}]$ 上的积分用 Simpson 公式，则得到复化 Simpson 公式为

$$
\begin{aligned}
S_n &= \sum_{k=0}^{n-1}\frac{h}{6}[f(x_k)+4f(x_{k+\frac{1}{2}})+f(x_{k+1})] \\
&= \frac{h}{6}\left[f(a)+2\sum_{k=1}^{n-1}f(x_k)+4\sum_{k=0}^{n-1}f(x_{k+\frac{1}{2}})+f(b)\right]
\end{aligned}
$$

这里的 $x_{k+\frac{1}{2}}=x_k+\frac{h}{2}$ 为区间 $[x_k, x_{k+1}]$ 的中点．

同理可得复化 Cotes 公式 C_n（在此略）．

若 $f^{(4)}(x)$，$f^{(6)}(x)$ 在 $[a, b]$ 上连续，不难得到复化 Simpson 公式 S_n 和复化 Cotes 公式 C_n 的误差余项为

$$I-S_n=-\frac{b-a}{180}\left(\frac{h}{2}\right)^4 f^{(4)}(\eta),\ \eta\in(a,\ b) \tag{6-18}$$

$$I-C_n=-\frac{2(b-a)}{945}\left(\frac{h}{4}\right)^6 f^{(6)}(\eta),\ \eta\in(a,\ b) \tag{6-19}$$

定理 4 若 $f(x)$ 在 $[a,\ b]$ 上可积，则当节点无限增多时，即当 $n\to\infty$ 且 $h\to 0$ 时，复化梯形公式 T_n 和复化 Simpson 公式 S_n、复化 Cotes 公式 C_n 均收敛到积分 $I=\int_a^b f(x)\mathrm{d}x$.

证明 将复化梯形公式改写成

$$T_n=\sum_{k=0}^{n-1}\frac{h}{2}[f(x_k)+f(x_{k+1})]=\frac{1}{2}\sum_{k=0}^{n-1}f(x_k)h+\frac{1}{2}\sum_{k=1}^{n}f(x_k)h$$

因为 $f(x)$ 在 $[a,\ b]$ 上可积，所以

$$\begin{aligned}\lim_{n\to\infty}T_n&=\frac{1}{2}\lim_{n\to\infty}\sum_{k=0}^{n-1}f(x_k)h+\frac{1}{2}\lim_{n\to\infty}\sum_{k=1}^{n}f(x_k)h\\&=\frac{1}{2}\int_a^b f(x)\mathrm{d}x+\frac{1}{2}\int_a^b f(x)\mathrm{d}x=\int_a^b f(x)\mathrm{d}x\end{aligned}$$

关于复化 Simpson 公式 S_n 及复化 Cotes 公式 C_n 的收敛性同样可证.

事实上，对于复化 Simpson 公式 S_n，当 $f^{(4)}(x)$ 在 $[a,\ b]$ 上连续时，由于

$$\begin{aligned}0\leqslant|I-S_n|&=\left|-\frac{b-a}{180}\left(\frac{h}{2}\right)^4 f^{(4)}(\eta)\right|\leqslant\frac{(b-a)^5}{180\times 2^4}\times\frac{1}{n^4}\max_{a\leqslant x\leqslant b}|f^{(4)}(x)|\\&\leqslant\frac{(b-a)^5}{180\times 2^4}\times\frac{1}{n^4}\times M_4\end{aligned}$$

式中，$M_4=\max\limits_{a\leqslant x\leqslant b}|f^{(4)}(x)|$. 当 $n\to\infty$ 时，上式右端趋于 0，所以当 $n\to\infty$ 时，$|I-S_n|\to 0$，即有 $\lim\limits_{n\to\infty}S_n=I$. 对于复化 Cotes 公式 C_n 同样可证.

由式(6-17) 知 $\dfrac{I-T_n}{h^2}=-\dfrac{1}{12}\sum\limits_{k=0}^{n-1}f''(\xi_k)h$，所以得

$$\lim_{h\to 0}\frac{I-T_n}{h^2}=-\frac{1}{12}\lim_{h\to 0}\sum_{k=0}^{n-1}f''(\xi_k)h=-\frac{1}{12}\int_a^b f''(x)\mathrm{d}x=-\frac{1}{12}[f'(b)-f'(a)]$$

同理可得

$$\frac{I-S_n}{h^4}\xrightarrow{h\to 0}\frac{-1}{180\times 2^4}[f'''(b)-f'''(a)]$$

$$\frac{I-C_n}{h^6}\xrightarrow{h\to 0}\frac{-2}{945\times 4^6}[f^{(5)}(b)-f^{(5)}(a)]$$

定义 2 若某一种求积公式 I_n 当 $h\to 0$ 时，有 $\lim\limits_{h\to 0}\dfrac{I-I_n}{h^p}=c\,(c\neq 0)$，则称 I_n 是 p 阶收敛的.

显然，复化梯形公式 T_n、复化 Simpson 公式 S_n 及复化 Cotes 公式 C_n 分别为 2 阶、4 阶及 6 阶收敛的. 因此，当 h 很小时，它们分别有以下渐近式.

$$I-T_n\approx-\frac{h^2}{12}[f'(b)-f'(a)] \tag{6-20}$$

$$I-S_n\approx\frac{-1}{180}\left(\frac{h}{2}\right)^4[f'''(b)-f'''(a)] \tag{6-21}$$

$$I-C_n \approx \frac{-2}{945}\left(\frac{h}{4}\right)^6\left[f^{(5)}(b)-f^{(5)}(a)\right] \tag{6-22}$$

【例 1】 用复化 Simpson 公式 S_n 计算积分 $\int_0^{\pi}\sin x\,dx$，要使误差不超过 2×10^{-5}，问 n 应取多少?

解 $|R_s(f)|=\left|-\frac{(b-a)h^4}{180\times2^4}f^{(4)}(\eta)\right| \leqslant \frac{\pi}{180\times2^4}\times\frac{\pi^4}{n^4}\max_{0\leqslant x\leqslant\pi}|\sin x| \leqslant \frac{\pi^5}{2880}\times\frac{1}{n^4}\leqslant 2\times10^{-5}$

所以，$n^4 \geqslant \frac{\pi^5}{5760}\times10^5$，解之得，$n\geqslant 9$，即将区间至少分成 9 等份.

6.3.2 龙贝格求积公式

由上述内容知，复化求积法可以提高精度，步长 h 越小，精度越高. 但在实际计算以前，一般只给出误差限，这给选择步长带来不便. 所以我们有必要采用一种变步长的方法，这通常采用每次平分步长的办法，直到所求积分值满足精度为止. 具体方法如下.

设将积分区间 $[a, b]$ 分成 n 等份$\left(步长\ h=\frac{b-a}{n}\right)$，按复化梯形公式式(6-16) 计算出 T_n. 若精度达不到要求，则将每个小区间 $[x_k, x_{k+1}]$ 二分一次，即在这个小区间内增加一个节点 $x_{k+\frac{1}{2}}=x_k+\frac{h}{2}$，由复化梯形公式式(6-16) 得到区间 $[x_k, x_{k+1}]$ 上的积分值为

$$\frac{h}{2\times2}\left[f(x_k)+2f(x_{k+\frac{1}{2}})+f(x_{k+1})\right]$$

将每个小区间上的积分值加起来则得

$$T_{2n}=\frac{h}{4}\sum_{k=0}^{n-1}\left[f(x_k)+2f(x_{k+\frac{1}{2}})+f(x_{k+1})\right]$$

整理得

$$T_{2n}=\frac{1}{2}T_n+\frac{h}{2}\sum_{k=0}^{n-1}f(x_{k+\frac{1}{2}}) \tag{6-23}$$

式(6-23) 称为梯形公式的递推化公式. 由此可见，求 T_{2n} 时利用了 T_n，只需在 T_n 的基础上再加上新增节点上的函数值，这使得计算工作量减少了一半.

为便于编制程序，通常用以下公式.

$$\begin{cases} T_1=\frac{b-a}{2}\left[f(a)+f(b)\right] \\ T_{2^k}=\frac{1}{2}T_{2^{k-1}}+\frac{b-a}{2^k}\sum_{i=0}^{2^{k-1}-1}f\left[a+(2i+1)\frac{b-a}{2^k}\right] \end{cases},\ k=1,2,\cdots \tag{6-24}$$

直到 $|T_{2^k}-T_{2^{k-1}}|\leqslant\varepsilon$（所给精度）为止.

【例 2】 用梯形公式的递推化公式式(6-24) 计算积分 $\int_0^1\frac{4}{1+x^2}dx$，要求误差不超过 $\frac{1}{2}\times10^{-5}$.

解 $T_1=\frac{1}{2}\left[\frac{4}{1+0^2}+\frac{4}{1+1^2}\right]=3.$

$k=1$ 时，$T_2=\frac{1}{2}T_1+\frac{1}{2}\times\frac{4}{1+0.5^2}=3.1.$

$k=2$ 时，$T_4=\frac{1}{2}T_2+\frac{1}{4}\times\left[\frac{4}{1+0.25^2}+\frac{4}{1+0.75^2}\right]=3.1311765.$

$k=3$ 时，$T_8=\frac{1}{2}T_4+\frac{1}{8}\times\left[\frac{4}{1+0.125^2}+\frac{4}{1+0.375^2}+\frac{4}{1+0.625^2}+\frac{4}{1+0.875^2}\right]=3.1389885.$

继续下去，得到 $k=8$ 时，$T_{2^8}=3.141590$. $k=9$ 时，$T_{2^9}=3.141592$.

误差 $|T_{2^8}-T_{2^9}|\leqslant 0.000002\leqslant\frac{1}{2}\times 10^{-5}$，所以 $\int_0^1\frac{4}{1+x^2}dx\approx 3.141592.$

按式(6-24) 计算积分时，算法简单，但收敛速度较慢．由误差 $I-T_n\approx-\frac{h^2}{12}[f'(b)-f'(a)]$ 可知，$I-T_{2n}\approx-\frac{1}{12}\left(\frac{h}{2}\right)^2[f'(b)-f'(a)]$. 显然，二分一次后误差缩减为原来的 $\frac{1}{4}$，即 $\frac{I-T_{2n}}{I-T_n}\approx\frac{1}{4}$. 由此可得到

$$I\approx\frac{4}{3}T_{2n}-\frac{1}{3}T_n \tag{6-25}$$

可以证明

$$S_n=\frac{4}{3}T_{2n}-\frac{1}{3}T_n \tag{6-26}$$

同样由式(6-21) 知，二分一次后，用复化 Simpson 公式时误差将缩减为原来的 $\frac{1}{16}$，即 $\frac{I-S_{2n}}{I-S_n}\approx\frac{1}{16}$，可得 $I\approx\frac{16}{15}S_{2n}-\frac{1}{15}S_n$.

可以证明

$$C_n=\frac{16}{15}S_{2n}-\frac{1}{15}S_n \tag{6-27}$$

同理，由 C_n 和 C_{2n} 误差可构造出 Romberg（龙贝格）公式

$$R_n=\frac{64}{63}C_{2n}-\frac{1}{63}C_n \tag{6-28}$$

根据式(6-26)～式(6-28) 三式可以将精度并不太高的 T_n 逐步加工成精度较高的 S_n、C_n、R_n，通常我们按以下方法进行计算．先用式(6-24)，即

$$\begin{cases}T_1=\frac{b-a}{2}[f(a)+f(b)]\\ T_{2^k}=\frac{1}{2}T_{2^{k-1}}+\frac{b-a}{2^k}\sum_{i=0}^{2^{k-1}-1}f\left[a+(2i+1)\frac{b-a}{2^k}\right]\end{cases}$$

计算出 T_1，T_2，T_4，T_8，然后用式(6-26) 分别取 $n=1$，$n=2$，$n=4$ 计算出 S_1，S_2，及 S_4，再用式(6-27) 取 $n=1$，$n=2$，求出 C_1，C_2，最后用式(6-28) 得到 R_1. 见表 6-2.

表 6-2　相关数值

T_1			
T_2	S_1		
T_4	S_2	C_1	
T_8	S_4	C_2	R_1

第一列到第二列用式(6-26)，第二列到第三列用式(6-27)，第三列到第四列用式(6-28).

一般来说，求到 R_1 即可满足精度要求，通常不再继续下去，因为当 m 很大时，$\frac{4^m}{4^m-1}\approx 1$，而 $\frac{1}{4^m-1}\approx 0$，加速效果不再显著.

以上的迭代加速基于以下定理.

定理 5 设 $u_0(h)$ 是计算函数值 I 的近似公式，即

$$u_0(h)=I+a_1h^2+a_2h^4+\cdots+a_{2k}h^{2k}+\cdots$$

式中，a_i 与 h 无关. 则由 $u_0(h)$ 通过步长 h 折半的方法可求得 I 的更高精度的近似公式.

事实上

$$u_0\left(\frac{h}{2}\right)=I+a_1\frac{h^2}{2^2}+a_2\frac{h^4}{2^4}+\cdots+a_{2k}\frac{h^{2k}}{2^{2k}}+\cdots$$

$$u_1(h)=\frac{4u_0\left(\frac{h}{2}\right)-u_0(h)}{3}=I+\beta_2h^4+\beta_3h^6+\cdots+\beta_kh^{2k}+\cdots$$

又有

$$u_1\left(\frac{h}{2}\right)=I+\beta_2\frac{h^4}{2^4}+\beta_3\frac{h^6}{2^6}+\cdots+\beta_k\frac{h^{2k}}{2^{2k}}+\cdots$$

得到

$$u_2(h)=\frac{2^4u_1\left(\frac{h}{2}\right)-u_1(h)}{2^4-1}=I+\gamma_3h^6+\cdots+\gamma_kh^{2k}+\cdots$$

继续下去，通过此法可以得到精度更高的公式.

【例 3】 用龙贝格 (Romberg) 加速公式式(6-26)～式(6-28) 计算积分 $\int_0^1\frac{4}{1+x^2}\mathrm{d}x$，要求误差不超过 $\frac{1}{2}\times10^{-5}$.

解 由例 2 知，$T_1=3$，$T_2=3.1$，$T_4=3.1311765$，$T_8=3.1389885$.

由式(6-26)～式(6-28) 计算得

$$S_1=\frac{4}{3}T_2-\frac{1}{3}T_1=3.1333333$$

$$S_2=\frac{4}{3}T_4-\frac{1}{3}T_2=3.1415687$$

$$S_4=\frac{4}{3}T_8-\frac{1}{3}T_4=3.1415925$$

$$C_1=\frac{16}{15}S_2-\frac{1}{15}S_1=3.1415925$$

$$C_2=\frac{16}{15}S_4-\frac{1}{15}S_2=3.1415926$$

$$R_1=\frac{64}{63}C_2-\frac{1}{63}C_1=3.1415926$$

6.4 高斯求积法

6.4.1 高斯求积公式

在机械求积公式

$$\int_a^b f(x)\mathrm{d}x \approx \sum_{k=0}^{n} A_k f(x_k) \tag{6-29}$$

中，当节点的数目固定为 $n+1$ 时，能否适当选择求积节点 x_k 和求积系数 A_k，使得此求积公式具有最高阶的代数精度？最高阶是多少？

可以证明，适当选择求积节点 x_k 和求积系数 A_k 可以使得此求积公式具有 $2n+1$ 次代数精度，且机械求积公式最高只能达到 $2n+1$ 次代数精度．

具有 $2n+1$ 次代数精度的求积公式 $\int_a^b f(x)\mathrm{d}x \approx \sum_{k=0}^{n} A_k f(x_k)$ 称为高斯（Gauss）公式．Gauss 公式的求积节点称为 Gauss 点．关于 Gauss 点有以下结论．

定理 6 对于插值型求积公式式(6-29)，其节点 x_k（$k=0, 1, \cdots, n$）是 Gauss 点的充分必要条件是由节点 x_k 构成的 $n+1$ 次多项式 $w_{n+1}(x)=\prod_{k=0}^{n}(x-x_k)$ 与任意次数不超过 n 的多项式 $P(x)$ 均带权 $\rho(x)=1$ 正交，即有

$$\int_a^b P(x) w_{n+1}(x)\mathrm{d}x = 0 \tag{6-30}$$

证明 必要性．因为 x_k（$k=0, 1, \cdots, n$）为 Gauss 点，又 $w_{n+1}(x)P(x)$ 为次数不超过 $2n+1$ 次的多项式，所以式(6-29) 对此应准确成立，即有

$$\int_a^b P(x) w_{n+1}(x)\mathrm{d}x = \sum_{k=0}^{n} A_k P(x_k) w(x_k) = 0$$

最后一步的结果是由于 x_k 是 $w_{n+1}(x)$ 的零点．

充分性．在式(6-30) 成立的条件下，要证式(6-29) 有 $2n+1$ 次代数精度，设 $f(x)$ 为次数不超过 $2n+1$ 的多项式，用 $w_{n+1}(x)$ 除 $f(x)$ 后设商为 $P(x)$，余式为 $Q(x)$，则有 $f(x)=w_{n+1}(x)P(x)+Q(x)$，其中，$P(x)$，$Q(x)$ 均为次数不超过 n 的多项式，对其进行积分，由式(6-30) 成立，得 $\int_a^b f(x)\mathrm{d}x = \int_a^b Q(x)\mathrm{d}x$，又因为式(6-29) 是插值型的，应至少有 n 次代数精度，因此对 $Q(x)$ 应准确成立，有

$$\int_a^b Q(x)\mathrm{d}x = \sum_{k=0}^{n} A_k Q(x_k) = \sum_{k=0}^{n} A_k [w_{n+1}(x_k)P(x_k) + Q(x_k)] = \sum_{k=0}^{n} A_k f(x_k)$$

所以式(6-29) 对 $f(x)$ 是 $2n+1$ 次多项式时能准确成立，x_k（$k=0, 1, \cdots, n$）为 Gauss 点．

由于勒让德多项式是 $[-1, 1]$ 上带权 $\rho(x)=1$ 的正交多项式，为此我们只考虑 $[-1, 1]$ 区间上的 Gauss 公式

$$\int_{-1}^{1} f(x)\mathrm{d}x \approx \sum_{k=0}^{n} A_k f(x_k) \tag{6-31}$$

对于 $[a, b]$ 上的情况，通过变换 $x=\frac{b-a}{2}t+\frac{a+b}{2}$ 即可化为 $[-1, 1]$ 区间上的积分．由勒让德多项式的性质知，$n+1$ 次勒让德多项式 $P_{n+1}(x)$ 的 $n+1$ 个零点就是求积公式式(6-31) 的 Gauss 点．这是因为任何次数不超过 n 的多项式 $P(x)$ 都可以写成勒让德正交多项式 $P_0(x)$，$P_1(x)$，…，$P_n(x)$ 的线性组合，由 $P_{n+1}(x)$ 的正交性知 $\int_{-1}^{1}P_{n+1}(x)P(x)\mathrm{d}x=0$，即 $P_{n+1}(x)$ 与任何次数不超过 n 的多项式 $P(x)$ 均正交．用勒让德多项式 $P_{n+1}(x)$ 的 $n+1$ 个零点作为插值节点所构造的求积公式称为勒让德-高斯（Legendre-Gauss）求积公式．

$n=0$ 时，$P_1(x)=x$ 的零点为 $x=0$，构造求积公式 $\int_{-1}^{1}f(x)\mathrm{d}x\approx A_0f(0)$.

令公式对 $f(x)=1$ 成立，得 $A_0=2$，得到一点勒让德-高斯求积公式为 $\int_{-1}^{1}f(x)\mathrm{d}x\approx 2f(0)$，可见此式为中矩形公式．

$n=1$ 时，$P_2(x)=\frac{1}{2}(3x^2-1)$ 的两个零点为 $x_{1,2}=\pm\frac{1}{\sqrt{3}}$，构造求积公式 $\int_{-1}^{1}f(x)\mathrm{d}x\approx A_0f\left(\frac{-1}{\sqrt{3}}\right)+A_1f\left(\frac{1}{\sqrt{3}}\right)$，令公式对 $f(x)=1$，x 成立，得

$$\begin{cases}A_0+A_1=2\\ -A_0\frac{1}{\sqrt{3}}+A_1\frac{1}{\sqrt{3}}=0\end{cases}$$

解之得 $A_0=A_1=1$. 得到两点勒让德-高斯求积公式为 $\int_{-1}^{1}f(x)\mathrm{d}x\approx f\left(\frac{-1}{\sqrt{3}}\right)+f\left(\frac{1}{\sqrt{3}}\right)$.

同理，可得其他的勒让德-高斯求积公式．常用的高斯点和系数如表 6-3 所示．

表 6-3　常用的高斯点和系数

n	x_k	A_k
0	0.0000000	2.0000000
1	±0.5773503	1.0000000
2	±0.7745967	0.5555556
	0.0000000	0.8888889
3	±0.8611363	0.3478548
	±0.3398810	0.6521452
4	±0.9061793	0.2369269
	±0.5384693	0.4786287
	0.0000000	0.5688889

6.4.2　高斯求积公式的余项与误差估计

定理 7　Gauss 求积公式的余项为

$$R=\int_a^b f(x)\mathrm{d}x-\sum_{k=0}^{n}A_kf(x_k)=\frac{f^{(2n+2)}(\xi)}{(2n+2)!}\int_a^b w^2(x)\mathrm{d}x \tag{6-32}$$

式中，$w(x)=\prod_{k=0}^{n}(x-x_k)$.

证明 因为求积公式具有 $2n+1$ 次代数精度，今以求积节点 $x_k(k=0, 1, \cdots, n)$ 为插值节点构造一个次数不超过 $2n+1$ 次的多项式 $H(x)$，满足 $H(x_k)=f(x_k)$，$H'(x_k)=f'(x_k)(k=0, 1, \cdots, n)$，所以 Gauss 公式对 $H(x)$ 应准确成立，即

$$\int_a^b H(x)\mathrm{d}x=\sum_{k=0}^{n}A_kH(x_k)=\sum_{k=0}^{n}A_kf(x_k)$$

所以，$R=\int_a^b f(x)\mathrm{d}x-\sum_{k=0}^{n}A_kf(x_k)=\int_a^b f(x)\mathrm{d}x-\int_a^b H(x)\mathrm{d}x=\int_a^b[f(x)-H(x)]\mathrm{d}x$

由 Hermite 插值余项及 $w^2(x)$ 的保号性知 $R=\dfrac{f^{(2n+2)}(\xi)}{(2n+2)!}\int_a^b w^2(x)\mathrm{d}x$ 成立.

高斯求积公式不但具有代数精度高的优点，而且具有计算稳定的特点，这主要是由下列定理决定.

定理 8 Gauss 公式的求积系数 A_k $(k=0, 1, \cdots, n)$ 全是正的.

证明 由于 Lagrange 插值多项式的插值基函数 $l_k(x)=\prod_{\substack{j=0\\ j\neq k}}^{n}\dfrac{x-x_j}{x_k-x_j}$ 为 n 次多项式，而 $l_k^2(x)$ 为 $2n$ 次多项式，所以 Gauss 公式对 $l_k^2(x)$ 应准确成立，即有

$$0<\int_a^b l_k^2(x)\mathrm{d}x=\sum_{i=0}^{n}A_il_k^2(x_i)=A_k,\ k=0, 1, \cdots, n$$

当求积系数 A_k $(k=0, 1, \cdots, n)$ 全正时，若设 $f(x_k)$ 的近似值（实际计算值）为 $\hat{f}(x_k)$，则有

$$|\hat{I}_n-I_n|=\left|\sum_{k=0}^{n}A_k\hat{f}(x_k)-\sum_{k=0}^{n}A_kf(x_k)\right|\leqslant\sum_{k=0}^{n}A_k|\hat{f}(x_k)-f(x_k)|$$

$$\leqslant\max_{0\leqslant k\leqslant n}|\hat{f}(x_k)-f(x_k)|\sum_{k=0}^{n}A_k\leqslant(b-a)\max_{0\leqslant k\leqslant n}|\hat{f}(x_k)-f(x_k)|$$

所以 Gauss 求积公式是稳定的.

因此得知 Gauss 求积公式与 Newton-Cotes 求积公式比较，它有代数精度高且稳定性好的优点.

6.4.3 几种常见的高斯求积公式

由上述内容可知，用正交多项式的零点作为 Gauss 点，然后再用待定系数法即可确定一个 Gauss 求积公式，而有些正交多项式是带权的正交多项式，所以还有带权的 Gauss 求积公式问题.

考虑积分 $I=\int_a^b\rho(x)f(x)\mathrm{d}x$，其中，$\rho(x)\geqslant0$ 为权函数，当 $\rho(x)=1$ 时即为普通积分. 同上，若求积公式

$$\int_a^b\rho(x)f(x)\mathrm{d}x\approx\sum_{k=0}^{n}A_kf(x_k)$$

具有 $2n+1$ 次代数精度，则称为 Gauss 型求积公式，相应的节点 $x_k(k=0, 1, \cdots, n)$ 称为 Gauss 点. 同定理 6 相似的结论是，x_k $(k=0, 1, \cdots, n)$ 为 Gauss 点的充分必要条件是 $n+1$

次多项式 $w_{n+1}(x)=\prod_{k=0}^{n}(x-x_k)$ 与任意次数不超过 n 的多项式 $P(x)$ 均带权 $\rho(x)$ 正交，即有

$$\int_a^b \rho(x)P(x)w_{n+1}(x)\mathrm{d}x=0$$

取 $a=-1$，$b=1$，权函数为 $\rho(x)=\frac{1}{\sqrt{1-x^2}}$，建立的 Gauss 求积公式为

$$\int_{-1}^{1}\frac{f(x)}{\sqrt{1-x^2}}\mathrm{d}x \approx \sum_{k=0}^{n}A_k f(x_k)$$

由于切比雪夫正交多项式为 $[-1,1]$ 上关于权函数 $\rho(x)=\frac{1}{\sqrt{1-x^2}}$ 的正交多项式，所以以上求积公式的 Gauss 点可取为切比雪夫正交多项式的零点．由此得到的求积公式称为切比雪夫-高斯（Chebyshev-Gauss）求积公式．构造方法同上，在此不再推导．

最后，作为例题，我们证明不存在代数精度超过 $2n+1$ 次的机械求积公式．

【例 4】 证明不存在 A_k，$x_k(k=0,1,\cdots,n)$ 使求积公式 $\int_a^b \rho(x)f(x)\mathrm{d}x \approx \sum_{k=0}^{n}A_k f(x_k)$ 的代数精度超过 $2n+1$ 次．

证明 假设存在这样的求积节点 x_k $(k=0,1,\cdots,n)$ 和求积系数 A_k，使求积公式对任意 $2n+2$ 次多项式 $f(x)$ 能精确成立．今取 $f(x)=w_{n+1}^2(x)$ 为一个 $2n+2$ 次多项式，则 $\int_a^b \rho(x)f(x)\mathrm{d}x=\int_a^b \rho(x)w_{n+1}^2(x)\mathrm{d}x>0$，同时有 $\sum_{k=0}^{n}A_k f(x_k)=\sum_{k=0}^{n}A_k w_{n+1}^2(x_k)=0$，与假设矛盾，所以 Gauss 型求积公式是具有最高次代数精度的求积公式．

6.5　数值微分

6.5.1　差商型求导方法

如果函数 $f(x)$ 是以表格形式给出，近似地求出函数在某点的导数值，或者说某点上的导数 $f'(x)$ 用该点附近节点上的函数值近似表示，称为数值微分．

我们知道 $f'(a)=\lim_{h\to 0}\frac{f(a+h)-f(a)}{h}$，如果精度要求不高，我们可以简单取差商作为其近似值，从而得到以下近似公式．

$$f'(a)\approx\frac{f(a+h)-f(a)}{h}$$

$$f'(a)\approx\frac{f(a)-f(a-h)}{h}$$

$$f'(a)\approx\frac{f(a+h)-f(a-h)}{2h}$$

最后一个公式称为中点方法，它是前两个公式的算术平均．将 $f(a\pm h)$ 在 $x=a$ 点做泰勒

(Taylor) 展开，可得到其截断误差约为 $\frac{h^2}{3!}f'''(a)$，由此可见步长 h 越小，计算结果越精确．但是如果考虑舍入误差，则并非如此，因为当 h 较小时，会出现两个相近数相减的情况，从而使有效数字的位数受到严重损失．所以，一般步长不宜取得太小．

6.5.2 插值型求导方法

前面我们曾经用插值多项式 $L_n(x)$ 代替函数 $f(x)$ 做过数值积分，那么我们在此也可以用插值多项式 $L_n(x)$ 代替函数 $f(x)$ 做数值微分，即 $f'(x)\approx L'_n(x)$，此即称为插值型的求导公式．但是必须指出，即使 $f(x)$ 与 $L_n(x)$ 相差不多，它们的导数值也可能相差很多.

由余项公式知

$$f'(x)-L'_n(x)=\frac{f^{(n+1)}(\xi)}{(n+1)!}w'_{n+1}(x)+\frac{w_{n+1}(x)}{(n+1)!}\frac{\mathrm{d}}{\mathrm{d}x}f^{(n+1)}(\xi)$$

而公式中的 ξ 是与 x 有关的，无法对第二项求导数，当 x_k 是 $w_{n+1}(x)$ 的零点时，上式中第二项为零，所以，如果只考虑节点 x_k 上的导数值，其误差为

$$f'(x_k)-L'_n(x_k)=\frac{f^{(n+1)}(\xi)}{(n+1)!}w'_{n+1}(x_k)$$

因此，我们仅考虑节点处的导数值，于是得到以下公式．

两点公式：

$$f'(x_0)=\frac{1}{h}[f(x_1)-f(x_0)]-\frac{h}{2}f''(\xi)$$

$$f'(x_1)=\frac{1}{h}[f(x_1)-f(x_0)]+\frac{h}{2}f''(\xi)$$

三点公式：

$$f'(x_0)=\frac{1}{2h}[-3f(x_0)+4f(x_1)-f(x_2)]+\frac{h^2}{3}f'''(\xi)$$

$$f'(x_1)=\frac{1}{2h}[-f(x_0)+f(x_2)]-\frac{h^2}{6}f'''(\xi)$$

$$f'(x_2)=\frac{1}{2h}[f(x_0)-4f(x_1)+3f(x_2)]+\frac{h^2}{3}f'''(\xi)$$

当然还可以得到五点公式等．

另外，我们也可以用样条插值多项式 $S(x)$ 的导数值代替函数的导数值，此时称为样条求导．

最后应说明的是，利用以上方法还可以求高阶导数值．

6.6 基于 MATLAB：数值积分与数值微分

本节将给出求解数值积分与数值微分的相关函数与源程序，并提供相应的案例作为参考．

(1) cumsum 函数

在 MATLAB 中，采用矩形求积法求解积分，由 cumsum 函数实现，其调用格式如下．

B=cumsum（A）：对于向量 A，返回一个向量，该向量的第 N 个元素是 A 的前 N 个元素的和．对于矩阵 A，返回一个和 A 同型的矩阵，该矩阵的列即为对 A 的每一列的累积和．对于 N 维数组 A，从第一个非独立数组开始操作．

B=cumsum（A，dim）：返回沿维度 dim 的元素的累积和．

【例 5】 利用 cumsum 函数求积分．

解 程序如下．

```
>>A=[1:4];B=cumsum(A)
B=1 3 6 10
>>A=[1 4 7;2 5 8;3 6 9];B=cumsum( A),C=cumsum(A,2),D=cumsum(A,3)
B=   1    4    7
     3    9   15
     6   15   24
C=   1    5   12
     2    7   15
     3    9   18
D=   1    4    7
     2    5    8
     3    6    9
>>t=00:0.1 :10;x=cos(t);y=cumsum( x)* 0.15;plot( t,x,'r:',t,y,'k+');
```

运行程序，效果如图 6-3 所示．

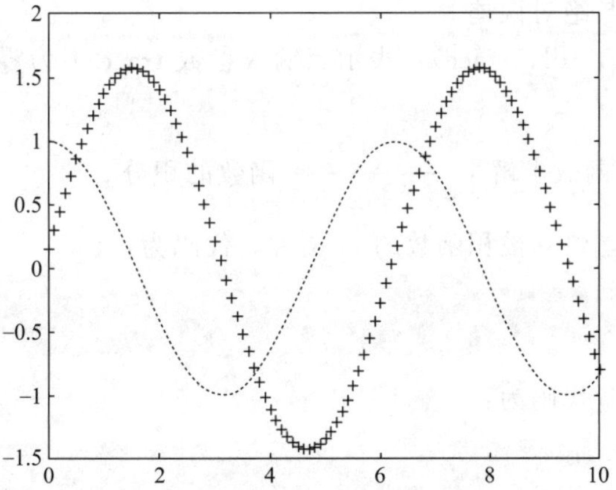

图 6-3 矩形求积法的数值解

(2) trapz 函数

在 MATLAB 中，采用梯形求积法求解积分，由 trapz 函数实现，其调用格式如下．

Z=trapz(Y)：用等距梯形法近似计算 Y 的积分．若 Y 为向量，则 trapz(Y) 为 Y 的积分；若 Y 为矩阵，则 trapz(Y) 为 Y 的每一列的积分；若 Y 是一个多维阵列，则 trapz(Y) 沿着 Y 的第一个非单元集的方向进行计算．

Z=trapz(X，Y)：用梯形法计算 Y 在 X 点上的积分．若 X 为列向量，Y 为矩阵，且 size(Y，1)=length(X)，则 trapz(X，Y) 沿着 Y 的第一个非单元集方向进行计算．

Z=trapz(…，dim)：沿着 dim 指定的方向对 Y 进行积分．若参量中包含 X，则应有 length(X)=size(Y，dim)．

【例 6】 利用 trapz 函数求积分．

解 程序如下．

```
>>clear all;
>>Y = [1 4 9 16 25];Q = trapz(Y)
Q = 42
>>X = 0 :pi/100 :pi;Y = tan(X);Q = trapz(X,Y)
Q = 5.1306e + 14
>>X = [1 2.5 7 10]';Y = [5.2 4.8 4.9 5.1;7.7 7.0 6.5 6.8;9.6 10.5 10.5 9.0;13.2 14.5 13.8 15.2];
Q = trapz(X,Y)
Q = 82.8000    85.7250    83.2500    80.7750
>>dim = 2;Q1 = trapz( X,Y',dim);Q1'
ans = 82.8000    85.7250    83.2500    80.7750
```

（3）quad 函数

quad 函数采用遍历的自适应辛普森（Simpson）法计算函数的数值积分，适用于精度要求低、被积函数平滑性较差的数值积分，其调用格式如下．

q=quad(fun，a，b)：表示使用自适应递归的 Simpson 方法从积分区间 a 到 b 对函数 fun(x) 进行求积，求积的相对误差在 1e－3 范围内，输入参数中的 fun 为一个字符串，表示求积函数的名字，当输入为向量时，返回值也必须为向量形式．

q=quad(fun，a，b，tol)：表示使用自适应递归的 Simpson 方法从积分区间 a 到 b 对函数 fun(x) 进行求积，求积的误差在 tol 范围内，当 tol 的形式是［rel _ tol，abs _ tol］时，分别表示相对误差与绝对误差．

q=quad(fun，a，b，tol，trace)：表示当输入参数 trace 不为零时，以动态点图的形式实现积分的整个过程．

【例 7】 利用 quad 函数求解 $\int_0^2 \frac{1}{x^3+x+5}$ 函数的积分．

解 首先根据需要，建立被积函数的 m 文件，代码为：

```
function y = fun(x)
y = 1./(x.^3 + x + 5);
```

其实现的 MATLAB 代码为：

```
>>clear all;a = 0;b = 2;
>>tic,   % 计时开始
>>[Q,fcnt] = quad(@fun,0,2)
>>toc; % 计时结束
Q = 0.2780;fcnt = 17;历时 0.017299 秒
```

（4）quadl 函数

MATLAB 还提供了一个新的函数 quadl，其调用格式和 quad 函数完全一致，使用的算法是 Lobatto（洛巴托）算法，其精度远高于 quad 函数，但其所用时间会比 quad 函数稍多．所以，在追求高精度数值解时可以采用这个方法．

q=quadl(fun，a，b)：求函数 fun 的定积分，定积分的下限为 a，上限为 b．

q=quadl(fun，a，b，tol)：该函数的输入参数 tol 用于指定误差限，默认值为 1e－6．

q=quadl(fun, a, b, tol, trace): 参数 trace 用于在迭代过程中表示向量 [fcnt, a, b－a, q], 其中, 输入参数 fun、a 和 b 是必需的.

【例 8】 利用 quadl 函数求解 $\int_0^2 \frac{1}{x^3+x+5}$ 的积分.

解 根据需要, 建立被积函数的 m 文件, 代码为:

```
function y = fun(x)
y = 1./(x.^3 + x + 5);
```

在命令窗口中输入:

```
>>Q1 = quadl( 'fun',0,3),Q2 = quadl( 'fun',1,3,[1e-10,1e-11]),Q3 = quadl( 'fun',1,3,1e-6,1)
Q1 = 0.3227;Q2 = 0.1472;Q3 = 0.1472
```

(5) quadv 函数

有的时候, 被积函数 $f(x)$ 是一系列的函数, 针对这种情况, MATLAB 提供了 quadv 函数, 可以一次计算多个一元函数的数值积分值, 由于 quadv 函数是 quad 函数的矢量扩展, 因此 quadv 函数也称为矢量积分.

【例 9】 求解下面积分, 其中参数 $\boldsymbol{v}$ 为一个向量, 值为 $\boldsymbol{v}=(1 \quad 2 \quad 3 \quad 4 \quad 5)$.

$$\boldsymbol{f}_1=\int_0^1 x^3\sin(\boldsymbol{v}x)\mathrm{d}x,\ \boldsymbol{f}_2=\int_0^1(x^2\sin(3x) \quad x^3\cos x)\mathrm{d}x,\ \boldsymbol{f}_3=\int_0^1\begin{pmatrix} x\sin x & x^3\cos x \\ x^2\sin x & x\sin x\end{pmatrix}\mathrm{d}x$$

解 其实现的 MATLAB 代码为:

```
>>clear all;
>>f1 = quadv (@ ( x)x.^3.* sin([ 1:5] * x),0,1)
>>f2 = quadv(@(x)[x.^2.* sin(3 * x),x.^3.* cos( x)],0,1)
>>f3 = quadv(@(x)[x.* sin(x),x.^ 3.* cos(x);x.^2.* sin(x ),x.* sin(x )],0,1)
```

运行程序, 输出如下:

```
f1 = 0.1771      0.2369      0.1466   -0.0220   -0.1490
f2 = 0.2140      0.1717
f3 = 0.3012      0.1717
     0.2232      0.3012
```

(6) integral 函数

在 MATLAB 中, 提供了 integral 函数用于求函数的数控评估积分, 其调用格式如下.

q=integral(fun, xmin, xmax): 在给定的积分下限 xmin 和上限 xmax 范围内, 求函数 fun 的数控评估积分.

q=integral(fun, xmin, xmax, Name, Value): 设置一个或多个积分属性名 Name 及其对应的属性值.

【例 10】 利用 integral 函数求函数 $\int_0^2 \frac{1}{x^3+x+5}$ 的积分.

```
>> clear all;
>> syms x;fun = 1./(x.^3 + x + 5);q = integral(@fun,0,2)
q = 0.2780
```

(7) integral2 函数

在 MATLAB 中, 提供了 integral2 函数求函数的数控评估二重积分, 其调用格式如下.

q=integral2(fun，xmin，xmax，ymin，ymax)：参数 fun 为需要积分的二元函数，xmin 和 xmax 为变量 x 的积分下限和上限，ymin 和 ymax 为变量 y 的积分下限和上限.

q=integral2(fun，xmin，xmax，ymin，ymax，Name，Value)：设置一个或多个积分属性名及其对应的属性值.

【例 11】 利用 integral2 函数求含参数函数 $f(x, y)=ax^2+by^2$ 的数控评估二重积分，其中，$a=3$，$b=5$.

解 程序如下.

```
>>clear all;
>>a = 3;b = 5;fun = @( x,y)a * x.^2 + b* y.^2;
>>format long;q = integral2( fun,0,5,-5,0,'Method','iterated','AbsTol',0 ,'RelTol',1e-10)
q = 1.666666666666667e + 03
```

(8) integral3 函数

在 MATLAB 中，提供了 integral3 函数用于求函数的数控评估三重积分.

q=integral3(fun，xmin，xmax，ymin，ymax，zmin，zmax)：fun 为需要积分的三元函数，xmin 和 xmax 为变量 x 的积分下限和上限，ymin 和 ymax 为变量 y 的积分下限和上限，zmin 和 zmax 为变量 z 的积分下限和上限.

q=integral3(fun，xmin，xmax，ymin，ymax，zmin，zmax，Name，Value)：设置一个或多个积分属性名及其对应的属性值.

【例 12】 利用 integral3 函数求 $f(x, y, z)=x\cos y+x^2\cos z$ 的数控评估三重积分.

解 程序如下.

```
>>clear all;
>>fun = @(x,y,z)x. *cos(y) + x.^2. *cos( z);
>>xmin = -1;xmax = 1;ymin = @(x)- sqrt(1- x.^ 2);ymax = @(x)sqrt(1- x.^2);
>>zmin = @( x,y)- sqrt(1 - x.^2- y.^2);zmax = @( x,y)sqrt( 1 - x.^2-y.^2);
>>integral3(fun,xmin,xmax,ymin ,ymax,zmin,zmax,'Method','tiled')
ans = 0.779555454656150
```

(9) int 函数

在 MATLAB 中，提供了 int 函数来实现符号积分运算，其调用格式如下.

int(expr)：用默认的变量求符号表达式 expr 的不定积分.

int(expr，v)：用符号变量 v 作为变量求符号表达式 expr 的不定积分数值.

int(expr，a，b)：符号表达式采用默认变量，求符号表达式 expr 的定积分数值，如果 expr 为符号矩阵，则积分对各个元素分别进行积分.

int(expr，v，a，b)：用符号变量 v 作为变量求符号表达式 expr 的定积分数值.

【例 13】 利用 int 函数求符号积分.

解 程序如下.

```
>>syms x z t a;
>>int(-2* x/(1 + x^2)^2),int(x/(1 + z^2),x),int(x * log( 1 + x),0,1),int(2 * x,[ sin(t),1])
>>int( [ exp(t),exp(a * t);sin(t),cos(t)]),  int( acos( sin(x)),x),int(x^t,x)
ans = 1/(x^2 + 1)
ans = x^2/(2*(z^2 + 1))
ans = 1/4
ans = cos(t)^2
```

```
ans = [ exp(t),exp(a*t)/a]
      [-cos(t),sin(t)]
ans = (pi^2*sign(x - pi/2))/8 + x*acos(sin(x)) + x^2/(2*sign(cos(x)))
ans = piecewise(t = = -1,log(x),t~ = -1,x^(t + 1)/(t + 1))
```

（10）复化梯形公式

在 MATLAB 中，没有提供专门的函数实现复化梯形公式，可通过编写 Comtrap. m 函数实现此方法，其代码为：

```
function s = Comtrap( f,a,b,n)
% Comtrap.m 函数为使用复化梯形公式求积分；
% f 为被积函数;b 与 a 为积分的上下限;n 为子区间的个数;s 为梯形总面积,即所求积分数值
h = (b-a)/(2. * n);s2 = 0;
for k = 1:(n-1)
    x = a + h* 2* k;s2 = s2 + feval( 'f',x);
end
s = h* (feval( 'f',a) + feval( 'f',b) + 2 * s2);
```

【例 14】 利用复化梯形公式求函数 $\int_0^2 \frac{1}{x^3+x+5}$ 积分，取区间个数 n 为 10.

解　首先，建立被积函数的 m 文件，代码为：

```
function y = f(x)
y = 1. /(x. ^3 + x + 5);
```

其实现的 MATLAB 代码为：

```
>>clear all;
>>a0 = 0;b0 = 2;n = 10;s = Comtrap( 'f',a0,b0,n)
s = 0.277948041451575
```

（11）复化辛普森公式

在 MATLAB 中，没有提供专门的函数实现复化辛普森公式，可通过编写 simpr1. m 函数实现此方法，其代码为：

```
function s = simpr1( f,a,b,n)
% simpr1.m 函数为用复化辛普森公式求积分
% f 是被积函数;b,a 分别为积分的上下限;n 是子区间的个数;s 是梯形总面积,即所求积分数值
h = (b-a)/( 2*n);s1 = 0;s2 = 0;
for k = 1:n
    x = a + h*(2 * k- 1);s1 = s1 + feval( 'f',x);
end
for k = 1:(n- 1)
    x = a + h* 2* k;s2 = s2 + feval( 'f',x);
end
s = h*(feval( 'f',a) + feval( 'f',b) + 4*s1 + 2*s2)/3;
```

【例 15】 利用复化辛普森公式计算积分 $\int_0^2 \frac{1}{x^3+x+5}$，取区间个数 n 为 10.

解　首先，建立被积函数的 m 文件，代码为：

```
function y = f(x)
y = 1. /(x. ^3 + x + 5);
```

```
其实现的 MATLAB 代码为：
>>clear all;
>>a0 = 0;b0 = 2;n = 10;s = simprl( 'f',a0 ,b0,n)
s = 0.278007964610561
```

（12）龙贝格求积公式

在 MATLAB 中，没有提供专门的函数实现龙贝格积分公式，可通过编写 romberm.m 函数实现此方法，其代码为：

```
function [I,step] = romberg(f,a,b,eps)
% romberg.m 为用龙贝格求积公式求积分
% f 为被积函数;b,a 为积分区间的上下限;eps 为积分结果精度;I 为积分结果;step 为积分的子区间数
if ( nargin == 3)
   eps = 1.0e-4;
end
M = 1;tol = 10;k = 0;T = zeros( 1,1);h = b- a;
T(1,1) = (h/2)*(subs(sym(f ),symvar(sym(f)),a) + subs(sym(f),symvar(sym(f)),b));
while tol > eps
   k = k + 1;h = h/2;Q = 0;
   for i = 1:M
        x = a + h*( 2* i-1);Q = Q + subs(sym(f ),symvar(sym(f)),x);
   end
   T(k + 1,1) = T(k,1)/2 + h* Q;M = 2* M;
   for j = 1:k
        T(k + 1,j + 1) = T(k + 1,j) + (T(k + 1,j)-T(k,j))/(4^j-1);
   end
        tol = abs(T(k + 1,j + 1)- T(k,j));
   end
        I = T(k + 1,k + 1);step = k;
```

【例 16】 用龙贝格公式积分求函数 $\int_0^2 \frac{1}{x^3+x+5}$ 的积分.

解 其实现的 MATLAB 代码为：

```
>>syms x;
>>a = 0;b = 2;eps = 1e-6;[ I,step] = romberg(1./(x.^3 + x + 5),a,b,eps)
I = 0.278007602104639;step = 3
```

（13）勒让德-高斯求积公式

在 MATLAB 中，没有提供专门的函数实现勒让德-高斯求积公式，可通过编写 GauLeg.m 函数实现此方法，其代码为：

```
function I = GauLeg( f,a,b,n,AK,XK)
% GauLeg.m 为使用勒让德-高斯求积公式求积分
% f 是被积函数;b,a 为积分的上下限;n 为积分所用项数;AK 为自定义勒让德-高斯求积公式的系数;XK 为自定义勒让德-高斯求积公式的节点坐标;I 是所求积分值
if(n<5 && nargin == 4)
  AK = 0;XK = 0;
  else
```

```
    XK1 = ((b-a)/2)*XK + ((a + b)/2);I = ((b-a)/2)*sum( AK.*subs(str2sym(f),symvar(f),XK1));
  end
  ta = (b-a)/2;tb = (a + b)/2;
  switch n
    case 1 %n = 2时进行计算
      I = ta*( subs(str2sym(f),symvar(str2sym(f)),ta*0.5773503 + tb) + ...
      subs(str2sym(f),symvar(str2sym(f)),-ta*0.5773503 + tb));
    case 2 %n = 3时进行计算
      I = ta*(0.55555556*subs(str2sym(f),symvar(str2sym(f)),ta*0.7745967 + tb) + ...
      0.55555556*subs(str2sym(f),symvar(str2sym(f)),-ta*0.7745967 + tb) + ...
      0.88888889*subs(str2sym(f),symvar(str2sym(f)),tb));
    case 3 %n = 4时进行计算
      I = ta*(0.3478548*subs(str2sym(f),symvar(str2sym(f)),ta*0.8611363 + tb) + ...
      0.3478548*subs(str2sym(f),symvar(str2sym(f)),-ta*0.8611363 + tb) + ...
      0.6521452*subs(str2sym(f),symvar(str2sym(f)),ta*0.3398810 + tb) + ...
       + 0.6521452*subs(str2sym(f),symvar(str2sym(f)),-ta*0.3398810 + tb));
    case 4 %n = 5时进行计算
      I = ta*(0.2369269*subs(str2sym(f),symvar(str2sym(f)),ta*0.9061793 + tb) + ... +
      0.2369269*subs(str2sym(f),symvar(str2sym(f)),-ta*0.9061793 + tb) + ... +
      0.4786287*subs(str2sym(f),symvar(str2sym(f)),ta*0.5384693 + tb) + ...
       + 0.4786287*subs(str2sym(f),symvar(str2sym(f)),-ta*0.5384693 + tb) + ... +
      0.5688889*subs(str2sym(f),symvar(str2sym(f)),tb));
  end
```

【例 17】 用勒让德-高斯求积公式求函数 $\int_0^{\frac{\pi}{2}} x^2 \sin x \, dx$ 的积分．

解 其实现的 MATLAB 代码为：

```
>>clear all;
>>a = 0;b = pi/2;n = 4;I = GauLeg('x^2.* sin(x)',a,b,n)
I = 1.141592454934593
```

（14）拉盖尔-高斯求积公式

在 MATLAB 中，没有提供专门的函数实现拉盖尔-高斯求积公式，可通过编写 GauLag.m 函数实现此方法，其代码为：

```
function q = GauLag(f,n,ak,kk)
% GauLag.m 函数为用拉盖尔-高斯求积公式计算积分
% f 为被积函数;n 为所采用的积分点个数; ak 为自定义系数;kk 为自定义积分点;q 为积分值
if(n<6 && nargin == 2)
  ak = 0;kk = 0;
  else
  q = sum( ak.*subs(str2sym(f),symvar(str2sym(f)),kk));
end
switch n
  case 2
    q = 0.853553*subs(str2sym(f),symvar(str2sym(f)),-0.585786) + ...
    0.146447*subs(str2sym(f),symvar(str2sym(f)),3.414214);
  case 3
```

```
    q = 0.711093*subs(str2sym(f),symvar(str2sym(f)),0.415575) + ...
    0.278518*subs(str2sym(f),symvar(str2sym(f)),2.294280) + ...
    0.0103893*subs(str2sym(f),symvar(str2sym(f)),6.289945);
  case 4
    q = 0.603154*subs(str2sym(f),symvar(str2sym(f)),0.322548) + ...
    0.357419*subs(str2sym(f),symvar(str2sym(f)),1.745761) + ...
    0.0388879*subs(str2sym(f),symvar(str2sym( f)),4.536620) + ...
    0.000539295*subs(str2sym(f),symvar(str2sym(f)),9.395071);
  case 5
    q = 0.521756*subs(str2sym(f),symvar(str2sym(f)),0.263560) + ...
    0.398667*subs(str2sym(f),symvar(str2sym(f)),1.413403) + ...
    0.0759424*subs(str2sym(f),symvar(str2sym(f)),3.596426) + ...
    0.00361176*subs(str2sym(f),symvar(str2sym(f)),7.085810) + ...
    0.0000233700*subs(str2sym(f),symvar(str2sym(f)),12.640801);
end
```

【例 18】 利用拉盖尔-高斯求积公式计算函数 $\int_0^{\infty} x\mathrm{e}^{-x}\,\mathrm{d}x$ 的积分.

解 其实现的 MATLAB 代码为:

```
>>clear all;
>>n = 3;m = 5;q1 = GauLag('x*exp(-x)',n),q2 = GauLag('x*exp(-x)',m)
q1 = 0.259580560447704;q2 = 0.250266231498796
```

(15) 埃尔米特-高斯求积公式

在 MATLAB 中,没有提供专门的函数实现埃尔米特-高斯求积公式,可通过编写 GauHer.m 函数实现此方法,其代码为:

```
function q = GauHer( f,n,ak ,kk)
% GauHer.m 函数为用埃尔米特-高斯求积公式求积分
% f 为被积函数;n 为所采用的积分点个数;ak 为自定义系数;kk 为自定义积分点;q 为积分值
if(n<6 && nargin == 2)
  ak = 0;kk = 0;
  else
  q = sum(ak.*subs(str2sym(f),symvar(str2sym(f)),kk));
end
switch n
  case 2
    q = 0.886227*(subs(str2sym(f),symvar(str2sym(f)),-0.707107) + ...
    subs(str2sym(f),symvar(str2sym(f)),0.707107));
  case 3
    q = 1.181636*subs(str2sym(f),symvar(str2sym(f)),0) + ...
    0.295409*(subs(str2sym(f),symvar(str2sym(f)),1.224745) + ...
    subs(str2sym(f),symvar(str2sym(f)),-1.224745));
  case 4
    q = 0.544444*(subs(str2sym(f),symvar(str2sym(f)),0.524648) + ...
    subs(str2sym(f),symvar(str2sym(f)),-0.524648)) + ...
    0.100000*(subs(str2sym(f),symvar(str2sym(f)),1.650680) + ...
    subs(str2sym(f),symvar(str2sym(f)),-1.650680));
```

```
    case 5
      q = 0.945309*subs(str2sym(f),symvar(str2sym(f)),0) + ...
      0.393619 * (subs(str2sym(f),symvar(str2sym(f)),0.958572) + ...
      subs(str2sym(f),symvar(str2sym(f)),-0.958572)) + ...
      0.199532*(subs(str2sym(f),symvar(str2sym(f)),2.020183) + ...
      subs(str2sym(f),symvar(str2sym(f)),-2.020183));
end
```

【例 19】 利用埃尔米特-高斯求积公式计算函数 $\int_{-\infty}^{\infty} e^{-x^2} dx$ 的积分.

解　其实现的 MATLAB 代码为：

```
>>clear all;
>>n = 3;m = 5;q1 = GauHer( 'exp( -x^2)',n),q2 = GauHer( 'exp( -x^2)',m)
q1 = 1.313465273429052;q2 = 1.266135578405082
```

习题 6

1. 用复化梯形公式和复化 Simpson 公式计算下列积分.

① $\int_0^1 \frac{x}{4+x^2} dx$，取 $n=8$；

② $\int_0^{\frac{\pi}{6}} \sqrt{4-\sin^2 x}\, dx$，取 $n=6$.

2. 确定下列求积公式中的待定参数，使其代数精度尽量高，并指出所构造的求积公式所具有的代数精度.

① $\int_{-h}^{h} f(x) dx \approx A_0 f(-h) + A_1 f(0) + A_2 f(h)$

② $\int_0^1 f(x) dx \approx A_0 f(0) + A_1 f(x_1) + A_2 f(1)$

③ $\int_{-2h}^{2h} f(x) dx \approx A_0 f(-h) + A_1 f(0) + A_2 f(h)$

④ $\int_{-h}^{h} f(x) dx \approx A_0 f(-h) + A_1 f(x_1)$

3. 证明：$\int_0^1 f(x) dx \approx \frac{1}{2}[f(0)+f(1)] - \frac{1}{12}[f'(1)-f'(0)]$ 具有 3 次代数精度.

4. 用复化 Simpson 公式 S_n 计算积分 $\int_0^{\frac{\pi}{2}} \sin x\, dx$，要使误差不超过 $\frac{1}{2}\times 10^{-5}$，应将区间 $\left[0, \frac{\pi}{2}\right]$ 分为多少等份？若改用复化梯形公式，要达到同样精度应将区间 $\left[0, \frac{\pi}{2}\right]$ 分为多少等份？

5. 求积公式 $\int_0^1 f(x) dx \approx A_0 f(0) + A_1 f(1) + A_2 f'(0)$，已知其余项表达式为 $R(f) = kf'''(\xi)$，试确定求积公式中的待定参数 A_0、A_1，A_2，使其代数精度尽量高，并指出求积公式所具有的代数精度及余项表达式.

6. 若用复化 Simpson 公式计算 $\int_1^3 e^x \sin x\, dx$，要使误差不超过 10^{-6}，问需要计算多少个节点上的函数值？

7. 推导下列三种矩形求积公式，其中，$\eta \in (a, b)$.

① $\int_a^b f(x) dx = (b-a) f(a) + \frac{1}{2} f'(\eta)(b-a)^2$

② $\int_a^b f(x)\mathrm{d}x=(b-a)f(b)-\frac{1}{2}f'(\eta)(b-a)^2$

③ $\int_a^b f(x)\mathrm{d}x=(b-a)f\left(\frac{a+b}{2}\right)+\frac{1}{24}f''(\eta)(b-a)^3$

8. 对积分 $\int_0^3 f(x)\mathrm{d}x$ 构造一个至少具有3次代数精度的数值求积公式．

9. 用勒让德-高斯求积公式，取 $n=2$，计算定积分 $\int_0^1 x^2\mathrm{e}^x\mathrm{d}x$.

10. 用龙贝格求积公式计算定积分 $\int_1^3 \frac{1}{x}\mathrm{d}x$.

11. 若 $f''(x)>0$，证明用梯形公式计算积分 $\int_a^b f(x)\mathrm{d}x$ 所得的结果比准确值大，并说明其几何意义．

参考答案

第7章

常微分方程数值解法

7.1 引言

在实际工作中常常会遇到求解常微分方程的定解问题，虽然在高等数学中我们已经学过一些常微分方程定解问题的解法，但那只是对一些特殊类型的方程给出了解析方法，实际问题中归纳出来的常微分方程往往不能用解析方法来求解，有时虽然能求出其解析解，但真正要求出它在某一点的值时，还会遇到一些麻烦．比如，初值问题 $\begin{cases} y'=1-2xy \\ y(0)=0 \end{cases}$ 的解析解为 $y(x)=\mathrm{e}^{-x^2}\int_0^x \mathrm{e}^{t^2}\mathrm{d}x$，若要求它在某一点的值时，就要求积分，而这个积分是需要用数值积分来求解的，因此不如直接用常微分方程数值解法求其解．

接下来我们就研究常微分方程的数值解法，本章主要考虑以下一阶方程的定解问题（又称初值问题）．

$$\begin{cases} y'=f(x,\ y) \\ y(x_0)=y_0 \end{cases} \tag{7-1}$$

这里假设函数 $f(x,\ y)$ 关于 y 满足利普希茨（Lipschitz）条件，即 $f(x,\ y)$ 满足

$$|f(x,\ y)-f(x,\ \overline{y})|\leqslant L\ |y-\overline{y}|$$

式中，L 为某一常数．这就保证了式(7-1) 有唯一解．下面研究关于式(7-1) 的数值解法．

所谓数值解法，就是直接寻求解函数 $y(x)$ 在一系列离散点 $x_1<x_2<\cdots<x_n<x_{n+1}<\cdots$ 上的近似值 y_1，y_2，…，y_n，y_{n+1}，…，其中，$x_{i+1}-x_i=h_i$ 称为步长，今后如果不特殊说明，我们总假定是等步长的，即有 $x_{i+1}-x_i=h(i=0,\ 1,\ 2,\ \cdots)$，此时节点 $x=x_0+nh(n=0,\ 1,\ 2,\ \cdots)$．由于 $y(x_0)=y_0$ 为已知，所以自然设想利用这个已知信息求出 $y(x_1)$ 的近似值 y_1，然后由 y_1 求得 $y(x_2)$ 的近似值 y_2，如此继续下去，这就是初值问题数值解法的一般思想．

7.2 欧拉方法

7.2.1 欧拉公式（折线法）

这一方法是初值问题式(7-1) 数值解法中最简单的一个方法，其精度不高，所以实际计算中很少应用，但在某种程度上欧拉（Euler）方法反映了数值解法的基本思想，且在此基础上得到的某些改进的方法目前常被使用，因此我们有必要介绍一下这种方法．

欧拉公式的推导方法很多，在此我们用泰勒（Taylor）展开的方法．

由于

$$y(x_{n+1})=y(x_n+h)=y(x_n)+y'(x_n)h+\frac{h^2}{2!}y''(\xi_n)$$

式中，$\xi_n\in(x_n, x_{n+1})$． 由式(7-1) 知，以上展开式可以写成

$$y(x_{n+1})=y(x_n)+hf(x_n, y(x_n))+\frac{h^2}{2!}y''(\xi_n), \ n=0, 1, 2, \cdots$$

当 h 充分小时，略去 $\frac{h^2}{2!}y''(\xi_n)$， 即得 $y(x_{n+1})\approx y(x_n)+hf(x_n, y(x_n))$，取近似，并写成等式得

$$y_{n+1}=y_n+hf(x_n, y_n), \ n=0, 1, 2, \cdots \tag{7-2}$$

式(7-2) 称为欧拉公式，几何意义见图 7-1.

由于略去的是 $\frac{h^2}{2!}y''(\xi_n)$， 可见这就是误差，但这只是在计算第 n 步时产生的误差，并非从一开始到现在所产生的所有误差，因此我们称这个误差为局部截断误差，即在 $y_n=y(x_n)$ 的假设下，计算 $y(x_{n+1})$ 时产生的误差 $y(x_{n+1})-y_{n+1}$. 由此知 Euler 公式的局部截断误差约为 $\frac{h^2}{2!}y''(x_n)$.

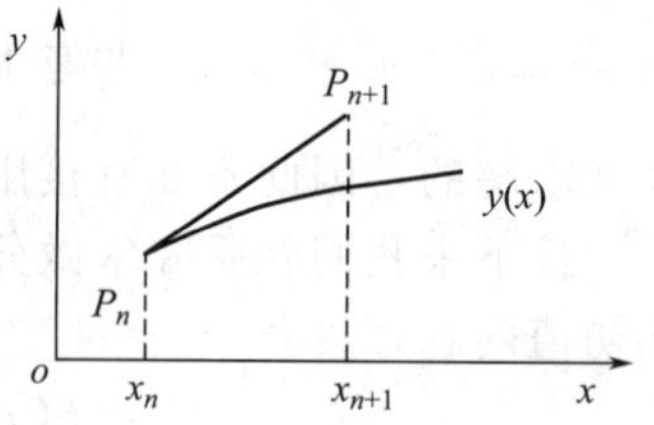

图 7-1

另外，如果我们用差商 $y'(x_{n+1})\approx\frac{y(x_{n+1})-y(x_n)}{x_{n+1}-x_n}$ 代替导数，并在 $y_n=y(x_n)$ 的假设下，由式(7-1) 知 $y'(x_{n+1})=f(x_{n+1}, y(x_{n+1}))$， 取近似整理可得到

$$y_{n+1}=y_n+hf(x_{n+1}, y_{n+1}), \ n=0, 1, 2, \cdots \tag{7-3}$$

此即称为后退的（隐式）Euler 公式．

公式(7-3) 在计算 y_{n+1} 时要用 y_{n+1}， 这样的公式称为隐式公式，而像公式(7-2) 的式子称为显式公式．对于隐式公式，在计算时要先给 y_{n+1} 提供一个初值，然后再用给定的公式开始计算，通常称为迭代法．式(7-3) 的迭代公式为

$$\begin{cases} y_{n+1}^{(0)}=y_n+hf(x_n, y_n) \\ y_{n+1}^{(k+1)}=y_n+hf(x_{n+1}, y_{n+1}^{(k)}) \end{cases}, \ k=0, 1, \cdots \tag{7-4}$$

直到 $|y_{n+1}^{(k+1)}-y_{n+1}^{(k)}|<\varepsilon$ 为止．

接下来研究式(7-3) 的局部截断误差．

由

$$y_{n+1}=y_n+hf(x_{n+1},\ y_{n+1})=y_n+hy'(x_{n+1})$$

$$y'(x_{n+1})=y'(x_n+h)=y'(x_n)+y''(\xi_n)h$$

得

$$y_{n+1}=y_n+hy'(x_n)+y''(\xi_n)h^2$$

又有 $y(x_{n+1})=y(x_n)+hf(x_n,\ y(x_n))+\frac{h^2}{2!}y''(\xi_n)$，两式相减，且已假设 $y_n=y(x_n)$，故得

$$y(x_{n+1})-y_{n+1}=-\frac{h^2}{2}y''(\xi_n)$$

所以后退的 Euler 公式的局部截断误差约为 $-\frac{h^2}{2}y''(x_n)$.

7.2.2 梯形公式

今考察以上两个公式，可见它们的局部截断误差相差一个负号，即有

$$y_{n+1}=y_n+hf(x_n,\ y_n)+\frac{h^2}{2!}y''(x_n)+o(h^3)$$

$$y_{n+1}=y_n+hf(x_{n+1},\ y_{n+1})-\frac{h^2}{2!}y''(x_n)+o(h^3)$$

以上两式相加除以 2，则可以消去 $\frac{h^2}{2!}y''(x_n)$，从而得到

$$y_{n+1}=y_n+\frac{h}{2}[f(x_n,\ y_n)+f(x_{n+1},\ y_{n+1})]+o(h^3)$$

略去 $o(h^3)$，则得

$$y_{n+1}=y_n+\frac{h}{2}[f(x_n,\ y_n)+f(x_{n+1},\ y_{n+1})] \tag{7-5}$$

此式称为梯形公式，其几何意义如图 7-2 所示 .

图 7-2 中 A 点和 B 点的纵坐标值分别是利用欧拉公式式(7-2) 和后退的欧拉公式式(7-3) 计算出的值，P_{n+1} 的纵坐标值是以上两值的算术平均值，也就是利用梯形公式式(7-5) 得到的值 . 可以看出 P_{n+1} 更接近 $y(x_{n+1})$.

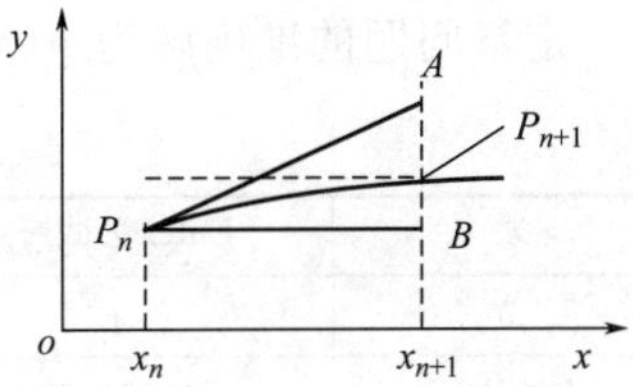

图 7-2

式(7-5) 为隐式公式，同样需要迭代法来求解，其迭代公式为

$$\begin{cases} y_{n+1}^{(0)}=y_n+hf(x_n,\ y_n) \\ y_{n+1}^{(k+1)}=y_n+\frac{h}{2}[f(x_n,\ y_n)+f(x_{n+1},\ y_{n+1}^{(k)})] \end{cases},\ k=0,\ 1,\ \cdots \tag{7-6}$$

用式(7-5) 减去式(7-6) 的第二式，得

$$|y_{n+1}-y_{n+1}^{(k+1)}|=\frac{h}{2}|f(x_{n+1},\ y_{n+1})-f(x_{n+1},\ y_{n+1}^{(k)})|$$

由于已假设 $f(x,\ y)$ 关于 y 满足 Lipschitz 条件，所以有

$$|y_{n+1}-y_{n+1}^{(k+1)}|\leqslant\frac{Lh}{2}|y_{n+1}-y_{n+1}^{(k)}|$$

可见要使迭代公式式(7-6) 收敛，需取 $\frac{Lh}{2}<1$，此时就有 $\left|y_{n+1}-y_{n+1}^{(k+1)}\right| \leqslant \left|y_{n+1}-y_{n+1}^{(k)}\right|$，因此迭代公式式(7-6) 收敛（带条件收敛）.

由式(7-6) 知，用梯形公式计算 y_{n+1} 时要反复求函数值，工作量是很大的，所以我们通常在用梯形公式迭代时只迭代一次便取作 y_{n+1}.

预测：

$$\overline{y}_{n+1}=y_n+hf(x_n, y_n)$$

校正：

$$y_{n+1}=y_n+\frac{h}{2}[f(x_n, y_n)+f(x_{n+1}, \overline{y}_{n+1})] \tag{7-7}$$

式(7-7) 称为预测-校正系统，也称为改进的 Euler 公式．为便于编制程序上机运行，通常采用以下形式．

$$\begin{cases} y_{\mathrm{p}}=y_n+hf(x_n, y_n) \\ y_{\mathrm{c}}=y_n+hf(x_{n+1}, y_{\mathrm{p}}) \\ y_{n+1}=\frac{1}{2}(y_{\mathrm{p}}+y_{\mathrm{c}}) \end{cases} \tag{7-8}$$

【例 1】 设初值问题 $\begin{cases} y'=x-y+1 \\ y(0)=1 \end{cases}$，$0<x\leqslant 0.5$，取 $h=0.1$，试用 Euler 公式、后退的 Euler 公式和梯形公式求解．

解 由于 $f(x, y)=x-y+1$，由式(7-2)、式(7-3)、式(7-5) 知，对于 Euler 公式，$y_{n+1}=y_n+h(x_n-y_n+1)=(1-h)y_n+hx_n+h$，在此得

$$y_{n+1}=0.9y_n+0.1x_n+0.1$$

同理知，对于后退的 Euler 公式，$y_{n+1}=\frac{y_n+0.1x_n+0.11}{1.1}$.

对于梯形公式，$y_{n+1}=\frac{0.95y_n+0.1x_n+0.105}{1.05}$.

定解问题的准确解为 $y(x)=x+\mathrm{e}^x$，数值结果如表 7-1 所示．

表 7-1 数值结果

x_n	Euler 公式 y_n	后退的 Euler 公式 y_n	梯形公式 y_n	准确解 $y(x_n)$
0	1	1	1	1
0.1	1.000000	1.009091	1.004762	1.004837
0.2	1.010000	1.026446	1.018594	1.018731
0.3	1.029000	1.051315	1.040633	1.040818
0.4	1.056100	1.083013	1.070096	1.070320
0.5	1.090490	1.120921	1.106278	1.106531

在推导后退的 Euler 公式时，我们用差商代替了导数，但若改用中心差商代替导数，就有

$$\frac{y(x_{n+1})-y(x_{n-1})}{2h}\approx y'(x_n)$$

取近似并整理得 $y(x_{n+1})-y(x_{n-1})=2hf(x_n, y_n)$，从而得

$$y_{n+1}=y_{n-1}+2hf(x_n, y_n)$$

用此公式作为预测值，用梯形公式作为校正值，便得到以下的预测-校正系统．

预测：

$$\overline{y}_{n+1}=y_{n-1}+2hf(x_n,\ y_n)$$

校正：

$$y_{n+1}=y_n+\frac{h}{2}[f(x_n,\ y_n)+f(x_{n+1},\ \overline{y}_{n+1})] \tag{7-9}$$

式(7-9) 与式(7-7) 相比，突出的特点是它们有相同的精度，不过式(7-9) 是两步公式，而前面几式是单步公式. 两步以上的公式称为多步法，多步法不能自开始（自起步)，需要借助其他单步法才能开始，而单步法可以自开始.

7.3 龙格-库塔（Runge-Kutta）法

7.3.1 低阶龙格-库塔法的基本思想

在 7.2 中，我们用泰勒（Taylor）展开的方法推导了 Euler 公式，那时我们略去了 $o(h^2)$ 项，得到了精度较差的 Euler 方法，如果多取几项，也就是略去 $o(h^{p+1})$ 项（p 取得更大些）应该能得到精度更高的公式，这就是 Taylor 级数法. 它的一般公式为

$$y_{n+1}=y_n+hy'_n+\frac{h^2}{2!}y''_n+\cdots+\frac{h^p}{p!}y_n^{(p)} \tag{7-10}$$

式(7-10) 的局部截断误差为

$$y(x_{n+1})-y_{n+1}=\frac{h^{p+1}}{(p+1)!}y^{(p+1)}(\xi_n),\ \xi_n\in(x_n,\ x_{n+1})$$

定义 1 若一种方法的局部截断误差为 $o(h^{p+1})$，则称该方法具有 p 阶精度.

由式(7-10) 知，当 $p=1$ 时，式(7-10) 即为 Euler 公式，显然 Euler 公式具有 1 阶精度. 同理，后退的 Euler 公式也具有 1 阶精度，而梯形公式具有 2 阶精度. p 值越大精度越高，实际计算时要用到 $f(x,\ y)$ 的高阶导数，而求 $f(x,\ y)$ 的高阶导数是不容易的，因此，Taylor 级数法在实际问题中很少应用，它的作用在于启发我们去探索更好的方法.

根据微分中值定理知，存在 $0<\theta<1$，使得

$$\frac{y(x_{n+1})-y(x_n)}{h}=y'(x_n+\theta h)$$

由方程(7-1) 知

$$y'(x_n+\theta h)=f(x_n+\theta h,\ y(x_n+\theta h))$$

所以有

$$y(x_{n+1})=y(x_n)+hf(x_n+\theta h,\ y(x_n+\theta h)) \tag{7-11}$$

令 $K^*=f(x_n+\theta h,\ y(x_n+\theta h))$，并将其称为区间 $[x_n,\ x_{n+1}]$ 上的平均斜率，由此可见，只要对这个平均斜率提供一种算法，由式(7-11)，便可以得到一种计算公式.

取 $\theta=0$，即取 $(x_n,\ y_n)$ 点的斜率作为整个区间 $[x_n,\ x_{n+1}]$ 上的平均斜率，这时 $K^*=f(x_n,\ y_n)$，则得 Euler 公式

$$y_{n+1}=y_n+hf(x_n,\ y_n),\ n=0,\ 1,\ 2,\ \cdots$$

取 $\theta=1$，即取 $(x_{n+1},\ y_{n+1})$ 点的斜率作为整个区间 $[x_n,\ x_{n+1}]$ 上的平均斜率，这时

$K^{*}=f(x_{n+1}, y_{n+1})$，则得后退的 Euler 公式

$$y_{n+1}=y_n+hf(x_{n+1}, y_{n+1}),\ n=0, 1, 2, \cdots$$

取 $K_1=f(x_n, y_n)$，$K_2=f(x_{n+1}, y_n+hf(x_n, y_n))$，令 $K^{*}=\frac{1}{2}(K_1+K_2)$，即取 (x_n, y_n) 和 (x_{n+1}, y_{n+1}) 两个点的斜率的算术平均值作为整个区间 $[x_n, x_{n+1}]$ 上的平均斜率，则得

$$\begin{cases} y_{n+1}=y_n+\frac{h}{2}(K_1+K_2) \\ K_1=f(x_n, y_n) \\ K_2=f(x_{n+1}, y_n+hK_1) \end{cases} \tag{7-12}$$

这显然是梯形公式．

我们知道，梯形公式具有 2 阶精度，而 Euler 公式和后退的 Euler 公式只有 1 阶精度，可见用两个点的斜率的算术平均值作为平均斜率比只取一个点的斜率作为平均斜率精度要高些．由此得：如果设法在 $[x_n, x_{n+1}]$ 内多预测几个点的斜率值，然后将它们的加权平均值作为平均斜率 K^{*}，则有可能构造出具有更高精度的计算公式，这就是龙格-库塔（Runge-Kutta）法的基本思想．

7.3.2 低阶龙格-库塔法

式(7-12) 就是一个特殊的二阶龙格-库塔法，它用了 x_n，x_{n+1} 这两个点上的斜率值．我们现在在 $[x_n, x_{n+1}]$ 内取 x_n，$x_{n+p}(0<p\leqslant 1)$，将这两个点上的斜率值 K_1、K_2 的线性组合作为平均斜率 K^{*}．显然，$K_1=f(x_n, y_n)$，而 $K_2=f(x_{n+p}, y_{n+p})$，对于其中的 y_{n+p} 我们用 Euler 公式来计算．

为此有

$$\begin{cases} y_{n+1}=y_n+h(\lambda_1K_1+\lambda_2K_2) \\ K_1=f(x_n, y_n) \\ K_2=f(x_{n+p}, y_n+phK_1) \end{cases} \tag{7-13}$$

式中含有三个待定参数 λ_1、λ_2、p，确定这三个待定参数的原则是使得式(7-13) 具有 2 阶精度，为此将 K_2 在 (x_n, y_n) 点做二元函数 Taylor 展开，得

$$K_2=f(x_n, y_n)+ph(f_x+ff_y)_n+\cdots$$

将 K_1、K_2 代入式(7-13) 得第一式

$$\begin{aligned} y_{n+1}&=y_n+h(\lambda_1K_1+\lambda_2K_2) \\ &=y_n+h[\lambda_1f_n+\lambda_2f_n+\lambda_2ph(f_x+ff_y)_n+\cdots] \\ &=y_n+(\lambda_1+\lambda_2)hf_n+\lambda_2ph^2(f_x+ff_y)_n+\cdots \end{aligned}$$

二阶 Taylor 级数法公式为

$$y_{n+1}=y_n+hy'_n+\frac{h^2}{2!}y''_n$$

比较二者系数得到，三个待定参数 λ_1、λ_2、p 应满足

$$\begin{cases} \lambda_1+\lambda_2=1 \\ \lambda_2p=\frac{1}{2} \end{cases} \tag{7-14}$$

满足式(7-14) 且形如式(7-13) 的所有公式均称为二阶龙格-库塔公式．当 $\lambda_1=\lambda_2=\dfrac{1}{2}$，$p=1$ 时就是改进的 Euler 公式(梯形公式).

为了提高精度，我们当然可以在 $[x_n, x_{n+1}]$ 内取三个点，乃至四个点，用这些点上的斜率值的线性组合作为平均斜率 K^* 来得到高阶的龙格-库塔公式，龙格-库塔公式的一般表示为

$$\begin{aligned}
&y_{n+1}=y_n+h\sum_{i=1}^{r}\lambda_i K_i\\
&K_1=f(x_n, y_n)\\
&K_i=f\Big(x_n+p_i h, y_n+h\sum_{j=1}^{i-1}r_{ij}K_j\Big), i=2, 3, \cdots, r
\end{aligned}$$

下式就是一个经典的四阶 Runge-Kutta 公式．

$$\begin{cases}
y_{n+1}=y_n+\dfrac{h}{6}(K_1+2K_2+2K_3+K_4)\\
K_1=f(x_n, y_n)\\
K_2=f\Big(x_n+\dfrac{h}{2}, y_n+\dfrac{h}{2}K_1\Big)\\
K_3=f\Big(x_n+\dfrac{h}{2}, y_n+\dfrac{h}{2}K_2\Big)\\
K_4=f(x_n+h, y_n+hK_3)
\end{cases}\tag{7-15}$$

可以证明其截断误差为 $o(h^5)$.

应注意的是，龙格-库塔公式的推导基于 Taylor 展开方法，所以它要求解函数有很好的光滑性，即 $y(x)$ 要具有所要求的导数，若不然，用高阶龙格-库塔公式可能不如用低阶龙格-库塔公式效果好．

7.4 多步方法

7.4.1 基于数值积分的构造方法

以上研究的都是单步法，这一节我们研究线性多步法．一般线性多步法的公式为

$$y_{n+1}=\sum_{k=0}^{r}\alpha_k y_{n-k}+h\sum_{k=-1}^{r}\beta_k y'_{n-k}\tag{7-16}$$

式中，$y'_{n-k}=f(x_{n-k}, y_{n-k})$. 当 $\beta_{-1}=0$ 时，式(7-16) 为显式公式；当 $\beta_{-1}\neq 0$ 时，式(7-16) 为隐式公式．适当选择式(7-16) 中的待定参数，就可以得到一系列的线性多步法公式．确定待定参数常用的方法有数值积分法和 Taylor 展开法，接下来分别介绍这两种方法．

对 $y'=f(x, y)$ 在 $[x_n, x_{n+1}]$ 上两边积分，得 $y(x_{n+1})=y(x_n)+\int_{x_n}^{x_{n+1}}f(x, y)\mathrm{d}x$，右边的积分采用不同的数值积分公式就会得到不同的数值方法．比如，对此积分用下矩形公式，则得 $y(x_{n+1})\approx y(x_n)+hf(x_n, y(x_n))$，离散化后得到欧拉公式；若对此积分采用梯形公式，则得到 $y(x_{n+1})\approx y(x_n)+\dfrac{h}{2}[f(x_n, y(x_n))+f(x_{n+1}, y(x_{n+1}))]$，离散化

后则得到梯形公式.

若对 $y'=f(x, y)$ 在 $[x_{n-1}, x_{n+1}]$ 上两边积分，得 $y(x_{n+1})=y(x_{n-1})+\int_{x_{n-1}}^{x_{n+1}} f(x, y)\mathrm{d}x$，对右边的积分若采用 Simpson 公式，则得

$$y(x_{n+1}) \approx y(x_{n-1})+\frac{h}{6}[f(x_{n-1}, y(x_{n-1}))+4f(x_n, y(x_n))+f(x_{n+1}, y(x_{n+1}))]$$

离散化后得到一个隐式线性多步法公式为

$$y_{n+1}=y_{n-1}+h\left[\frac{1}{6}y'_{n-1}+\frac{2}{3}y'_n+\frac{1}{6}y'_{n+1}\right]$$

一般地，对 $y'=f(x, y)$ 在 $[x_{n+k-l}, x_{n+k}]$ 上两边积分，则得 $y(x_{n+k})=y(x_{n+k-l})+\int_{x_{n+k-l}}^{x_{n+k}} f(x, y)\mathrm{d}x$，对右边的积分可以采用插值多项式代替 $f(x, y(x))$ 做数值积分，离散化后则得到不同的线性多步法公式.

用泰勒（Taylor）展开法来确定待定参数更具有一般性，且更容易理解.

$$y_{n-k}=y(x_{n-k})=y(x_n-kh),\quad y'_{n-k}=y'(x_{n-k})=y'(x_n-kh)$$

分别在 x_n 点做 Taylor 展开，得

$$y_{n-k}=\sum_{j=0}^{P}\frac{(-kh)^j}{j!}y_n^{(j)}+\frac{(-kh)^{p+1}}{(p+1)!}y_n^{(p+1)}+\cdots$$

$$y'_{n-k}=\sum_{j=1}^{P}\frac{(-kh)^{j-1}}{(j-1)!}y_n^{(j)}+\frac{(-kh)^p}{p!}y_n^{(p+1)}+\cdots$$

将以上两式代入式(7-16) 并整理得

$$\begin{aligned}y_{n+1}=&\left(\sum_{k=0}^{r}\alpha_k\right)y_n+\sum_{j=1}^{p}\frac{h^j}{j!}\left[\sum_{k=1}^{r}(-k)^j\alpha_k+j\sum_{k=-1}^{r}(-k)^{j-1}\beta_k\right]y_n^{(j)}\\&+\frac{h^{p+1}}{(p+1)!}\left[\sum_{k=1}^{r}(-k)^{p+1}\alpha_k+(p+1)\sum_{k=-1}^{r}(-k)^p\beta_k\right]y_n^{(p+1)}+\cdots\end{aligned}$$

要使上式具有 p 阶精度，即局部截断误差为 $o(h^{p+1})$，由 $y(x_{n+1})$ 的 Taylor 展开式

$$y(x_{n+1})=\sum_{j=0}^{p}\frac{h^j}{j!}y_n^{(j)}+\frac{h^{p+1}}{(p+1)!}y_n^{(p+1)}+\cdots$$

知，需要符合到 h^p 项，所以应有下式成立.

$$\begin{cases}\sum_{k=0}^{r}\alpha_k=1\\ \sum_{k=1}^{r}(-k)^j\alpha_k+j\sum_{k=-1}^{r}(-k)^{j-1}\beta_k=1,\quad j=1, 2, \cdots, p\end{cases}\tag{7-17}$$

当式(7-17) 成立时，局部截断误差为

$$y(x_{n+1})-y_{n+1}=\frac{h^{p+1}}{(p+1)!}\left[1-\sum_{k=1}^{r}(-k)^{p+1}\alpha_k-(p+1)\sum_{k=-1}^{r}(-k)^p\beta_k\right]y_n^{(p+1)}+\cdots\tag{7-18}$$

接下来我们具体地考虑两个四步方法. 先考虑显式公式

$$y_{n+1}=\alpha_0y_n+\alpha_1y_{n-1}+\alpha_2y_{n-2}+h(\beta_0y'_n+\beta_1y'_{n-1}+\beta_2y'_{n-2}+\beta_3y'_{n-3})$$

要使上式有 4 阶精度，根据式(7-18) 知其系数应满足

$$\begin{cases}\alpha_0+\alpha_1+\alpha_2=1\\-\alpha_1-2\alpha_2+\beta_0+\beta_1+\beta_2+\beta_3=1\\\alpha_1+4\alpha_2-2\beta_1-4\beta_2-6\beta_3=1\\-\alpha_1-8\alpha_2+3\beta_1+12\beta_2+27\beta_3=1\\\alpha_1+16\alpha_2-4\beta_1-32\beta_2-108\beta_3=1\end{cases}\tag{7-19}$$

因为共有 7 个待定参数，而只有 5 个方程，所以方程组（7-19）的解是不唯一的．若取 $\alpha_1=\alpha_2=0$，则得

$$\alpha_0=1,\ \beta_0=\frac{55}{24},\ \beta_1=-\frac{59}{24},\ \beta_2=\frac{37}{24},\ \beta_3=-\frac{9}{24}$$

此时的公式为

$$y_{n+1}=y_n+\frac{h}{24}(55f_n-59f_{n-1}+37f_{n-2}-9f_{n-3})\tag{7-20}$$

式中，$f_{n-k}=f(x_{n-k},\ y_{n-k})$．式(7-20) 称为四步 Adams 显式公式．

再考虑隐式公式(用 y'_{n+1} 代替 y'_{n-3})，即

$$y_{n+1}=\alpha_0y_n+\alpha_1y_{n-1}+\alpha_2y_{n-2}+h(\beta_{-1}y'_{n+1}+\beta_0y'_n+\beta_1y'_{n-1}+\beta_2y'_{n-2})$$

要使上式有 4 阶精度，根据式(7-17) 知其系数应满足

$$\begin{cases}\alpha_0+\alpha_1+\alpha_2=1\\-\alpha_1-2\alpha_2+\beta_{-1}+\beta_0+\beta_1+\beta_2=1\\\alpha_1+4\alpha_2+2\beta_{-1}-2\beta_1-4\beta_2=1\\-\alpha_1-8\alpha_2+3\beta_{-1}+3\beta_1+12\beta_2=1\\\alpha_1+16\alpha_2+4\beta_{-1}-4\beta_1-32\beta_2=1\end{cases}\tag{7-21}$$

同样有 7 个待定参数，而只有 5 个方程，所以方程组（7-21）的解是不唯一的．若取 $\alpha_1=\alpha_2=0$，则得

$$\alpha_0=1,\ \beta_{-1}=\frac{9}{24},\ \beta_0=\frac{19}{24},\ \beta_1=-\frac{5}{24},\ \beta_2=\frac{1}{24}$$

此时的公式为

$$y_{n+1}=y_n+\frac{h}{24}(9f_{n+1}+19f_n-5f_{n-1}+f_{n-2})\tag{7-22}$$

式中，$f_{n-k}=f(x_{n-k},\ y_{n-k})$．式(7-22) 称为四步 Adams 隐式公式．

用以上的方法还可以得到 Milne 公式以及 Hamming 公式等，详见 7.4.2. 作为以上方法的应用我们考虑以下例题．

【例 2】 解初值问题 $\begin{cases}y'=f(x,\ y)\\y(x_0)=y_0\end{cases}$，用显式二步法公式

$$y_{n+1}=\alpha_0y_n+\alpha_1y_{n-1}+h(\beta_0y'_n+\beta_1y'_{n-1})$$

试确定待定参数 α_0、α_1、β_0、β_1，使方法阶数尽可能高，并求局部截断误差．

解 由于式(7-17) 不易记忆，这里我们直接用 Taylor 展开方法，因为

$$y_{n-1}=y(x_n-h)=y_n-hy'_n+\frac{h^2}{2}y''_n-\frac{h^3}{6}y'''_n+\frac{h^4}{4!}y_n^{(4)}+o(h^5)$$

$$y'_{n-1}=y'(x_n-h)=y'_n-hy''_n+\frac{h^2}{2}y'''_n-\frac{h^3}{6}y_n^{(4)}+o(h^4)$$

式中，$y'_n=y'(x_n)=f(x_n,\ y_n)$，代入所给公式得

$$y_{n+1}=\alpha_0 y_n+\alpha_1\left(y_n-hy'_n+\frac{h^2}{2}y''_n-\frac{h^3}{6}y'''_n+\frac{h^4}{4!}y_n^{(4)}+o(h^5)\right)$$

$$+h\left[\beta_0 y'_n+\beta_1\left(y'_n-hy''_n+\frac{h^2}{2}y'''_n-\frac{h^3}{6}y_n^{(4)}+o(h^4)\right)\right]$$

$$=(\alpha_0+\alpha_1)y_n+(-\alpha_1+\beta_0+\beta_1)hy_n'+\left(\frac{1}{2}\alpha_1-\beta_1\right)h^2y''_n$$

$$+\left(-\frac{1}{6}\alpha_1+\frac{1}{2}\beta_1\right)h^3y'''_n+\left(\frac{1}{4!}\alpha_1-\frac{1}{6}\beta_1\right)h^4y_n^{(4)}+o(h^5)$$

为使方法阶数尽量高，需有 $\alpha_0+\alpha_1=1$，$-\alpha_1+\beta_0+\beta_1=1$，$\frac{1}{2}\alpha_1-\beta_1=\frac{1}{2}$，$-\frac{1}{6}\alpha_1+\frac{1}{2}\beta_1=\frac{1}{6}$ 同时成立．解之得 $\alpha_0=-4$，$\alpha_1=5$，$\beta_0=4$，$\beta_1=2$，此时公式为三阶，所得二步法公式为

$$y_{n+1}=-4y_n+5y_{n-1}+2h(2y'_n+y'_{n-1})$$

将 α_0、α_1、β_0、β_1 代入 $\left(\frac{1}{4!}\alpha_1-\frac{1}{6}\beta_1\right)h^4y_n^{(4)}+o(h^5)$ 得 $\frac{-1}{8}h^4y_n^{(4)}+o(h^5)$．而 Taylor 级数法公式中，当 $p=3$ 时相应的项为 $\frac{1}{4!}h^4y_n^{(4)}+o(h^5)$，得局部截断误差为 $\left(\frac{1}{4!}-\frac{-1}{8}\right)h^4y_n^{(4)}+o(h^5)=\frac{1}{6}h^4y_n^{(4)}+o(h^5)$．

【例 3】 证明线性多步法

$$y_{n+1}=-\alpha y_n+\alpha y_{n-1}+y_{n-2}+\frac{3+\alpha}{2}h(y'_n+y'_{n-1})$$

存在 α 的一个值，使方法是四阶的．

解 将 y_{n-1}，y_{n-2}，y'_{n-1} 展开得

$$y_{n-1}=y(x_n-h)=y_n-hy_n'+\frac{h^2}{2}y''_n-\frac{h^3}{6}y'''_n+\frac{h^4}{4!}y_n^{(4)}+o(h^5)$$

$$y_{n-2}=y(x_n-2h)=y_n-2hy'_n+2h^2y''_n-\frac{4h^3}{3}y'''_n+\frac{2h^4}{3}y_n^{(4)}+o(h^5)$$

$$y'_{n-1}=y'(x_n-h)=y'_n-hy''_n+\frac{h^2}{2}y'''_n-\frac{h^3}{6}y_n^{(4)}+o(h^4)$$

代入所给公式得

$$y_{n+1}=-\alpha y_n+\alpha\left[y_n-hy'_n+\frac{h^2}{2}y''_n-\frac{h^3}{6}y'''_n+\frac{h^4}{4!}y_n^{(4)}+o(h^5)\right]$$

$$+y_n-2hy'_n+2h^2y''_n-\frac{4h^3}{3}y'''_n+\frac{2h^4}{3}y_n^{(4)}+o(h^5)+\frac{3+\alpha}{2}hy'_n$$

$$+\frac{3+\alpha}{2}h\left[y'_n-hy''_n+\frac{h^2}{2}y'''_n-\frac{h^3}{6}y_n^{(4)}+o(h^4)\right]$$

$$=y_n+(-\alpha-2+3+\alpha)hy'_n+\left(\frac{\alpha}{2}+2-\frac{3+\alpha}{2}\right)h^2y''_n$$

$$+\left(-\frac{\alpha}{6}-\frac{4}{3}+\frac{3+\alpha}{4}\right)h^3y'''_n+\left(\frac{1}{24}\alpha+\frac{2}{3}-\frac{3+\alpha}{12}\right)h^4y_n^{(4)}+o(h^5)$$

$$=y_n+hy'_n+\frac{1}{2}h^2y''_n+\left(\frac{\alpha}{12}-\frac{7}{12}\right)h^3y'''_n+\left(-\frac{1}{24}\alpha+\frac{5}{12}\right)h^4y_n^{(4)}+o(h^5)$$

而 Taylor 级数法公式 $y_{n+1}=y_n+hy'_n+\frac{h^2}{2!}y''_n+\frac{h^3}{3!}y'''_n+\cdots+\frac{h^p}{p!}y_n^{(p)}$ 要使方法是四阶的，须有 $\frac{\alpha}{12}-\frac{7}{12}=\frac{1}{3!}$，$-\frac{1}{24}\alpha+\frac{5}{12}=\frac{1}{4!}$ 同时成立，即有 $\alpha-7=2$，$-\alpha+10=1$ 同时成立．所以 $\alpha=9$ 时方法是四阶的．

7.4.2 Milne 公式及 Hamming 公式

考虑一个 $k=4$ 的显示公式

$$y_{n+4}=y_n+h(\beta_3 f_{n+3}+\beta_2 f_{n+2}+\beta_1 f_{n+1}+\beta_0 f_n)$$

式中，β_0、β_1、β_2、β_3 为待定常数，可根据使公式的阶尽可能高这一条件来确定其数值．

$$\begin{cases}\beta_0+\beta_1+\beta_2+\beta_3=4\\ 2(\beta_1+2\beta_2+3\beta_3)=16\\ 3(\beta_1+4\beta_2+9\beta_3)=64\\ 4(\beta_1+8\beta_2+27\beta_3)=256\end{cases}$$

解此线性方程组得

$$\beta_3=\frac{8}{3},\ \beta_2=-\frac{4}{3},\ \beta_1=\frac{8}{3},\ \beta_0=0$$

于是得到四步显式公式

$$y_{n+4}=y_n+\frac{4h}{3}(2f_{n+3}-f_{n+2}+2f_{n+1})$$

称为米尔恩（Milne）公式．

由于 $c_5=14/45$，故方法为四阶的，其局部截断误差为

$$T_{n+4}=\frac{14}{45}h^5y^{(5)}(x_n)+o(h^6)$$

米尔恩公式也可以通过对微分方程式(7-1) 两端积分得到．

$$y(x_{n+4})-y(x_n)=\int_{x_n}^{x_{n+4}}f(x,\ y(x))\mathrm{d}x$$

若将微分方程式(7-1) 从 x 到 x_{n+2} 积分，可得

$$y(x_{n+2})-y(x_n)=\int_{x_n}^{x_{n+2}}f(x,\ y(x))\mathrm{d}x$$

右端积分利用辛普森求积公式就有

$$y_{n+2}=y_n+\frac{h}{3}(f_n+4f_{n+1}+f_{n+2})$$

此方法称为辛普森方法，它是隐式二步四阶方法，其局部截断误差为

$$T_{n+2}=-\frac{h^5}{90}y^{(5)}(x_n)+o(h^6)$$

辛普森公式是二步方法中阶数最高的，但它的稳定性较差，为了改善稳定性，我们考察另一类三步法公式．

$$y_{n+3}=\alpha_0 y_n+\alpha_1 y_{n+1}+\alpha_2 y_{n+2}+h(\beta_1 f_{n+1}+\beta_2 f_{n+2}+\beta_3 f_{n+3})$$

式中，系数 α_0、α_1、α_2 及 β_1、β_2、β_3 为常数．如果希望导出的公式是四阶的，则系数中至少有一个自由参数．若取 $\alpha_1=1$，则可得到辛普森公式；若取 $\alpha_1=0$，仍利用泰勒展

开，则可得到

$$\begin{cases}\alpha_0+\alpha_2=1\\ 2\alpha_2+\beta_1+\beta_2+\beta_3=3\\ 4\alpha_2+2(\beta_1+2\beta_2+3\beta_3)=9\\ 8\alpha_2+3(\beta_1+4\beta_2+9\beta_3)=27\\ 16\alpha_2+4(\beta_1+8\beta_2+27\beta_3)=81\end{cases}$$

解此线性方程组得

$$\alpha_0=-\frac{1}{8},\ \alpha_2=\frac{9}{8},\ \beta_1=-\frac{3}{8},\ \beta_2=\frac{6}{8},\ \beta_3=\frac{3}{8}$$

于是有

$$y_{n+3}=\frac{1}{8}(9y_{n+2}-y_n)+\frac{3h}{8}(f_{n+3}+2f_{n+2}-f_{n+1})$$

称为汉明（Hamming）公式.

由于 $c_5=-\frac{1}{40}$，故方法是四阶的，且局部截断误差为

$$T_{n+3}=-\frac{h^5}{40}y^{(5)}(x_n)+o(h^6)$$

7.5 常微分方程组数值解

7.5.1 一阶方程组

前面我们研究了单个方程 $y'=f$ 的数值解法，只要把 y 和 f 理解为向量，那么，所提供的各种计算公式即可应用到一阶方程组的情形.

考察一阶方程组

$$y'_i=f_i(x,\ y_1,\ \cdots,\ y_N),\ i=1,\ 2,\ \cdots,\ N$$

的初值问题，初始条件为

$$y_i(x_0)=y_i^0,\ i=1,\ 2,\ \cdots,\ N$$

若采用向量的记号，记

$$\boldsymbol{y}=(y_1\quad y_2\quad \cdots\quad y_N)^{\mathrm{T}},\ \boldsymbol{y}_0=(y_1^0\quad y_2^0\quad \cdots\quad y_N^0)^{\mathrm{T}},\ \boldsymbol{f}=(f_1,\ f_2,\ \cdots,\ f_N)^{\mathrm{T}}$$

则上述方程组的初值问题可表示为

$$\begin{cases}\boldsymbol{y}'=\boldsymbol{f}(x,\ \boldsymbol{y})\\ \boldsymbol{y}(x_0)=\boldsymbol{y}_0\end{cases}\tag{7-23}$$

求解这一初值问题的四阶龙格-库塔公式为

$$\boldsymbol{y}_{n+1}=\boldsymbol{y}_n+\frac{h}{6}(\boldsymbol{k}_1+2\boldsymbol{k}_2+2\boldsymbol{k}_3+\boldsymbol{k}_4)$$

式中，

$$\boldsymbol{k}_1=\boldsymbol{f}(x_n,\ \boldsymbol{y}_n)$$

$$\boldsymbol{k}_2=\boldsymbol{f}\left(x_n+\frac{h}{2},\ \boldsymbol{y}_n+\frac{h}{2}\boldsymbol{k}_1\right)$$

$$\boldsymbol{k}_3=\boldsymbol{f}\left(x_n+\frac{h}{2},\ \boldsymbol{y}_n+\frac{h}{2}\boldsymbol{k}_2\right)$$

$$\boldsymbol{k}_4=\boldsymbol{f}(x_n+h,\ \boldsymbol{y}_n+h\boldsymbol{k}_3)$$

为了帮助理解这一公式的计算过程，我们考察两个方程的特殊情形．

$$\begin{cases}y'=f(x,\ y,\ z)\\ z'=g(x,\ y,\ z)\\ y(x_0)=y_0\\ z(x_0)=z_0\end{cases}$$

这时四阶龙格-库塔公式具有形式

$$\begin{cases}y_{n+1}=y_n+\dfrac{h}{6}(k_1+2k_2+2k_3+k_4)\\ z_{n+1}=z_n+\dfrac{h}{6}(L_1+2L_2+2L_3+L_4)\end{cases}\tag{7-24}$$

式中，

$$\begin{aligned}&k_1=f(x_n,\ y_n,\ z_n)\\ &k_2=f\left(x_n+\frac{h}{2},\ y_n+\frac{h}{2}k_1,\ z_n+\frac{h}{2}L_1\right)\\ &k_3=f\left(x_n+\frac{h}{2},\ y_n+\frac{h}{2}k_2,\ z_n+\frac{h}{2}L_2\right)\\ &k_4=f(x_n+h,\ y_n+hk_3,\ z_n+hL_3)\\ &L_1=g(x_n,\ y_n,\ z_n)\\ &L_2=g\left(x_n+\frac{h}{2},\ y_n+\frac{h}{2}k_1,\ z_n+\frac{h}{2}L_1\right)\\ &L_3=g\left(x_n+\frac{h}{2},\ y_n+\frac{h}{2}k_2,\ z_n+\frac{h}{2}L_2\right)\\ &L_4=g(x_n+h,\ y_n+hk_3,\ z_n+hL_3)\end{aligned}\tag{7-25}$$

这是一步法，利用节点 x_n 上的值 y_n、z_n，由式(7-25）顺序计算 k_1、L_1、k_2、L_2、k_3、L_3、k_4、L_4，然后代入式（7-24）即可求得节点 x_{n+1} 上的 y_{n+1}、z_{n+1}.

7.5.2　化高阶方程为一阶方程组

关于高阶微分方程（或方程组）的初值问题，原则上总可以归结为一阶方程组来求解．例如，考察下列 m 阶微分方程

$$y^{(m)}=f(x,\ y,\ y',\ \cdots,\ y^{(m-1)})\tag{7-26}$$

初始条件为

$$y(x_0)=y_0,\ \boldsymbol{y}'(x_0)=y'_0,\ \cdots,\ y^{(m-1)}(x_0)=y_0^{(m-1)}\tag{7-27}$$

只要引进新的变量

$$y_1=y,\ y_2=y',\ \cdots,\ y_m=y^{(m-1)}$$

即可将 m 阶微分方程式(7-26）化为一阶微分方程组．

$$\begin{cases} y'_1=y_2 \\ y'_2=y_3 \\ \vdots \\ y'_{m-1}=y_m \\ y'_m=f(x,\ y_1,\ y_2,\ \cdots,\ y_m) \end{cases} \tag{7-28}$$

初始条件式(7-27) 则相应地化为

$$y_1(x_0)=y_0,\ y_2(x_0)=y'_0,\ \cdots,\ y_m(x_0)=y_0^{(m-1)} \tag{7-29}$$

不难证明初值问题式(7-26)、式(7-27) 和初值问题式(7-28)、式(7-29) 是彼此等价的.

特别地，对于下列二阶微分方程的初值问题，

$$\begin{cases} y''=f(x,\ y,\ y') \\ y(x_0)=y_0 \\ y'(x_0)=y'_0 \end{cases}$$

引进新的变量 $z=y'$，即可化为下列一阶微分方程组的初值问题.

$$\begin{cases} y'=z \\ z'=f(x,\ y,\ z) \\ y(x_0)=y_0 \\ z(x_0)=y'_0 \end{cases}$$

针对这个问题应用四阶龙格-库塔公式式(7-24)，有

$$\begin{cases} y_{n+1}=y_n+\dfrac{h}{6}(k_1+2k_2+2k_3+k_4) \\ z_{n+1}=z_n+\dfrac{h}{6}(L_1+2L_2+2L_3+L_4) \end{cases}$$

由式(7-25) 可得

$$k_1=z_n,\ L_1=f(x_n,\ y_n,\ z_n)$$

$$k_2=z_n+\frac{h}{2}L_1,\ L_2=f\left(x_n+\frac{h}{2},\ y_n+\frac{h}{2}k_1,\ z_n+\frac{h}{2}L_1\right)$$

$$k_3=z_n+\frac{h}{2}L_2,\ L_3=f\left(x_n+\frac{h}{2},\ y_n+\frac{h}{2}k_2,\ z_n+\frac{h}{2}L_2\right)$$

$$k_4=z_n+hL_3,\ L_4=f(x_n+h,\ y_n+hk_3,\ z_n+hL_3)$$

如果消去 k_1、k_2、k_3、k_4、则上述公式可表示为

$$\begin{cases} y_{n+1}=y_n+hz_n+\dfrac{h^2}{6}(L_1+L_2+L_3) \\ z_{n+1}=z_n+\dfrac{h}{6}(L_1+2L_2+2L_3+L_4) \end{cases}$$

这里

$$L_1=f(x_n,\ y_n,\ z_n)$$

$$L_2=f\left(x_n+\frac{h}{2},\ y_n+\frac{h}{2}z_n,\ z_n+\frac{h}{2}L_1\right)$$

$$L_3=f\left(x_n+\frac{h}{2},\ y_n+\frac{h}{2}z_n+\frac{h^2}{4}L_1,\ z_n+\frac{h}{2}L_2\right)$$

$$L_4=f\left(x_n+h,\ y_n+hz_n+\frac{h^2}{2}L_2,\ z_n+hL_3\right)$$

7.5.3 刚性方程组

在求解微分方程组式(7-23)时，经常出现解的分量数量级差别很大的情形，这给数值求解带来很大困难，这种问题称为刚性问题，刚性问题在化学反应、电子网络和自动控制等领域中都是常见的，先考察以下例子．

给定系统

$$\begin{aligned}&u'=-1000.25u+999.75v+0.5\\&v'=999.75u-1000.25v+0.5\\&u(0)=1\\&v(0)=-1\end{aligned}\tag{7-30}$$

它可用解析方法求出准确解，方程右端的系数矩阵

$$\boldsymbol{A}=\begin{pmatrix}-1000.25 & 999.75\\ 999.75 & -1000.25\end{pmatrix}$$

的特征值为 $\lambda_1=-0.5$，$\lambda_2=-2000$，方程的准确解为

$$\begin{cases}u(t)=-\mathrm{e}^{-0.5t}+\mathrm{e}^{-2000t}+1\\ v(t)=-\mathrm{e}^{-0.5t}-\mathrm{e}^{-2000t}+1\end{cases}$$

当 $t\to\infty$ 时，$u(t)\to 1$，$v(t)\to 1$ 称为稳态解，u、v 中均含有快变分量 e^{-2000t} 及慢变分量 $\mathrm{e}^{-0.5t}$．

对应于 λ_2 的快速衰减的分量在 $t=0.005\mathrm{s}$ 时已衰减到 $\mathrm{e}^{-10}\approx 0$，称 $\tau_2=-\dfrac{1}{\lambda_2}=\dfrac{1}{2000}$ 0.0005 为时间常数．当 $t=10\tau_2$ 时快变分量即可被忽略．而对应于 λ_1 的慢变分量，它的时间常数 $\tau_1=-\dfrac{1}{\lambda_1}=\dfrac{1}{0.5}=2$，它要计算到 $t=10\tau_1=20$ 时，才能衰减到 $\mathrm{e}^{-10}\approx 0$. 也就是说解 u、v 必须计算到 $t=20$ 才能达到稳态解．它表明微分方程式(7-30)的解分量变化速度相差很大，是一个刚性方程组．如果用四阶龙格-库塔法求解，步长选取要满足 $h<-2.78/\lambda$，即 $h<-2.78/\lambda_2=0.00139$ 时才能使计算稳定．而要计算到稳态解至少需要算到 $t=20$，则需计算 14388 步，这种用小步长计算长区间的现象是刚性方程数值求解中出现的困难，它是由系统本身“病态”性质引起的．

对一般的线性系统

$$\frac{\mathrm{d}\boldsymbol{y}}{\mathrm{d}t}=\boldsymbol{A}\boldsymbol{y}(t)+\boldsymbol{g}(t)\tag{7-31}$$

式中，$\boldsymbol{y}=(y_1\quad y_2\quad\cdots\quad y_w)^{\mathrm{T}}\in\mathbf{R}^N$；$\boldsymbol{g}=(g_1\quad g_2\quad\cdots\quad g_N)^{\mathrm{T}}\in\mathbf{R}^N$；$\boldsymbol{A}\in\mathbf{R}^{N\times N}$．若 $\boldsymbol{A}$ 的特征值 $\lambda_j=\alpha_j+\mathrm{i}\beta_j(j=1,2,\cdots,N,\ \mathrm{i}=\sqrt{-1})$ 相应的特征向量为 $\boldsymbol{\varphi}_j(j=1,2,\cdots,N)$，则微分方程组式(7-31)的通解为

$$\boldsymbol{y}(t)=\sum_{j=1}^{N}c_j\mathrm{e}^{\lambda_j t}\boldsymbol{\varphi}_j+\boldsymbol{\psi}(t)\tag{7-32}$$

式中，c_j 为任意常数，可由初始条件 $\boldsymbol{y}(a)=\boldsymbol{y}^0$ 确定；$\boldsymbol{\psi}(t)$ 为特解．

假定 λ_j 的实部 $\boldsymbol{a}_j=\mathrm{Re}(\lambda_j)<0$，则当 $t\to\infty$ 时，$\boldsymbol{y}(t)\to\boldsymbol{\psi}(t)$，$\boldsymbol{\psi}(t)$ 为稳态解．

定义 2　若线性系统式(7-31)中 $\boldsymbol{A}$ 的特征值 λ_j 满足条件 $\mathrm{Re}(\lambda_j)<0(j=1,2,\cdots,N)$，且

$$s=\max_{1\leqslant j\leqslant N}|\mathrm{Re}(\lambda_j)|/\min_{1\leqslant j\leqslant N}|\mathrm{Re}(\lambda_j)|\gg 1$$

则称系统式(7-31)为刚性方程，称 s 为刚性比．

刚性比 $s\gg 1$ 时，$\boldsymbol{A}$ 为“病态”矩阵，故刚性方程也称“病态”方程．通常 $s\geqslant 10$ 就认为是刚性的．s 越大，“病态”越严重，方程组(7-30)的刚性比 $s=4000$，故它是刚性的．

对一般非线性方程组式(7-23)，可类似定义 2，将 $\boldsymbol{f}$ 在点 $(t, \boldsymbol{y}(t))$ 处线性展开，记 $\boldsymbol{J}(t)=\dfrac{\partial \boldsymbol{f}}{\partial \boldsymbol{y}}\in \mathbf{R}^{N\times N}$，假定 $\boldsymbol{J}(t)$ 的特征值为 $\lambda_j(t)(j=1, 2, \cdots, N)$，于是由定义 2 可知，当 $\lambda_j(t)$ 满足条件 $\mathrm{Re}(\lambda_j)<0(j=1, 2, \cdots, N)$，且

$$s(t)=\max_{1\leqslant j\leqslant N}|\mathrm{Re}(\lambda_j(t))|/\min_{1\leqslant j\leqslant N}|\mathrm{Re}(\lambda_j(t))|\gg 1$$

则称系统［式(7-23)］是刚性的，$s(t)$ 称为方程(7-23)的局部刚性比．

求刚性方程数值解时，若用步长受限制的方法就会出现小步长计算大区间的问题，因此最好使用对步长 h 不加限制的方法，如前面已介绍的欧拉后退法及梯形法，即 **A**-稳定的方法，这种方法当然对步长 h 没有限制，但 **A**-稳定方法要求太苛刻，Dahlquist 已证明所有显式方法都不是 **A**-稳定的，而隐式的 **A**-稳定多步法阶数最高为 2，且以梯形法误差常数为最小，这就表明本章所介绍的方法中能用于解刚性方程的方法很少，通常求解刚性方程的高阶线性多步法是吉尔（Gear）方法，还有隐式龙格-库塔方法，这些方法都有现成的数学软件可供使用，本书不再介绍．

7.6 基于 MATLAB：常微分方程求解

本节将给出求解常微分方程的相关函数与源程序，并提供相应的案例作为参考．

(1) Euler（欧拉）法

此处自定义编写 eulerfun.m 函数用于 Euler 方法求解常微分方程，函数的源代码如下．

```
function E = eulerfun(fun,x0,y0,xn,n)
% eulerfun.m 为用 Euler 方法求解微分方程的函数
% fun 为一阶微分方程的函数;x0、y0为初始条件;xn 为取值范围的一个端点;h 为区间的步长;n 为区间的个数;x 为 Xn 构成的向量;y 为 Yn 构成的向量
x = zeros(1,n+1);y = zeros(1,n+1);x(1) = x0;y(1) = y0;h = (xn-x0)/n;
for k = 1:n
  x(k+1) = x(k) + h; y(k+1) = y(k) + h*feval(fun,x(k),y(k));
end
T = [x',y']
```

【例 4】 求常微分方程 $\begin{cases}\dfrac{\mathrm{d}x}{\mathrm{d}y}=\dfrac{2}{y}x+y^2\mathrm{e}^y, & y\in[1, 2]\\ x(1)=0\end{cases}$.

解 根据需要，建立常微分方程的 m 文件，源代码为：

```
function z = fun1(x,y)
z = 2/y*x + y^2*exp(y);
```

利用 Euler 方法求解微分方程，代码为：

```
>> clear all;
>> x0 = 1;y0 = 2; xn = 0; n = 15; eulerfun('fun1',x0,y0,xn,n)
```

运行程序，输出如下：

```
T = 1.000000000000000   2.000000000000000
    0.933333333333333  -0.037081626381507
    0.866666666666667   3.318789759643432
    0.800000000000000 -17.002210141586659
    0.733333333333333 -16.995937243489259
    0.666666666666667 -16.990185035108020
    0.600000000000000 -16.984954060931443
    0.533333333333333 -16.980244818210320
    0.466666666666667 -16.976057756726934
    0.400000000000000 -16.972393278585564
    0.333333333333333 -16.969251738024518
    0.266666666666667 -16.966633441249915
    0.200000000000000 -16.964538646291359
    0.133333333333334 -16.962967562879708
    0.066666666666667 -16.961920352347022
    0.000000000000000 -16.961397127548842
```

（2）改进 Euler 法

自定义编写 Henu. m 函数用于改进 Euler 方法求解常微分方程，函数的源代码如下．

```
function E = Henu(fun,x0,y0,xn,n)
% Henu.m 为用改进的 Euler 方法求解微分方程的函数
% fun 为一阶微分方程的函数；x0、y0为初始条件；xn 为取值范围的一个端点；h 为区间的步长;n 为区间的个数；x 为 Xn 构成的向量；y 为 Yn 构成的向量
x = zeros(1,n + 1); y = zeros(1,n + 1); x(1) = x0;y(1) = y0; h = (xn-x0)/n;
for k = 1:n
  x(k + 1) = x(k) + h; z0 = y(k) + h*feval(fun,x(k),y(k));
  y(k + 1) = y(k) + h/2*(feval(fun,x(k),y(k)) + feval(fun,x(k + 1),z0));
end
T = [x',y']
```

【例 5】 利用改进 Euler 方法计算常微分方程 $\begin{cases}\dfrac{\mathrm{d}x}{\mathrm{d}t}=\dfrac{1}{t}(x^2+x)\\ x(1)=-2\end{cases}$ $(t\in[0,\ 3])$ 的初值问题．

解　根据需要，建立微分方程的 m 文件，代码为：

```
function f = fun2(t,x)
f = 1/t*(x^2 + x);
```

其实现的 MATLAB 代码为：

```
>> clear all;
>> x0 = 0; y0 = 3; xn = -2; n = 15; Henu( 'fun2',x0,y0,xn,n)
```

运行程序，输出如下：

```
T =                    0   3.000000000000000
  -0.133333333333333                     NaN
```

```
-0.266666666666667          NaN
-0.400000000000000          NaN
-0.533333333333333          NaN
-0.666666666666667          NaN
-0.800000000000000          NaN
-0.933333333333333          NaN
-1.066666666666667          NaN
-1.200000000000000          NaN
-1.333333333333333          NaN
-1.466666666666667          NaN
-1.600000000000000          NaN
-1.733333333333333          NaN
-1.866666666666666          NaN
-2.000000000000000          NaN
```

（3）隐式 Euler 法

在 MATLAB 里，没有提供专门的函数实现隐式 Euler 法，可自定义编写 diEuler.m 函数实现此算法，其代码为：

```
function x = diEuler(f,x0,y0,xn,N)
% diEuler.m 为用隐式欧拉法求解微分方程的数值解的函数
% f 为一阶常微分方程的一般表达式的右端函数；x0、y0为初始条件；xn 为取值范围的一个端点；n 为区间的个数；x 为求解微分方程组的解；x 为 Xn 构成的向量；y 为 Yn 构成的向量
x = zeros(1,N+1); y = zeros(1,N+1); x(1) = x0; y(1) = y0; h = (xn-x0)/N;
for n = 1:N
  x(n+1) = x(n) + h; z0 = y(n) + h*feval(f,x(n),y(n));
  for k = 1:3
    z1 = y(n) + h*feval(f,x(n+1),z0);
    if abs(z1-z0)<1e-3
      break;
  end
    z0 = z1;
  end
  y(n+1) = z1;
end
T = [x',y']
```

【例 6】 利用隐式 Euler 法求一阶常微分方程 $\begin{cases} y' = y - 3x \\ y(0) = 0.1 \end{cases}$ $(0 \leqslant x \leqslant 1)$.

解 根据需要，编写常微分方程的 m 文件，代码为：

```
function z = fun3(x,y)
z = y-3*x;
```

其实现的 MATLAB 代码为：

```
>> clear all;
>> x0 = 0; y0 = 0.1; xn = 1; n = 10; diEuler('fun3',x0,y0,xn,n);
```

运行程序，输出如下：

```
T = 0                    0.100000000000000
   0.100000000000000   0.077810000000000
   0.200000000000000   0.019824691000000
   0.300000000000000  -0.077932785829900
   0.400000000000000  -0.219881118335602
   0.500000000000000  -0.410929910582687
   0.600000000000000  -0.656534223648424
   0.700000000000000  -0.962755175895764
   0.800000000000000  -1.336327275937783
   0.900000000000000  -1.784733236294471
   1.000000000000000  -2.316287098846787
```

（4）Runge-Kutta 法

自定义编写 RK4.m 函数用于 Runge-Kutta 法求解微分方程，函数的源代码为：

```
function[t,y] = RK4(f,t0,td,y0,n,varagin)
% RK4.m 为用 Runge-Kutta 法计算一阶微分方程组(高阶微分方程可以化为一阶微分方程组)
%初始时刻为 t0,结束时刻为 td,初始时刻数值为 y0; n 为步长,默认计算步长为(td-t0)/200
if nargin<4
  n = 200;
end
y(1,:) = y0(:)'; h = (td-t0)/n-1; t = t0 + [0:n]'*h;
for k = 1:n
  f1 = h*feval(f,t(k),y(k,:));
  f1 = f1(:)';
  f2 = h*feval(f,t(k) + h/2,y(k,:) + f1/2);
  f2 = f2(:)';
  f3 = h*feval(f,t(k) + h/2,y(k,:) + f2/2);
  f3 = f3(:)';
  f4 = h*feval(f,t(k) + h,y(k,:) + f3);
  f4 = f4(:)';
  y(k + 1,:) = y(k,:) + (f1 + 2*(f2 + f3) + f4)/6;
end
```

【例 7】 利用 Runge-Kutta 法求解已知初值的常微分方程 $\begin{cases}\dfrac{dy}{dt}=-1.5y+t^2+4 \\ y(0)=1\end{cases}$ $(t\in[0,3])$，并用 MATLAB 符号计算方法计算其解析解，比较二者的计算结果．

解 根据需要，编写常微分方程的 m 文件，代码为：

```
function z = fun4(x,y)
z = -1.5*y + x*x + 4;
```

其实现的 MATLAB 代码为：

```
>> syms x;
>> x0 = 0; xt = 3; y0 = 1;y = dsolve(diff(y) = -1.5*y + x*x + 4,'y(0) = 1','t')
>> [x,yk] = RK4('fun4',x0,xt,y0,20); yr = subs(y,x); tol = yr-yk; plot(x,yr,'-',x,yk,'ro',x,tol,'-.');
>> legend('分析解','RK4计算结果','二者误差'); disp('所要计算的结果:'); yk; [x,yr,tol];
```

运行程序，效果如图 7-3 所示．

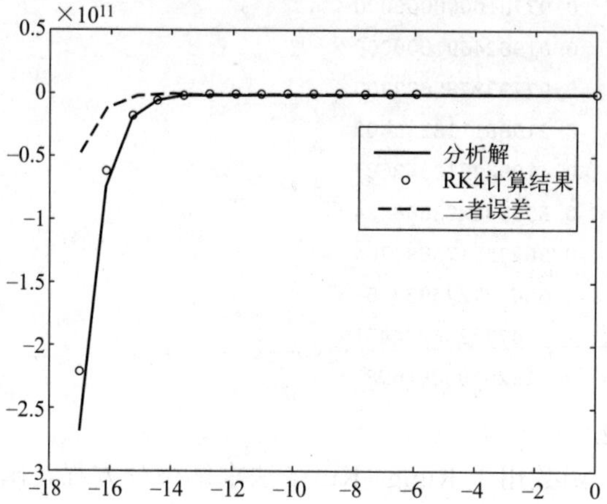

图 7-3　Runge-Kutta 法计算微分方程

(5) 变步长的 Runge-Kutta 法

在 MATLAB 中，提供了几种函数，其中以 ode45 函数比较常用，其调用格式为：

```
[T,Y] = ode45(odefun,tspan,y0)
[T,Y] = ode45(odefun,tspan,y0,options)
[T,Y,TE,YE,IE] = ode45(odefun,tspan,y0,options)
sol = ode45(odefun,[t0,tf],y0,…)
```

其中，T 是输出的变量采样点序列；Y 是对应函数的数值解；TE 为一个时间序列；YE 为解决时间序列的算法；IE 为输出的变量序列；sol 为一个结构体，用来评估解决方案；odefun 为定义微分方程组的函数，可以用函数 inline 或者一个函数文件来定义；tspan 为变量的求解区间；y0 为初始条件；options 为求解过程控制参数，用 odeset 函数来定义；[t0, tf] 为一个区间 .

【例 8】 利用 MATLAB 中的 ode45 函数来求解方程组 $\begin{cases} y'_1 = y_2 y_3 \\ y'_2 = -y_1 y_3 \\ y'_3 = -0.51 y_1 y_2 \end{cases}$ 的数值解，其中，初始条件为 $y_1(0)=0$，$y_2(0)=1$，$y_3(0)=1$.

解　根据需要，建立微分方程的 m 文件，代码为：

```
function dy = fun5(t,y)
dy = zeros(3,1); dy(1) = y(2)* y(3); dy(2) = -y(1)*y(3); dy(3) = -0.51*y(1)* y(2);
```

其实现的 MATLAB 代码为：

```
>> clear all;
>> tspan = [0 12]; y0 = [0;1;1]; [T,Y] = ode45(@fun5,tspan,y0);
>> plot(T,Y(:,1),'-',T, Y(:,2),'-.',T, Y(:,3),'.');axis([0 12 -1.2 1.2]); legend('Y(1)','Y(2)','Y(3)');
>> grid on;
```

运行程序，效果如图 7-4 所示 .

(6) Adams 法

在 MATLAB 中，提供的 ode113 函数就是基于 Adams 法编写的多步法，其调用格式为：

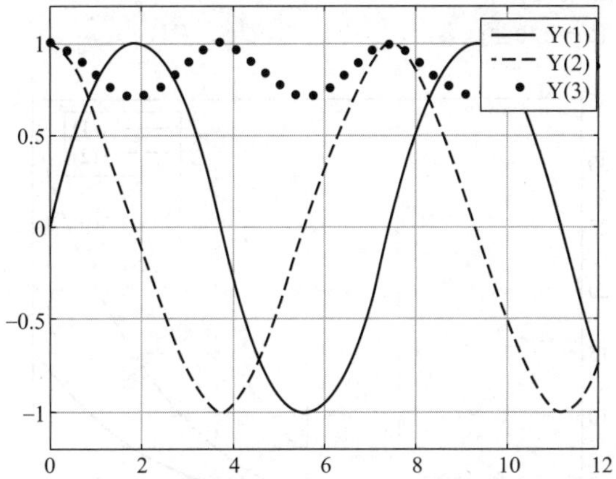

图 7-4　变步长的 Runge-Kutta 法的数值解

```
[T,Y] = ode113(odefun,tspan,y0)
[T,Y] = ode113(odefun,tspan,y0,options)
[T,Y,TE,YE,IE] = ode113(odefun,tspan,y0,options)
sol = ode113(odefun,[t0,tf],y0,…)
```

其中，参数 T、Y 用于输出广义时间与相空间向量；TE 为一个时间序列；YE 为解决时间序列的算法；IE 为输出的变量序列；sol 为一个结构体，用来评估解决方案；odefun 为要求解的微分方程；［t0，tf］为广义时间区间；y0 为初值向量；options 为一些可选设置．

【例 9】 利用 ode113 函数计算常微分方程 $\begin{cases}\dfrac{dy_1}{dt}=3y_1+1.5y_2\\ \dfrac{dy_2}{dt}=1.2y_1+0.8y_2\end{cases}$ 的初值问题，积分区间为 $t\in[0,1.2]$，初值条件为 $y_1(0)=0$，$y_2(0)=1$.

解　根据需要，编写常微分方程的 m 文件，代码为：

```
function dy = fun6(t,y)
dy = zeros(2.1); dy(1) = 3*y(1) + 1.5*y(2); dy(2) = 1.2*y(1) + 0.8*y(2);
```

其实现的 MATLAB 代码为：

```
>> clear all;
>> tspan = [0,1.2]; y0 = [0 1]';
disp('ode45计算的时间为:')
tic;
[t1,y1] = ode45('fun6',tspan,y0);
r_tl = toc
disp('ode113计算的时间为:')
tic;
[t2,y2] = ode113( 'fun6',tspan,y0);
r_t2 = toc
data = [t2,y2]; plot(t2,y2(:,1),'r:',t2,y2(:,2)); grid on; legend( 'y(1)','y(2)');
```

运行程序，输出如下，效果如图 7-5 所示．

```
ode45计算的时间为:r_tl = 0.0630
ode113计算的时间为:r_t2 = 0.0594
```

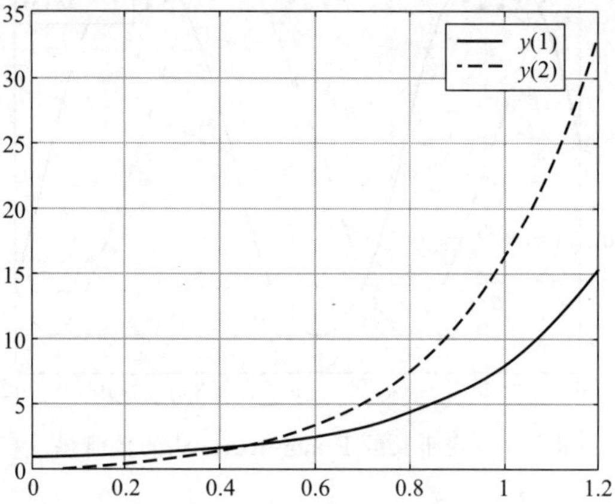

图 7-5　Runge-Kutta 法 $y(1)$，Adams 法 $y(2)$ 随时间变化的曲线

习题 7

1. 对初值问题 $\begin{cases} y'+y=0 \\ y(0)=1 \end{cases}$，在 $[0,1]$ 区间内取步长 $h=0.1$，分别用欧拉公式、改进的欧拉公式及经典的四阶 Runge-Kutta 公式做数值计算．

2. 用欧拉公式解初值问题 $\begin{cases} \dfrac{dy}{dx}=ax+b \\ y(0)=0 \end{cases}$，证明其整体截断误差为 $y(x_n)-y_n=\dfrac{1}{2}anh^2$．

3. 用欧拉公式计算积分 $\int_0^x e^{t^2}dt$ 在 $x=0.5$，1，1.5，2 点的近似值．

4. 用欧拉公式计算初值问题 $\begin{cases} y'+10y=0 \\ y(0)=1 \end{cases}$ $(0\leqslant x\leqslant 2)$，取步长 $h=0.3$ 时，计算结果稳定吗？

5. 对初值问题 $\begin{cases} y'+y=0 \\ y(0)=1 \end{cases}$，证明梯形公式求得的近似解为 $y_n=\left(\dfrac{2-h}{2+h}\right)^n$，并证明当步长 $h\to 0$ 时，$y_n\to e^{-x}$．

6. 对初值问题 $\begin{cases} y'=100y \\ y(0)=1 \end{cases}$，如果取 $h=\dfrac{1}{n}$，证明欧拉公式求得的近似解 $y_n=\left(1+\dfrac{100}{n}\right)^n$．

7. 对初值问题 $\begin{cases} y'=f(x,y) \\ y(x_0)=y_0 \end{cases}$ $(x_0<x_1<\cdots<x_n<\cdots)$，步长 $h=x_{n+1}-x_n$，试用数值积分方法在区间 $[x_n,x_{n+1}]$ 或 $[x_{n-1},x_{n+1}]$ 上对 $y'=f(x,y)$ 两边积分，分别导出下列公式．

① 梯形公式：$y_{n+1}=y_n+\dfrac{h}{2}[f(x_n,y_n)+f(x_{n+1},y_{n+1})]$．

② 中点公式：$y_{n+1}=y_{n-1}+2hf(x_n,y_n)$．

③ Simpson 公式：$y_{n+1}=y_{n-1}+\dfrac{h}{3}[f(x_{n-1},y_{n-1})+4f(x_n,y_n)+f(x_{n+1},y_{n+1})]$．

8. 取步长 $h=0.2$，试用经典的四阶龙格-库塔公式求初值问题 $\begin{cases} y'=x+y \\ y(0)=1 \end{cases}$ 的 $y(0.2)$，$y(0.4)$ 的近似值．

9. 取步长 $h=0.2$，试用经典的四阶龙格-库塔公式求初值问题 $\begin{cases} y'=-x-y-2 \\ y(0)=1 \end{cases}$，并与其精确解

$y(x)=-1-x+2e^{-x}$ 相比较．

10. 某化学反应式为：$2K_2Cr_2O_7+2H_2O+3S=\!=\!=4KOH+2Cr_2O_3+3SO_2$，表示由 2 个重铬酸钾分子、2 个水分子和 3 个硫分子生成 4 个氢氧化钾、3 个氧化铬和 3 个二氧化硫分子的不可逆化学反应．若原有 n_1 个重铬酸钾分子、n_2 个水分子和 n_3 个硫分子，经过时间 t 后，氢氧化钾的数量 $x(t)$ 可用下列的微分方程描述．

$$\frac{dx}{dt}=k\left(n_1-\frac{x}{2}\right)^2\left(n_2-\frac{x}{2}\right)^2\left(n_3-\frac{3x}{4}\right)^3$$

式中，k 为反应速率常数．今取 $k=6.22\times10^{-19}$，$n_1=n_2=1000$，$n_3=1500$，试用经典的四阶龙格-库塔公式，取 $h=0.1$，求在 2s 后会产生多少个氢氧化钾分子？并与精确解比较．

11. 解初值问题 $y'=10y-\dfrac{x}{y}(1\leqslant x\leqslant 2)$，若用梯形公式求解，要使迭代公式 $\begin{cases}y_{n+1}^{(0)}=y_n+hf(x_n,y_n)\\ y_{n+1}^{(k+1)}=y_n+\dfrac{h}{2}[f(x_n,y_n)+f(x_{n+1},y_{n+1}^{(k)})]\end{cases}$ 收敛，求步长 h 的取值范围．

12. 证明初值问题 $\begin{cases}y'=f(x,y)\\ y(x_0)=y_0\end{cases}$ 的二步法 $y_{n+1}=\dfrac{1}{2}(y_n+y_{n-1})+\dfrac{h}{4}(4f_{n+1}-f_n+3f_{n-1})[f_i=f(x_i,y_i)]$ 是二阶的，并求其局部截断误差首项．

13. 证明：线性二步法 $y_{n+1}+(b-1)y_n-by_{n-1}=\dfrac{1}{4}h[(b+3)f_{n+1}+(3b+1)f_{n-1}]$ 当 $b\neq-1$ 时是二阶的，当 $b=-1$ 时是三阶的．

14. 求系数 a、b、c、d 使公式 $y_{n+1}=ay_{n-1}+h(bf_{n+1}+cf_n+df_{n-1})$ 有 $y(x_{n+1})-y_{n+1}=o(h^5)$．

15. 对于初值问题的模型方程 $y'=\lambda y(\lambda<0)$，求二阶 Runge-Kutta 方法 $\begin{cases}y_{n+1}=y_n+\dfrac{h}{2}(k_1+k_2)\\ k_1=f(x_n,y_n)\\ k_2=f(x_n+h,y_n+hk_1)\end{cases}$ 的稳定区间．

16. 求系数 a、b、c，使求初值问题 $\begin{cases}y'=f(x,y)\\ y(x_0)=y_0\end{cases}$ 的公式 $y_{n+1}=ay_n+by_{n-1}+hcf_{n-1}$ 有尽可能高的精度，并求其局部截断误差首项．

参考答案

第8章 优化问题

8.1 引言

优化是指寻找一个实值函数（称为目标函数）的最大值或最小值，由于寻找函数 $f(x)$ 的最大值等价于寻找 $-f(x)$ 的最小值，因此在开发计算方法时，只需考虑最小化问题就足够了.

有些优化问题需要在满足多个等式和不等式约束的条件下寻找目标函数的最小值，例如，虽然图 8-1 中的函数在 x_1 处达到全局最小值，但在约束 $x \geqslant 0$ 的条件下，x_2 将是最小值. 特别地，线性规划领域考虑的是目标函数和约束条件都是线性的问题，在本章中，我们只考虑无约束优化问题.

我们根据是否使用目标函数 $f(x)$ 的导数，将无约束优化方法分为两组. 如果已知一个代数函数的形式，并且其导数可以容易地计算出来，那么通常会使用基于导数的优化方法，因为基于导数的优化方法通常更加有效，这些方法包括梯度下降法、牛顿法和拟牛顿法等. 它们利用目标函数的梯度（一阶导数）或黑塞矩阵（二阶导数）来指导搜索方向，从而更快地收敛到最优解. 然而，也可能存在导数不可用的情况，例如目标函数过于复杂、维数太高或不可微分的情况.

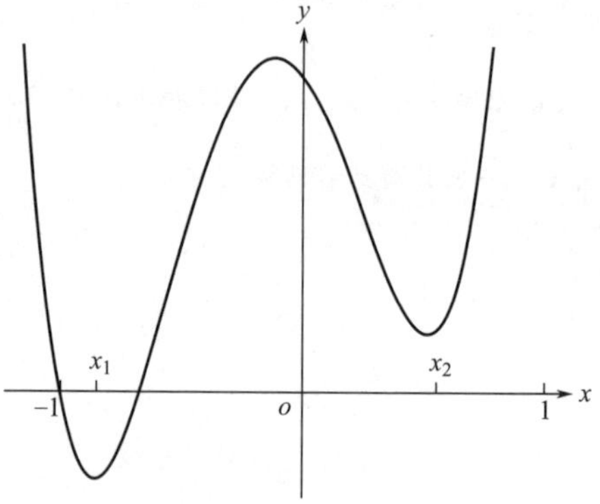

图 8-1　$f(x)=5x^4+3x^3-4$

8.2 无导数的无约束优化

在本节中，我们假设目标函数 $f(x)$ 对于任何输入 x 都可以进行评估，但是若 $f(x)$ 的导数［如果 $f(x)$ 是多个变量的函数，则为偏导数］不可用，我们将讨论三种无导数优化方法：黄金分割搜索、连续抛物线插值以及 Nelder-Mead 方法. 前两种方法仅适用于单个标量

变量的函数 $f(x)$，而 Nelder-Mead 方法则可以在多个维度中进行搜索．

8.2.1　黄金分割搜索

黄金分割搜索是一种高效的方法，用于在已知一个包含函数 $f(x)$ 最小值的区间（即括号区间）的情况下，寻找单变量函数 $f(x)$ 的最小值．这种方法特别适用于那些导数难以计算或不存在，但函数本身是连续且单峰（即在一个区间内只有一个最小值）的情况．

定义 1　连续函数 $f(x)$ 在区间 $[a, b]$ 上只有一个相对极小值或极大值，且在其他所有点上都严格递减或递增，则称其为单峰函数．

在单峰函数的情况下，函数在区间 $[a, b]$ 内要么先增大到相对最大值然后随着 x 的增加而减小，要么先减小到相对最小值然后增大．假设 $f(x)$ 是一个单峰函数，并且在区间 $[a, b]$ 上有一个相对最小值，为了找到这个相对最小值，我们可以选择区间内的两个点 x_1 和 x_2，使得 $a < x_1 < x_2 < b$，然后，我们根据函数值 $f(x_1)$ 和 $f(x_2)$ 来缩小搜索区间．如图 8-2 所示．

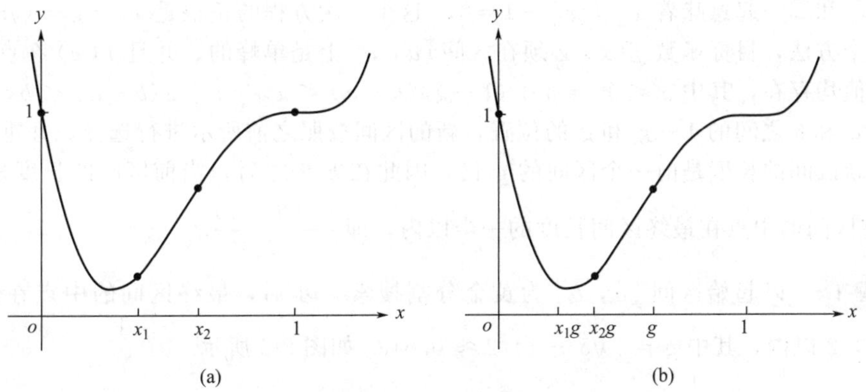

图 8-2　黄金分割搜索

在当前区间 [0, 1] 内求目标函数在两点 x_1，x_2 处的值，如果 $f(x_1) \leqslant f(x_2)$，则新的区间为 $[0, x_2]$．下一步，设 $g = x_2$，对 $x_1 g$ 和 $x_2 g$ 重复相同的比较．

函数的单峰性质允许我们通过不断缩小搜索区间来逼近相对最小值，这个过程与二分法寻找方程根的过程相似．在二分法中，我们不断地将区间一分为二，并根据函数值的符号变化来确定根所在的子区间，直到达到所需的精度．在单峰函数的场景下，我们不是寻找方程的根，而是寻找函数值最小的点，不过，基本的思路是相似的：通过比较区间内不同点的函数值，我们可以确定相对最小值位于哪个子区间内，然后缩小搜索范围．这个过程可以总结如下．

① 选择初始搜索区间 $[a, b]$，并假设在这个区间内函数有一个相对最小值．

② 在区间内选择两个点 x_1 和 x_2，使得 $a < x_1 < x_2 < b$.

③ 计算 $f(x_1)$ 和 $f(x_2)$.

④ 根据 $f(x_1)$ 和 $f(x_2)$ 的值更新搜索区间；

如果 $f(x_1) \leqslant f(x_2)$，则保留区间 $[a, x_2]$；

如果 $f(x_1) > f(x_2)$，则保留区间 $[x_1, b]$.

⑤ 重复步骤②～④，直到搜索区间缩小到所需的范围或者连续几次迭代中函数值的改变小于某个预设的阈值．

通过不断缩小搜索区间，我们可以逼近单峰函数的相对最小值，而不需要计算函数的导数. 这种方法在优化问题和数值分析中非常有用，特别是当函数的解析形式复杂或难以求导时.

在选择 x_1 和 x_2 的位置时，我们希望每一步都能尽可能减小区间的长度，同时尽可能减少计算量，为了达到这个目的，我们采用以下两个准则来选择 x_1 和 x_2.

① 使 x_1 和 x_2 关于区间对称，这是因为我们没有关于最小值位于区间哪一侧的信息，所以选择对称点可以确保我们在每一步都均匀地缩小区间.

② 选择 x_1 和 x_2，使得无论选择哪个新的区间，x_1 和 x_2 都将在下一步中使用，这意味着如果新的区间是 $[0, x_2]$，则原始的 x_1 将成为下一个区间的 x_2，因此只需要计算一次新的函数值 $f(x_1 g)$，同样，如果新的区间是 $[x_1, 1]$，则 x_2 将成为新的 x_1，也就是说：$x_1 = 1 - x_2$；$x_1 = x_2^2$.

通过这种方式，我们可以在每一步中重复使用函数值，从而减少计算量. 具体来说，在第一步之后，每一步只需要计算一次目标函数，这是因为无论我们选择哪个新的区间，我们都可以利用之前已经计算过的函数值来做出决策.

准则①和②一起意味着 $x_2^2 + x_2 - 1 = 0$，这个二次方程的正根是 $x_2 = g = (\sqrt{5} - 1)/2$. 要使用这个方法，目标函数 $f(x)$ 必须在区间 $[a, b]$ 上是单峰的，并且 $f(x)$ 在点 x_1 和 x_2 之间函数值均存在，其中 $a < x_1 = a + (1-g)(b-a) < x_2 = a + g(b-a) < b$，$x_1$ 和 x_2 正好位于 a 和 b 之间的 $1-g$ 和 g 的位置，新的区间按照之前所示进行选择，并重复这个基本步骤. 新区间的长度是前一个区间的 g 倍，因此在 k 步之后，当前区间的长度是 $g^k(b-a)$. 最终区间的中点在最终区间长度的一半以内，即 $\dfrac{g^k(b-a)}{2}$.

定理 1 以起始区间 $[a, b]$ 为黄金分割搜索 k 步后，最终区间的中点在最小值的 $g^k(b-a)/2$ 以内，其中 $g = (\sqrt{5} - 1)/2 \approx 0.618$. 如图 8-3 所示.

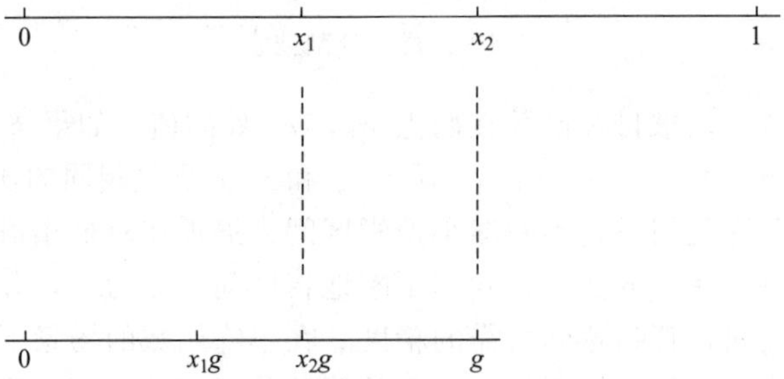

图 8-3 黄金分割搜索中比例的选择

图 8-3 中，顶部线段与底部线段的比率是 $1/g$，其中 g 是黄金分割比例的倒数，即 $1/g = (1 + \sqrt{5})/2$，这个比率被称为黄金分割比例，在黄金分割搜索中，选择两个新的点 x_1 和 x_2 是非常重要的. 这两个点的选择要确保无论新的搜索区间是 $[0, x_2]$ 还是 $[x_1, 1]$，都可以重用其中一个点作为新的内部点，这样做的好处是每一步只需要评估一次目标函数，从而提高了搜索效率.

黄金分割搜索：给定 f 在 $[a, b]$ 中的 $g = (\sqrt{5} - 1)/2$，对于 $i = 1, 2, 3, \cdots$，若 $f(a + (1-g)(b-a)) < f(a + g(b-a))$，则令 $b = a + g(b-a)$，否则令 $a = a + (1-g)(b-a)$，最后的区间 $[a, b]$ 包含一个最小值.

```
% 用黄金分割搜索求 f(x) 最小值
%  从 g 开始，最小值在[a,b]上；输入函数 f，区间[a,b]，步数 k；输出近似最小值 y
function y = gss(f,a,b,k)
  g = (sqrt(5) - 1)/2; x1 = a + (1 - g)*(b - a); x2 = a + g*(b - a); f1 = f(x1);f2 = f(x2);
for i = 1:k
  if f1 < f2                    % 若 f(x1) < f(x2)，用 x2代替 b
    b = x2; x2 = x1; x1 = a + (1 - g)*(b - a); f2 = f1; f1 = f(x1);
  else                          % 否则，用 x1 代替 a
    a = x1; x1 = x2; x2 = a + g*(b - a); f1 = f2; f2 = f(x2);
  end
end
y = (a + b)/2;
```

黄金分割搜索和二分法在数值计算中都是非常重要的方法，它们各自用于解决不同的问题，但具有许多相似之处．

① 全局收敛性：两种方法都是全局收敛的．这意味着只要初始条件满足一定的要求（对于黄金分割搜索，函数在区间 $[a, b]$ 上是单峰的；对于二分法，$f(a)f(b)<0$），它们最终都会收敛到一个解，也意味着无论初始的估计值多么不准确，这两种方法都能找到正确的答案．

② 不需要导数信息：两种方法都不需要知道函数的导数．它们只依赖于函数值的比较，这使得它们对于没有解析表达式的函数或者导数难以计算的函数特别有用．

③ 每步一个函数评估：在每次迭代中，两种方法都只需要计算一次函数值．这使得它们在计算上相对高效，尤其是在函数评估成本较高的情况下．

④ 线性收敛：虽然黄金分割搜索和二分法都是线性收敛的，但它们的收敛速度不同．二分法的收敛速度更快，其线性收敛率为 $K=0.5$，而黄金分割搜索的收敛率为 $g\approx0.618$.

这意味着二分法通常会比黄金分割搜索更快地接近解，但黄金分割搜索在每一步中可能会得到更精确的信息，因为它使用了黄金分割比例来选择新的搜索区间．

⑤ 慢而稳的方法：这两种方法都属于慢而稳的类别．虽然它们的收敛速度可能不是最快的，但它们的稳定性和可靠性使得它们在许多应用中都是首选，特别是处理复杂或难以解析处理的函数时，这些方法的稳健性尤为重要．

【例 1】 使用黄金分割搜索在区间 $[0, 1]$ 上找到 $f(x)=x^6-11x^3+17x^2-7x+1$ 的最小值．

解 图 8-2 显示了该方法的前两个步骤．第一步，$x_1=1-g$，$x_2=g$，其中，$g=(\sqrt{5}-1)/2$. 因为 $f(x_1)<f(x_2)$，所以替换区间 $[0, 1]$ 为 $[0, g]$，新的 x_1、x_2 分别是之前的 x_1g、x_2g. 再看第二步 $f(x_1)<f(x_2)$，所以区间 $[0, g]$ 被 $[0, x_2]$ 代替．前 15 个步骤如表 8-1 所示．

表 8-1 前 15 个步骤

步骤	a	x_1	x_2	b
0	0.0000	0.3820	0.6180	1.0000
1	0.0000	0.2361	0.3820	0.6180
2	0.0000	0.1459	0.2361	0.3820
3	0.1459	0.2361	0.2918	0.3820

续表

步骤	a	x_1	x_2	b
4	0.2361	0.2918	0.3262	0.3820
5	0.2361	0.2705	0.2918	0.3262
6	0.2705	0.2918	0.3050	0.3262
7	0.2705	0.2837	0.2918	0.3050
8	0.2705	0.2786	0.2837	0.2918
9	0.2786	0.2837	0.2868	0.2918
10	0.2786	0.2817	0.2837	0.2868
11	0.2817	0.2837	0.2849	0.2868
12	0.2817	0.2829	0.2837	0.2849
13	0.2829	0.2837	0.2841	0.2849
14	0.2829	0.2834	0.2837	0.2841
15	0.2834	0.2837	0.2838	0.2841

15 步之后，我们可以说最小值在 0.2834 和 0.2838 之间．

8.2.2 连续抛物线插值

在黄金分割搜索中，除了大小关系的比较，其余运算没用到函数值 $f(x_1)$ 和 $f(x_2)$，无论哪一个值较大，都不影响方法的进行．在本节中，我们将描述一种新的方法，该方法可以减少资源的浪费，通过函数值来建立函数 f 的局部模型，选取的局部模型是一条抛物线，我们知道它是唯一的由三点决定的，从最小值附近的三个点 r、s、t 开始，如图 8-4 所示，求三个点处的目标函数 f，并画出抛物线穿过它们．差分得到图 8-5 中的式子．

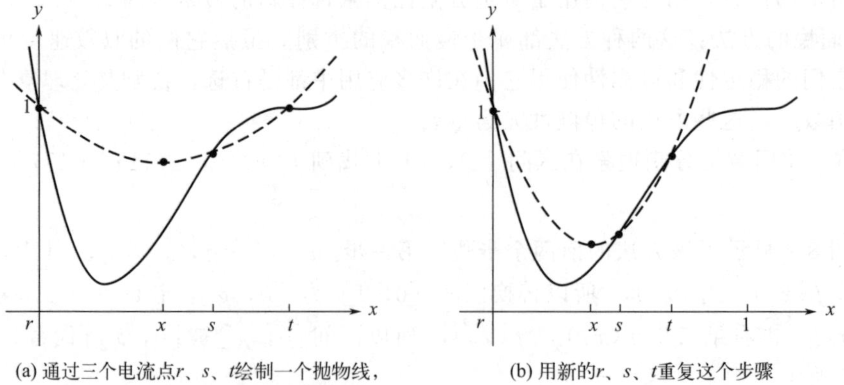

(a) 通过三个电流点r、s、t绘制一个抛物线，抛物线的最小值x被用来代替当前的s

(b) 用新的r、s、t重复这个步骤

图 8-4 连续抛物线插值

图 8-5 所示为连续抛物线插值示意图，其中，$d_1=(f(s)-f(r))/(s-r)$，$d_2=(f(t)-f(s))/(t-s)$ 和 $d_3=(d_2-d_1)/(t-r)$.

因此，我们可以将抛物线表示为

$$P(x)=f(r)+d_1(x-r)+d_3(x-r)(x-s) \tag{8-1}$$

设 $P'(x)=0$，求抛物线的最小值，得到如下公式．

$$x = \frac{r+s}{2} - \frac{(f(s)-f(r))(t-r)(t-s)}{2[(s-r)(f(t)-f(s)) - (f(s)-f(r))(t-s)]} \tag{8-2}$$

r	$f(r)$
s	$f(s)$ $\quad d_1$ $\quad d_3$ $\quad d_2$
t	$f(t)$

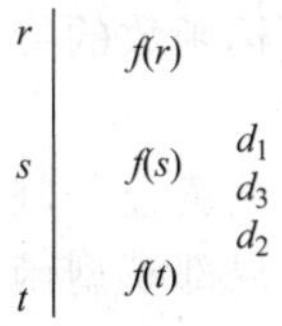

图 8-5　连续抛物线插值示意图

或者说是最小值的新近似. 在连续抛物线插值中, 由 r, s, t 确定的新的 x 可以替换最小值的最近值或最优值, 然后根据需要重复这个步骤. 该方法没有保证连续抛物线插值的收敛性, 不像黄金分割搜索. 然而, 它的收敛速度较快, 因为它有效使用了函数值信息.

连续抛物线插值: 从近似最小值 r、s、t 开始, 对于 $i=1$, 2, 3, …, 实现以下循环:

$$x = \frac{r+s}{2} - \frac{(f(s)-f(r))(t-r)(t-s)}{2[(s-r)(f(t)-f(s)) - (f(s)-f(r))(t-s)]}, \ t=s, \ s=r, \ r=x$$

下面为抛物线插值的 MATLAB 实现代码.

```
%连续抛物线插值
%输入:函数 f,初始猜测 r,s,t,步长 k.输出:近似最小值 x
function x = spi (f,r,s,t,k)
x(1) = r;x(2) = s;x(3) = t; fr = f(r);fs = f(s);ft = f(t);
for i = 4:k + 3
   x(i) = (r+s)/2 - (fs-fr)*(t-r)*(t-s)/(2*((s-r)*(ft-fs) - (fs-fr)*(t-s)));
   t = s;s = r;r = x(i); ft = fs;fs = fr; fr = f(r);
end
```

【例 2】　使用连续抛物线插值在区间 $[0, 1]$ 上找到 $f(x)=x^6 -11x^3 +17x^2 -7x +1$.

解　使用起点 $r=0$, $s=0.7$, $t=1$, 计算步骤如表 8-2 所示.

表 8-2　第 8 章例 2

步骤	x	$f(x)$
0	1.00000000000000	1.00000000000000
0	0.70000000000000	0.77464900000000
0	0.00000000000000	1.00000000000000
1	0.50000000000000	0.39062500000000
2	0.38589683548538	0.20147287814500
3	0.33175129602524	0.14844165724673
4	0.23735573316721	0.14933737764402
5	0.28526617269372	0.13172660338164
6	0.28516942161639	0.13172426136234
7	0.28374069464218	0.13170646451792
8	0.28364647631123	0.13170639859035
9	0.28364826437569	0.13170639856301
10	0.28364835832962	0.13170639856295
11	0.28364835808377	0.13170639856295
12	0.28364833218729	0.13170639856295

我们得出结论, 最小值在 $x_{\text{Min}}=0.2836483$ 附近. 注意: 12 步之后, 我们有远远超过了黄金分割搜索的准确性. 在抛物线插值中, 我们虽然用过 $f(x)$ 的精确值, 但没有用到过关

于目标函数的导数信息，而黄金分割搜索只需要知道用于比较的两个函数值之间的大小关系．

从黄金分割搜索到连续抛物线插值的过程与从二分法到弦截法和逆二次插值相似，建立一个局部模型函数似乎有助于加速收敛．

8.2.3 Nelder-Mead 搜索算法

对于一个以上变量的函数，方法变得更加复杂．奈德-米德（Nelder-Mead）搜索试图将多面体“滚”到尽可能低的水平，因此，它又被称为下山单纯形法，它不使用目标函数的导数信息．

假设要最小化的函数是有 n 个变量的函数 f，该方法从 $n+1$ 个初始猜测向量 $\boldsymbol{x}_1$，…，$\boldsymbol{x}_{n+1} \in \mathbf{R}^n$ 中开始，它们一起构成 n 维单纯形的顶点．

以下是 Nelder-Mead 算法中更新最差顶点的步骤的详细描述．

① 排序顶点：将单纯形的顶点按其函数值从小到大排序，得到 $y_1 < y_2 < \cdots < y_{n+1} = y_{\mathrm{h}}$，其中 y_{h} 是最差顶点的函数值．

② 计算反射点：计算反射点 $x_{\mathrm{r}} = 2\overline{x} - x_{\mathrm{h}}$，$\overline{x}$ 是除 x_{h} 外的所有顶点的质心（即它们的平均值）．

③ 计算反射点的函数值：计算反射点的函数值 $y_{\mathrm{r}} = f(x_{\mathrm{r}})$．

④ 判断并更新顶点．

(a) 如果 $y_{\mathrm{r}} < y_1$，说明反射点比当前单纯形中的任何点都好，则利用 $x_{\mathrm{e}} = 3\overline{x} - 2x_{\mathrm{h}}$ 外推反射点并计算扩展点的函数值．如果扩展点的函数值更好，则替换最差顶点 x_{h}；否则，用反射点替换．

(b) 如果 $y_1 < y_{\mathrm{r}} < y_n$，说明反射点比最差顶点好，但不如其他顶点，则直接用反射点替换最差顶点 x_{h}．

(c) 如果 $y_{\mathrm{r}} \geqslant y_n$，说明反射点比当前单纯形中的任何点都差或相同，则进行收缩操作．收缩可以通过计算质心并替换最差顶点（内收缩）或者通过向次差顶点移动一定距离（外收缩）完成．例如，考虑外收缩点 $x_{\mathrm{oc}} = 1.5\overline{x} - 0.5x_{\mathrm{h}}$ 或内收缩点 $x_{\mathrm{ic}} = 0.5x + 0.5x_{\mathrm{h}}$，如图 8-6 所示．如果在这两个点中的任何一个点上都没有显示出改进，那么意味着通过扩展搜索范围无法取得进展，因此算法应该在更局部的区域内寻找最优解．为了实现这一点，算法会在当前最小值点 x_1 的方向上将单纯形缩小一半，然后再进行下一步．

⑤ 重复过程：更新单纯形后，重新排序顶点，并检查是否满足收敛条件（如函数值的变化小于某个阈值或迭代次数达到最大值），如果不满足，则继续执行算法．

下面是使用 MATLAB 实现 Nelder-Mead 单纯形法的示例代码框架，目标函数 f 是关于 $x(1)$，$x(2)$，…，$x(n)$ 变化的．

```
  %  Nelder - Mead 搜索
  %输入：函数 f，最佳猜测 xbar(列向量)，初始搜索半径 rad 和步数 k. 输出：矩阵 x(其列是单纯形的顶
点)，这些顶点的函数值 y
  function [x,y] = neldermead(f,xbar,rad,k)
  n = length(xbar);
  x(:,1) = xbar;                 % x 的每一列都是一个单纯形顶点
  x(:,2:n + 1) = xbar*ones(1,n) + rad*eye(n,n);
  for  j = 1:n + 1
    y(j) = f(x(:,j));            % 求每个顶点处的函数值 f
  end
```

```
[y,r] = sort(y);                                    % 将函数值按升序排序
x = x(:,r);                                         % 以同样的方式排列顶点
for i = 1:k
  xbar = mean(x(:,1:n)')';                          % xbar 是面的质心
  xh = x(:,n+1);                                    % 省略最差的顶点 xh
  xr = 2*xbar - xh; yr = f(xr);
  if  yr < y(n)
    if  yr < y(1)                                   % 尝试扩展 xe
      xe = 3*xbar - 2*xh; ye = f(xe);
      if  ye < yr                                   % 接受 xe
        x(:,n+1) = xe; y(n+1) = f(xe);
      else                                          % 接受 xr
        x(:,n+1) = xr; y(n+1) = f(xr);
      end
    else
      x(:,n+1) = xr; y(n+1) = f(xr);                % 接受 xr
    end
  else                                              % xr 仍然是最差的顶点,收缩
    if  yr < y(n+1)                                 % 尝试外缩
      xoc = 1.5*xbar - 0.5*xh; yoc = f(xoc);
        if  yoc < yr                                % 接受 xoc
          x(:,n+1) = xoc; y(n+1) = f(xoc);
        else                                        % 将单纯形收缩到最佳点
          for j = 2:n+1
            x(:,j) = 0.5*x(:,1) + 0.5*x(:,j); y(j) = f(x(:,j));
          end
        end
    else                                            % xr 比之前的更糟
      xic = 0.5*xbar + 0.5*xh; yic = f(xic);
      if yic < y(n+1)                               % 接受 xic
        x(:,n+1) = xic; y(n+1) = f(xic);
      else                                          % 将单纯形收缩到最佳点
        for j = 2:n+1
          x(:,j) = 0.5*x(:,1) + 0.5*x(:,j); y(j) = f(x(:,j));
        end
      end
    end
  end
 [y,r] = sort(y);
 x = x(:,r);
end
```

代码实现了图 8-6（b）中的流程．例如，求 $f(x, y)=5x^4+4x^2y-xy^3+4y^4-x$ 的最小值．

图 8-7 中的 $z=5x^4+4x^2y-xy^3+4y^4-x$ 的最小值由 Nelder-Mead 方法得到，约为 (0.4923，−0.3643)．

我们定义两个变量的函数 $f(x, y)$．

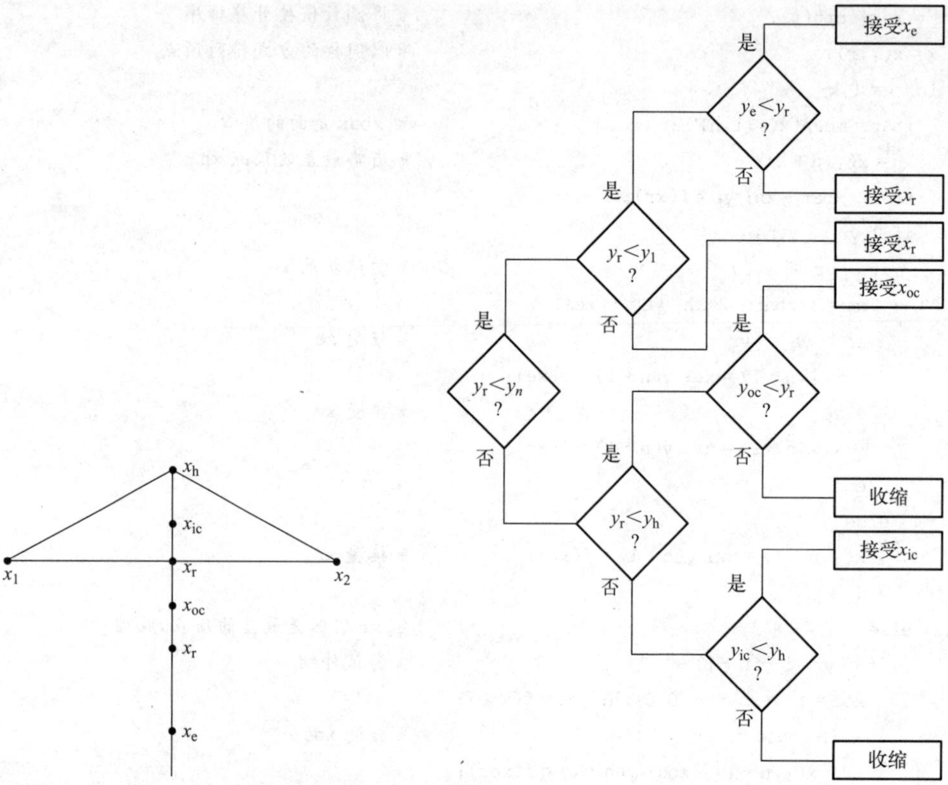

(a) 连接最高处的直线上的点对功能点x_h和质心$\bar{x}$进行测试 (b) 描述该方法步骤的流程图

图 8-6 Nelder-Mead 搜索

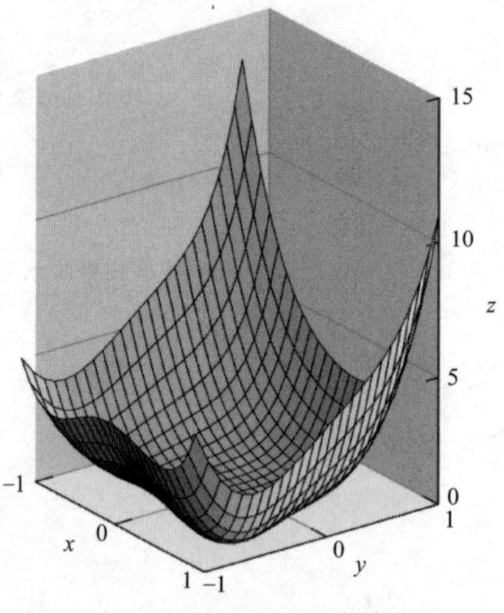

图 8-7 二维函数的曲面图

```
>>f = @(x)5*x(1)^4 + 4*x(1)^2*x(2) - x(1)*x(2)^3 + 4*x(2)^4 - x(1)
```

用命令运行程序中的 Nelder-Mead 方法进行 60 步 .

```
>> [x,y] = neldermead(f,[1;1],1,60)
x =      0.492307778751573 0.492307773822840 0.492307807617628
```

```
            -0.364285558245531 -0.364285542189284 -0.364285562179872
y =         -0.457521622634071 -0.457521622634070 -0.457521622634069
```

根据题目描述，我们从一个初始猜测点（1，1）开始搜索，并且知道经过 60 步后，单纯形缩小到了一个三角形，其顶点对应于输出向量 x 中的三列，还给出了最小值 −0.4575 发生在点（0.4923，−0.3643），MATLAB 中一般使用 fminsearch 命令实现 Nelder-Mead 方法．

8.3 带导数的无约束优化

导数（包括偏导数）为我们提供了函数在不同方向上的增长和减少速度的信息，在优化问题中，这种信息非常有用，因为它可以帮助我们更快速地找到函数的最大值或最小值．

在多元函数中，偏导数描述了函数在某一特定方向上的变化率，如果我们知道一个函数在某个点的所有偏导数，那么我们就可以确定该函数在该点的梯度，也就是函数在该点增长最快的方向和增长的速度．在优化算法中，我们可以利用这些信息来指导我们的搜索过程，例如，如果我们正在寻找一个函数的最小值，那么我们可以沿着梯度的相反方向移动，因为这将使我们更快地接近最小值．我们将介绍几种与梯度有关的算法．

8.3.1 牛顿法

如果函数是连续可微的，并且其导数可以被计算，那么优化问题可以表达为一个求根问题，我们先从一维情况开始讨论．

连续可微函数 $f(x)$ 在极小值 x^* 处，一阶导数为零，牛顿法可以用来求解得到的方程 $f'(x)=0$. 如果目标函数是单峰的，并且在区间上有最小值，则用 x^* 附近的点作为初始点开始，牛顿法将会收敛到 x^*. 将牛顿法应用于 $f'(x)=0$，得到迭代公式

$$x_{k+1}=x_k-\frac{f'(x_k)}{f''(x_k)} \tag{8-3}$$

牛顿法式(8-3) 会找到 $f'(x)=0$ 的点，一般这样的点不一定是最小值点，找到最优点的初始估计对于验证这些点的最优性十分重要．

此方法也可以对多元函数 $f(x_1, \cdots, x_n)$ 进行优化，正如在一维情况下，我们把导数设为零然后求解．我们有

$$\nabla f=\mathbf{0} \tag{8-4}$$

式中，$\nabla f=\left(\frac{\partial f}{\partial x_1}(x_1, \cdots, x_n) \quad \cdots \quad \frac{\partial f}{\partial x_n}(x_1, \cdots, x_n)\right)$，表示 f 的梯度．

向量值函数的牛顿法可以用来解决式(8-4)．设 $\boldsymbol{F}(x)=\nabla f(x)$，牛顿法的迭代步骤将设 $x_{k+1}=x_k+v$，其中，v 是 $\boldsymbol{D}_{\boldsymbol{F}(x_k)}v=-\boldsymbol{F}(x_k)$ 的解．梯度的雅可比矩阵 $\boldsymbol{D}_{\boldsymbol{F}}$ 为

$$\boldsymbol{H}_f=\boldsymbol{D}_{\boldsymbol{F}}=\begin{bmatrix} \frac{\partial^2 f}{\partial x_1 \partial x_1} & \cdots & \frac{\partial^2 f}{\partial x_1 \partial x_n} \\ \vdots & & \vdots \\ \frac{\partial^2 f}{\partial x_n \partial x_1} & \cdots & \frac{\partial^2 f}{\partial x_n \partial x_n} \end{bmatrix} \tag{8-5}$$

也就是 f 的 Hessian 矩阵．因此牛顿法为

$$\begin{cases} \boldsymbol{H}_{f(x_k)} v = -\nabla f(x_k) \\ x_{k+1} = x_k + v \end{cases} \tag{8-6}$$

【例 3】 使用牛顿法求函数 $f(x,\ y)=5x^4+4x^2y-xy^3+4y^4-x$ 的最小值．

函数如图 8-7 所示，梯度为 $\nabla f=(20x^3+8xy-y^3-1 \quad 4x^2-3xy^2+16y^3)$，Hessian 矩阵 $\boldsymbol{H}_{f(x,y)}=\begin{pmatrix} 60x^2+8y & 8x-3y^2 \\ 8x-3y^2 & -6xy+48y^2 \end{pmatrix}$.

应用牛顿法式(8-6) 迭代 10 步得到表 8-3.

表 8-3　第 8 章例 3

步骤	x	y	$f(x,y)$
0	1.00000000000000	1.00000000000000	11.00000000000000
1	0.64429530201342	0.63758389261745	1.77001867827422
2	0.43064034542956	0.39233298702231	0.10112006537534
3	0.33877971433352	0.19857714160717	−0.17818585977225
4	0.50009733696780	−0.44771929519763	−0.42964065053918
5	0.49737350571430	−0.37972645728644	−0.45673719664708
6	0.49255000651877	−0.36497753746514	−0.45752009007757
7	0.49230831759106	−0.36428704569173	−0.45752162262701
8	0.49230778672681	−0.36428555993321	−0.45752162263407
9	0.49230778672434	−0.36428555992634	−0.45752162263407
10	0.49230778672434	−0.36428555992634	−0.45752162263407

在此例中，牛顿法已经收敛到了接近 −0.4575 的最小值，并且这个解已经达到了计算机精度的要求．

与连续抛物线插值的一维情况不同，使用牛顿法进行最小化时，我们不再直接处理目标函数，而是将问题重新表述为一个仅涉及梯度的寻根问题，这是因为牛顿法利用了函数的二阶导数信息（即 Hessian 矩阵），这使得它在寻找最小值时更加高效．由于 ∇f 在最优解处有一个简单的根，使用牛顿法时，前向误差可以非常接近计算机的机器精度，从而实现高精度的最小化．

牛顿法是一种非常有效的优化算法，特别是当能够计算目标函数的 Hessian 矩阵时. Hessian 矩阵是一个二阶导数矩阵，它提供了关于函数曲率的信息，这对于确定搜索方向至关重要．在二维问题中，Hessian 矩阵是一个 2×2 矩阵，通常比较容易计算．

然而，在高维（即维度 n 很大）问题中，计算完整的 $n\times n$ Hessian 矩阵可能变得不切实际，因为这不仅需要更多的计算资源，还可能遇到数值稳定性和存储问题，在这种情况下，即使能够计算梯度（一个 n 维向量），构建完整的 Hessian 矩阵也可能是不可行的．

当计算 Hessian 矩阵不可行或计算成本过高时，通常会选择其他优化方法，这些方法可能不如牛顿法高效，但它们只需要计算梯度，而不需要计算完整的 Hessian 矩阵，这些方法包括梯度下降法、共轭梯度法、拟牛顿法（如 BFGS 和 SR1）等，这些方法通常比牛顿法更慢，因为它们不使用二阶导数信息，但它们更适合解决高维问题或 Hessian 矩阵难以计算的问题．

总之，如果能计算 Hessian 矩阵，并且问题规模不是太大，牛顿法通常是首选的优化方法，然而，在高维问题或当 Hessian 矩阵不可行时，可能需要选择只需要梯度信息的替代方法．

8.3.2 最速下降法

最速下降法，也被称为梯度搜索，背后的基本思想是从当前点出发，沿着函数下降最快的方向搜索函数的最小值，由于梯度 ∇f 指向函数 f 增长最快的方向，因此相反的方向 $-\nabla f$ 就是下降最快的方向．

那么，我们应该沿着这个方向走多远呢？既然我们已经将问题简化为沿着一条线进行最小化，那么我们可以使用一维方法来决定走多远．在找到最速下降线上的新最小值后，从该点开始重复这个过程，也就是说，找到新点处的梯度，并在新方向上进行一维最小化．

最速下降算法是一个迭代循环，在每次迭代中，我们计算当前点的梯度，确定下降最快的方向，并沿着该方向移动一定的距离，以找到新的点．然后，我们在新的点上重复这个过程，直到满足某个停止条件（例如，梯度足够小或者函数值的变化足够小）．

需要注意的是，最速下降法虽然简单直观，但它并不总是最有效的优化方法，特别是当函数的形状非常不规则或者存在多个局部最小值时，最速下降法可能会陷入局部最小值，而无法找到全局最小值．此外，最速下降法的收敛速度也可能较慢，因为它只考虑了局部梯度信息，而没有利用二阶导数信息．因此，在实际应用中，可能需要结合其他优化方法或技巧来提高最速下降法的性能．

最速下降法：对于 $i=0, 1, 2, \cdots$，$\boldsymbol{v}=\nabla f(x_i)$，找到使得 $f(x-sv)$ 最小的 $s=s^*$，代入 $x_{i+1}=x_i-s^*v$ 完成迭代．

我们将对例 3 的目标函数应用最速下降法．

【例 4】 使用最速下降法求函数 $f(x, y)=5x^4+4x^2y-xy^3+4y^4-x$ 的最小值．

解 我们遵循前面的步骤，使用连续抛物线插值作为一维最小值，计算 25 步的结果如表 8-4 所示．

表 8-4 第 8 章例 4

步	x	y	$f(x,y)$
0	1.00000000000000	−1.00000000000000	11.00000000000000
5	0.40314579518113	−0.27992088271756	−0.41964888830651
10	0.49196895085112	−0.36216404374206	−0.45750680523754
15	0.49228284433776	−0.36426635686172	−0.45752161934016
20	0.49230786417532	−0.36428539567277	−0.45752162263389
25	0.49230778262142	−0.36428556578033	−0.45752162263407

与牛顿法相比，最速下降法的收敛速度较慢．牛顿法使用了一阶和二阶导数信息，这意味着牛顿法不仅考虑了函数在当前点的斜率（即梯度），而且还考虑了函数的曲率，能够更快速地确定搜索方向．

相比之下，最速下降法通过沿着下坡方向进行最小化来工作，它只使用一阶导数信息（即梯度），这意味着最速下降法只考虑函数在当前点的斜率，而没有利用关于函数曲率的额外信息．因此，最速下降法可能需要更多的迭代步骤来接近最小值，然而，最速下降法的一个优点是它的实现相对简单，不需要计算 Hessian 矩阵，这在处理高维问题或当 Hessian 矩阵难以计算时可能是有利的．此外，最速下降法在某些情况下可能比其他方法更稳健，例如，当函数的形状非常不规则或存在噪声时．

总之，虽然最速下降法的收敛速度较慢，但它仍然是一种有效的优化方法，特别是在只需要一阶导数信息或当 Hessian 矩阵难以计算时，在实际应用中，选择哪种方法取决于具体问题的性质和可用资源．

8.3.3 共轭梯度法

共轭梯度法被用于求解对称正定矩阵方程．现在我们将从另一个角度重新考虑这个方法．

当 $\boldsymbol{A}$ 对称且正定时求解 $\boldsymbol{Ax}=\boldsymbol{w}$ 等价于求抛物面的最小值．例如，在二维空间中，线性方程组

$$\begin{pmatrix} a & b \\ b & c \end{pmatrix}\begin{pmatrix} x_1 \\ x_2 \end{pmatrix}=\begin{pmatrix} e \\ f \end{pmatrix} \tag{8-7}$$

的解是抛物面

$$f(x_1,\ x_2)=\frac{1}{2}ax_1^2+bx_1x_2+\frac{1}{2}cx_2^2-ex_1-fx_2 \tag{8-8}$$

的最小值，原因是 f 的梯度是

$$\nabla f=(ax_1+bx_2-e \quad bx_1+cx_2-f)$$

在最小值处，梯度为零，这得到了之前的矩阵方程．正定性意味着抛物面是凹的．

关键的观察结果是，线性方程组（8-7）的残差 $\boldsymbol{r}=\boldsymbol{w}-\boldsymbol{Ax}$ 为 $-\nabla f(x)$，函数 f 在点 x 处下降最快的方向．若选择一个搜索方向，用向量 $\boldsymbol{d}$ 表示，最小化 式(8-8) 中的 f，等价于找到最小化函数 $h(\alpha)=f(\boldsymbol{x}+\alpha\boldsymbol{d})$ 的 α．我们设置导数为 0，且

$$0=\nabla f\cdot\boldsymbol{d}=(\boldsymbol{A}(\boldsymbol{x}+\alpha\boldsymbol{d})-(e \quad f)^{\mathrm{T}})\cdot\boldsymbol{d}=(\alpha\boldsymbol{Ad}-\boldsymbol{r})^{\mathrm{T}}\boldsymbol{d}$$

即

$$\alpha=\frac{\boldsymbol{r}^{\mathrm{T}}\boldsymbol{d}}{\boldsymbol{d}^{\mathrm{T}}\boldsymbol{Ad}}=\frac{\boldsymbol{r}^{\mathrm{T}}\boldsymbol{r}}{\boldsymbol{d}^{\mathrm{T}}\boldsymbol{Ad}}$$

由上述计算，我们推断可以选用共轭梯度法求解一个抛物面的极小值，但其中 $\boldsymbol{r}_i=-\nabla f$ 且 α_i 为使 $f(\boldsymbol{x}_{i-1}+\alpha\boldsymbol{d}_{i-1})$ 最小化的 α．

注意到我们已经完全表达了 f 的共轭梯度，不再涉及矩阵 $\boldsymbol{A}$，我们可以对一般的 f 用这种形式的算法，在 f 具有抛物线形状的区域附近，该方法将向最小值收敛非常快．新算法有以下步骤．

共轭梯度法：设 x 为初始猜测和集合 $\boldsymbol{d}_0=\boldsymbol{r}_0=-\nabla f$，$\alpha_i$ 为使 $f(\boldsymbol{x}_{i-1}+\alpha\boldsymbol{d}_{i-1})$ 最小的 α，对于 $i=1,\ 2,\ 3,\ \cdots$，有

$$\boldsymbol{x}_i=\boldsymbol{x}_{i-1}+\alpha_i\boldsymbol{d}_{i-1},\ \boldsymbol{r}_i=-\nabla f(\boldsymbol{x}_i),\ \beta_i=\frac{\boldsymbol{r}_i^{\mathrm{T}}\boldsymbol{r}_i}{\boldsymbol{r}_{i-1}^{\mathrm{T}}\boldsymbol{r}_{i-1}},\ \boldsymbol{d}_i=\boldsymbol{r}_i+\beta_i\boldsymbol{d}_{i-1}$$

我们将在一个熟悉的例子上试用新方法．

【例 5】 使用共轭梯度法求函数 $f(x,\ y)=5x^4+4x^2y-xy^3+4y^4-x$ 的最小值．

解 我们遵循前面的步骤，使用连续抛物线插值作为一维最小值，计算 20 步的结果如表 8-5 所示．

表 8-5　第 8 章例 5

步	x	y	$f(x,y)$
0	1.00000000000000	−1.00000000000000	11.0000000000000
5	0.46038657599935	−0.38316114029860	−0.44849953420621
10	0.49048892807181	−0.36106561127830	−0.45748477171484
15	0.49243714956128	−0.36421661473526	−0.45752147604312
20	0.49231477751583	−0.36429817275371	−0.45752162206984

约束优化是一个庞大的主题，而本章所介绍的方法只是冰山一角，信任域方法与连续二次插值或共轭梯度搜索一样，都是构建局部模型，但只允许在特定的区域内使用这些模型，且随着搜索的进行，这个区域会逐渐缩小．MATLAB 优化工具箱中的 fminunc 函数就是一个信任域方法的例子．

模拟退火是一种随机方法，它试图在目标函数上取得更低的值，但也会以较小的正概率接受向上的步骤，以避免收敛到非最优的局部最小值．遗传算法和进化计算是全新的优化方法，并且这些方法仍在积极探索中．

这些优化方法各有优缺点，适用于不同类型的问题．例如，信任域方法在处理局部优化问题时效果较好，而模拟退火和遗传算法等全局优化方法在处理具有多个局部最小值的问题时可能更有优势．进化计算则是一种更为广泛的概念，它包括了遗传算法、进化策略、遗传规划等多种方法，这些方法都试图通过模拟自然进化过程来求解优化问题．

总的来说，无约束优化是一个充满挑战和机遇的领域，各种新的方法和技术不断涌现，在实际应用中，我们需要根据问题的具体性质和需求选择合适的优化方法．

有约束优化旨在最小化一个目标函数的同时满足一组约束条件，这些问题中最常见的一类是线性规划，自 20 世纪中叶以来，线性规划问题一直通过单纯形法来解决．

单纯形法是一种迭代算法，用于找到线性规划问题的最优解，它通过在可行解的集合中逐步移动，每次改进目标函数的值，直到找到最优解为止．这个算法的有效性基于线性规划问题的特殊结构，即目标函数和约束条件都是线性的．

尽管单纯形法是解决线性规划问题的经典方法，但在实际应用中，还有其他一些算法和技术也被广泛使用，例如内点法和割平面法等，这些算法各有优缺点，适用于不同类型和规模的线性规划问题．

除了线性规划之外，还有许多其他类型的约束优化问题，例如二次规划、非线性规划等．这些问题通常需要更加复杂的算法和技术来解决，而且往往没有通用的解决方法，因此，在实际应用中，我们需要根据问题的具体性质和需求选择合适的优化方法．

总的来说，有约束优化是一个重要的领域，它在许多实际应用中都发挥着重要作用，例如资源分配、生产计划、金融投资等，随着计算机科学和数学的不断发展，我们相信未来会有更加高效和强大的优化算法和技术出现．

尽管近期已经出现了基于内点法的新算法，并且这些算法在求解优化问题时通常更快，但二次规划和非线性规划问题仍然需要使用更复杂的方法，为了深入了解这个领域，建议查阅相关的参考文献．

实验分子构想和数值优化如下．

蛋白质的结构与功能紧密相关。蛋白质的结构特征（如突起和褶皱）使其能够执行特定的生物功能，如结合和阻断，这些功能是通过蛋白质分子内部和分子间的相互作用力实现的，其中，较弱的分子间相互作用力（如静电相互作用和范德瓦耳斯力）在决定蛋白质构象方面起着重要作用，尤其是在像蛋白质这样紧密堆积的分子中．

目前预测蛋白质构象的一种方法是找到氨基酸总构型的最小势能，范德瓦耳斯力是由伦纳德-琼斯（Lennard-Jones）势来模拟的．

$$U(r)=\frac{1}{r^{12}}-\frac{2}{r^{6}}$$

r 表示两个原子之间的距离．图 8-8 显示了由伦纳德-琼斯势模拟的电势．距离 $r>1$ 时，力是吸引的，但当原子间的距离比 $r=1$ 近时，它是排斥性的．对于原子簇，位置为 (x_1, y_1, z_1)，…，(x_n, y_n, z_n)，要最小化的目标函数是所有成对 Lennard-Jones 势．

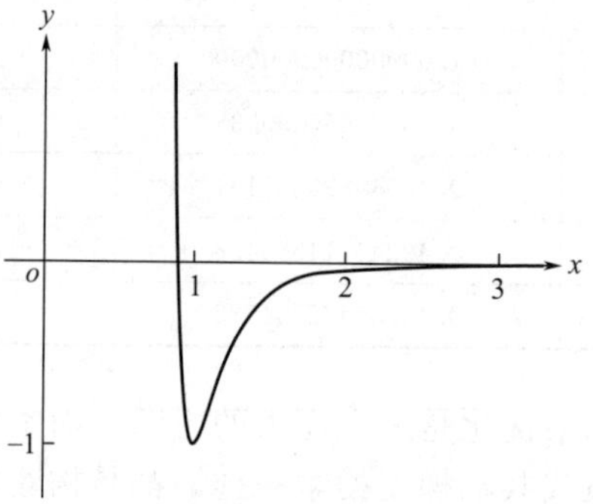

图 8-8　Lennard-Jones 势 $U(r)=r^{-12}-2r^{-6}$
（能量最小值为 -1，在 $r=1$ 时实现）

$$U=\sum_{i<j}\frac{1}{r_{ij}^{12}}-\frac{2}{r_{ij}^{6}}$$

式中，

$$r_{ij}=\sqrt{(x_i-x_j)^2+(y_i-y_j)^2+(z_i-z_j)^2}$$

表示原子 i 和 j 之间的距离．优化问题中的变量为原子的直角坐标．

在优化这些集群的结构时，我们需要考虑分子或原子集群的对称性，特别是平移和旋转对称性，以避免不必要的重复计算．平移对称性意味着，如果我们把集群沿直线移动，集群的总能量不会改变．旋转对称性则意味着，如果我们旋转集群，集群的总能量也不会改变．为了处理这些对称性，我们可以限制可能的配置，在这个问题中，我们固定第一个原子在原点（0，0，0），并要求第二个原子位于 z 轴上，坐标为（0，0，z_2），这样，我们就消除了平移对称性和旋转对称性．然后，我们让剩下的原子（第三个，第四个，等等）在空间中自由移动，以找到最小化势能 U 的配置．这通常涉及数值优化方法，如梯度下降或模拟退火等．

在这个问题中，我们并没有具体的数学方程需要解决，而是需要理解如何处理和优化具有对称性的系统，通过固定某些原子的位置，我们可以减小搜索空间，并更有效地找到最小化势能的配置．

总结来说，处理平移对称性和旋转对称性的方法是固定一些原子的位置，以减小搜索空间并避免不必要的重复计算．然后，我们可以使用数值优化方法来找到最小化势能的配置．

在图 8-8 的帮助下，可以很容易地通过计算 Lennard-Jones 势的最小值来定位四个或更少的原子．注意：单个电势的最小值为 $-1(r=1)$．因此，两个原子之间的距离正好是一个单位，能量正好在槽的底部．三个原子可以处在一个三边相同的三角形中，第四个原子与这三个原子的距离相同，也就是说，在三角形上方，创建一个等边四面体，总能量 U 对于 $n=2$，3 和 4 的情况是 -1 乘以相互作用的数量，或者分别为 -1，-3 和 -6.

然而，第五个原子的位置就不那么明显了．$n=5$ 时没有与四面体顶点等距的点，此时需要一种新的技术——数值方法优化．

建议活动练习如下．

① 编写一个返回势能的函数文件，应用 Nelder-Mead 找到 $n=5$ 时的最小能量．尝试几次不同初始值，直到确信达到最小，需要多少步．

② 使用 MATLAB 中的命令 plot3 用圆圈绘制最小能量时的五个原子，并将所有圆与线段连接，查看是否符合要求．

③ 扩展步骤①中的函数，使其返回 f 和梯度 ∇f，应用梯度搜索 $n=5$ 的情况，像之前一样找到最小能量.

④ 如果 MATLAB 优化工具箱可用，应用命令 fminunc，只使用目标函数 f.

⑤ 应用 fminunc，使用 f 和 ∇f.

⑥ 对 $n=6$ 应用上述方法，根据可靠性和效率分类.

⑦ 确定并绘制更大 n 的最小能量构造. n 到几百时，最小能量的伦纳德-琼斯势的信息可以在网站上查到，所以答案可以很容易验证.

蛋白质折叠问题是多学科优化研究的热点，随着分子间作用力模型的日益现实化，模拟退火和强大的准牛顿法经常被用来预测复杂分子的构象. 蛋白质数据库是一个有用的全球性生物大分子结构数据档案库，提供了大量实验测得的原子位置列表，可用于测试和验证有关力和能量最小化的假设.

在蛋白质折叠问题中，目标是确定蛋白质分子在三维空间中的最佳构象，这通常涉及寻找能量最低的状态. 由于蛋白质分子由大量的原子组成，且这些原子之间的相互作用非常复杂，因此蛋白质折叠问题是一个极具挑战性的优化问题.

模拟退火和准牛顿法是两种常用的优化算法，可以用于预测蛋白质的构象. 模拟退火算法通过模拟物理退火过程来寻找全局最优解，而准牛顿法则是一种基于梯度和 Hessian 矩阵信息的优化方法，可以快速收敛到局部最优解. 这些算法在处理复杂的优化问题时表现出色，因此，在蛋白质折叠研究中得到了广泛应用.

蛋白质数据库（PDB）提供了大量实验测得的原子位置数据，这些数据对于验证和优化蛋白质折叠模型至关重要. 研究人员可以使用这些数据来测试他们的假设和模型，以便更好地理解蛋白质折叠的机制和过程.

总之，随着计算能力和模型精度的不断提高，蛋白质折叠问题的研究将继续深入，通过结合多学科的知识和技术，我们有望更好地理解生命的奥秘，并开发出更有效的药物和治疗方法.

习题 8

1. 证明函数在某区间上是单峰的，并求出绝对极小值和绝对极小值点.

① $f(x) = ex + e - x$

② $f(x) = x^6$

③ $f(x) = 2x^4 + x$

④ $f(x) = x - \ln x$

2. 在给定的区间内求出 x 的绝对最小值.

① $f(x) = \cos x$，[3，4]

② $f(x) = 2x^3 + 3x^2 - 12x + 3$，[0，2]

③ $f(x) = x^3 + 6x^2 + 5$，[−5，5]

④ $f(x) = 2x + e^{-x}$，[−5，5]

参考答案

参考文献

[1] 李庆扬，王能超，易大义．数值分析．3版．武汉：华中科技大学出版社，1986.

[2] 关治，陆金甫．数值分析基础．北京：高等教育出版社，1998.

[3] 清华大学、北京大学《计算方法》编写组．计算方法：上册．北京：科学出版社，1974.

[4] Burden R L，Faires J D. Numerical Analysis. 4th ed. Boston：PWS-Kent Publishing Company，1989.

[5] 冯康，等．数值计算方法．北京：国防工业出版社，1978.

[6] 黄友谦，李岳生．数值逼近．2版．北京：高等教育出版社，1987.

[7] 李荣华，冯果忱．微分方程数值解法．北京：人民教育出版社，1980.

[8] 李庆扬，关治，白峰杉．数值计算原理．北京：清华大学出版社，2000.

[9] 关治，陈景良．数值计算方法．北京：清华大学出版社，1990.

[10] 施妙根，顾丽珍．科学和工程计算基础．北京：清华大学出版社，1999.

[11] 曾繁慧，胡行华．数值分析．北京：北京理工大学出版社，2021.

[12] 颜庆津．数值分析．北京：北京航空航天大学出版社，2006.

[13] 张德丰．MATLAB数值分析．北京：清华大学出版社，2016.

[14] Timothy Sauer. Numerical Analysis. 2nd ed. London：Pearson，2011.

[15] 宋岱才，张钟元，路永洁．某些迭代法的收敛性定理．辽宁石油化工大学学报，2008，28（3）：75-78.

[16] 宋岱才，姜凤利，田秋菊．某些迭代法的一个收敛性定理．山东大学学报（工学版），2009，39（2）：146-150.

[17] 宋岱才，田秋菊，赵晓颖．SOR迭代法的一个收敛性定理．纺织高校基础科学学报，2009，22（4）：512-515.

[18] 宋岱才，敬长红，陈德艳．严格对角占优矩阵与SOR迭代法的收敛性定理．长春理工大学学报（自然科学版），2011，34（1）：170-172.

[19] 宋岱才，路永洁．迭代矩阵谱半径的界限．山东大学学报，2008，38（4）：123-126.